高职高专机电一体化专业规划教材

电工电子技术基础

主　编　徐作华　赵应艳
副主编　王　屹　马　骏

電子工業出版社
Publishing House of Electronics Industry
北京 • BEIJING

内 容 简 介

本书以高职高专技能型人才培养为目标，以应用为主旨，按照“工学结合、项目引导、任务驱动、教学做一体化”的高职高专教学改革和课程改革思路进行编写。全书以电工电子技术领域典型工作任务为载体，通过连接与测量直流电路、识别与检测常用电路元件、连接与测量正弦交流电路、认识磁路与变压器、认识电动机及其控制电路安装、认识与检测半导体器件、组装与测试直流稳压电路、组装与检测放大电路及组装与调试数字电路 9 个典型项目的具体实施，重点介绍了电路的基本概念、基本定律及基本分析方法，常用电路元件、正弦交流电路、磁路与变压器、电动机及其控制电路、半导体器件、直流稳压电路、放大电路和数字电路等相关理论知识，以及常用元器件识别与使用、典型电路安装与检测和常用仪器仪表使用等实践操作方法。

本书可作为高职高专院校机电一体化、数控技术、机械制造等专业的电工电子技术课程教材，也可供相关专业的教师和从事电工电子技术工作的工程技术人员参考。

未经许可，不得以任何方式复制或抄袭本书之部分或全部内容。
版权所有，侵权必究。

图书在版编目（CIP）数据

电工电子技术基础 / 徐作华，赵应艳主编. —北京：电子工业出版社，2016.6
ISBN 978-7-121-28924-8

Ⅰ. ①电…　Ⅱ. ①徐…　②赵…　Ⅲ. ①电工技术—高等学校—教材　②电子技术—高等学校—教材
Ⅳ. ①TM ②TN

中国版本图书馆 CIP 数据核字（2016）第 117163 号

策划编辑：贺志洪
责任编辑：贺志洪
特约编辑：薛　阳　徐　堃
印　　刷：北京捷迅佳彩印刷有限公司
装　　订：北京捷迅佳彩印刷有限公司
出版发行：电子工业出版社
北京市海淀区万寿路 173 信箱　邮编 100036
开　　本：787×1 092　1/16　印张：20.5　字数：518.4 千字
版　　次：2016 年 6 月第 1 版
印　　次：2024 年 9 月第 7 次印刷
定　　价：44.00 元

凡所购买电子工业出版社图书有缺损问题，请向购买书店调换。若书店售缺，请与本社发行部联系，联系及邮购电话：（010）88254888。

质量投诉请发邮件至 zlts@phei.com.cn，盗版侵权举报请发邮件至 dbqq@phei.com.cn。

服务热线：（010）88254609。

前　言

电工电子技术基础是高职高专机电类专业的一门重要的专业基础课，综合性很强，包括电工基础、电磁学基础、电机与电气控制、电子技术等内容，且这些内容都具有较强的理实一体化特性，与电工电子技术领域的实际应用联系紧密。

本书编写时，依据高职教育的技能型人才培养目标和电工电子技术领域的实际工作岗位能力需求，在充分考虑该课程特点及教学要求的基础上，结合课程改革与实施的实践经验，既考虑到应使学生获得必要的电工电子技术基本理论知识和基本技能，还考虑到培养学生的专项技能和职业综合能力。按照“夯实基础，重在应用”的原则，本书一方面对电工电子技术的基本概念、基本理论和基本分析方法进行了必要的和适当的阐述，夯实理论基础；另一方面针对电工电子元器件及仪表的识别与使用、电路的安装与检测等基本实践操作技能，结合工程实际精心选取和设计了项目任务，突出实际应用，提高实践技能。

本书的特色在于“项目引领、任务驱动、理实一体、工学结合”，全书以项目为单元，以应用为主线，将理论知识融入每一个教学项目实施中，通过不同的项目和任务来引导学生学习，全书共设计了 9 个项目单元，讲授时可以根据专业的不同需要来适当选择。

项目选取力求具有典型性、实用性、趣味性、可操作性和可拓展性，激发学生的学习兴趣。每个项目以电工电子技术领域的典型工作任务为载体选取了几个具体项目任务，每个任务的具体实施是通过知识链接和技能训练来完成的。其中，知识链接为任务实施提供必要的理论知识支撑；技能训练为任务实施提供必要的实践技能，将理论与实践、知识与技能有机融合在一起。此外每个项目中还设计了基础知识训练、能力拓展及知识拓展，使理论知识得到巩固，实践技能得到提高，专业能力得到拓展。

项目整体安排遵循学生的认知规律和职业能力形成规律，按照由简单到复杂、由单一到综合的递进顺序，先易后难，由浅入深，并以提高学生职业能力和素质为目标，按照工作过程进行项目实施，实现理论与实践一体化，教、学、做一体化，培养学生的方法能力、专业能力和社会能力，从而有效缩短学生课程学习与实际工作的差异。

此外，本书在知识点的阐述上，力求做到通俗易懂，并配以形象直观的图片，化抽象为具体，化繁为简，化难为易。另外，在内容取舍、编排以及文字表达等方面也都进行了精心设计，期望能解决初学者入门难的问题。

本书由长春职业技术学院的徐作华、赵应艳老师担任主编；王屹、马骏老师担任副主编；方振龙、鲁子卉、赵波老师参编。全书由徐作华、赵应艳老师统稿、审稿和最终定稿。

由于教材内容涉及面较广，加之编写时间较紧，以及编者水平有限，本书难免有错误和不当之处，恳请广大读者批评指正，以便进一步修改和完善。

编　者

2016 年 3 月

目　录

项目一　连接与测量直流电路

直流电路的基本概念、公式、定律及分析方法非常重要，是交流电路、电子电路等其他电路分析的基础和依据，并且在工程实际中也有着广泛的应用。本项目通过直流电路的连接与测量，使读者了解电路的基本概念及组成特点，掌握电流、电压、电动势及电功率等电路基本物理量，掌握欧姆定律、基尔霍夫定律及常用的电路分析方法，具备电路的分析、计算、连接及测量能力，具备正确使用常用电工仪表的能力。

任务 1.1　连接与测量简单直流电路

了解电路的组成、作用及电路模型的概念，掌握电流、电压、电动势及电功率等电路基本物理量并能正确测量；了解导体的电阻、电流的热效应、额定值及电路的工作状态，掌握欧姆定律及电阻串并联的性质并能熟练应用它们进行简单直流电路分析和计算。

1.1.1　电路的基本概念及电路模型

一、电路的组成及作用

电路是电流通过的路径，是为了某种需要由电工设备或电路元件按一定方式组合而成的。

电路有简有繁，如最简单的手电筒电路和复杂的电力系统、计算机电路等。一个完整的电路都由电源、负载、中间环节（包括开关和导线等）等几大部分组成。其中，电源是电路的核心部件，将其他形式的能量转变成电能，为电路提供能量，如干电池、蓄电池、光电池及发电机等；负载是电路的耗能部件，它将电源提供的电能转换成人们需要的各种其他形式的能量，如电灯、电动机、扬声器等；中间环节是传输、控制电能或信号的部分，它连接电源和负载，提供电流通过的路径，并控制电流的通断、流向等，如连接导线、控制电器、保护电器、放大器等。如图 1-1 所示为电力电路的组成及作用，图 1-2 所示为信号电路的组成及作用。

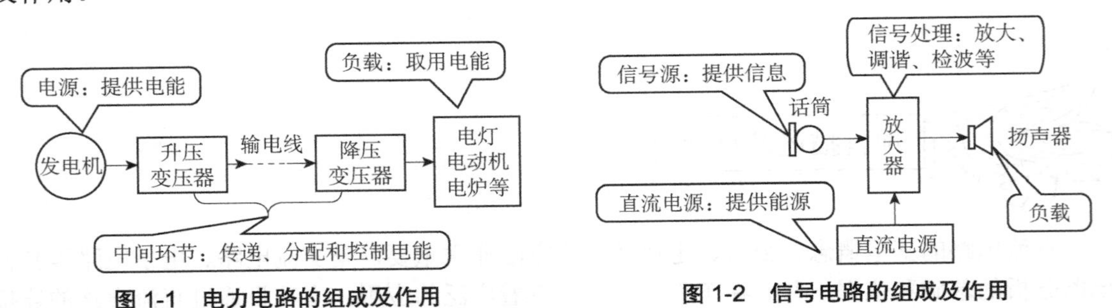

图 1-1 电力电路的组成及作用 **图 1-2 信号电路的组成及作用**

根据电路的主要作用，实际电路可分为两大类：一类是发电、变电、供电系统的整体，称为电力电路或者强电电路，主要作用是进行电能的转换、传输及分配，具体如图 1-1 所示；另一类是用来传递和处理像声音、图像、文字、数据等信号的电路，称为信号电路，也称弱电电路，如计算机、电视机、影碟机、通信设备等电路。这类电路虽然也有能量的传输和转换问题，但一般主要关心的是信号的质量，要求不失真、准确、灵敏、快速地进行信号传递和处理。如图 1-2 所示电路是一个最简单的信号电路，当话筒（信号源，相当于另一类电源）将声音信号转换成电信号，经过放大器（中间环节）进行放大后，通过扬声器（负载）将放大的电信号再还原成声音，完成了信号的处理和传递。

随着电子技术的飞速发展，强电电路和弱电电路的混合应用越来越受到重视，由信号电路对强电进行控制的自动化设备应用越来越普遍，如各类数控设备。这些设备的动力部分是典型的强电电路，但这些强电电路的通断、电流电压的控制等已不再是传统的开关的通断，而由信号处理电路来控制大功率电子电路，由大功率电子电路来进行电能的控制，实现了设备的自动化。在电力系统中，电能的产生与传输、无功功率的补偿等也都采用了计算机和电子控制。

二、电路模型

实际电路中的元器件在工作时的电磁性质比较复杂，为了使电路分析简化，一般把实际电路元件抽象为只反映其主要电磁性能的理想电路元件，如将电阻器、白炽灯等以取用电能为主要特征的电路元器件理想化为纯电阻元件；将电感线圈、绕组等以储存磁场能为主要特征的元器件理想化为纯电感元件；将电解电容等以储存电场能为主要特征的元器件理想化为纯电容元件；将电池、发电机等提供电能的装置理想化为电压源等。常见的一些理想电路元件的模型符号如图 1-3 所示。

用理想电路元件或其组合来模拟实际电路中的元器件，便构成了与实际电路相对应的电路模型。所谓电路模型，就是把实际电路的本质特征抽象出来所形成的理想化的电路。如图 1-4 所示为实际照明电路和它的电路模型。今后我们分析的电路都是指电路模型。这种将电路中各种电路元件都用理想元件的模型符号表示的电路图称为电路原理图。

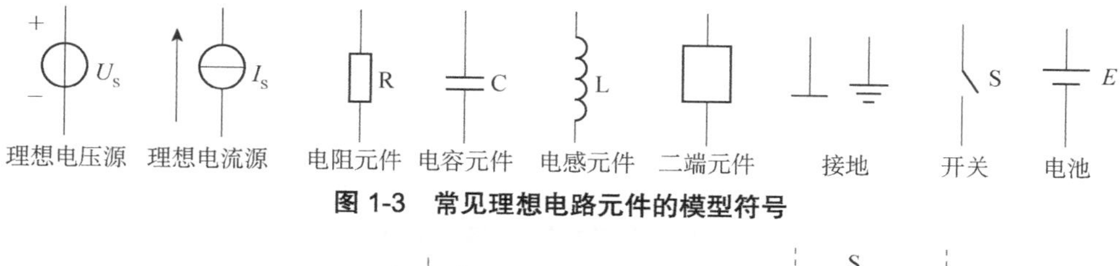

图 1-3 常见理想电路元件的模型符号

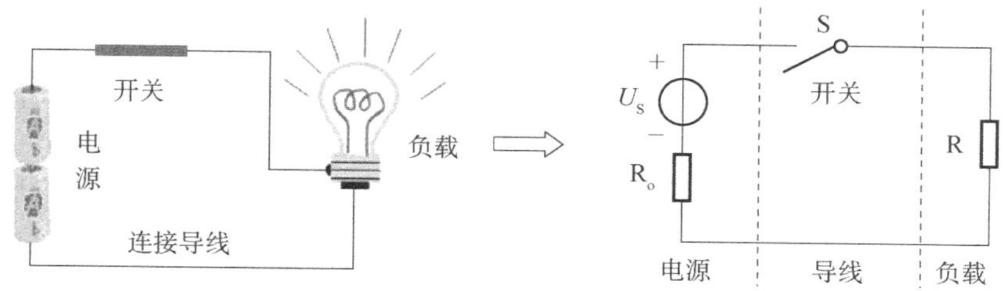

图 1-4 实际照明电路及其电路模型

1.1.2 电路的基本物理量

一、电流

在电场的作用下，带电粒子（如金属中的自由电子或电解液中的正负离子）的定向移动形成了电流。表征电流强弱的物理量称为电流强度，简称电流，在数值上等于单位时间内通过导体横截面的电荷量。如果电流的大小和方向不随时间变化，则称为稳恒直流电流，简称为直流电，其数学表达式为

$$I = \frac{Q}{t} \tag{1-1}$$

式中，I——电流，单位为 A（安）；Q——电荷量，单位为 C（库）；t——时间，单位为 s（秒）。

当电量为 1C，时间为 1s 时电流为 1A。

如果电流的大小和方向都随时间变化，则称为变动电流。设在 dt 时间内通过导体横截面的电荷为 dq，则变动电流的数学表达式为

$$i = \frac{\mathrm{d}q}{\mathrm{d}t} \tag{1-2}$$

在国际单位制（IS）中，电流的单位是安培，简称安（A），工程上常用的电流单位还有 kA（千安）、mA（毫安）和 μA（微安）等，它们之间的换算关系为：

$$1\text{kA}=10^3\text{A}，1\text{A}=10^3\text{mA}=10^6\mu\text{A}$$

习惯上规定正电荷移动的方向为电流的实际方向。但在实际电路分析中，有时很难确定某一段电路中电流的实际方向。为了分析计算方便，通常先假设一个电流方向，即参考方向，在电路中一般用箭头表示，也可用双下标表示，如 I_{AB}，表示其参考方向是由 A 指向 B 的。电流的参考方向是任意假定的，并不一定是电流的实际方向。一般通过计算来确定，如果电流计算值为正（I>0），则电流的实际方向与假设的参考方向相同；反之，如果电流计算值为

负（$I<0$），则电流的实际方向与假设的参考方向相反。电流参考方向与其实际方向的关系如图 1-5 所示。在参考方向选定之后，电流值才有正负之分，否则，电流的正负值是没有意义的。

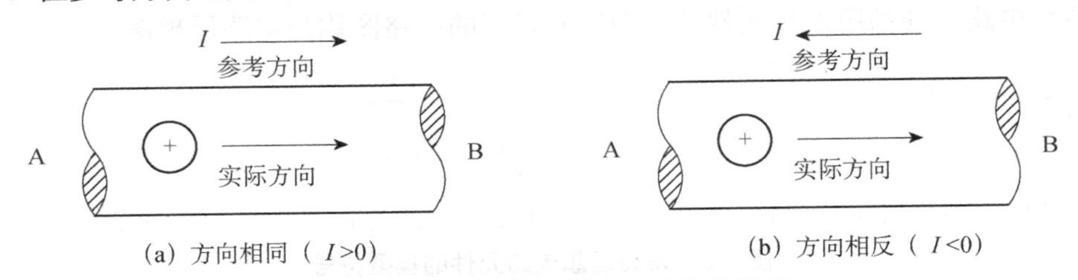

图 1-5　电流参考方向与实际方向的关系

二、电压、电位及电动势

1. 电压

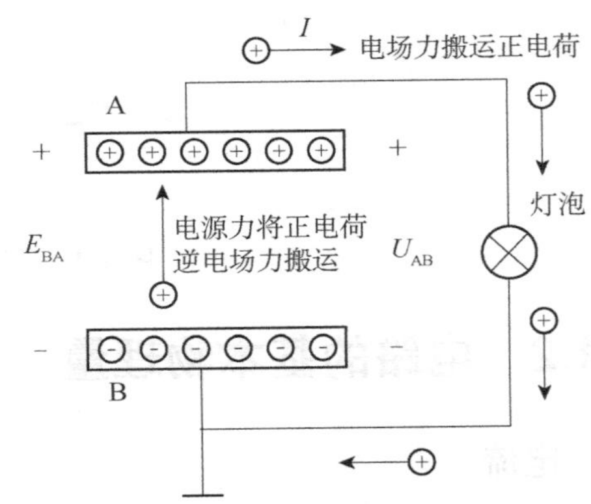

图 1-6　电压、电位及电动势概念图解

带电粒子在电路中的定向移动，是因为受到了电场力的作用。如图 1-6 所示，电源的两个极板 A、B 分别带上正、负电荷，极板间就存在着电场。如果将负载（灯泡）用导线与 A、B 两极板相连，则正电荷会在电场力的作用下从正极板 A 经过负载（灯泡）和导线流向负极板 B，从而形成电流使灯泡发光；同时由于灯泡发光，电流对负载做功。电场力将正电荷从正极板 A 移到负极板 B 做功能力的大小，用 A、B 两极板间的电压来衡量，A、B 两极板间的电压，用 U_{AB} 表示，在数值上等于电场力将单位正电荷从极板 A 移到极板 B 所做的功 W_{AB}。

$$U_{AB}=\frac{W_{AB}}{Q} \tag{1-3}$$

功的单位为 J（焦），电荷的单位为 C（库），电压的单位为 V（伏）。当电场力将 1C 的电荷从极板 A 移到极板 B 所做的功为 1J 时，则该 AB 两点间的电压为 1V。

在国际单位制（SI）中，电压的单位是伏特，简称伏（V）。工程上常用的电压单位还有 kV（千伏）、mV（毫伏）、μV（微伏）等，它们之间的换算关系为：

$$1\text{kV}=10^3\text{V}=10^6\text{mV}=10^9\mu\text{V}$$

电压的实际方向规定由高电位指向低电位。电压的实际方向定义为正电荷在电场中受电场力作用（电场力做正功时）移动的方向。电压也有自己的参考方向，可以用正（+）负（−）极性来表示，如图 1-7（a）所示，表示电压参考方向由正极指向负极，还可以用双下标表示，如图 1-7（b）所示，表示电压的参考方向由 A 指向 B。同样，电压的参考方向也是任意假设的，也是根据电压的计算值正负来确定出电压的实际方向。

对一段电路或一个元件上电压和电流的参考方向都可以独立地任意假设。如果电流的参考方向与电压的参考方向一致，即电流的参考方向从电压“+”极性端流入，从“−”极性端流出，则把电流和电压的这种参考方向称为关联参考方向，否则称为非关联参考方向，如图 1-8 所示。

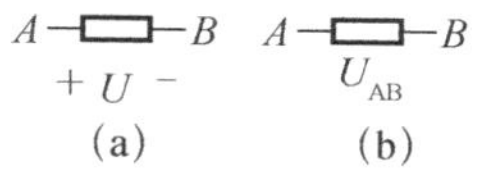

(a)　(b)

图 1-7　电压的参考方向表示法

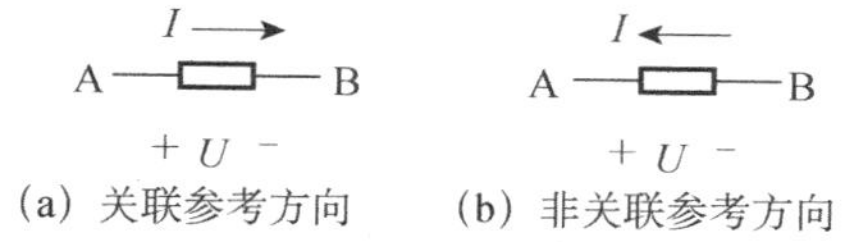

(a) 关联参考方向　(b) 非关联参考方向

图 1-8　电流与电压的参考方向关系

2. 电位

在电路中任选一点作为零电位参考点，则电路中某点的电位就是该点到零电位参考点之间的电压，用符号 V 表示，单位为 V（伏）。电路中的零电位参考点用符号“⊥”表示。如图 1-6 所示，若将极板 B 选为零电位参考点，则 A 极板的电位为

$$V_A=U_{AB}$$

可见，A、B 两点之间的电压就等于这两点之间的电位差，即

$$U_{AB}=V_A-V_B=V_A-0=V_A \tag{1-4}$$

电压的实际方向由高电位指向低电位，有时也将电压称为电压降。

注意：虽然在电路中参考点的选择位置是任意的，但只能选择一个参考点，且参考点一旦选定不能随意改变。电路中各点的电位值随参考点的不同而变化，但是电路中任意两点之间的电压却不随参考点变化。

在电子电路的分析或测量中，经常要用到电位的概念。如在图 1-9（a）所示电子电路中，当电源有一个极接地时，可借助电位的概念，用不接地极的电位代替电源，从而使电路图简化成图 1-9（b）的形式。

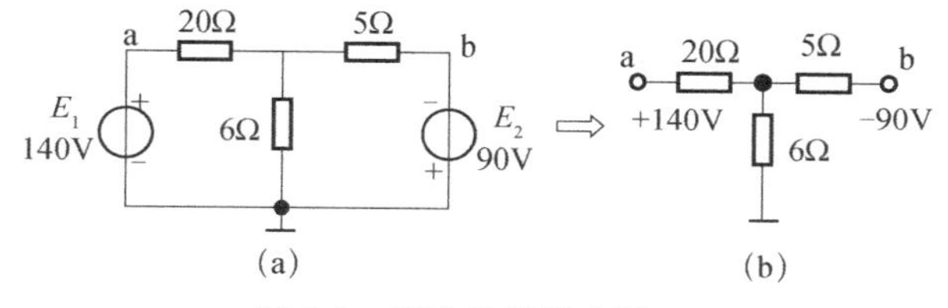

图 1-9　用电位替代电源

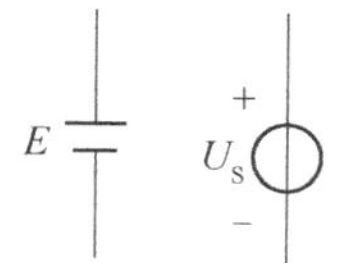

图 1-10 理想电动势符号

3. 电动势

如图 1-6 所示，必须要有外力（即电源力）将负极板 B 上中和掉的正电荷向正极板 A 搬运，才能保持两极板间电压的存在，使电荷继续流动。在电源力逆着电场力方向搬运电荷的过程中，电源力对电荷做功。衡量电源力对电荷做功大小的物理量称为电动势。在数值上电动势为电源力将单位正电荷从负极板 B 移动到正极板 A 所做的功 W_{BA}，数学表达式为

$$E_{BA}=\frac{W_{BA}}{Q} \tag{1-5}$$

电动势的单位也是 V，当 W=1J，Q=1C 时，E=1V。电动势的实际方向规定由低电位指向高电位，其理想模型符号如图 1-10 所示。

三、电能与电功率

1. 电能

电路所消耗的电能是由电流对负载做功引起的。其大小与电路两端电压、通过电流及通电时间成正比，即

$$W=UIt \tag{1-6}$$

式中，W——电能，单位 J（焦）；U——电压，单位 V（伏）；I——电流，单位 A（安）；t——时间，单位 s（秒）。当 U=1V，I=1A，t=1s 时，W=1J。

在实际应用中常以 kW·h（千瓦时，俗称度）作为电能的单位。

$$1\text{度}=1\text{kW}\cdot\text{h}=3.6\times10^6\text{J}$$

2. 电功率

单位时间内电路消耗的电能，称为电功率，简称功率，即

$$P=\frac{W}{t}=\frac{UIt}{t}=UI \tag{1-7}$$

当电路为纯电阻时，根据欧姆定律 $U=IR$，功率还可以表示为

$$P=I^2R \text{ 或 } P=\frac{U^2}{R} \tag{1-8}$$

在国际单位制（SI）中，功率单位为 W（瓦），常用单位还有 kW（千瓦）、mW（毫瓦）。它们之间的换算关系为 $1\text{kW}=10^3\text{W}=10^6\text{mW}$

例 1-1 有一 220V、40W 的白炽灯，接在 220V 的供电线路上，求取用的电流。若平均每天使用 2.5h（小时），电价是每千瓦时 0.42 元，求每月（以 30 天计）应付出的电费。

解：因为 $P=UI$，则

$$I=\frac{P}{U}=\frac{40}{220}\text{A}\approx0.18\text{A}$$

每月消耗电能：$W=Pt=0.04\text{kW}\times2.5\times30\text{h}=3\text{kW}\cdot\text{h}$

每月应付电费：0.42×3 元=1.26 元

1.1.3 导体的电阻与欧姆定律

一、导体电阻

当电流通过导体时，导体对电流产生的阻碍作用，称为导体的电阻。表征这种阻碍作用的物理量叫做电阻，用 R 表示，其理想模型符号如图 1-11 所示。

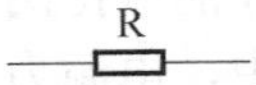

R

图 1-11 电阻符号

在 IS 单位制中，电阻的单位为欧姆（Ω），简称欧，常用单位还有 kΩ（千欧）和 MΩ（兆欧），它们之间的换算关系为：

$$1\text{k}\Omega=10^3\text{M}\Omega=10^6\Omega$$

不但金属导体有电阻，其他物体也有电阻。导体电阻的大小是由其长短、粗细、材料性质等本身物理条件决定的，并受温度影响。实验表明，同种材料的导体电阻与其长度成正比，与其横截面积成反比，即

$$R=\rho\frac{l}{s} \tag{1-9}$$

上式称为电阻定律。式中，ρ——导体的电阻率，单位是 Ω·m（欧·米）；l——导体长度，单位为 m；S——导体截面积，单位为 m^2。

此外，导体的电阻还与温度有关，大多数金属在0～100℃内，电阻随温度变化的相对值与其温度变化量成正比，即

$$\frac{R_2-R_1}{R_1}=\alpha(t_2-t_1) \text{ 或 } R_2=R_1\left[1+\alpha(t_2-t_1)\right] \tag{1-10}$$

式中，α——导体材料的电阻温度系数，单位为$℃^{-1}$；R_1——温度在t_1时导体的电阻，单位为Ω；R_2——温度在t_2时导体的电阻，单位为Ω。

电阻率反映物体的导电性能，电阻率越小物体的导电性能越好。表1-1中列出了一些常见金属、合金及碳的电阻率和温度系数（20℃）。从表中可以看出，银的电阻率最小，导电性能最好，但价格昂贵，不适于作一般导电材料，只有像接触器、继电器的触头等才用银来制作；铜和铝的电阻率也很小，是制造导线的常用材料。铝的价格便宜，且我国铝藏丰富，所以应尽量以铝代铜。我国的架空导线常用多股铝绞线或机械强度较高的加有钢丝的多股铝绞线。一般工程中使用的导线有铜心的，也有铝心的。从表中还可以看出，大多数金属材料的电阻温度系数是正值，其阻值随着温度的上升而增大，如银、铜、铝等。锰铜、康铜的电阻温度系数很小，常用来制作标准电阻和电工仪表中的附加电阻。

表1-1　常见金属、合金及碳的电阻率和电阻的温度系数（20℃）

材料名称	ρ/(Ω·m)	α/$℃^{-1}$
银	1.65×10^{-8}	3.8×10^{-3}
铜	1.75×10^{-8}	4.0×10^{-3}
铝	2.83×10^{-8}	4.2×10^{-3}
钨	5.5×10^{-8}	4.5×10^{-3}
铁	8.7×10^{-8}	5.0×10^{-3}
铂	10.5×10^{-8}	3.9×10^{-3}
低碳钢	12×10^{-8}	4.2×10^{-3}
镍铜	50×10^{-8}	4.0×10^{-3}
锰铜	42×10^{-8}	5.0×10^{-6}
康铜	49×10^{-8}	5.0×10^{-6}
镍铬铁	112×10^{-8}	1.3×10^{-4}
铝铬铁	135×10^{-8}	5.0×10^{-5}
碳	1000×10^{-8}	-5.0×10^{-4}

近年来，科学家们发现有些金属（如钛、钒、铬、铁、镍等）及其合金，在处于某一特别低的温度时，它们的电阻会突然为零。这种电阻为零的现象称为超导现象，这样的导体称为超导体。在普通的导体中，通过导体的电流由于电阻的原因大部分变为热能损耗掉了。而用超导材料做成超导电缆用于输电，输电线路上的损耗将降为零；用超导材料制造超导大容量发电机，根本不会发热，也就不需要冷却系统。超导体的应用前景广阔，如用于强电，用超导体制成大尺度的超导器件，如超导磁铁、电机、电缆等，用于发电、输电、储能和交通

运输等方面；用于弱电，用超导体制成小尺度的器件，如超导量子干涉器件（SQVID）和制成计算机的逻辑元件，用于精密仪器仪表、计算机等方面。但由于超导现象存在的低温性和投资费用昂贵等条件，在很大程度上限制了超导材料的应用。目前各国都在致力于发现新超导材料的各种研究，使这种新材料能够在越来越接近常温的条件下形成超导体。

二、欧姆定律

1. 一段电阻电路的欧姆定律

一段电阻电路欧姆定律的内容为：通过电阻的电流与电阻两端的电压成正比，与电阻阻值成反比。当电流与电压的参考方向相同时（即关联参考方向），如图 1-12（a）所示，其数学表达式为：

$$U=IR \text{ 或 } I=\frac{U}{R} \tag{1-11}$$

当电流与电压的参考方向相反时（即非关联参考方向），如图 1-12（b）所示，其数学表达式为：

$$U=-IR \tag{1-12}$$

在以后的分析中，如不特加说明，U、I 均为关联参考方向。

根据欧姆定律，电阻两端电压与电流的关系曲线称为伏安特性曲线。当电阻两端的电压与通过它的电流呈线性关系时，该电阻称为线性电阻，其伏安特性曲线是一条通过原点的直线，如图 1-13 中的 *a*—*a*；而当电阻两端的电压与通过它的电流不呈线性关系时，该电阻称为非线性电阻（如二极管、白炽灯灯丝的电阻等），其伏安特性曲线不再是一条通过原点的直线，如图 1-13 中的 *b*—*b*。伏安特性曲线常被用来研究导体电阻的变化规律。

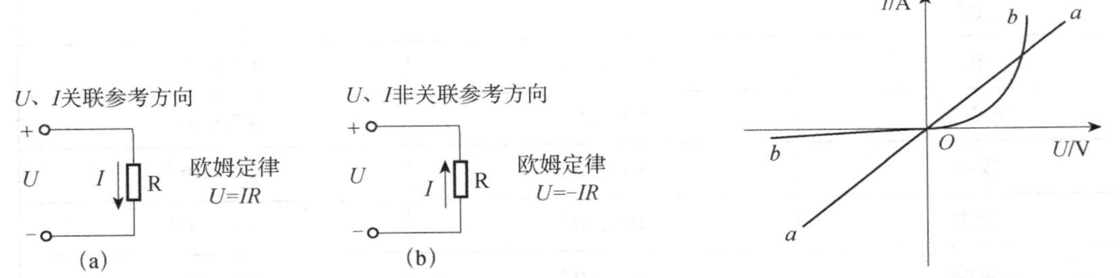

图 1-12　*U*、*I* 参考方向与欧姆定律表达式形式　　**图 1-13　线性电阻与非线性电阻的伏安特性**

例 1-2　已知两个电阻 R_a 与 R_b 的伏安特性如图 1-14 所示，试分析两个电阻 R_a 与 R_b 的大小关系。

解： 由欧姆定律及图 1-14 可知：

$$R_a=U_a/I_a=20/2=10\Omega$$
$$R_b=U_b/I_b=10/2=5\Omega$$

可见，两个电阻 R_a 与 R_b 的大小关系为 $R_a>R_b$。

2. 全电路的欧姆定律

由电源、负载、连接导线和开关等组成的闭合电路称为全电路。如图 1-15 所示为最简单的全电路，电路中电源的电动势为 U_S，电源的内电阻为 R_0，负载电阻为 R，连接导线电阻忽略不计。

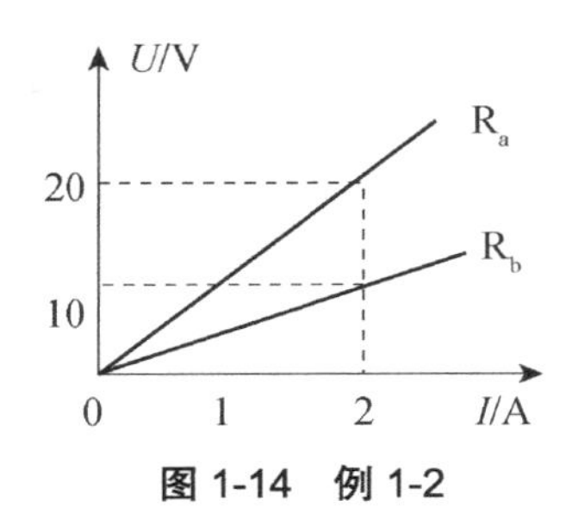

图 1-14 例 1-2

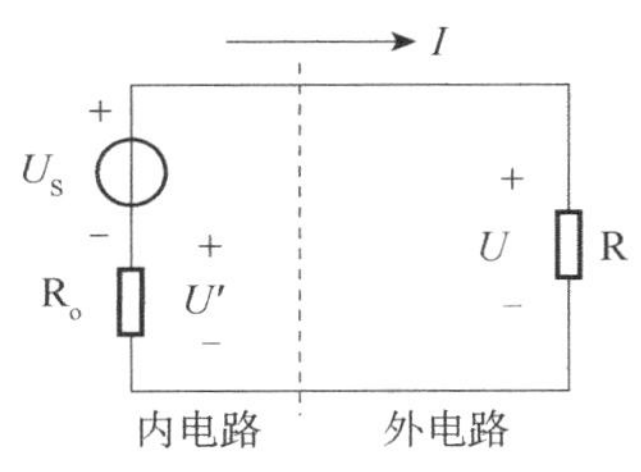

图 1-15 全电路

全电路中电动势、电阻、电流之间的关系也遵循欧姆定律。全电路的欧姆定律的表达式为：

$$I = \frac{U_S}{R_0 + R} \text{ 或 } U_S = IR + IR_0 \tag{1-13}$$

从式（1-13）中可知，外电路的电压降（电路端电压）为 $U=IR$，内电路的电压降 $U'=IR_0$，即在一个闭合电路中，电压升（电源电动势）之和等于电压降之和，即

$$U_S = U + U' \tag{1-14}$$

此式称为全电路的电压平衡方程式。

例 1-3 已知小收音机正常工作时所需电压为 2.4～3V，电流为 80mA，现用 3V 干电池供电。当电池用了一段时间后，内电阻增大为 10Ω，请问该收音机能否继续工作？

解： 将小收音机等效成图 1-15 所示电路，根据全电路欧姆定律可知：当干电池内电阻增大为 10Ω 时，小收音机两端的电压为

$$U = U_S - IR_o = 3 - 10 \times 80 \times 10^{-3} = 2.2\text{V}$$

可见，干电池已经不能满足小收音机的最低工作电压 2.4V，应该更换电池。

1.1.4 电流的热效应、电气设备额定值和电路的工作状态

一、电流的热效应

由于电路有电阻存在，当电路中有电流通过时，电阻会将电能不可逆转地转化为热能，使电气设备的温度上升，这种现象称为电流的热效应。电阻转化为热能的计算公式为 $Q=I^2Rt$，称为焦耳定律。

电流的热效应在电气设备中具有广泛应用，如用做热源的工业电炉、家用电炊具、电暖设备和电烙铁等。这些都是利用电流的热效应加热工作的。电流的热效应也有其不利的一面，它使工作中的电气设备发热，这不但消耗了电能，还会造成电气设备过早老化甚至烧坏，因此，在电气设备中应采取各种保护措施，以防止电流的热效应造成危害，如常用风扇给电气设备吹风散热。

二、电气设备的额定值

电气设备的额定值反映了电气设备的使用安全性和电气设备的使用能力，是保证电气设备在正常运行的规定使用值，有额定电流、额定电压和额定电功率。

1. 额定电流 I_N

为了避免电流的热效应造成的危害，使电器工作温度不超过最高温度，因此对通过它的最大电流进行限定，这个限定的最大电流称为额定电流，用 I_N 表示。不同电气设备的额定电流是不同的。电动机、变压器等电气设备的额定电流通常标注在铭牌上，也可从产品目录中查得。

2. 额定电压 U_N

电气设备的绝缘材料不是绝对不导电的，如果作用在绝缘材料上的电压过高，绝缘材料会被击穿导电。另外，当电气设备的电流给定后，电压增加会使设备的功率也增加，可能会造成设备过载。为此必须限制电气设备的电压，这个限定的电压，就是电气设备的额定电压，用 U_N 表示。在使用各种电气设备时，如果电源电压高于用电器的额定电压，会使用电器因为电压过高而烧坏。如果电源电压低于用电器的额定电压，会使用电器因为电压不足而无法正常工作。因此在使用各种电气设备之前，必须看清用电器的额定电压是否与电源电压相同。

3. 额定功率 P_N

在电阻性负载的电气设备中，额定电流与额定电压之积，称电气设备的额定功率，用 P_N 表示，即 $P_N=U_N \cdot I_N$。

电气设备在额定功率下的工作状态称为额定工作状态，也称为满载；低于额定功率的工作状态称为轻载（或欠载）；高于额定功率的工作状态称为过载（超载）。电气设备在额定状态下工作是最经济、合理、安全的。

三、电路的工作状态

1. 电源有载工作状态

如图 1-16（a）所示，当开关闭合时，就会使负载与电源接通，形成闭合电路，电路便处于电源有载工作状态，此时电路的特征是有电流经过负载电阻。由全电路欧姆定律可知：

电流大小：$I=\dfrac{U_S}{R_0+R}$

电源端电压：$U=U_S-IR_0=IR$

当电源电压、内电阻不变时，电流的大小取决于负载电阻的大小，R 越小，电流越大，反之，R 越大，则电流越小；电源的端电压会随着电流的增大而减小，当 $R_0<<R$ 时，则 $U\approx U_S$，说明当负载变化时，电源的两端电压变化不大，即带负载能力强。注意：负载的大小是指负载取用的电流和功率。

电源输出的功率（负载取用的功率）也由负载决定，即 $P=UI=U_SI-I^2R_0$。

电气设备的输出功率与输入功率的比值，称为电气设备的效率，用 η 表示，即

$$\eta=\frac{P_o}{P_i}\times 100\%$$

效率越高输入能量的利用率越高，可以减少因能量损耗而引起的设备发热，从而降低设备成本，因此，应该尽量提高电气设备的效率。

2. 空载（断路、开路）状态

如图 1-16（b）所示，当开关 S 打开时，就会把负载从电源上断开，形成开路，电路便处在空载状态。此时电路的特征是

电流：$I=0$

电源端电压：$U=U_S$，电源内部无电压降

负载功率：$P=0$

实际电路在工作中，往往因为某个电器损坏而发生断路现象。当电路中某处断路时，断路处的电压等于电源电压。利用这一特点，可以帮助人们查找电路的开路故障点。

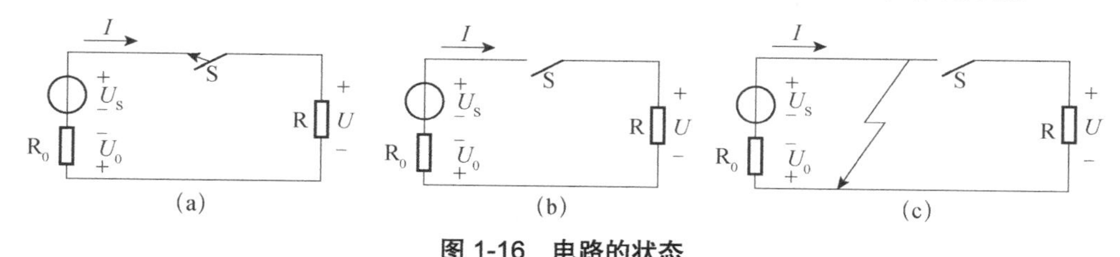

图 1-16　电路的状态

3. 短路状态

如图 1-16（c）所示，当电源两端被直接用导线接通时，电源就被短路了。此时电路的特征是

短路电流（很大）：$I=I_S=\dfrac{U_S}{R_0}$

电源端电压：$U=0$

负载功率：$P=0$，电源产生的能量全被内阻消耗掉，即 $P_S=\Delta P=I^2R_0$。

电路中的其他电器也有可能发生短路现象。当电路中某处短路时，短路处的电压等于零。

例 1-4　如图 1-16（a）所示，已知 $U_S=100V$，电源内阻 $R_0=0.2\Omega$、导线总电阻 $r_1=0.8\Omega$，负载电阻 $R=9\Omega$，试求电路正常工作、负载电阻被短路及电源两端短路时电路中的电流。

解：（1）电路正常工作时，$I=\dfrac{U_S}{R_0+r_1+R}=\dfrac{100}{0.2+0.8+9}=10A$

（2）负载电阻被短路时，$I=\dfrac{U_S}{R_0+r_1}=\dfrac{100}{0.2+0.8}=100A$

（3）电源两端短路时，$I=\dfrac{U_S}{R_0}=\dfrac{100}{0.2}=500A$

由此可见，电源短路的电流很大，危险性最大，一般不允许出现这种情况。

1.1.5　电阻的串并联及其应用

电阻的连接有三种方式：串联、并联和混联。

一、电阻的串联

如图 1-17（a）所示，电阻的串联是将电阻一个接一个首尾顺次相连，使电路中间没有分

支，只有一条通路。

1. 电阻串联电路的特性

（1）各电阻中通过同一电流。

（2）总电压等于各分电阻上电压之和，即

$$U=U_1+U_2+\cdots+U_n \tag{1-15}$$

（3）总电阻（等效电阻）等于各分电阻之和，即

$$R=R_1+R_2+\cdots+R_n \tag{1-16}$$

可见串联电路的总电阻大于任意一个分电阻。

（4）串联电路具有分压作用，即

$$\frac{U_1}{R_1}=\frac{U_2}{R_2}=\cdots=\frac{U_n}{R_n} \tag{1-17}$$

根据欧姆定律 $I=U/R$，$U_n=IR_n$，可求出每个电阻分得的电压为

$$U_1=\frac{R_1}{R}U，\ U_2=\frac{R_2}{R}U，\ \cdots，\ U_n=\frac{U_n}{R}U \tag{1-18}$$

可见，串联电路中各分电阻上的电压与其阻值成正比，电阻越大分得的电压越大，电阻越小则分得的电压越小。两个电阻串联时的分压公式为

$$U_1=\frac{R_1}{R_1+R_2}U，\ U_2=\frac{R_2}{R_1+R_2}U \tag{1-19}$$

（5）电路取用的总功率等于各电阻上消耗的功率之和，即

$$P=UI=U_1I_1+U_2I_2+\cdots+U_nI_n \tag{1-20}$$

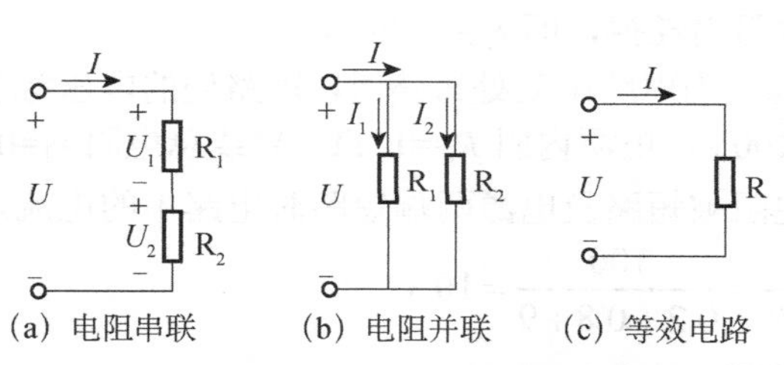

图 1-17 电阻的串并联及其等效电路

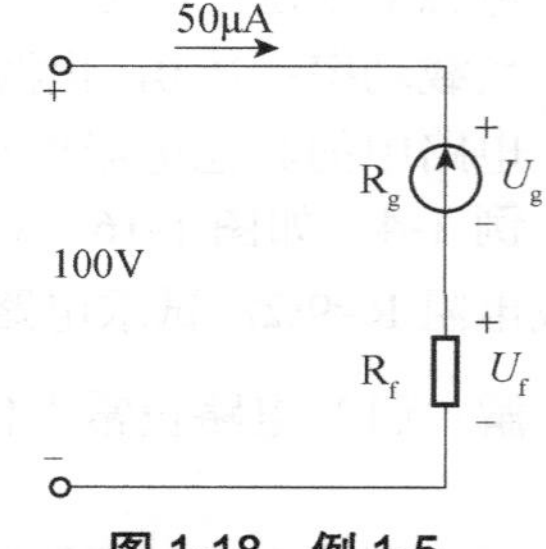

图 1-18 例 1-5

2. 电阻串联的应用

电阻串联在电工技术中，应用广泛，主要应用于降压、限流、调节电流及电压等。如负载的额定电压低于电源电压时，可采用串联电阻来降低一部分电压；在电路中串联一个电阻或变阻器，可以限制和调节电流大小，如电动机启动时的启动电流很大，是其额定电流的好几倍，会使电动机因过流而损坏，为了限制启动电流，通常在电路中串联电阻，将启动电流限制在电动机能承受的范围内；在电压表中，表头内电阻很小，只能测量很小的电压，通常在表头上串联适当电阻来扩大电压表的量程，使其可以测量高电压；在电子电路中，一般每种电路只有一组电源电压供电，但电路中的各种元器件所需的工作电压并不相同，此时可在各元器件上串联一个电阻来进行电压调节，满足其工作电压要求。

例 1-5 如图 1-18 所示，用一个满偏电流为 I=50μA，电阻 R_g=2kΩ 的表头制成 100V 量

程的直流电压表，应串联多大的附加电阻 R_f？

解： 由于表头能通过的电流是一定的，满刻度时表头电压由欧姆定律有

$$U_g = R_g I = 2\times 50\times 10^{-3} = 0.1(\text{V})$$

要制成 100V 量程的直流电压表，必须附加电阻电压为

$$U_f = 100 - 0.1 = 99.9(\text{V})$$

则

$$R_f = \frac{U_f}{I} = \frac{99.9}{50\times 10^{-6}} = 1998\text{k}\Omega$$

或者根据分压公式有

$$\frac{R_f}{2 + R_f} = \frac{99.9}{100}$$

解得 R_f=1998kΩ

二、电阻的并联

如图 1-17（b）所示，电阻的并联是将各个电阻的首尾各自相连，使电路有多个通路。

1. 电阻并联电路的特性

（1）各电阻上的电压是同一个电压。

（2）总电流等于各分电阻中的电流之和，即

$$I=I_1+I_2+\cdots+I_n \tag{1-21}$$

（3）总电阻的倒数等于各分电阻的倒数之和，即

$$\frac{1}{R}=\frac{1}{R_1}+\frac{1}{R_2}+\cdots+\frac{1}{R_n} \tag{1-22}$$

可见，电阻并联的总电阻小于任意一个分电阻。当只有两个电阻并联时，其等效总阻值为

$$R = \frac{R_1 R_2}{R_1 + R_2} \tag{1-23}$$

（4）电阻并联具有分流作用。根据欧姆定律，可求得各电阻分得的电流为

$$I_1=\frac{R}{R_1}I，\ I_2=\frac{R}{R_2}I，\ \cdots，\ I_n=\frac{R}{R_n}I \tag{1-24}$$

可见，电阻并联电路，各分电阻上的电流与电阻成反比。两电阻并联时的分流公式

$$I_1 = \frac{R_2}{R_1 + R_2}I，\ I_2 = \frac{R_1}{R_1 + R_2}I \tag{1-25}$$

2. 电阻并联的应用

电阻并联在电工技术中的应用也非常广泛，主要用于分流、调节电流等。如在测量电路中，电流表表头只能测量小电流，为了测量大电流，可通过在表头上并联分流电阻来扩大量程；在电力供电系统中，各种负载（电炉、电灯、电烙铁、电动机等）都是并联在电网上的，因为负载并联能保证各负载所承受的都是同一电压，则各负载取用的功率只由负载本身电阻决定，不受其他负载影响，从而使各负载独立工作，方便使用。如冰箱、电视、电脑、洗衣机等各种家用电器都是并联在同一市电 220V 电压上的。

例 1-6 有三盏电灯，分别为 110V、100W；110V、60W；110V、40W；并联接在 110V 电源上，试求 $P_{总}$和 $I_{总}$以及通过各灯泡的电流、等效电阻和各灯泡电阻。

解：（1）电路中消耗的总功率等于每个电阻消耗的功率之和

$$P_{总}=P_1+P_2+P_3=100+60+40=200(\text{W})$$

则

$$I_{总}=\frac{P_{总}}{U}=\frac{200}{110}=1.82(\text{A})$$

（2）三盏电灯都工作在额定电压下，根据欧姆定律

$$I_1=\frac{100}{110}=0.91(\text{A})\text{，}\quad I_2=\frac{60}{110}=0.545(\text{A})\text{，}\quad I_3=\frac{40}{110}=0.364(\text{A})$$

则等效电阻 $R=\dfrac{U^2}{P_{总}}=\dfrac{110^2}{200}=60.5(\Omega)$ 或 $R=\dfrac{U}{I}=\dfrac{110}{1.82}=60.5(\Omega)$

（3）根据功率公式，各灯泡电阻

$$R_1=\frac{U^2}{P_1}=\frac{110^2}{100}=121(\Omega)\text{，}\quad R_2=\frac{U^2}{P_2}=\frac{110^2}{60}=201(\Omega)\text{，}\quad R_3=\frac{U^2}{P_3}=\frac{110^2}{40}=302(\Omega)$$

三、电阻的混联

在实际电路中，既有电阻的串联，又有电阻的并联，即电阻的混联。对于混联电路的计算，只要按串并联的计算方法，把电路逐步化简，求出总等效电阻后便可根据要求进行电路计算。

例 1-7 如图 1-19（a）所示是由一个利用滑线变阻器组成的常用简单分压器电路。电阻分压器的固定端 a、b 接到直流电压源上。固定端 b 与活动端 c 接到负载上。利用滑线变阻器上滑动触头 c 的滑动可在负载电阻上输出 0～U的可变电压。已知直流理想电压源电压 U_S=9V，负载电阻 R_L=800Ω，滑线变阻器的总电阻 R=1000Ω，滑动触头 c 的位置使 R_1=200Ω，R_2=800Ω。试求此时电路中的电流 I_1、I_2和负载电阻 R_L两端的电压 U_2。

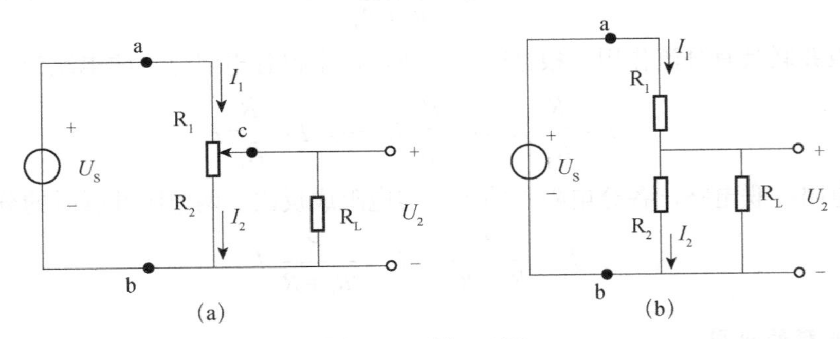

图 1-19 例 1-7 图

解： 由图可知，电阻 R_2与 R_L并联后再与 R_1串联，等效电路如图 1-19（b）所示，则

$$R_i=R_1+\frac{R_2R_L}{R_2+R_L}=200+\frac{800\times800}{800+800}\Omega=600\Omega$$

$$I_1=\frac{U_S}{R_i}=\frac{9}{600}\text{A}=0.015\text{A}$$

$$I_2 = \frac{R_L}{R_2 + R_L} I_1 = \frac{800}{800+800} \times 0.015\text{A} = 0.0075\text{A}$$

$$U_2 = R_2 I_2 = 800 \times 0.0075\text{V} = 6\text{V}$$

由上分析与计算可以看出，混联电路计算的一般步骤为：

（1）首先对电路进行等效变换，也就是把不容易看清串、并联关系的电路，整理、简化成容易看清串、并联关系的电路。

（2）先计算各电阻串联和并联的等效电阻，再计算电路的总的等效电阻。

（3）由电路的总等效电阻和电路的端电压计算电路的总电流。

（4）根据电阻串联的分压公式和电阻并联的分流公式，逐步推算出各部分的电压和电流。

电流表改装成电压表

任务要求：正确连接电路并完成电压表的改装。

一、训练目的

1. 学习利用电阻串联分压原理将电流表改装成电压表的方法和技能。
2. 加深对电阻串联分压特性的理解。

二、准备器材

1. 电流表；2. 标准电压表（量程与改装后的相同）；3. 滑动变阻器（1～2kΩ）；4. 电阻箱；5. 电源；6. 开关；7. 导线若干。

三、操作内容及步骤

1. 认识原理

电流表的指针偏转角大小与通过其电流成正比，因此也与加在其两端电压成正比。给电流表串联一个适当分压电阻便可构成一个电压表。

如图 1-20（a）所示，$U_g = \frac{R_g}{R_g + R} U$（式中，$R_g$为电流表内阻，$R$ 为分压电阻）。可见电流表的两端电压 U_g（即满偏电压，指针偏转到最大刻度时的电压 $U_g=I_g R_g$）与外加电压 U 成正比，因此，电流表指针偏转角也与外加电压 U 成正比。只要把电流表刻度改装成相应的电压值，就可以成为量程为 U 的电压表了。电流表的满偏电流 I_g（指针偏转到最大刻度时的电流，又称作量程）可以在表上读出。

2. 改装电压表

要求将给定电流表改装成量程为 2V 的电压表，首先求出电流表内阻和分压电阻，然后进行改装并用标准电压表进行校验。

（1）测量内阻 R_g。采用半偏法测量，测量电路如图 1-20（b）所示，先将调节电阻箱的阻值使电流表指针满偏，读取电阻箱的阻值 R_{01}；然后，再调节电阻箱的阻值使电流表指针偏转到满刻度的一半，读取电阻箱的阻值 R_{02}；此时便可计算出电流表的内阻：$R_g=R_{02}-2R_{01}$；将所有数据并填入表 1-2 中。

表 1-2　内阻 R_g 及分压电阻 R 的测量数据

R_{01}/Ω	R_{02}/Ω	R_g/Ω $R_g=R_{02}-2R_{01}$	I_g/mA	U_g/V	U=2V	$n=U/U_g$	R/Ω $R=(n-1)R_g$

（2）计算分压电阻 R。分压电阻可按公式 $R=(n-1)R_g$ 求出，试中 $n=\dfrac{U}{U_g}$，表示量程的扩大倍数。将 U 取 2V，算出 R 并填入表 1-2 中。

（3）进行改装。在变阻箱上取好分压电阻 R，将其与电流表串联，并确定此时电流表每一刻度所对应的电压值，便将电流表装成量程为 2V 的电流表了。

（4）校验改装的电压表。将改装成的电压表与标准电压表并联，如图 1-20（c）所示。调节变阻器 R_2 的值（应在 1kΩ 以上），使标准表的读数符合表 1-3 中的要求时读取改装表上的相应读数，并计算误差，将所有数据并填入表中。

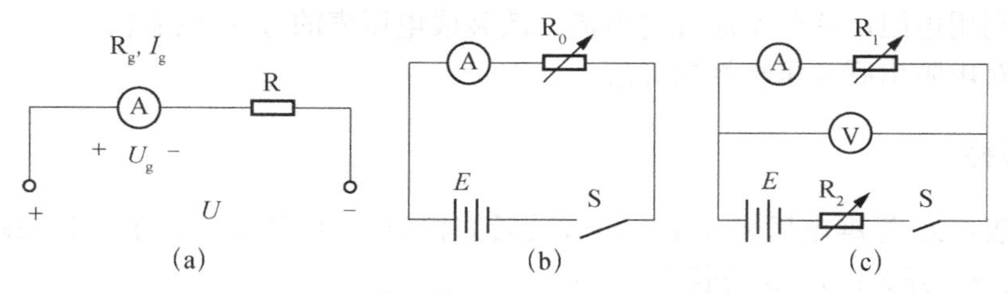

图 1-20　电流表改装成电压表相关电路

表 1-3　校验电压表数据

标准电压表读数 U/V	0.5	1	1.5	2.0
改装表读数 U'/V				
误差 $\dfrac{U'-U}{U}\times 100\%$				

四、思考题

1. 为什么校验改装表时所用的变阻器 R_2 阻值应在 1kΩ 以上？
2. 能否将小量程电流表改装成大量程电流表？如果能，怎样进行改装？

五、注意事项

1. 采用半偏法测电流表电阻时，应选择阻值 R 远大于电流表内阻的变阻器。
2. 闭合开关前应检查变阻器触头的位置是否正确。
3. 将改装后的电压表与标准电压表校对时，滑动变阻器应采用分压式接法，且变阻器阻值应较小。

任务 1.2 连接与测量复杂直流电路

了解复杂直流电路的基本概念，掌握基尔霍夫定律及支路电流法，并能正确分析、计算、连接及测量两网孔复杂直流电路。

1.2.1 基尔霍夫定律

不能用欧姆定律和电阻串并联知识化简为单一回路的电路，称为复杂电路，如图 1-21 所示。解决复杂电路计算的一个基本定律是基尔霍夫定律，它包括电流定律（KCL）和电压定律（KVL），是分析电路最基本的定律之一，不仅适用于直流电路，也适用于交流电路。

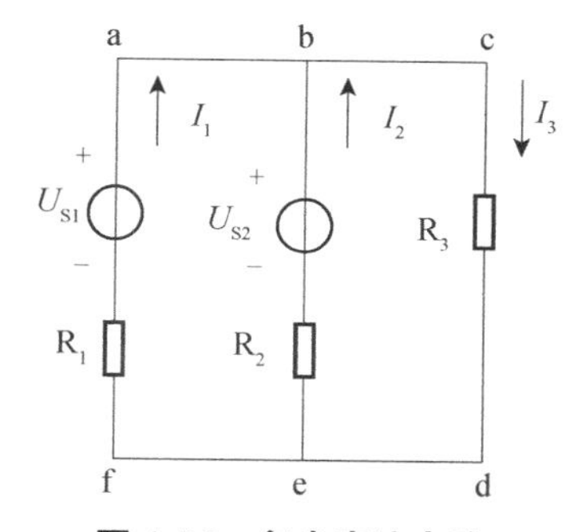

图 1-21 复杂直流电路

为了便于理解，在学习基尔霍夫定律之前先介绍几个名词。

支路：即电路中没有分岔的一段电路。一条支路含有一个或一个以上电路元件，流过同一个电流。如图 1-21 电路中，共有三条支路：af、be 和 cd。

节点：即电路中三条和三条以上支路的连接点。如图 1-21 电路中有 b、e 两个节点。

回路：指电路中任一闭合的路径。如图 1-21 电路中有 abefa、bcdeb 和 abcdefa 三个回路。

网孔：指回路中不包含支路的自然回路。如图 1-21 电路中有 abefa、bcdeb 两个网孔，abcdefa 回路内部含有支路 eb，所以不是网孔。

一、基尔霍夫电流定律（KCL）

基尔霍夫电流定律也称节点电流定律，用来确定节点电流间的关系。即：任何时刻流入任一节点的电流之和等于流出该节点的电流之和，其数学表达式为：

$$\sum I_{入} = \sum I_{出} \tag{1-26}$$

对图 1-21 电路中节点 b，应用 KCL 则有 $I_1 + I_2 = I_3$

如果将 I_3 移到等号左边，则有 $I_1 + I_2 - I_3 = 0$

KCL 定律的另一种表达形式为

$$\sum I = 0 \tag{1-27}$$

式（1-27）说明：在任一时刻，电路中流入（或流出）任一节点的电流代数和恒等于零。应用式（1-27）时，流入节点的电流取“+”，流出该节点的电流取“−”；各支路电流的方向为任意假设。

基尔霍夫电流定律是电流连续性的体现，可以推广为电路中的任意闭合面，即广义节点。如图 1-22 所示的电路中，闭合面 S 可视为广义节点，则有 $I_1+I_2+I_3=0$。

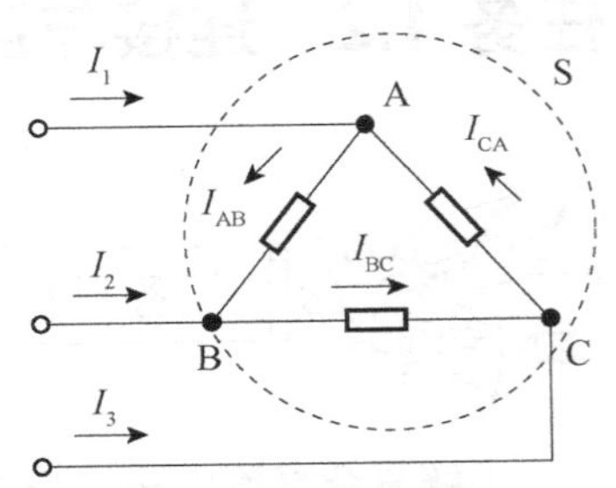

图 1-22　广义节点电流示意

二、基尔霍夫电压定律（KVL）

基尔霍夫电压定律确定了电路中任一回路各段电压之间的关系，它指出：任一时刻，沿任一回路绕行一周，该回路中各段电压之代数和恒等于零，即

$$\sum U=0 \tag{1-28}$$

在列方程时，首先要假设回路的绕行方向（顺时针或者逆时针），如果电压的参考方向与回路绕行方向相同的取“+”；否则取“−”。具体来说，对于电源电压，其参考方向与绕行方向相同取“+”，不同取“−”；对于电阻，如果其电流的参考方向与绕行方向相同，则该电阻的电压取“+”，不同就取“−”。

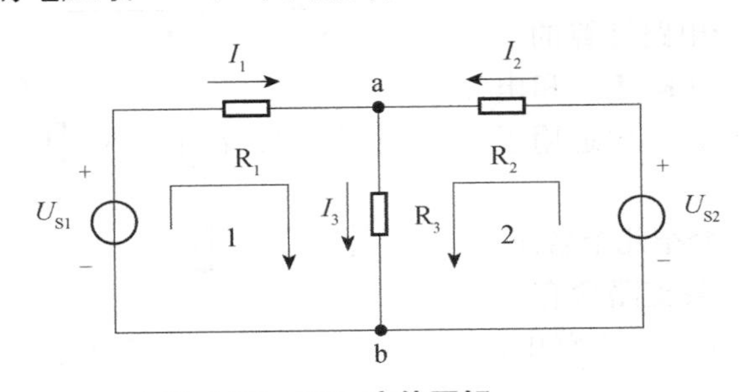

图 1-23　KVL 定律图解

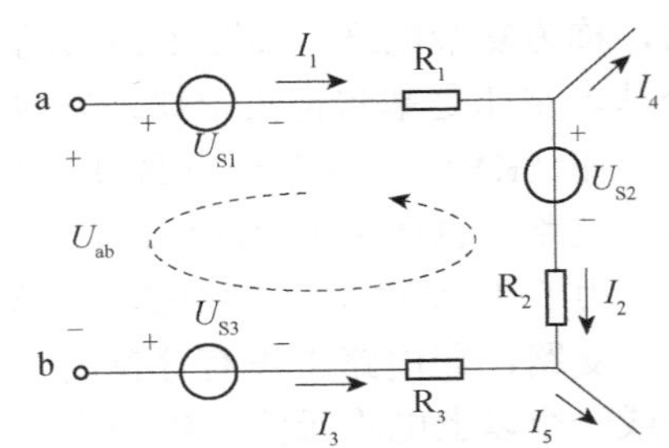

图 1-24　KVL 定律的推广

如图 1-23，假设回路 1 和回路 2 按图示方向绕行一周，则有

回路 1：$I_1R_1+I_3R_3-U_{S1}=0$ 或 $I_1R_1+I_3R_3=U_{S1}$

回路 2：$I_2R_2+I_3R_3-U_{S2}=0$ 或 $I_2R_2+I_3R_3=U_{S2}$

可见，KVL 定律也可改写为另一种形式：

$$\sum U_S=\sum IR \tag{1-29}$$

式（1-29）指出：沿回路绕行一周，该回路中所有电压源电压的代数和等于所有电阻上电压的代数和。

注意：应用式（1-29）时，如果电源压电压的参考方向与回路绕行方向相同，取“−”，不同则取“+”；而电阻上电压的正负号确定与式（1-28）方法相同。

KVL 通常用于闭合回路，但也可推广应用到任一不闭合的电路上。图 1-24 虽然不是闭合回路，但当假设开口处的电压为 U_{ab} 时，可以将电路想象成一个虚拟的回路，用 KVL 列写方程为：$U_{ab}+U_{S3}+I_3R_3-I_2R_2-U_{S2}-I_1R_1-U_{S1}=0$。

1.2.2 支路电流法

支路电流法是以支路电流为未知量，利用基尔霍夫定律列出方程式进行求解的一种方法，一般步骤如下：

（1）假设各支路电流方向和回路绕行方向。电流方向和回路绕行方向可以任意假设，不过一旦设定后就不能再改变了。

（2）用 KCL 定律列出节点电流方程。

（3）用 KVL 定律列出回路电压方程。

（4）代入已知数，解联立方程，求出各支路电流。

说明：对于有 b 条支路，n 个节点的复杂电路，需要列出 b 个方程式来联立求解，而 n 个节点只能列出（n−1）个方程，这样还缺 b −（n−1）个方程，可由 KVL 定律来补充。

例 1-8 如图 1-23 所示，令 U_{S1}=180V，U_{S2}=80V，R_1=5Ω，R_2=10Ω，R_3=15Ω，试求各支路电流。

解：该电路有 3 条支路，需要列出 3 个方程，电路中有 2 个节点，可以用基尔霍夫电流定律列出 1 个电流方程，用基尔霍夫电压定律列出 2 个电压方程。

假设各支路电流及回路绕行方向如图所示，则

对节点 b：$I_1+I_2=I_3$

对回路 1：$I_1R_1+I_3R_3-U_{S1}=0$ 或 $I_1R_1+I_3R_3=U_{S1}$

对回路 2：$I_2R_2+I_3R_3-U_{S2}=0$ 或 $I_2R_2+I_3R_3=U_{S2}$

代入已知数据，得

$$I_1+I_2=I_3$$
$$5I_1+15I_3-180=0$$
$$10I_2+15I_3-80=0$$

将这 3 个方程联立解出 I_1=12A，I_2=−4A，I_3=8A。其中，I_2 为负值，表示 I_2 的实际方向与假设方向相反，该电流流入电源 U_{S2}，这种情况为电源在充电。

验证基尔霍夫定律

任务要求：完成基尔霍夫电流定律和电压定律的验证。

一、训练目的

1. 通过实验验证基尔霍夫电流定律和电压定律，加深对定律的理解和应用。
2. 提高复杂直流电路的连接与测量能力。

二、准备器材

1. 通用电学实验台（提供双路直流稳压电源）；2. 万用电表（MF47 型）；3. 直流电路实验板；4. 导线若干。

三、操作内容及步骤

1. 验证基尔霍夫电流定律（KCL）

按图 1-25 接好线路，使 U_1=12V，U_2=6V。

图中 X_1、X_2、X_3、X_4、X_5、X_6 为节点 B 的三条支路电流测量接口。

测量某支路电流时，将电流表的两支表笔接在该支路接口上，并将另两个接口用线短路。注意使用指针式万用表进行测量时，红表笔应接电流参考方向的高电位，如 X_1 处，黑表笔试触低电位，如 X_2 处，如果指针正偏则电流记为正值，如果指针反偏就调换黑红表笔位置再测，并记录电流为负值，将测量结果填入表 1-4。

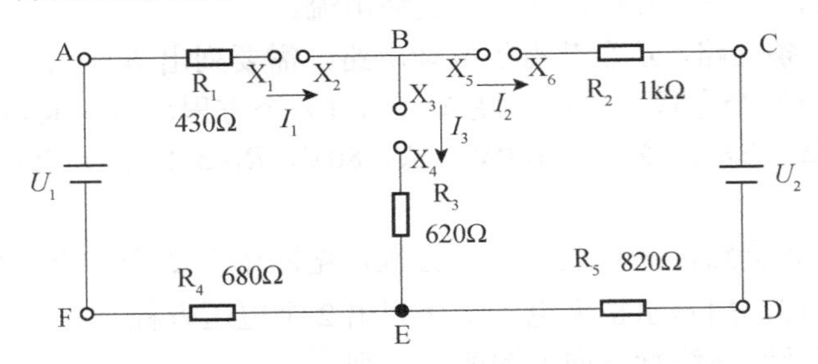

图 1-25 基尔霍夫定律的验证

表 1-4 各支路电流测量数据

I_1/mA	I_2/mA	I_3/mA	$\sum I =$

2. 验证基尔霍夫电压定律（KVL）

验证电路与图 1-25 相同，用连接导线将三个电源接口短路，取两个验证回路，回路 1 为 ABEFA，回路 2 为 BCDEB。用电压表依次测出表 1-5 中要求的电压并记录。

表 1-5 各回路电压测量数据

U_{AB}/V	U_{BE}/V	U_{EF}/V	U_{FA}/V	回路 1 $\sum U$	U_{CB}/V	U_{BE}/V	U_{ED}/V	U_{DC}/V	回路 2 $\sum U$

四、思考题

1. 根据实验数据，验证 KCL 的正确性。
2. 根据实验数据，验证 KVL 的正确性。

五、注意事项

1. 注意安全用电，必须经教师检查确认无误后方可通电。
2. 正确使用仪器设备及处理电路故障。
3. 完成实验报告及实验结果分析。

【项目一　知识训练】

一、填空题

1. 电路一般由________、________和________组成，按电路功能不同，可分为________和________。

2. 常见的理想电路元件有________、________、________、________和________。

3. 电路中任意两点之间的电位差等于这两点间的________。

4. 电阻率越大则导体的导电性能越________。

5. 电动势为 2V 的电源，与 9Ω 的电阻接成闭合电路，电源两极间的电压为 1.8V，则电源的内电阻________。

6. 有一线性电阻，测得其两端电压是 6V，电流是 2A，如将其电压变为 24V，则通过它的电流是________。

7. 基尔霍夫电流定律指出：在任意时刻电路中流入节点的电流之和________流出该节点的电流之和。公式为________；电压定律指出：在任意时刻沿回路一周，回路中所有的电动势的代数和________回路中所有的电阻电压降的代数和，公式为________。

二、判断题

1.（　　）大小和方向均不随时间变化的电压和电流称为直流电。
2.（　　）电路分析中描述的电路都是实际中的应用电路。
3.（　　）电流总是从高电位流向低电位。
4.（　　）电路中参考点改变，各点电位也随之改变。
5.（　　）电路中两点的电位都很高，这两点之间的电压也一定很大。
6.（　　）电路处于开路状态时，电路中既没有电流，也没有电压。
7.（　　）电阻并联时，各电阻上消耗的功率与其电阻的阻值成正比。
8.（　　）并联电阻的个数越多，其等效电阻越小，因此取用的电流也越大。
9.（　　）电路中某支路电流为负值，说明它的实际方向与假设方向相反。
10.（　　）电阻率越大则导体的导电性能越强。
11.（　　）电源内部的电流方向总是由电源负极流向电源正极。
12.（　　）负载上获得最大功率时，电源的利用率最高。

三、选择题

1. 电路中用于把其他形式能转换为电能的装置是（　　）。
   A. 负载　　B. 电源　　C. 连接导线　　D. 控制装置
2. 已知空间 a、b 两点间的电压 U_{ab}=10V，a 点电位为 V_a=4V，则 b 点电位 V_b 为（　　）。
   A. 6V　　B. −6V　　C. 10V　　D. 14V
3. 串联电阻具有（　　）。
   A. 分流作用　　B. 分压作用　　C. 分频作用　　D. 分开作用
4. 并联电阻具有（　　）。

A. 分开作用　　B. 分压作用　　C. 分频作用　　D. 分流作用

5. 欲将一电流表改装成电压表，则应（　　）。

A. 并联分压电阻　　B. 串联分流电阻

C. 并联分流电阻　　D. 串联分压电阻

6. 串联电路中，某电阻的阻值越大，其分得的电压（　　）。

A. 越大　　B. 与其他电阻的电压一样大

C. 越小　　D. 很难确定

7. 已知 $R_1=4R_2$，若 R_1 上消耗的功率为 1W，当两个并联时，R_2 上消耗的功率为（　　）。

A. 5W　　B. 20W　　C. 0.25W　　D. 4W

8. R_1 和 R_2 串联，已知 $R_1=4R_2$，若 R_1 上消耗的功率为 1W，则 R_2 上消耗的功率为（　　）。

A. 5W　　B. 0.25W　　C. 20W　　D. 4W

9. 电流表测量电流时一定（　　）联在待测电路中，电压表测量电压时一定（　　）联在待测电路中。

A. 并、并　　B. 串、串　　C. 并、串　　D. 串、并

四、分析简答题

1. 请你说明为什么电气设备和家用电器在安装时都采用并联连接？如果串联会怎样？

2. 请举例说明电阻串联分压原理的应用（可以画图说明，也可以用文字说明）。

3. 一只“220V、100W”的白炽灯泡，它的额定电压为多少？当将灯泡接入电压为 250V 的电路时，灯泡能否长期正常工作？怎样做才能使它正常工作?

4. 要想使“110V、40W”的用电器正常工作，应该将其接在多大的电源上？如果现场没有相匹配的电源，只有 220V 电源和若干电阻，怎样才能使这个用电器正常工作？请说出你的解决方案（可以画图，也可以文字说明）。

5. 220V、40W 和 220V、100W 的灯泡，将它们并联在 220V 的电源上哪个亮？为什么？若串联后在接到 220V 电源上，哪个亮？为什么？

五、计算题

1. 如图 1-26 所示，求电路中 a、b 两点的电位 V_a、V_b 以及 ab 两点之间的电压 U_{ab}。

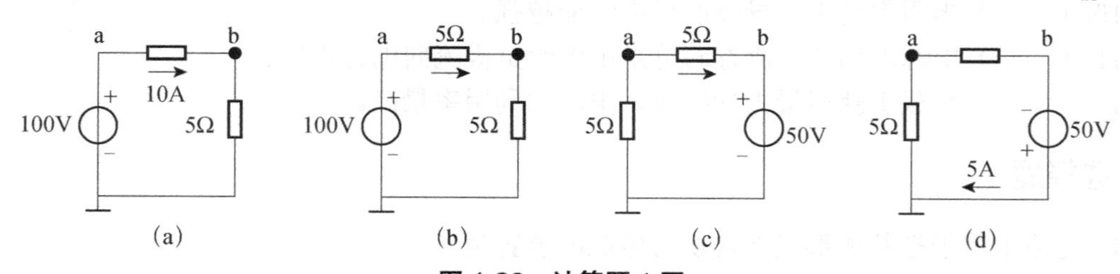

图 1-26　计算题 1 图

2. 如图 1-27 所示，求当开关 S 闭合时电路中 a、b 两点的电位 V_a、V_b 以及 ab 两点之间的电压 U_{ab}。

3. 电路如图 1-28 所示，开关 S 置“1”时，电压表读数为 10V；S 置“2”时，电流表读数为 10mA，问开关 S 置“3”时，电压表、电流表的读数各为多少？

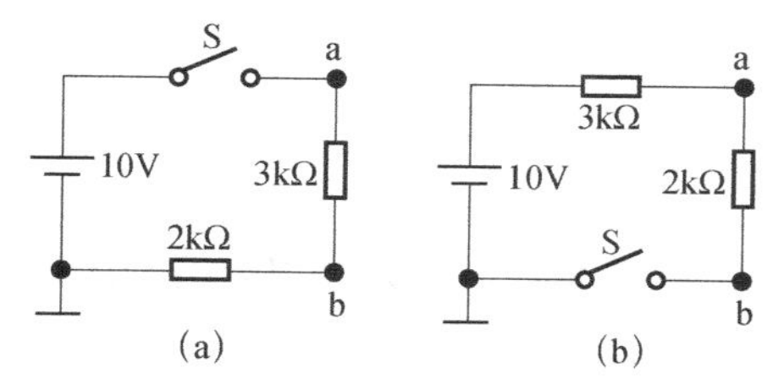

图 1-27　计算题 2 图

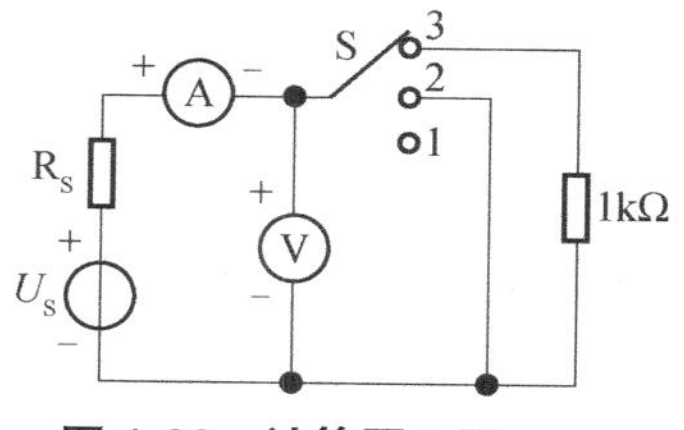

图 1-28　计算题 3 图

4. 如图 1-29 所示的 C30-V 型磁电系电压表，其表头的内阻 R_g=29.28Ω，各挡分压电阻分别 R_1=970.72Ω，R_2=1.5kΩ，R_3=2.5kΩ，R_4=5kΩ；这个电压表的最大量程为 30V。试计算表头所允许通过的最大电流值 I_g、表头所能测量的最大电压值 U_g 以及扩展后的各量程的电压值 U_1、U_2、U_3、U_4。

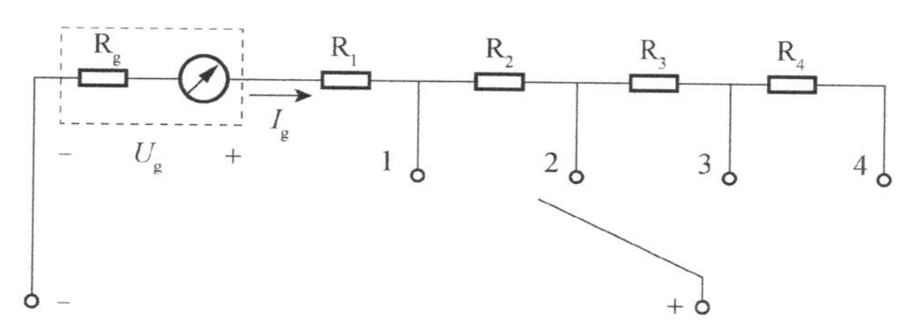

图 1-29　计算题 4 图

5. 如图 1-30 所示的 C41-μA 型磁电系电流表，其表头内 R_g=1.92kΩ，各分流电阻分别为 R_1=1.6kΩ，R_2=960Ω，R_3=320Ω，R_4=320Ω；表头所允许通过的最大电流为 62.5μA，试求表头所能测量的最大电压 U_g 以及扩展后的电流表各量程的电流值 I_1、I_2、I_3、I_4。

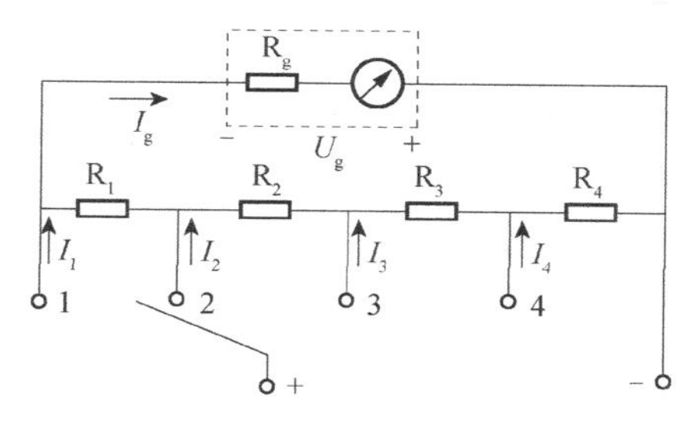

图 1-30　计算题 5 图

6. 某电路的部分电路如图 1-31 所示，流过节点 A 点的电流 I_1=1.5A，I_2=−2.5A，I_3=3A，求电流 I_4。

7. 如图 1-32 所示，U_{S1}=18V，U_{S2}=8V，R_1=5Ω，R_2=10Ω，R_3=15Ω，试用支路电流法求电流 I_3。

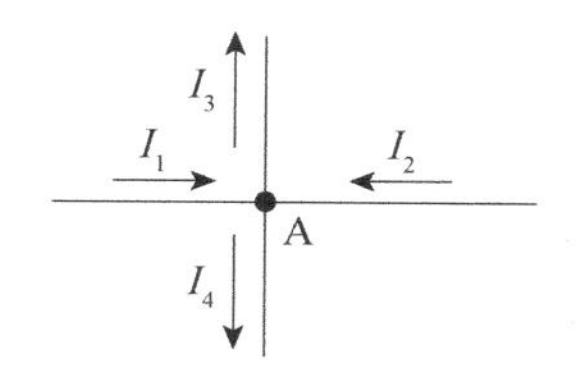

图 1-31　计算题 6 图

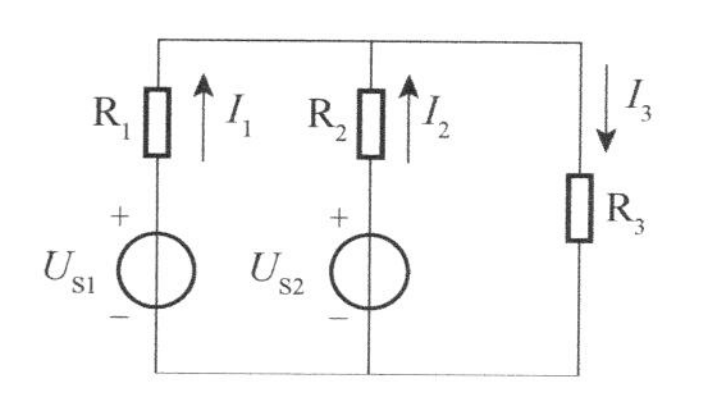

图 1-32　计算题 7 图

【能力拓展一】练习使用万用表

任务要求：正确使用万用表进行电阻、电压和电流测量，掌握万用电表的使用方法，培养电工操作基本技能。

一、拓展目的

1. 认识万用电表的面板结构，掌握其使用方法及注意事项。
2. 掌握使用常用万用电表测量电阻、电流及电压的基本方法和操作技能。

二、准备器材

1. 电学通用实验台；2. 万用电表（指针式 MF47、数字 UA9205N）；3. 直流电路实验板；4. 导线若干。

三、内容及步骤

（一）认识万用表

万用表又称万能表、多用表、三用表（测量电阻、电压、电流）等，是一种多功能、多量程的测量仪表。一般万用表可测量直流电流、直流电压、交流电流、交流电压、电阻和音频电平等，有的还可以测交流电流、电容量、电感量及半导体的一些参数（如三极管 β 值）等。万用表分为指针式万用表和数字万用表，还有一种带示波器功能的示波万用表。

1. 面板结构说明

指针式万用表及数字式万用表的面板结构说明分别如图 1-33 和图 1-34 所示。

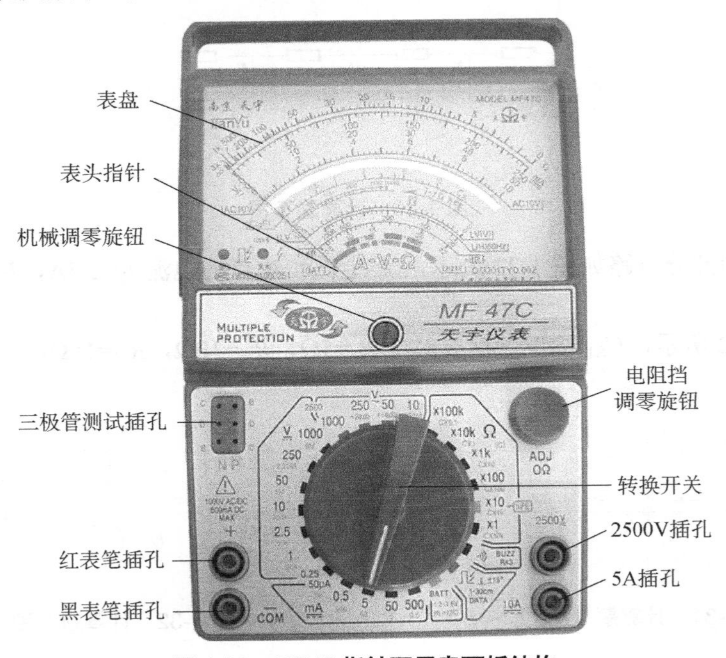

图 1-33　MF47 指针万用表面板结构

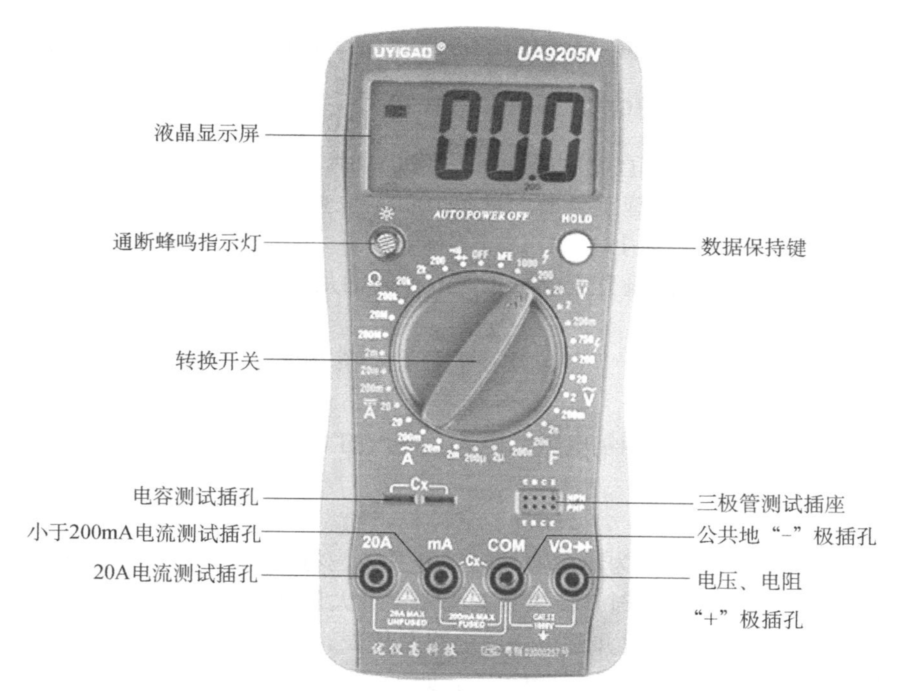

图 1-34　UA9205N 数字万用表面板结构

2. 使用方法（仅以 MF47 指针式万用表为例，数字式万用表的使用方法与之大同小异）

（1）机械调零：在使用前应检查指针是否指在机械零位置上，如不指在零位时，可调节机械调零旋钮使指针指示在零位上。

（2）正确插入红黑表笔：测量小于最大量程（转换开关指示的）的交、直流电压和直流电流时，应将黑红表笔分别插入“-”、“＋”插孔中；测量交直流 2500V 或直流 5A 时，红表笔则应分别插到标有 2500V 或“5A”的插孔中。

（3）正确选择测量功能、量程及读数。

① 测量直流电阻：将转换开关旋至所需电阻挡，先进行“欧姆调零”（即黑红表笔短接，调节零欧姆调零旋钮，使指针对准于欧姆“0”位上，且每换一次挡位都要进行一次“欧姆调零”），然后将黑红表笔跨接在被测电阻两端进行测量，读出指针在“Ω”刻度线（第一条刻线）上的读数，再乘以该挡的倍乘，就是所测电阻的阻值。例如用 R×100 挡测量电阻，指针指在 8，则所测得的电阻值为 8×100=800Ω。由于“Ω”刻度线左部读数较密，难于看准，所以测量时应选择适当的欧姆挡，使指针在刻度线的中部或右部，这样读数比较清楚、准确。

测量电路中的电阻时，应先切断电源，如电路中有电容则应先行放电。当检查电解电容器漏电时，可转动开关到 R×1k 挡，红表笔必须接电容负极，黑表笔接电容正极。

② 测量直流电流：测量 0.05～500mA 时，先估算被测电流的大小，然后将转换开关旋至所需电流挡；测量 5A 时，将转换开关旋至直流电流最大量程 500mA 上，然后将红、黑表笔分别串接在被测电流的“＋”端和“-”端上。

读数方法：读取指针在直流电流“ $\underline{\text{mA}}$ ”刻度线（第二条刻线）上的示数，该刻度线下共有满偏刻度 250、50 和 10 三组刻度，当所选量程为这几个满偏刻度（如 50mA）时，可直接按相应刻度读取指针示数；当所选量程不是这几个满偏刻度时，被测电流应为按某满偏刻度读取的指针示数乘以所选量程大小与该满偏刻度的比值：如所选量程为直流 5mA 时，按满偏刻度 50mA 读取的指针示数为 10，则所测电流为 $10\times\frac{5}{50}=1\text{mA}$。

③ 测量交直流电压：测量直流电压 0.25～1000V 时，将转换开关旋至所需电压挡；测量直流电压 2500V 时，转换开关应旋至最大量程 1000V 位置上，然后将红、黑表笔分别并接在被测电压的“＋”端和“-”端上。

测量交流电压的方法与测量直流电压相似，不同的是交流电没有正、负，所以黑红表笔不用分正、负。

读数方法：读取指针在“ $\underset{\sim}{\text{V}}$ ”刻度线（也是第二条刻线）上的示数，具体方法与上述直流电流的读法一样。

以上仅介绍了使用万用表测量电阻、电流及电压的方法，其他测量功能的使用读者可参照产品说明书自行学习。

3. 注意事项

① 测量高压或大电流时，为避免烧坏转换开关，应将表笔脱离电路再变换量程。

② 当待测电压或电流未知时，转换开关应先置最大量程处，待第一次读取值后，方可逐渐旋至适当位置以取得较准读数并避免烧毁电路及仪表。

③ 使用指针式万用表直流电压和电流时，如不能确定待测电压或电流的方向，要进行试触，以防指针反偏、损坏。

④ 测量高压时要站在干燥绝缘板上，并单手操作，防止意外事故。

⑤ 如发生因过载而烧断保险丝时，应换上相同型号的保险丝。

⑥ 测量结束后，转换开关应置交流电压最大挡位或 OFF 处，并从测量插孔中取下表笔。

⑦ 电池应定期检查、更换，以保证测量精度。如长期不用，应取出电池，以防止电液溢出腐蚀而损坏其他零件。

⑧ 仪表应保存在室温为 0～40℃，相对湿度不超过 85%，并不含有腐蚀性气体的场所。

（二）使用万用电表测量电阻、电压及电流

（1）测量电阻。选用万用电表的欧姆挡，根据待测参数合理选择量程，测量表 1-6 中给定电阻的阻值，正确读取数值，计算并记录结果。

表 1-6　电阻测量数据

标称值	6.2/Ω	47/Ω	620/Ω	5.1/kΩ
测量值				

（2）测量交直流电压。选用万用电表的交流电压挡，合理选择量程，测量实验台上三相交流电源输出端的线电压 U_{UV} 和相电压 U_{UN}；再选用万用电表的直流电压挡，合理选择量程，测量实验台上可调直流稳压电源的输出电压，此时应注意红表笔接“+”，黑表笔接“-”；正确读取数值，计算并记录数据于表 1-7 中。

表 1-7　交直流电压测量数据

给定电压/V	U_{UV}	U_{UN}	6	12
测量电压/V				

（3）测量直流电流。选用万用电表的直流电流挡，合理选择量程，按表 1-8 要求测量图 1-35 所示电路中的电流，此时应注意红表笔接“+”，黑表笔接“−”；正确读取数值，计算并记录数据于表 1-8 中。

表 1-8　直流电流测量数据

给定电压 U_S/V	6	12
测量电流 I/mA		

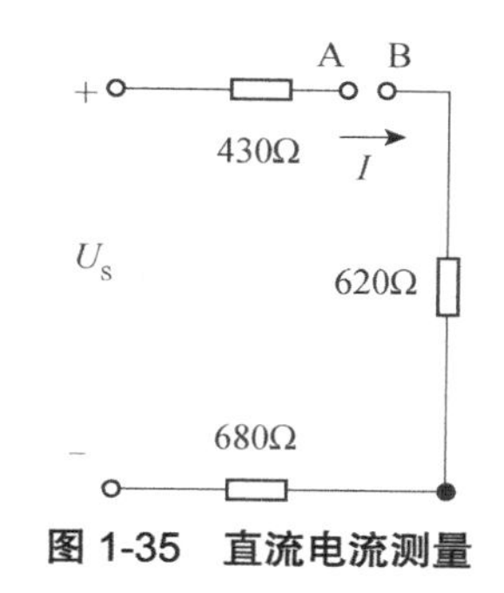

图 1-35　直流电流测量

四、思考题

1. 使用万用电表时应注意哪些问题？
2. 使用指针式万用电表测量时指针反偏怎么办？
3. 测电阻时手能否同时碰及黑、红表笔？为什么？如何读取电阻数值？

五、注意事项

1. 注意安全用电，必须经教师检查确认无误后方可通电。
2. 注意接线工艺，认真记录，并能处理电路故障。
3. 正确使用仪器仪表。
4. 完成实验报告及实验结果分析。

【知识拓展】电工仪表的基本知识

一、电工仪表的分类

电工仪表的种类繁多，根据其在进行测量时得到被测量数值的方式不同可分为指示仪表、比较仪表和数字仪表三类。

1. 指示仪表

指示仪表是指先将被测量数值转换为可动部分的角位移，从而使指针偏转，通过指针偏转角度大小来确定待测量数值的大小。指示仪表种类繁多，目前应用仍然十分广泛。

（1）按测量对象可分为电流表（包括微安表、毫安表、安培表等）、电压表（包括伏特表和毫伏表等）、功率表、电能表、功率因数表、频率表、相位表、欧姆表、绝缘电阻表（兆欧表或摇表）及万用表等。

（2）按工作电流性质可分为直流表、交流表及交、直流两用表。

（3）按使用方式可分为安装式（配电盘式）和便携式等。

（4）按工作原理可分为磁电系、电磁系、电动系、感应系、静电系、整流系等。

（5）按使用环境条件可分为 A、A1、B、B1、C 5 个组。其中 C 组环境条件最差，各组的具体使用条件在国际 GB 776—1976 中都有详细的说明。例如，A 组的使用条件是环境温度应为 0～40℃，在 25℃时的相对湿度为 95%。

（6）按防御外界电磁场的能力可分为Ⅰ、Ⅱ、Ⅲ、Ⅳ4 个等级。Ⅰ级仪表在外磁场或外电场的影响下，允许其指示值改变±0.5%，Ⅱ级仪表允许改变±1.0%，Ⅲ级仪表允许改变±2.5%，Ⅳ级仪表允许改变±5.0%。

（7）按准确度等级可分为 0.1、0.2、0.5、1.0、1.5、2.5、5.0 七级。数字越小，仪表的准确度等级越高。

2. 比较仪表

比较仪表是指在进行测量时，通过被测量与同类标准量进行比较，然后根据比较结果确定被测量的大小。它包括直流比较式仪表和交流比较式仪表两类。例如，直流电桥、电位差计都是直流比较式仪表，而交流电桥属于交流比较式仪表。比较式仪器的测量准确度比较高，但操作过程复杂，测量速度较慢。

3. 数字仪表

数字仪表是指在显示器上能用数字直接显示被测量值的仪表。它采用大规模集成电路，把模拟信号转换为数字信号，并通过液晶屏显示测量结果。它有速度快、准确度高、读书方便、容易实现自动测量等优点，是未来测量仪器的主要发展方向。

二、电工仪表的误差及准确度

1. 仪表的误差

在测量中，仪表的读数和真值之间的差值，称为误差。根据引起误差的原因，可分为基本误差和附加误差。仪表在正常工作条件下进行测量时，由于内部结构和制作不完善所引起的误差称为基本误差；仪表偏离正常工作条件而产生的除上述基本误差外的误差称为附加误差。

仪表的正常工作条件是指指针调零、位置正确、无外来电磁场、环境温度适合及频率、波形满足要求等。

2. 仪表的准确度

仪表的准确度是指仪表的读数与被测量的真值相符合的程度，误差越小，准确度越高。根据国家标准规定，我国生产的电工仪表的准确度共分为 7 级（见表 1-9），各等级的仪表在正常工作条件下使用时，其基本误差不得超过表 1-9 中的规定。

表 1-9　仪表的准确度等级及基本误差

准确度等级	0.1	0.2	0.5	1.0	1.5	2.5	5.0
基本误差/%	±0.1	±0.2	±0.5	±1.0	±1.5	±2.5	±5.0

三、常用电工仪表的选择

电工测量中要提高测量精度，就必须明确测量的具体要求，并且根据这些要求合理选择测量方法、测量线路及测量仪表。

1. 仪表类型的选择

根据被测量是直流或交流，可分别选用直流或交流类型的仪表。测量直流电量采用磁电式仪表；测量交流电量一般采用磁电式或电动式仪表，以便测量正弦交流电量的有效值。此外，电磁式和电动式电流、电压表还可做到测交流、直流电量两用。

2. 仪表准确度的选择

从提高测量精度的观点出发，测量仪表的准确度越高越好，但高准确度仪表的造价高，并且对外界使用条件要求高，所以仪表准确度的选择还是要从测量的实际出发，既要满足测量的要求，又要本着合理的原则。

通常将 0.1 级、0.2 级及以上仪表作为标准仪表进行精密测量，0.5 级和 1.0 级作为实验室进行检修与试验用的测量仪表，1.5 级及以下仪表作为一般工程的测量及安装式仪表使用。另外，与仪表配合试验的附加装置，如分流器、附加电阻器、电流互感器、电压互感器等，其准确度等级应比仪表本身的准确度等级高 2~3 挡，才能保证测量结果的准确度。

3. 仪表量程的选择

选择仪表量程时，首先应根据被测量的值的大小，使所选量程大于被测量的值。在不能确定被测量的值的大小时，应先选用较大的量程测试，再换成适当的量程。其次，为了提高测量精度，应力求避免使用标尺的前 1/4 段量程，尽量使被测量范围在标尺全长的 2/3 以上。

在选择电工仪表时，为了提高读数的准确性，还应选择有良好的读数装置和阻尼程度的仪表。为了保证测量时的安全，还必须选择有足够绝缘强度及过载能力的仪表。

项目二　识别与检测常用电路元件

常用电路元件包括有源元件（如电压源、电流源）和无源元件（如电阻元件、电容元件和电感元件）。本项目通过对这些电路元件的识别与检测，使读者了解它们的基本特性及应用，掌握其检测及选用的方法和技能。

任务 2.1　认识电压源与电流源模型

了解电压源和电流源的特点及应用，掌握两种电源模型等效变换的条件及方法。

2.1.1　电压源与电流源模型及其等效变换

把其他形式的能转换成电能的装置称为有源元件，有源元件经常可以采用两种模型表示，即电压源模型和电流源模型。

一、电压源模型

当实际电源用电压源模型来等效时，可以看成由电源电动势与内电阻串联组成，如图 2-1 所示。图中 U_S 为电压源的电动势，R_0 为电压源的内阻，U 为电压源的开路电压。

如果电压源内阻 $R_0=0$，则端电压 $U=U_S$，恒定不变，称为理想电压源，简称恒压源，符号如图 2-2 所示。实际电压源的内电阻 R_0 越大，在电流相同的情况下，端电压越低。同时电压源的端电压与负载电流有关，电流越大，内阻上电压降越大，端电压就越低，其伏安特性是一条下降的直线，如图 2-3 所示。当外负载电阻远远大于电源内电阻 R_0 时，可将电源看成理想电压源。

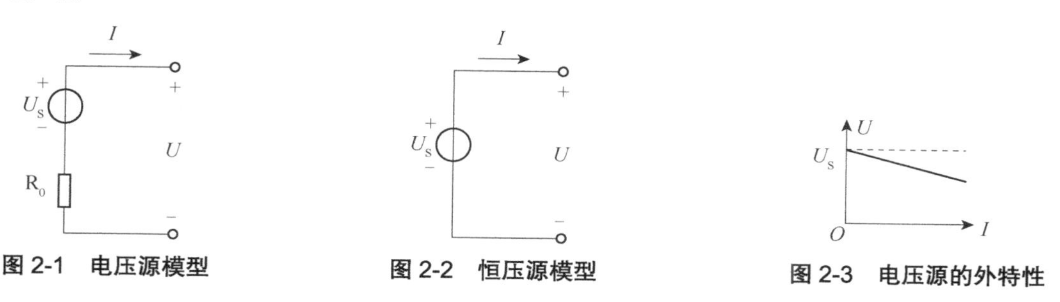

图 2-1　电压源模型　　图 2-2　恒压源模型　　图 2-3　电压源的外特性

二、电流源模型

当实际电源用电流源模型来等效时，可以看成是由电源电流和内电阻并联组成，如图 2-4 所示。图中 I_S 为电流源的电流，R_S 为电流源的内阻，U 为电流源的开路电压。

电流源的内阻 R_S 越大，I_S 在 R_S 上分流越小，输出电流 I 越接近 I_S，其特性曲线如图 2-6 所示。当 $R_S\to\infty$ 时，$I=I_S$，即输出电流与端电压无关，呈恒流特性，称为理想电流源，简称恒流源，符号如图 2-5 所示。实际中的光电池、晶体三极管等，其输出特性比较接近恒流源。

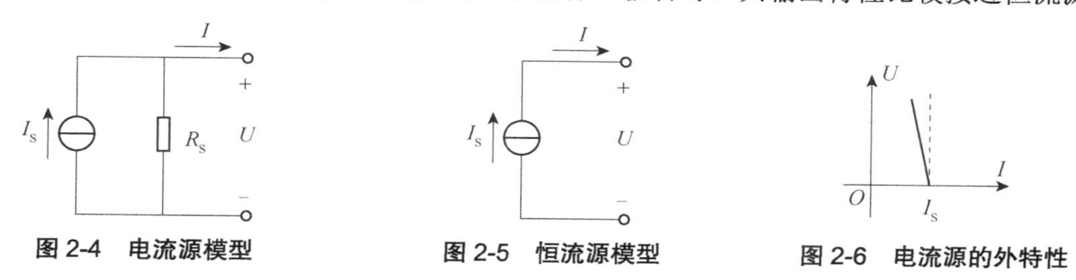

图 2-4　电流源模型　　图 2-5　恒流源模型　　图 2-6　电流源的外特性

三、两种电源模型的等效互换

电压源和电流源均为实际电源的等效电路模型，二者对外电路来说是可以等效互换的，即两电源模型的端口电压 U 和电流 I 都相等。

根据图 2-1 和图 2-4 写出电压源和电流源的外特性表达式分别为

电压源：$I=\dfrac{U_S-U}{R_0}=\dfrac{U_S}{R_0}-\dfrac{U}{R_0}$

电流源：$I=I_S-\dfrac{U}{R_S}$

由于两种电源模型等效时的端口电压 U 和电流 I 都相等，则有 $I_S-\dfrac{U}{R_S}=\dfrac{U_S}{R_0}-\dfrac{U}{R_0}$

显然有

$$I_S=\frac{U_S}{R_0} \text{ 或 } U_S=I_SR_S \tag{2-1}$$

$$R_S=R_0 \tag{2-2}$$

式（2-1）和式（2-2）就是电压源与电流源等效变换时所必须满足的条件。在进行电源等效变换时应注意：

① 等效变换只适用于外电路，对内电路不等效。因为电压源开路时内阻消耗为零，而电流源开路时内阻消耗最大。

② 恒压源和恒流源不能等效互换。因为按等效变换条件，当 $R_0=0$ 时 $I_S\to\infty$；而当 $R_S=\infty$ 时 $U_S=\infty$，这都是不可能的。

③ 应用上式时 U_S 与 I_S 的参考方向应一致，即 I_S 的参考方向由 U_S 的负极指向正极。

例 2-1 如图 2-7（a）所示，已知 $U_{S1}=10V$，$U_{S2}=6V$，$R_1=2\Omega$，$R_2=2\Omega$，$R=3\Omega$。求电流 I。

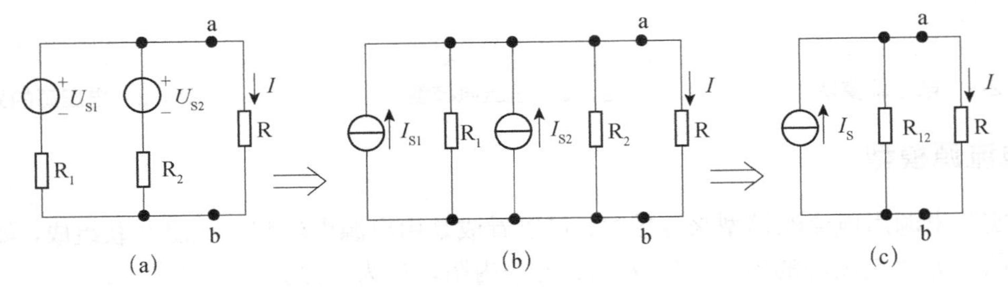

图 2-7 例 2-1 图

解： 先把每个电压源变换为电流源，如图 2-7（b）所示，其中

$$I_{S1}=\frac{U_{S1}}{R_1}=\frac{10}{2}=5(A)，\quad I_{S2}=\frac{U_{S2}}{R_2}=\frac{6}{2}=3(A)$$

再将图 2-7（b）中两个并联电流源合并为一个电流源，电路简化为图 2-7（c）。

图中：$I_S=I_{S1}+I_{S2}=5+3=8(A)$

$R_{12}=\dfrac{R_1R_2}{R_1+R_2}=1\Omega$，为 R_1、R_2 并联的等效电阻

根据分流关系求得电流 I 为

$$I=\frac{R_{12}}{R_{12}+R}\times I_S=\frac{1}{1+3}\times 8=2(A)$$

2.1.2 常用电池

一、干电池

干电池是一种以糊状电解液来产生直流电的化学电源，种类较多，应用广泛。

1. 一次电池

以锌锰干电池（或称碳锌电池）最为常见，其标准电压为 1.5V，规格型号有 1 号、2 号、5 号和 7 号几种。传统的普通锌锰电池容量最低（5 号电池容量约 500mA），且容易漏液，只能用于小电流和间歇放电设备，注意这种电池如发现鼓胀就不宜再用；碱性锌锰电池是目前通用型一次电池中最好的品种，具有大电流、大容量的特性，其外观与锌锰电池相同，但负极与外壳之间有一条绝缘密封沟，这可作为高功率电池假冒碱性电池的识别特征之一，另一

个特征是比较重，也有制成小扣式电池的。

2. **干式充电电池**

干式充电电池除制造成通用型电池外，还被大量制成专用型，目前使用最广泛的充电干电池有镍镉电池、镍氢电池、锂离子电池三种。

镍镉电池是最早出现的干式充电电池，额定电压 1.2V，出厂时为放电状态，初始电压不高于 1.0V，满充电时的最大电压可达 1.6～1.8V，开始工作后，很快就会落在额定电压上。此后能保持很长时间的稳定电压值，到电量用完时，才迅速下降，反复充电次数大于 500 次。镍镉电池的缺点是具有记忆效应，如果没有用完电就充电，或没有充足电就放电，电池就会记忆住这个电压，以后充放电就会停在这个电压上，使可用容量大大减小，镍镉电池虽然额定电压只有 1.2V，但由于其内阻小，端电压与锌锰类一次性电池基本相同，故凡是用 1.5V 一次性干电池的场合，都可以用它替代，其中大电流设备更为合适。

镍氢电池是镍镉电池的后代产品，但各方面性能都优于镍镉电池，同体积或同重量的镍氢电池可供出比镍镉电池大得多的能量，适合有重量、体积要求的设备，例如，舰模和车模等。镍氢电池具有良好的快充性能，无记忆效应，无镉污染，使用温度范围广，安全性能好。

锂离子电池是新型的充电电池，其额定电压为 3.6V，满充电时的最大电压为 4.1～4.2V，最终放电电压硬碳型为 2.5～2.8V，石墨型为 3.0V，其能量重量比高达 170Wh/kg，是镍镉电池的三倍多，体积重量比 300Wh/L，循环充电次数大于 1000 次，无记忆效应，内部还具有多种安全设置，能保护电池在不当使用时不至损坏，但价格贵，必须用专门的带自动控制的充电器，不能用于有重负载启动电机的设备中。

二、微型电池

微型电池是一种小型化的电源装置，广泛应用于电子表、计算器、照相机等电子设备中。目前应用最普遍的有锌氧化银电池和锂锰电池。新型的锂电池有一次性锂金属电池和锂离子电池两大类，标称电压因正极材料不同而有 1 .5V、2.8V 和 3V 多种，容量特别大，可连续大电流、长时间供电，最大电流在 2A 以上，保存性极好。锌氧化银电池也称银锌电池，标称电压 1.5V，电流微弱，都为小扣电池，密封可靠，不漏液，但密封处也会生锈，替换时，镊子只能夹持圆周边，若夹持上、下面即造成电池短路。

三、蓄电池

蓄电池是将化学能直接转化成电能的一种装置，通过可逆的化学反应实现再充电，属于二次电池。它的工作原理：充电时利用外部的电能使内部活性物质再生，把电能储存为化学能，需要放电时再次把化学能转换为电能输出，比如生活中常用的手机电池等。常用蓄电池有铅蓄电池和碱性的镍镉蓄电池。最常见的铅蓄电池有 6V、12V 的，其他还有 2V、4V、8V、24V 的，如汽车上用的蓄电池（俗称电瓶）是 6 个铅蓄电池串联成 12V 的电池组。铅蓄电池技术成熟、成本低，能反复充电、放电，但难于快速充电，能量重量比低，使用寿命不够长，且体积较大。镍镉蓄电池的结构与铅蓄电池基本相同，但性能优于铅蓄电池，不过成本高，有记忆效应。

四、光电池

光电池是一种把光能转换为电能的电源装置。太阳能电池，绿色环保，是普遍使用的一种光电池，通常将单晶硅太阳能电池通过串联或并联组成大面积的硅光电池组，可用作人造卫星、宇宙飞船、航标灯及边远地区的电源。为了解决无太阳时负载的用电问题，一般将太阳能电池与蓄电池配合使用。

应当注意的是不管何种电池，即使是有绿色环保标志的，也都有污染，用完或损坏后都不能乱丢，应回收处理。

任务 2.2　识别与检测电阻器、电容器及电感器

了解电阻器、电容器及电感器等常用无源元件的特点及应用，掌握识别及检测电阻器、电容器及电感器的方法和技能。

2.2.1　电阻器及其应用

电阻器简称电阻，是根据导体的电阻特性制成的，在电路中用于控制电压、电流的大小，或与电容器和电感器组成具有特殊功能的电路等，是工程技术上应用最多的器件之一，在工程技术中，作为负载应用的如白炽灯、电炉、电烙铁等，也可以看做电阻。电阻元件是各种电阻器、白炽灯、电炉、电烙铁等实际电路器件的理想化模型，电阻元件也简称为电阻。电阻元件是耗能元件，它将电能不可逆地转换成热能。

电阻器的种类规格很多，按阻值是否可变，可分为固定电阻和可变电阻（常称电位器）；按材料分，有碳膜电阻、金属膜电阻和绕线电阻等；按功率分有 1/16W、1/8W、1/4W、1/2W、1W、2W 电阻等；按阻值的精确度分，有普通电阻和精密电阻；此外根据用途和特性分还有各种特殊电阻。电阻的类别可以通过其外观标记识别，图 2-8 所示为各种常用电阻器的外形，图 2-9 所示为各种特殊电阻的外形及用途。

碳膜电阻　金属膜电阻　线绕电阻

电位器　水泥电阻

图 2-8　常用电阻器

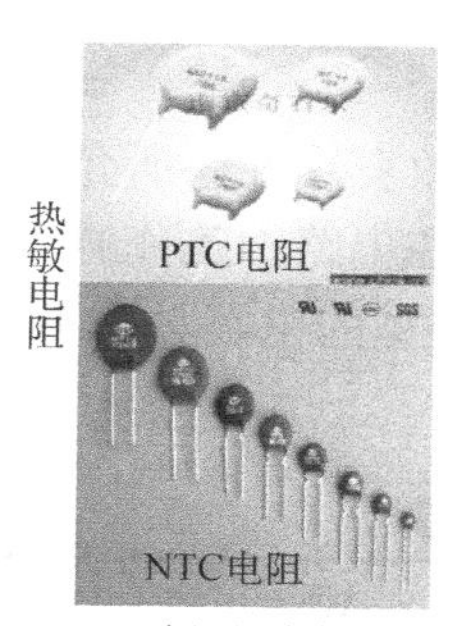

PTC电阻用来制作小功率恒温发热器，NTC电阻用来测量和控制温度

光敏电阻
应用于各种自动控制电路、家用电器

贴片电阻
用于集成电路

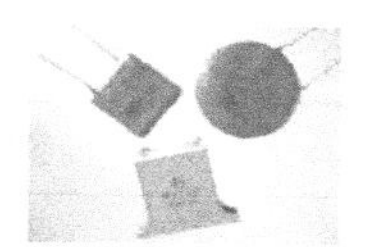

压敏电阻
新型过压保护元件

消磁电阻
用于彩电和彩色显示器中，起消磁作用

图 2-9　特殊电阻

一、电阻器的主要参数

电阻器的参数很多，在实际应用中，一般常考虑标称阻值、允许误差和额定功率三项参数。

1. 标称阻值

电阻器的标称阻值是指电阻器表面所标的阻值，它是按照国家规定的阻值系列标注的，常用的标称电阻值系列如表 2-1 所示。E24、E12 和 E6 系列也适用于电位器和电容器。

表 2-1　标称值系列

标称值系列	精度	电阻器/Ω、电位器/Ω、电容器标称值/pF							
E24	±5%	1.0 2.2 4.7	1.1 2.4 5.1	1.2 2.7 5.6	1.3 3.0 6.2	1.5 3.3 6.8	1.6 3.6 7.5	1.8 3.9 8.2	2.0 4.3 9.1
E12	±10%	1.0 3.3	1.2 3.9	1.5 4.7	1.8 5.6	2.2 6.8	2.7 8.2	—	—
E6	±20%	1.0	1.5	2.2	3.3	4.7	6.8	8.2	—

表中数值再乘以 10^n，其中 n 为正整数或负整数，选用电阻器时必须按国家对电阻的标称阻值范围进行选用。

2. 允许误差

电阻器的实际阻值并不完全与标称阻值相等，存在误差。实际阻值与标称阻值之差，除以标称阻值所得的百分数就是电阻器的误差。电阻的精度等级见表 2-2。

表 2-2　电阻的精度等级

允许误差/%	±0.001	±0.002	±0.005	±0.01	±0.02	±0.05	±0.1
等级符号	E	X	Y	H	U	W	B
允许误差/%	±0.2	±0.5	±1	±2	±5	±10	±20
等级符号	C	D	F	G	J（Ⅰ）	K（Ⅱ）	M（Ⅲ）

3. 额定功率

电阻器在电路中长时间连续工作不损坏，或不显著改变其性能所允许消耗的最大功率称为电阻器的额定功率。电阻器的额定功率并不是电阻器在电路中工作时一定要消耗的功率，而是电阻器在电路工作中所允许消耗的最大功率。不同类型的电阻具有不同系列的额定功率，如表 2-3 所示。

表 2-3　电阻器的功率等级

名称	额定功率/W					
实心电阻器	0.25	0.5	1	2	5	—
线绕电阻器	0.5 25	1 35	2 50	6 75	10 100	15 150
薄膜电阻器	0.025 2	0.05 5	0.125 10	0.25 25	0.5 50	1 100

二、电阻器的标志方法

1. 直标法

将电阻器的标称阻值、允许误差和额定功率等直接标注在电阻体的表面上。

2. 文字符号法

用阿拉伯数字和文字符号两者有规律的组合来表示标称阻值、额定功率、允许误差等级等。符号前面的数字表示整数阻值，后面的数字依次表示第一位小数阻值和第二位小数阻值，如 1R5 表示 1.5Ω，2K7 表示 2.7kΩ。

3. 色环法

将电阻器的阻值、允许误差等用不同色环标注在它的外表面上。常用的有四色环（普通电阻）和五色环（精密电阻），其含义如图 2-10 所示。

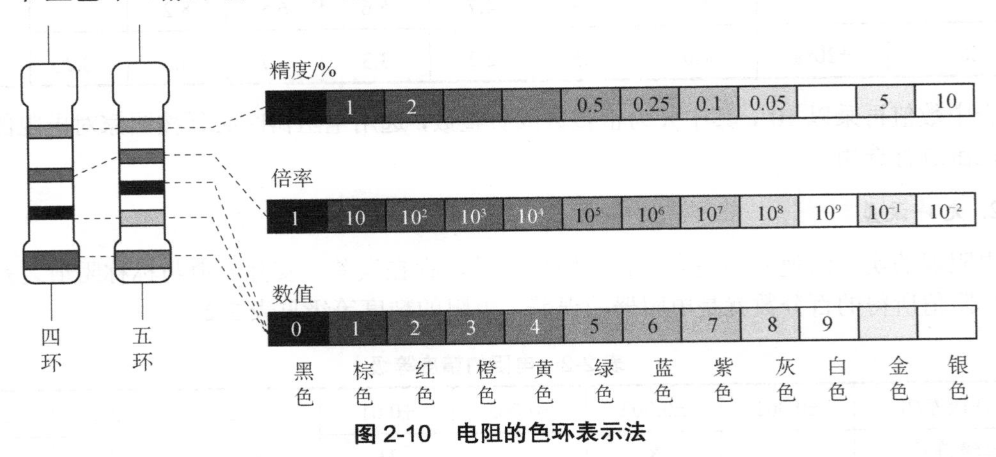

图 2-10　电阻的色环表示法

四环电阻的前两位表示有效数字，第三环表示倍率（10^n）或“0”的个数，第四环表示误差，例如，色环依次为棕绿橙金，则表示该四环电阻的阻值为 15×10^3=15kΩ，误差为±5%。

五环电阻的前三位表示有效数字，第四环表示倍率（10^n）或“0”的个数，第五环表示误差，例如，色环依次为红紫绿黄棕，则表示该五环电阻的阻值为 275×10^4=2.75MΩ，误差为±1%。

一般误差环距离其他环较远，比较标准的是误差环的宽度是其他色环的（1.5～2）倍。但有些色环电阻器由于厂家生产不规范，无法用上面的特征判断，这时只能借助万用表判断。

三、电阻器的检测

电阻器的测量方法很多，粗略的测量可使用万用表及伏安法等，精确的测量有电桥法。

当使用万用表测量电阻时，首先根据被测电阻标称的大小选择量程，然后将两支表笔（不分正负）分别接电阻器的两端引脚即可测出实际电阻值，再根据被测电阻器允许误差进行比较，若超出误差范围，则说明该电阻器已变值。

注意：①测试时应将被测电阻器从电路上焊下来，至少要焊开一个脚，以免电路中的其他元器件对测试产生影响；②测试几十千欧以上阻值的电阻器时，手不要触及表笔和电阻器的导电部分，否则会造成误差；③绝对不能带电测量电阻，否则会烧坏万用表。

2.2.2　电容器及其应用

电容器，简称电容，也是组成电路的基本元件。尽管电容器的种类繁多，但其基本结构和原理是相同的。两个彼此靠近又相互绝缘的金属导体，就构成了电容器。两个金属导体称为电容的极板，中间的物质叫做绝缘介质。按介质不同，有纸介、瓷介、玻璃釉、云母、涤纶、电解电容器等；按结构不同，可分为固定电容器、半可变电容器、可变电容器等。如图 2-11 所示为几种常见的电容器，其中电解电容器为有极性元件，短脚（或有“-”标记一侧）为负、长脚为正，使用时不能接反。

电容元件也简称电容，是这些实际电容器的理想化模型，用 C 表示，其电路符号如图 2-12 所示。

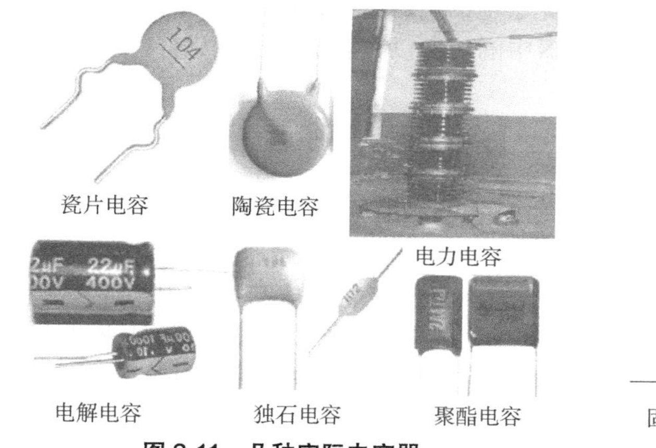

图 2-11　几种实际电容器

图 2-12　电容器的电路符号

一、电容器的电容量

电容器的电容量，简称电容，用 C 表示，定义为电容器所带的电荷量与其两极板间电压的比值，即

$$C = \frac{q}{U} \tag{2-3}$$

式中，q 表示电容器的电荷量，单位为 C（库）；U 表示电容器的极板间电压，单位为 V（伏）。

国际单位制中，电容的单位是 F（法）。一个电容器，如果在带 1C 的电荷量时，两极间的电压是 1V，这个电容器的电容就是 1F。工程上常用的单位 μF（微法）和 pF（皮法），它们之间的换算关系是 $1\text{F}=10^6\mu\text{F}=10^{12}\text{pF}$。

电容用来衡量电容器储存电荷的能力大小，与电容器的形状、尺寸和电介质有关，如平行板电容器的电容跟它的介电常数和两极板正对面积成正比，跟极板的距离成反比，即

$$\mathrm{C} = \varepsilon \frac{S}{d} \tag{2-4}$$

式中，S 表示两极板正对的面积（m^2）；d 表示两极板间的距离（m）；ε 表示电介质的介电常数（F/m）；则电容 C 的单位为 F。电介质的介电常数，由介质的性质决定。

注意：不只是电容器中才具有电容，实际上任何两导体之间都存在电容，称为分布电容。如两根传输线之间，每根传输线与大地之间，都被空气介质隔开，故都存在分布电容。一般情况下，分布电容值很小，其作用可忽略，但如果传输线很长或所传输的信号频率很高时，就必须考虑分布电容的作用；另外在电子仪器中，导线和仪器的金属外壳之间也存在分布电容，虽然它的数值很小，但有时却会给传输线路或仪器设备的正常工作带来干扰。

二、电容器的充放电特性

使电容器带电的过程叫做充电。如在图 2-13 所示的电路中，当开关 S 扳向 1 时，电源（其内阻忽略）向电容器充电，灯泡开始较亮，然后逐渐变暗，最后不亮了，说明充电电流在变化。这是由于开关 S 刚闭合的一瞬间，电容器的极板和电源之间存在着较大的电压，所以开始充电电流较大，随着电容器极板上电荷的积聚，两者之间的电压逐渐减小，电流也就越来越小，当两者之间不存在电压时，电流为零，即充电结束。此时电容器两端的电压 $U_C=U_S$，电容器两个极板上储存的等量异种电荷 $q=CU_S$，充了电的电容器两极板之间有电场。电场具有能量，此能量是从电源吸取过来而储存在电容器中的。所以电容器是储能元件，整个充电过程储存的能量为

$$W_C = \int_0^{U_C} C u_C \mathrm{d} u_C = \frac{1}{2} C U_C^2 \tag{2-5}$$

充电后的电容器失去电荷的过程叫做放电。如图 2-13 所示，在电容器充电结束后，把开关 S 扳向 2，电容器便开始放电。开始灯泡较亮，然后逐渐变暗，最后不亮，说明电容器放电结束。这是由于刚开始电容器两极板间的电压较大，两极上的电荷互相中和而产生的电流较大，随着正、负电荷的不断中和，两极板间的电压越来越小，电流也就越来越小，正、负电荷全部中和时，电路中的电流为零，放电就结束了。放电后，两极板之间不再存在电场。

必须注意的是，电路中的电流是由于电容器的充放电所形成的，并非电荷直接通过电容器中的介质。

通过对电容器充放电过程的分析，可知：当电容器极板上所储存的电荷发生变化时，电路中就有电流流过；若电容器极板上所储存的电荷恒定不变，则电路中就没有电流流过，所

以，电容器的充放电电流为 $i=\dfrac{\mathrm{d}q}{\mathrm{d}t}$，因为 $q=Cu_\mathrm{C}$，则 $\mathrm{d}q=C\mathrm{d}u_\mathrm{C}$，所以有：

$$i=\frac{\mathrm{d}q}{\mathrm{d}t}=C\frac{\mathrm{d}u_\mathrm{C}}{\mathrm{d}t} \tag{2-6}$$

利用电容器充电、放电和隔直流通交流的特性，在电路中用于隔直流、耦合交流、旁路交流、滤波、定时和组成振荡电路等。

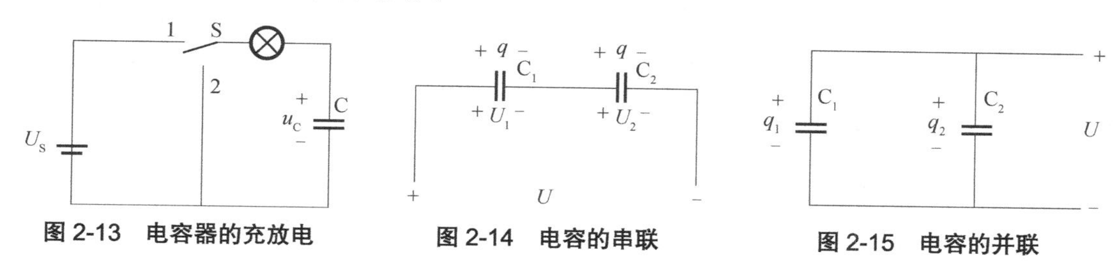

图 2-13　电容器的充放电　　图 2-14　电容的串联　　图 2-15　电容的并联

三、电容器的连接

1. 电容器的串联

电容器的串联是把几个电容器的极板首尾顺次连在电源上，如图 2-14 所示。很显然，各电容器的电压之和等于总电压，即

$$U_1+U_2=U \tag{2-7}$$

此外电容器串联还具有以下特点。

（1）各电容器的电荷量相等。接上电源后，两极板分别带有等量异种电荷 q，由于静电感应，中间各极板所带的电荷量也等于“$+q$”或“$-q$”，所以各电容器所带的电荷量相等，都是 q。

（2）总电容的倒数等于各电容的倒数和，即

$$\frac{1}{C}=\frac{1}{C_1}+\frac{1}{C_2} \tag{2-8}$$

因为 $C=q/U$，$U_1+U_2=U$，故 $\dfrac{q_1}{C_1}+\dfrac{q_2}{C_2}=U=\dfrac{q}{C}$

上式中，C 是电容串联之后的等效电容，因各电容上电荷相等，于是 $\dfrac{1}{C}=\dfrac{1}{C_1}+\dfrac{1}{C_2}$。

当选用电容器时，如果标称电压低于外加电压，则采用电容串联的方法，但要注意，电容器串联之后电容变小了，另外，电容器的电压 U 与电容量 C 成反比，电容量小的承受的电压高，应该考虑标称电压是否大于承受的电压。一般选电容量相等、耐压也相等的电容串联，则每只电容承受的电压是外加电压的 $1/n$，而每只电容器的电容应为所需的电容 n 倍。

2. 电容器的并联

电容器的并联是把每个电容器的两极板都分别接着在电源的两端，如图 2-15 所示是两个电容器的并联，很显然每个电容器上的电压都等于总电压。即

$$U_1=U_2=U \tag{2-9}$$

此外，电容器的并联还具有以下特点：

（1）总电荷量 q 等于各电荷量之和，即

$$q=q_1+q_2 \tag{2-10}$$

（2）总电容等于各个电容之和，即

$$C=C_1+C_2 \tag{2-11}$$

因为 $q_1=C_1U$，$q_2=C_2U$，$q=CU$，所以有 $C=C_1+C_2$，C 为电容器并联后的总电容。

电容器并联之后，相当于增大了两极板的面积，因此，总电容大于每个电容器的电容。

当电路所需较大电容时，可以选用几只电容并联。如需要时，电容也可以进行串并混联。

四、电容器的主要参数

电容器的主要参数包括电容值、允许误差和额定电压等。

1. 电容器的额定电压

通常是指直流工作电压，使用时不能超过这个值，否则电容器会被击穿，如果在交流电路中使用，应使交流电压的最大值不能超过电容器的额定电压。常用固定式电容的直流工作电压系列有：6.3V、10V、16V、25V、40V、63V、100V、160V、250V、400V。

2. 电容器的标称容量和允许误差

电容器上标明的电容值，国产电容器的标称电容量有后面这些数值或这些数值再乘以 10^n（n 为正整数或负整数）：10、11、12、13、15、16、18、20、22、24、27、30、33、36、39、43、47、51、56、62、68、75、82、90，单位为 pF。

电容器的标称容量与实际容量的差值需要限定在允许的误差范围之内。无极性电容的允许误差按精度分为 00 级（±1%）、0 级（±2%）、Ⅰ级（±5%）、Ⅱ级（±10%）和Ⅲ级（±20%）等几个级别；极性电容的允许误差范围一般较大，如铝电解电容的允许误差范围是 −20%～100%。

五、电容的标志方法

1. 直标法

把电容器的主要技术指标直接标注在外壳上，如“10μF、450V”。

2. 数码表示法

一般用三位数字来表示容量的大小，单位为 pF，前两位为有效数字，后一位表示倍率，即乘以 10^n，n 为第三位数字，若第三位数字 9，则乘 10^{-1}。如 223J 代表 22×10^3pF，允许误差为±5%；479K 代表 47×10^{-1}pF，允许误差为±5%的电容。这种表示方法最为常见。有时用大于 1 的两位以上的数字表示单位为 pF 的电容，例如 51 表示 51pF；用小于 1 的数字表示单位为 μF 的电容，例如 0.1 表示 0.1μF。此外，还有像 4n7 这样标注的，表示 4.7nF。

3. 色码表示法

与电阻器的色环表示法类似，颜色涂于电容器的一端或从顶端向引线排列。色码一般只有三种颜色，前两环为有效数字，第三环为倍率，单位为 pF。有时色环较宽，如红红橙，两

个红色环涂成一个宽的，表示22000pF。

六、电容器的检测

测量电容器的电容量要用电容表，有的万用表也带有电容挡。在通常情况下，电容用作滤波或隔直，电路中对电容量的精确度要求不高，故无须测量实际电容量。电容的一般检测方法如下。

1. **测试漏电阻（适用于0.1μF以上容量的电容）**

用万用表的电阻挡（R×100或R×1k），将表笔接触电容器的两引线。刚接触时，由于电容充电电流大，表头指针偏转角度最大，随着充电电流减小，指针逐渐向R=∞方向返回，最后稳定处即漏电电阻值。一般电容器的漏电电阻为几百至几千兆欧，漏电电阻相对小的电容质量不好。测量时，若表头指针指到或接近欧姆零点，表明电容器内部短路。若指针不动，始终指在R=∞处，则意味着电容器内部断路或已失效。对于电容量在0.1μF以下的小电容，由于漏电阻接近∞，难以分辨，故不能用此法测漏电阻或判定好坏。

2. **电解电容器的极性检测**

电解电容器的正、负极性不允许接错，当极性接反时，可能因电解液的反向极化，引起电解电容器的爆裂。当极性标记无法辨认时，可根据正向连接时漏电电阻大、反向连接时漏电电阻相对小的特点判断极性。交换表笔前后两次测量漏电电阻，阻值大的一次，黑表笔接触的是正极。但用这种办法有时并不能明显地区分正、反向电阻，所以使用电解电容时，要注意保护极性标记。

2.2.3　电感器及其应用

电感器和电阻器、电容器一样，都是电工电子设备中的重要组成元件，由导线绕制而成，也称电感线圈。电感器的种类很多，按其电感量是否变化分为固定电感器、可变电感器和微调电感器；按磁体性质分为空心线圈、磁心线圈、铜心线圈；按结构特点分为单层线圈、多层线圈、蜂房线圈等，此外还有微型电感器，如色码电感器、集成电感器等。常见的电感器如变压器的线圈、扼流线圈、收音机中的天线线圈等。图2-16所示为几种常见的电感器。

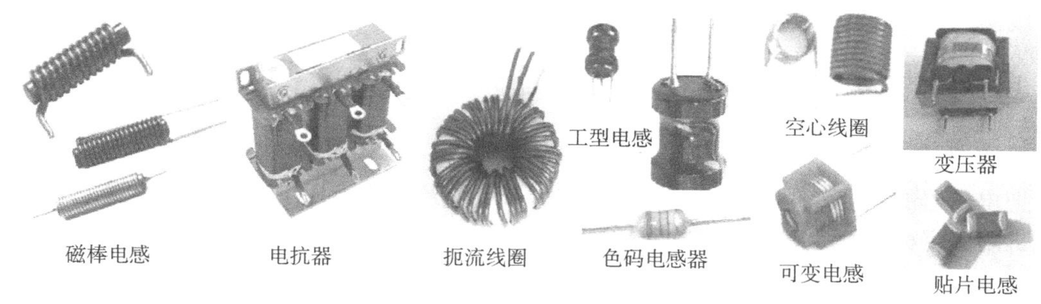

图2-16　几种常见电感器

实际的电感线圈是有一定电阻的，若忽略它的电阻值，可抽象为理想的电感元件，简称电感，用L表示，电路符号如图2-17所示，其中（a）为空心线圈，（b）为磁心线圈。

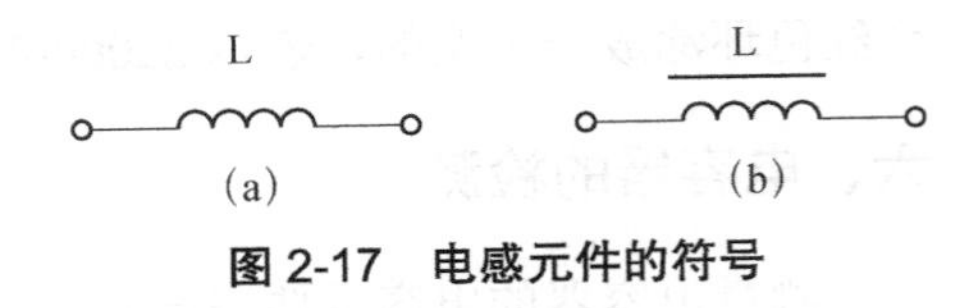

图 2-17　电感元件的符号

电感器具有通直流阻交流的特性。在电路中起到振荡、调谐、耦合、滤波、延迟等作用，还有筛选信号、过滤噪声、稳定电流及抑制电磁波干扰等作用。

一、电感器的主要参数

电感器的主要参数包括电感量、品质因数、额定电流和固有电容等。

1. 电感量

电感器的电感量简称电感，是指电感器通过变化电流时产生感应电动势的能力，用L表示，其大小与磁导率、线圈几何尺寸及匝数等有关。在SI单位制中，电感的单位是亨利（H），简称亨，实际应用还有毫亨（mH）和微亨（μH），它们的换算关系为：

$$1\text{H}=10^3\text{mH}=10^6\mu\text{H}$$

2. 品质因数

电感线圈的品质因数定义为：

$$Q=\frac{\omega L}{R}$$

式中，ω 为工作角频率、L 为线圈电感量，R 为线圈的总损耗电阻。品质因数用来反映电感器的能量传输能力，Q 越大则传输能量的能力越强，一般 Q 为50～300。

3. 固有电容

线圈各层、各匝之间、绕组与底板之间都存在着分布电容，统称为电感器的固有电容，它会使电感的品质因数 Q 值降低。

4. 额定电流

电感线圈中允许通过的最大电流即额定电流，超过这个电流，电感线圈将发热，严重时将烧坏。

5. 线圈的损耗电阻

线圈的直流损耗电阻即线圈的损耗电阻。

二、电感器的标志方法

1. 直标法

把电感器的主要参数，如电感量、误差、最大直流工作电压等直接在小型固定电感器的外壳上用文字标称。

2. 数码表示法

方法与电容器的表示方法相同，单位为μH，小数点用R表示，如1R8表示1.8μH，R68表示0.68μH。

3. **色码表示法**

方法与电阻器的色标法相同，单位为 μH。

三、电感器的储能特性

电感器和电容器一样，也是一种储能元件，它能把电能转变为磁场能，并在磁场中储存能量。电感元件在任何时刻 t 所储存的磁场能量 $W_L(t)$为：

$$W_L(t)=\frac{1}{2}Li_L^2(t) \tag{2-12}$$

四、电感器的检测

准确测量电感线圈的电感量和品质因数，可以使用专门仪器 Q 表、交流电桥表等。采用具有电感挡的数字万用表检测电感很方便。电感是否开路或局部短路，以及电感量的相对大小可以用万用表做出粗略检测和判断。

1. **外观检查**

检测电感时先进行外观检查，看线圈有无松散，引脚有无折断，线圈是否烧毁或外壳是否烧焦等。若有上述现象，则表明电感已损坏。

2. **用万用表检测**

用万用表的欧姆挡测线圈的直流电阻。电感的直流电阻值一般很小，匝数多、线径细的线圈能达几十欧；对于有抽头的线圈，各引脚之间的阻值均很小，仅有几欧姆左右。若用万用表 R×1Ω 挡测量线圈的直流电阻，阻值无穷大说明线圈（或与引出线间）已经开路损坏；阻值比正常值小很多，则说明有局部短路；阻值为零，说明线圈完全短路。

对于有金属屏蔽罩的电感线圈，还需检查它的线圈与屏蔽罩间是否短路。若用万用表检测得线圈各引脚与外壳（屏蔽罩）之间的电阻不是无穷大，而是有一定电阻值或为零，则说明该电感内部短路。

检测色码电感时，将万用表置于 R×1Ω 挡，红、黑表笔接色码电感的引脚，此时指针应向右摆动。根据测出的阻值判别电感好坏：阻值为零，内部有短路性故障；阻值为无穷大，内部开路；只要能测出电阻值，电感外形、外表颜色又无变化，可认为是正常的。

采用具有电感挡的数字式万用表检测电感时，将数字式万用表量程开关置于合适电感挡，然后将电感引脚与万用表两表笔相接即可从显示屏显示出电感的电感量。若显示的电感量与标称电感量相近，则说明该电感正常；若显示的电感量与标称电感量相差很多，则说明电感不正常。

识别与检测电阻器、电容器及电感器

任务要求：正确识别常用电阻器、电容器及电感器及检测它们的好坏。

一、训练目的

1. 熟悉电阻器、电容器及电感器的外形、主要参数及标注方法。
2. 学习电阻器、电容器及电感器的检测方法。

二、准备器材

1. 指针式万用表和数字万用表；2. 色环电阻；3. 电解电容；4. 小型固定电感器。

三、操作内容及步骤

（1）色环电阻的识别与检测：读取阻值等参数，并用万用表测量其实际阻值和质量好坏（具体操作方法见知识链接 2.2.1 电阻器的检测），将结果填入表 2-4 中。

（2）电解电容的识别与检测：读取电容值等参数，并用万用表测量其实际电容、引脚极性和质量好坏（具体操作方法见知识链接 2.2.2 电容器的检测），将结果填入表 2-4 中。

（3）小型固定电感器的识别与检测：读取电感等参数，并用万用表测量其实际电感值和质量好坏（具体操作方法见知识链接 2.2.3 电感器的检测），将结果填入表 2-4 中。

表 2-4　电阻、电容、电感的测量数据

元件		标称值	测量值	质量检测			
				内部电路是否有故障			外观是否正常
电阻	四环						
	五环						
电容							
电感							

四、思考题

1. 如何确定五环电阻的误差环？如果五环电阻的两端都是棕色环，怎样读取阻值？
2. 如何判断电解电容的正负极?

五、注意事项

1. 万用表测电阻时，注意欧姆挡调零，还有手不要触碰到电阻的引脚和表笔的金属部分。
2. 万用表测量电容时，被测电容的电容量不能太小。

【项目二　知识训练】

一、填空题

1. 常见无源电路元件有________、________和________；有源电路元件是__________和________。

2. 理想电压源输出的________值恒定，输出的________由它本身和外电路共同决定；理想电流源输出的________值恒定，输出的________由它本身和外电路共同决定。

3. 理想电压源的内阻为________，理想电流源的内阻为________。

4. 电压源与电流源等效变换的条件是________________________。

5. 四环电阻的前两环表示阻值的________，第三环表示________，第四环表示________。

6. 在国际单位制中，电感 L 的单位是________，常用单位还有________和________，它们之间的换算关系是________________________。

7. 在国际单位制中，电容 C 的单位是________，常用单位还有________和________，它们之间的换算关系是________________________。

二、判断题

1. （　　）电压源和电流源等效变换前后对外电路不等效。
2. （　　）恒压源和恒流源可以等效变换。
3. （　　）电压源和电流源等效变换前后电源内部是不等效的。
4. （　　）电压源和电流源等效变换只对外电路等效。
5. （　　）实际电压源和电流源的内阻为零时，即为理想电压源和电流源。
6. （　　）电阻元件是储能元件，电感和电容是耗能元件。
7. （　　）可以用万用表来测量电容、电感的大小和好坏。
8. （　　）电解电容是有极性器件，两引脚极性为长正短负，使用时不能接反。
9. （　　）几个电容并联时的总电容大于每个分电容，串联时的总电容小于每个分电容。
10. （　　）实际的电感器都具有一定的电阻。

三、选择题

1. 下列关于电压源和电流源等效变换说法正确的是（　　）。

   A. 电压源和电流源等效变换前后对外不等效

   B. 恒压源和恒流源可以等效变换

   C. 电压源和电流源等效变换前后电源内部是不等效的

   D. 以上说法都不正确

2. 下列说法正确的是（　　）。

   A. 理想电压源的内阻为 0，理想电流源的内阻为无穷大

   B. 理想电压源的内阻为无穷大，理想电流源的内阻为 0

   C. 理想电压源和理想电流源的内阻都为 0

   D. 理想电压源和理想电流源的内阻都为无穷大

3. 如图 2-18 所示，I_{S1}=3A，I_{S2}=1A，则正确的答案应是（　　）。

   A. 恒流源 I_{S1} 消耗电功率 30W

   B. 恒流源 I_{S1} 输出电功率 30W

   C. 恒流源 I_{S2} 输出电功率 5W

   D. 恒流源 I_{S2} 消耗电功率 5W

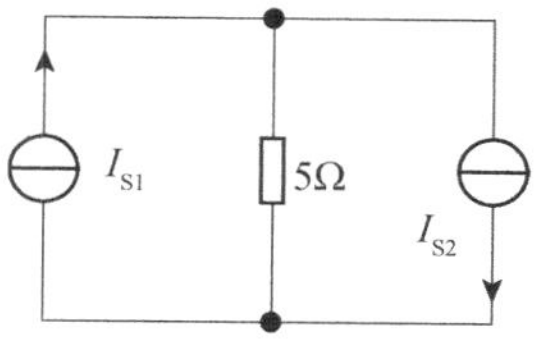

图 2-18　选择题 3 图

4. 色环电阻阻值 120Ω，则其表面色环分别是（　　）。

A. 黑红棕金　　B. 黄绿红金　　C. 棕红棕金　　D. 绿黑黑金

5. 电阻是（　　）元件，电感是（　　）元件，电容是（　　）元件。

A. 储存电场能量　　B. 储存磁场能量

C. 耗能　　D. 电源元件

6. 电路如图 2-19 所示，当 $C_1>C_2>C_3$ 时，它们两端的电压关系是（　　）。

A. $U_1=U_2=U_3$　　B. $U_1>U_2>U_3$

C. $U_1<U_2<U_3$　　D. 不能确定

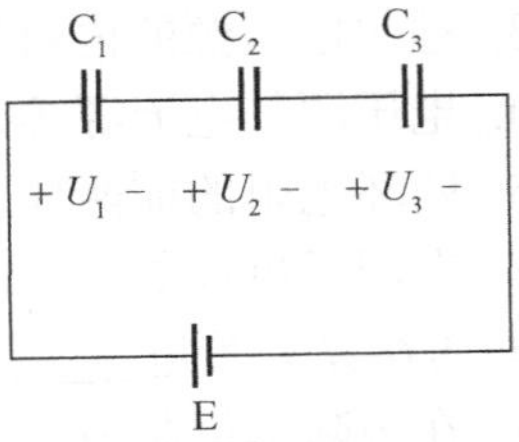

图 2-19　选择题 6 图

7. 两个电容为 C 的电容器并联后的总电容为（　　）。

A. C　　B. $2C$　　C. $0.5C$　　D. 不能确定

8. 两个电容为 $2C$ 的电容器串联后的总电容为（　　）。

A. C　　B. $2C$　　C. $4C$　　D. 不能确定

9. 下列电路元件中，具有“通直流阻交流”作用的是（　　），具有“通交流阻直流”作用的是（　　）。

A. 电阻器　　B. 电感器　　C. 电位器　　D. 电容器

四、分析简答题

1. 今有 220V、40W 和 220V、100W 的灯泡一只，将它们并联在 220V 的电源上哪个亮？为什么？若串联后在接到 220V 电源上，哪个亮？为什么？

2. 如何使用万用表检测电阻器、电容器和电感器？

3. 电阻器、电容器和电感器的主要参数有哪些？

4. 电阻器、电容器和电感器有哪些用途？

5. 某电容器的额定耐压值为 450V，能否把它接在交流 380V 的电源上使用？为什么？

五、计算题

1. 将图 2-20 电路变换为等效电压源或电流源。

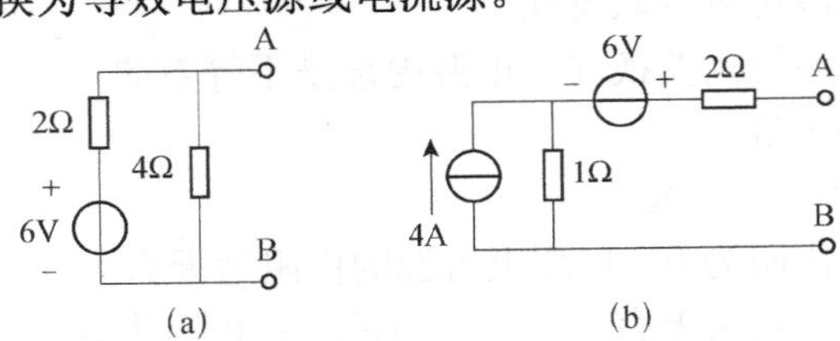

图 2-20　计算题 1 图

2. 将图 2-21 电路变换为等效电流源。

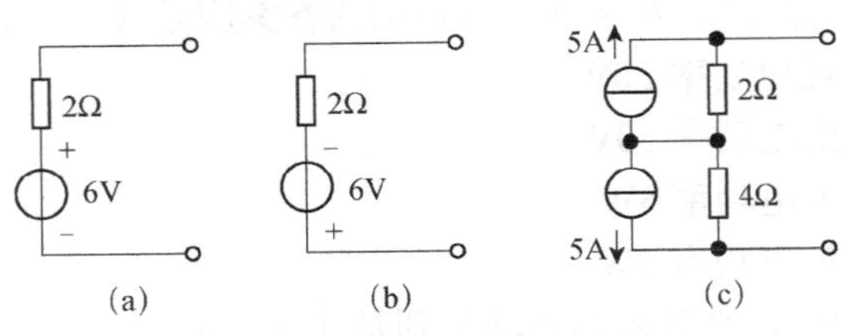

图 2-21　计算图 2 图

3. 将图 2-22 电路变换为等效电压源。

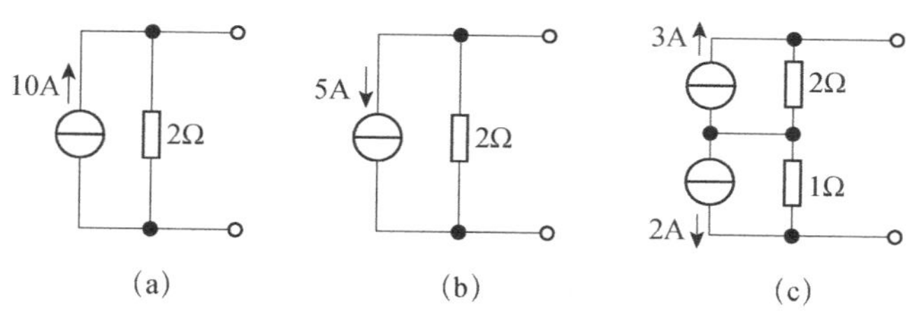

图 2-22　计算题 3 图

4. 如图 2-23 所示，已知 U_{S1}=12V，U_{S2}=3V，R_1=3Ω，R_2=9Ω，R_3=10Ω，求 U_{ab}。

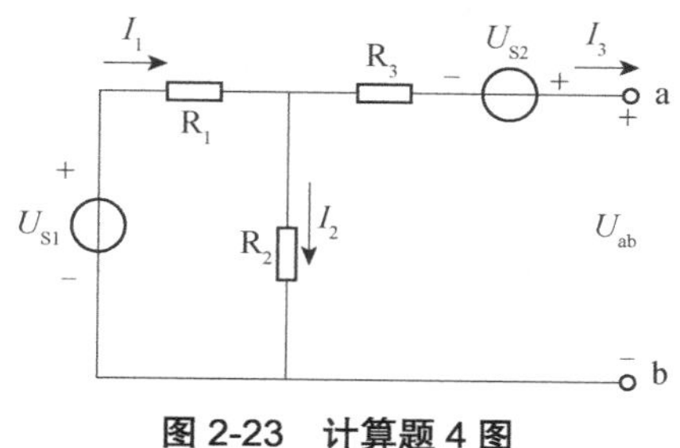

图 2-23　计算题 4 图

5. 如图 2-24 所示，用电源等效变换的方法求各图中标出的电压 U 和电流 I。

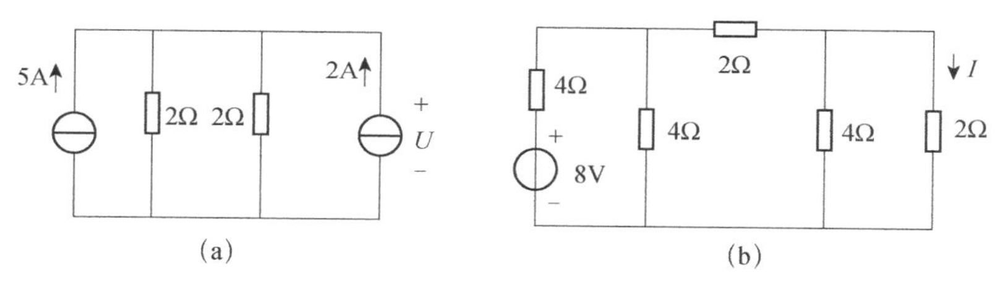

图 2-24　计算题 5 图

【能力拓展二】练习使用直流电桥

任务要求：正确使用直流电桥测量电阻，掌握电桥的使用方法，培养电工操作基本技能。

一、训练目的

1. 理解电桥平衡原理，掌握电桥平衡条件及电桥测电阻的方法；
2. 学会正确使用直流电桥测量电阻的方法。

二、准备器材

1. 实验台；2. 直流稳压电源；3. 直流电桥（QJ23 型）；4. 电阻及导线。

三、操作内容及步骤

（一）认识惠斯通电桥

1. 线路原理

惠斯通电桥的线路原理如图 2-25 所示。四个电阻 R_1、R_2、R_x 和 R_S 连成一个四边形，每一条边称为电桥的一个臂，其中：R_1，R_2 组成比例臂，R_x 为待测臂，R_S 为比较臂，四边形的一条对角线 AB 中接电源 E，另一条对角线 CD 中接检流计 G。所谓“桥”就是指接有检流计的 CD 这条对角线，检流计用来判断 C、D 两点电位是否相等，或者说判断“桥”上有无电流通过。

电桥没调平衡时，“桥”上有电流通过检流计，当适当调节各臂电阻，可使“桥”上无电流，即 C、D 两点电位相等，电桥达到了平衡，此时的等效电路如图 2-26 所示。

由图 2-26 可知：$\dfrac{R_1}{R_2}=\dfrac{R_x}{R_S}$　　$R_x=\dfrac{R_1}{R_2}\times R_S$

此式即电桥的平衡条件，如果已知 R_1、R_2、R_S，则待测电阻 R_x 可求得。若令 $K=R_1/R_2$ 则待测电阻 $R_x=KR_S$。

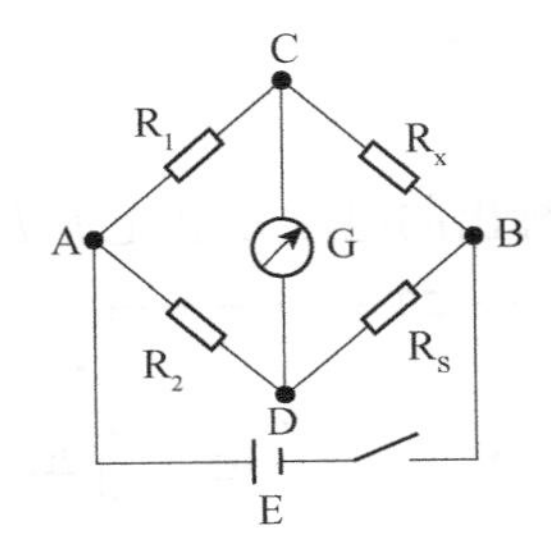

图 2-25 电桥原理

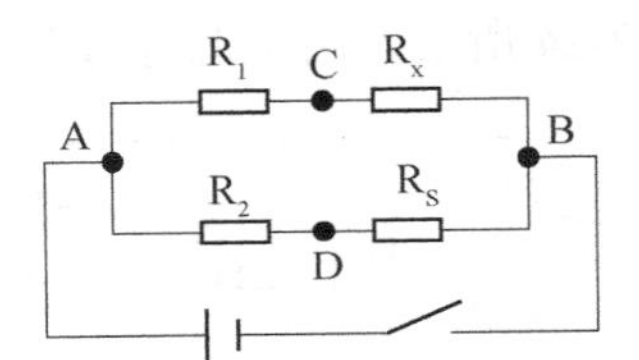

图 2-26 电桥平衡等效电路

2. 面板结构

QJ23 型箱式直流电桥的面板结构如图 2-27 所示。

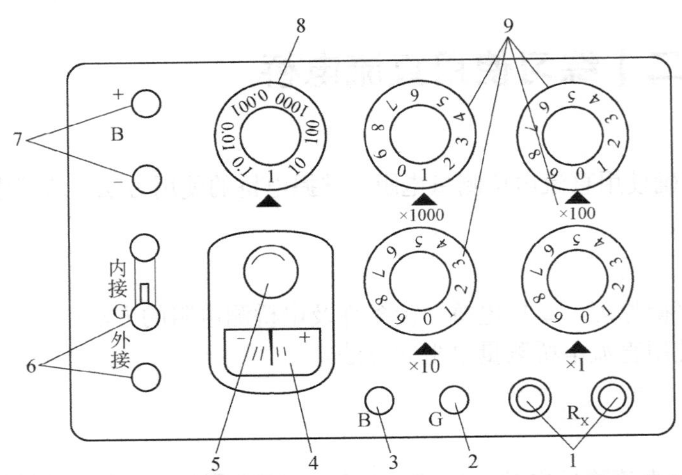

1—待测电阻 R_x 接线柱；2—检流计按钮开关 G；3—电源按钮开关 B；4—检流计；5—检流计调零旋钮；6—外接检流计接线柱；7—外接电源接线柱；8—比例臂；9—比较臂

图 2-27　QJ23 型箱式直流电桥的面板结构

3. 使用说明

① 图2-27中外接检流计接线柱“6”及上面的内接接线柱用来使检流计处于工作或短路状态的转换，当检流计工作时，金属片应接在中、下两个“外接”接线柱上，使电路能够连通；当测量完毕时，金属片应接在上、中两“内接”接线柱上，检流计被短路保护。

② 电桥背后的盒子里装有三节1号干电池，约4.5V。当某个实验测量所需要的电源，比内接电源大或者小，就用外接电源，接在外接电源接线柱“7”上（同时要取出内装干电池）。

③ 比例臂“8”由 R_1 和 R_2 两个臂组成，R_1/R_2 之比值直接刻在转盘上；当该臂旋钮旋在不同的位置时，R_1、R_2 各有不同的电阻值，组成7挡不同的比值 K（0.001，0.01，0.1，1，10，100，1000）。

④ 比较臂“9”由4个不同的电阻挡（×1，×10，×100，×1000）所组成，提供 R_S。

⑤ 检流计按钮开关G（2），按下时检流计接通电路，松开（弹起）时检流计断开电路；电源按钮开关B（3），按下时电桥接通电路，松开（弹起）时断开电路。

⑥ 在测量时，要先按下按钮 G，根据待测电阻调节比例臂“8”和比较臂“9”，待检流计“4”指针指“0”后，再后按B，并锁住。

（二）使用电桥测量电阻

按照3中的使用说明分别测量色环电阻及导线的阻值。

四、注意事项

1. 在测电阻时，注意接触电阻的影响。
2. 电流计非常灵敏，易损坏，在测量时，要先按G，后按B。
3. 用外接电源时要取出内装干电池。

项目三　连接与测量正弦交流电路

正弦交流电，简称交流电，因具有产生容易、传输经济及使用方便等优点，在生产和生活中应用广泛。本项目通过交流电路的连接与测量，使读者了解交流电的基本概念及相量表示法；掌握单相交流电路和三相交流电路的电压、电流、功率特性及分析方法，具备分析、计算、连接及测量交流电路的能力及正确使用常用电工仪表能力。

任务 3.1　单相交流电路的连接与测量

了解正弦交流电的基本概念及相量表示法；理解电阻、电感、电容在交流电路中的作用及其电压与电流的大小、相位关系以及功率；掌握 RL 串联、RLC 串联电路的电压、电流、功率关系及提高电感性电路功率因数的方法；了解串联谐振及并联谐振的特点及应用；能够正确分析、计算、连接及测量单相交流电路，并能排除电路故障。

3.1.1　正弦交流电的基本概念

大小和方向随时间做周期性变化且在一个周期内的平均值为零的电压、电流和电动势统称为交流电，如图 3-1 所示几种常见交流电的波形。

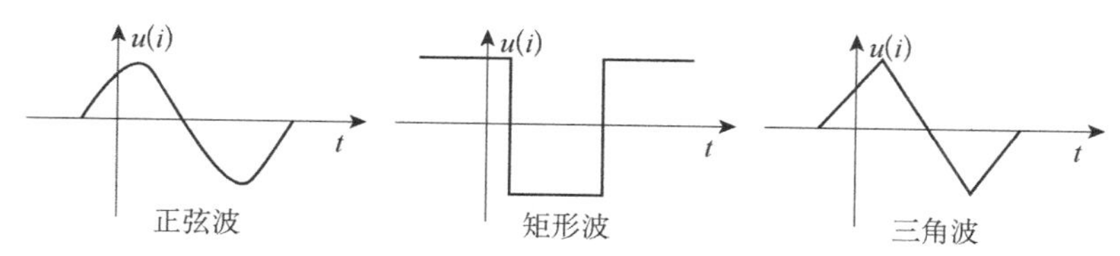

图 3-1 几种常见交流电的波形

正弦交流电是指大小和方向随时间按正弦规律变化的电压、电流和电动势，常称为正弦量，也简称交流电。它任意时刻的值称为瞬时值，用小写字母表示，如 u、i、e 分别表示电压、电流和电动势的瞬时值。瞬时值表达式可用三角函数式表示，如交流电压、电流和电动势的瞬时值表达式分别为

$$\left.\begin{aligned} i &= I_{\mathrm{m}}\sin(\omega t+\varphi_0) \\ i &= U_{\mathrm{m}}\sin(\omega t+\varphi_0) \\ i &= E_{\mathrm{m}}\sin(\omega t+\varphi_0) \end{aligned}\right\} \tag{3-1}$$

由式（3-1）可知，一个交流电是由 I_{m}（U_{m}、E_{m}）、ω、和 φ_0 这三个量来决定的，其中，I_{m}（U_{m}、E_{m}）称为最大值或幅值、ω 称为角频率、φ_0 称为初相位，分别表征交流电的大小、变化快慢和初始值，统称为交流电的三要素。

一、周期、频率、角频率

它们都是表征交流电变化快慢的物理量。

周期 T：指交流电完成一次周期性变化所需的时间，单位为秒（s）。周期越大表明交流电变化越慢。

频率 f：指交流电在单位时间内完成周期性变化的次数，频率越高，表明交流电变化得越快，其单位为 Hz（赫兹），其他常用单位有 kHz（千赫）、MHz（兆赫），其换算关系为 1MHz=10^3 kHz=10^6 Hz。

角频率 ω：指交流电在单位时间内变化的电角度，单位为 rad/s（弧度/秒）。

周期 T、频率 f 及角频率 ω 之间的关系为

$$f=\frac{1}{T} \tag{3-2}$$

$$\omega=\frac{2\pi}{T}=2\pi f \tag{3-3}$$

我国和大多数国家都采用 50Hz 作为电力标准频率，有些国家（如美国、日本等）采用 60Hz，这种频率在工业上应用广泛，习惯上也称为工频。

二、最大值与有效值

1. 最大值

最大值是指交流电瞬时值中最大的值，也称幅值，用带下标 m 的大写字母表示，如 I_{m}、U_{m} 和 E_{m} 分别表示电流、电压和电动势的最大值。

2. 有效值

交流电的瞬时值是随时间变化的，不便于用它来计算和测量交流电的大小，通常用交流

电的有效值。从能量转换的角度，交流电的有效值定义为：把一个交流电流 i 和一个直流电流 I 分别通过两个阻值相同的电阻 R，如果在一个周期 T 内，它们在电阻上产生的热量相等，则这个直流电流 I 就称为该交流电流 i 的有效值。交流电的有效值用大写字母表示，如 I、U 和 E 分别表示电流、电压和电动势的有效值。

根据有效值的定义可知 $\int_0^T i^2 R\mathrm{d}t = I^2 RT$，则有效值为 $I=\sqrt{\frac{1}{T}\int_0^T i^2\mathrm{d}t}$ 。

设正弦交流电流 $i=I_\mathrm{m}\sin\omega t$，将其代入上式积分得

$$I=\frac{I_\mathrm{m}}{\sqrt{2}}=0.707I_\mathrm{m} \tag{3-4}$$

同理，可求得交流电压、交流电动势的有效值为

$$U=\frac{U_\mathrm{m}}{\sqrt{2}}=0.707U_\mathrm{m} \tag{3-5}$$

$$E=\frac{E_\mathrm{m}}{\sqrt{2}}=0.707E_\mathrm{m} \tag{3-6}$$

可见，交流电的最大值是有效值的 $\sqrt{2}$ 倍。

在实际应用中，通常用有效值来表示交流电的大小，如平时所说的 220V、380V 指的就是有效值；交流电压表、电流表测出来的电压、电流值也是指有效值；交流设备名牌标注的电压、电流均为有效值。

三、相位、初相和相位差

（1）相位：$(\omega t+\varphi_0)$ 称为交流电的相位角，简称相位。相位是随时间变化的，它表示交流电变化的进程，如 $\omega t+\varphi_0=\frac{\pi}{2}$ 时，交流电为正的最大值，$\omega t+\varphi_0=\pi$ 时，交流电为零。

（2）初相位：是指 $t=0$ 时的相位角，简称初相，用 φ_0 表示，它给出了观察正弦波的起点或参考点，习惯上初相角范围为 $-\pi\leqslant\varphi_0\leqslant\pi$。

（3）相位差：两个同频率交流电的相位之差，称为相位差，用 φ 表示。两个同频率交流电的相位差为

$$\varphi=(\omega t+\varphi_1)-(\omega t+\varphi_2)=\varphi_1-\varphi_2 \tag{3-7}$$

可见，同频率交流电的相位差也就是它们的初相之差。相位差可以用来比较几个同频率交流电达到最大值（或零）的先后关系，即同频率交流电的相位关系。图 3-2 所示波形为两个同频率交流电压和电流的几种相位关系。

① 超前或滞后：若 $\varphi>0$，则 i 超前 u 一个 φ 角，表示 i 到达零值、正的最大值、负的最大值，均超前 u 角 φ；若 $\varphi<0$，则 i 滞后 u 一个 φ 角。超前与滞后是相对的，i 超前 u，也可以说是 u 滞后 i，波形如图 3-2（a）所示。

② 正交：若 $\varphi=\pm 90°$，则称 i 和 u 正交，即一个正弦量为零时，另一个正弦量为最大值（或最小值），波形如图 3-2（b）所示。

③ 同相：若 $\varphi=0°$，则称 i 和 u 同相，它们同时达到最大、最小值，同时为零，波形如图 3-2（c）所示。

④ 反相若 $\varphi=\pm180°$，则称 i 和 u 反相，它们的变化趋势正好相反，i 为正时，u 为负；i 为负时，u 为正，波形如图 3-2（d）所示。

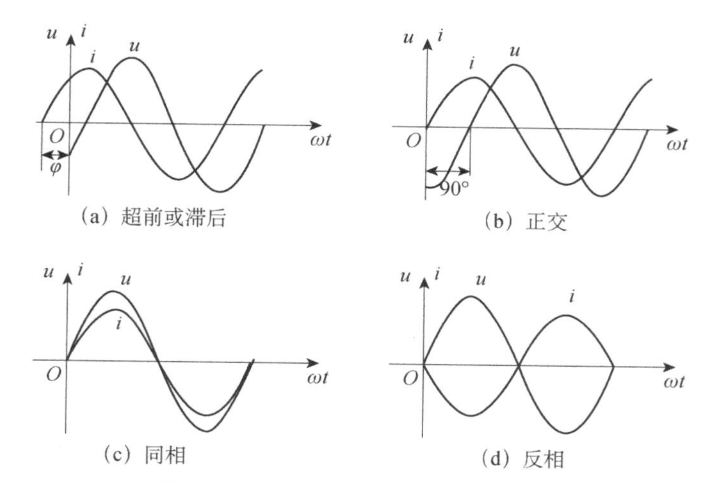

图 3-2　两个同频率交流电的相位关系

例 3-1　已知 $u=220\sqrt{2}\sin(314t-30°)\text{V}$，求其有效值、周期、频率和初相位。

解：（1）由题可知最大值 $U_\text{m}=220\sqrt{2}\text{V}$，则有效值 $U=U_\text{m}/\sqrt{2}=220\sqrt{2}/\sqrt{2}=220(\text{V})$

（2）由题可知角频率 ω=314rad/s，则周期 $T=2\pi/\omega=2\times3.14/314=0.02(\text{s})$

频率 f=1/T=1/0.02=50(Hz)

（3）初相位 φ_0=−30°

例 3-2　已知 $i_1=2\sin(\omega t-30°)\text{A}$，$i_2=4\sin(\omega t+60°)\text{A}$，试分析它们的相位关系。

解：因为相位差 $\varphi=\varphi_{02}-\varphi_{01}=60°-(-30°)=90°$，所以 i_2 超前 $i_1$90°，或 i_1 滞后 $i_2$90°，即 i_2 和 i_1 正交。

3.1.2　交流电的相量表示及同频交流电的合成运算

交流电可以用解析式（即瞬时值表达式）和波形图来表示，这两种表达方法都能直观反映出交流电的三要素和瞬时值的大小，但在交流电路的分析和计算中，需要进行同频交流电的合成运算，采用这两种表示方法时则特别烦琐。为了方便交流电路的分析和计算，通常将交流电用矢量表示，但交流电本身并不是矢量，只是时间的正弦函数，与速度、力等空间矢量有着本质区别，为了区别于这些空间矢量，通常把表示交流电的矢量称为相量。

一、交流电的相量表示法

1. 交流电的旋转相量表示法

以交流电流 $i=I_\text{m}\sin(\omega t+\varphi_0)$ 为例，如图 3-3（a）所示，在直角坐标系中，取一有向线段作为旋转相量，其长度为交流电的最大值 I_m，起始位置与 x 轴正向的夹角为交流电的初相位 φ_0，旋转角速度为交流电的角频率 ω，并以逆时针方向绕坐标原点旋转，则该旋转相量任一瞬间在 y 轴上的投影 $I_\text{m}\sin(\omega t+\varphi_0)$，等于该交流电的瞬时值，其波形如图 3-3（b）所示。可见旋转相量与交流电的波形图是一一对应的，可以完全反映交流电的三要素。因此交流电可以用旋转相量来表示，此时的旋转相量称为最大值相量，用最大值上面加“·”表示，如$\dot{U}_m$、$\dot{I}_m$、$\dot{E}_m$。

2. 交流电的静止相量表示法

几个同频交流电用旋转相量表示时，由于它们的旋转角速度相同（都是角频率 ω），所以任一瞬间它们的相对位置不变（相位差不变）。因此，为简化交流电的分析计算，可以不考虑旋转角频率，把交流电只用它们在初始位置（正向夹角为初相位）时的相量来表示，这个相量就称为静止相量。

由于交流电的大小通常是用其有效值表示的，故交流电的相量常采用有效值相量，即用有效值表示相量的长度。有效值相量用有效值上面加“·”表示，如$\dot{U}$、$\dot{I}$、$\dot{E}$。

将几个同频交流电的相量画在同一图上，这样的图叫相量图。如 3-4 所示为两个同频交流电流的相量图。相量图可以直观分析几个同频交流电的大小和相位关系，并可用平行四边形法则进行它们的加减合成运算。

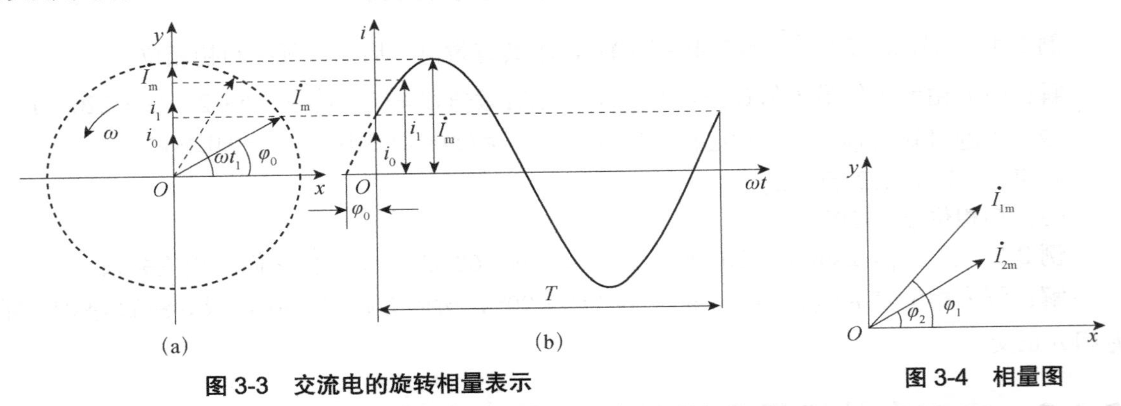

图 3-3　交流电的旋转相量表示

图 3-4　相量图

二、同频率交流电的合成运算

交流电的静止相量表示法实质就是用复数来表示正弦量，习惯称为相量，即用复数的模表示交流电的最大值或有效值，用复数的辐角表示交流电的初相位。这样就可以运用复数的运算法则来进行同频交流电的合成运算了。下面以交流电流为例来说明相量的表达方式。

假设$i = I_m \sin(\omega t + \varphi_0)$，根据复数的表示方法，其相量表达式有以下几种：

$$\dot{I}_m = a + b\text{j} \quad \text{（代数式）} \tag{3-8}$$

$$\dot{I}_m = I_m \cos\varphi_0 + \text{j}I\sin\varphi_0 \quad \text{（三角函数式）} \tag{3-9}$$

$$\dot{I}_m = I_m \angle\varphi_0 \quad \text{（极坐标式）} \tag{3-10}$$

$$\dot{I}_m = I_m \text{e}^{\text{j}\varphi_0} \quad \text{（指数式）} \tag{3-11}$$

说明：

① a 为实部，b 为虚部，j 为虚数单位，I_m 为最大值（等于复数的模），φ_0 为初相位（等

于复数的辐角)。

② $a = I_m \cos\varphi_0$，$b = I_m \sin\varphi_0$，$I_m = \sqrt{a^2+b^2}$，$\varphi_0 = \arctan\dfrac{b}{a}$。

③ 代数式和三角函数式一般用做加减运算，方法是实部加减实部、虚部加减虚部；极坐标式和指数式一般用做乘除运算，方法是模相乘除、辐角相加减。

采用复数的运算方法进行同频交流电的相量合成是非常方便的，首先根据复数运算方法求出交流电的最大值和初相位，再把最大值和初相位代入交流电的瞬时值表达式，即为合成交流电的瞬时值表达式。

例3-3　已知 $i_1 = 2\sqrt{2}\sin(\omega t + 45°)$ A、$i_2 = \sqrt{2}\sin(\omega t - 45°)$A。

(1) 求 $i = i_1 + i_2$；(2) 画出相量图。

解：(1) 将 u、i 用相量表示

$$\dot{I}_{1m} = I_{1m}\angle\varphi_{01} = 2\sqrt{2}\angle 45° = 2\sqrt{2}\cos 45° + j2\sqrt{2}\sin 45° = 2 + 2j$$

$$\dot{I}_{2m} = I_m\angle\varphi_{02} = 2\sqrt{2}\angle -45° = 2\sqrt{2}\cos(-45°) + j2\sqrt{2}\sin(-45°) = 2 - j2$$

$$\dot{I}_m = \dot{I}_{1m} + \dot{I}_{2m} = 2 + j2 + 2 - j2 = 4 + j0$$

则 $I_m = \sqrt{4^2 + 0^2} = 4$，$\varphi_0 = \arctan\dfrac{0}{4} = 0$，把 I_m 和 φ_0 代入 $i = I_m\sin(\omega t + \varphi_0)$，则求得 $i = 4\sin\omega t$。

(2) 相量图如图 3-5 所示。

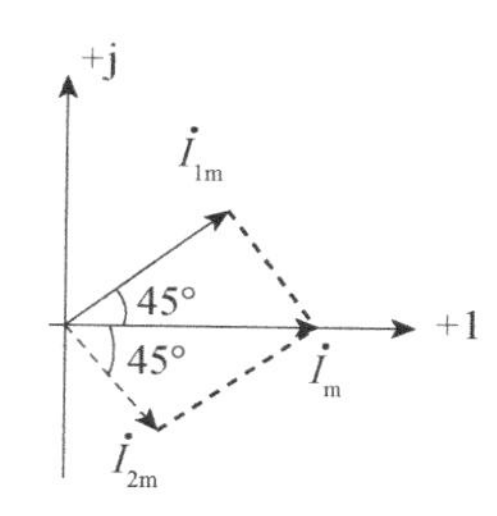

图 3-5　例 3-3

3.1.3　单一参数的交流电路

电阻、电感和电容是交流电路中的三大基本元件，它们在交流电路中的特性是不同的。

一、纯电阻电路

如图 3-6 (a) 所示，只含有电阻元件的交流电路称为纯电阻电路，如含有白炽灯、电炉、电烙铁等的电路。

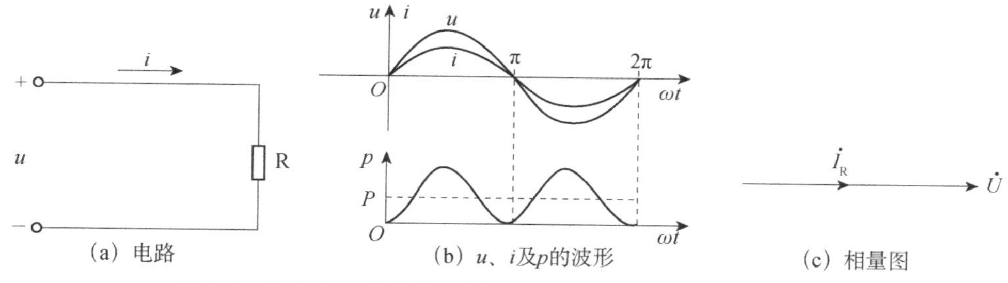

图 3-6　纯电阻电路及其电压、电流、功率的波形图、相量图

1. 电压与电流的关系

(1) 瞬时值关系。电阻与电压、电流的瞬时值之间的关系满足欧姆定律：$u=iR$ 或 $i = \dfrac{u}{R}$。

设通过电阻 R 的电流为 $i = I_m\sin\omega t$，则电阻 R 两端的电压为

$$u = iR = I_m R\sin\omega t = U_m \sin\omega t \tag{3-12}$$

式中，

$$U_m = RI_m \text{ 或 } I_m = \frac{U_m}{R} \tag{3-13}$$

可见电阻上电压和电流的最大值之间满足欧姆定律。

（2）大小关系。电压、电流的有效值关系称为大小关系。把式（3-13）两边同时除以$\sqrt{2}$，即得到有效值关系

$$U = RI \text{ 或 } I = \frac{U}{R} \tag{3-14}$$

这说明电阻上电压和电流的有效值之间也满足欧姆定律。

（3）相位关系。很显然，电阻上的电压 u 与电流 i 同相，两者的波形如图 3-6（b）所示，相量图如图 3-6（c）所示。

2. **功率**

（1）瞬时功率。瞬时功率是指任意时刻电路发出或消耗的功率，用小写字母 p 表示。根据功率的定义，纯电阻电路的瞬时功率为

$$\begin{aligned} p = ui = U_m I_m \sin^2 \omega t &= U_m I_m \left(\frac{1-\cos 2\omega t}{2}\right) \\ &= UI - UI\cos 2\omega t \end{aligned} \tag{3-15}$$

由于电阻上的电压与电流同相位，所以瞬时功率（p=ui）在任意时刻都为正值，其波形曲线如图 3-6（b）所示，说明任意时刻电阻都在消耗能量，将电能转换为热能，电阻是耗能元件。

（2）有功功率。电阻电路在一个周期内消耗的平均功率，即瞬时功率在一个周期内的平均值，称为有功功率，用大写字母 P 表示。

由式（3-15）可知，电阻电路的瞬时功率分为两项：一项是电压与电流的有效值乘积，另一项是余弦函数。因为余弦函数在一个周期内的平均值为零，所以电阻电路在一个周期内消耗的平均功率就等于电压与电流的有效值乘积，即

$$P=UI \tag{3-16}$$

可见有功功率的计算公式与直流电路中功率的计算公式相同，单位为 W（瓦特）。

二、纯电感电路

只含有电感元件的交流电路称为纯电感电路，如图 3-7（a）所示。

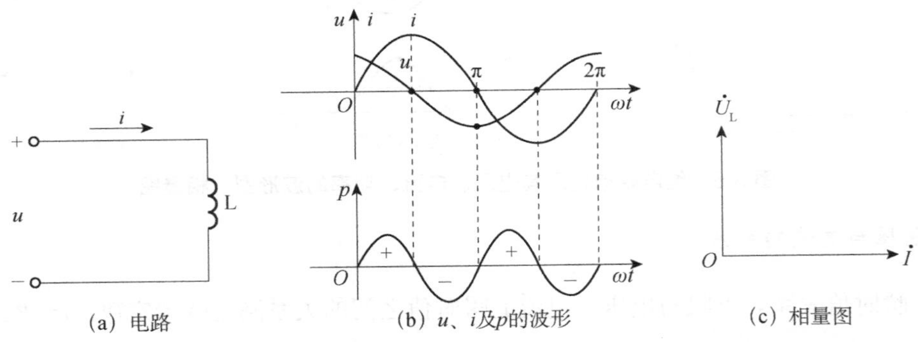

图 3-7　纯电感电路及其电压、电流、功率的波形图、相量图

1. **电压与电流关系**

（1）瞬时值关系。设通过电感的电流 $i = I_m \sin \omega t$，则电感两端的电压为

$$u_L = L\frac{di}{dt} = L\frac{d(I_m \sin \omega t)}{dt} = \omega L I_m \cos \omega t = \omega L I_m \sin(\omega t + 90°) = U_m \sin(\omega t + 90°) \quad (3\text{-}17)$$

式中，

$$U_m = \omega L I_m \text{或} I_m = \frac{U_m}{\omega L} \quad (3\text{-}18)$$

（2）大小关系。把式（3-18）两边同时除以 $\sqrt{2}$，并令 $X_L = \omega L$，即得到有效值关系

$$U = X_L I \text{或} I = \frac{U}{X_L} \quad (3\text{-}19)$$

式中，$X_L = \omega L = 2\pi f L$，称为感抗，单位与电阻的单位相同，也是Ω（欧姆），反映电感对交流电流的阻碍作用，频率 f 越高，感抗 X_L 越大，其阻碍作用越强；在直流电路中 f=0，X_L=0，电感可视为短路。可见，电感具有“通直流、阻交流，通低频、阻高频”的特性。

（3）相位关系。由式（3-17）可知，在相位上，电感的电压比电流超前 90°，波形如图 3-7（b）所示，相量图如图 3-7（c）所示。

2. **功率**

（1）瞬时功率。瞬时功率计算公式为

$$p = ui = U_m \sin(\omega t + 90°) \cdot I_m \sin \omega t = U_m I_m \sin \omega t \cos \omega t = \frac{1}{2} U_m I_m \sin 2\omega t$$
$$= UI \sin 2\omega t \quad (3\text{-}20)$$

（2）有功功率。由式（3-20）可知，纯电感电路的瞬时功率为一正弦函数，其波形曲线如图 3-7（b）所示。从波形曲线可以看出：纯电感电路的瞬时功率有时大于零，有时小于零，当 $p>0$ 时，电感从电源取用能量，相当于一个负载，将电能转变为磁场能量；当 $p<0$ 时，电感释放能量，相当于一个电源，将磁场能量转变为电能，其在一个周期内的平均功率（有功功率）为零。即 P=0，这表明电感元件在电路中不消耗能量，只与电源进行能量交换，是储能元件。

（3）无功功率。为了衡量电感元件与电源交换能量的规模大小，将瞬时功率的最大值定义为无功功率，用 Q 表示。电感元件的无功功率用 Q_L 表示，

即

$$Q_L = UI = I^2 X_L = \frac{U^2}{X_L} \quad (3\text{-}21)$$

为了与有功功率区别，其单位采用 var（乏），当 U=1V、I=1A 时，Q_L=1var。

例 3-4 在图 3-7（a）电路中，已知 $u = 220\sqrt{2}\sin(314t + 90°)\text{V}$，$L$=0.318H，求电流 i 和无功功率 Q_L。

解： $X_L = \omega L = 314 \times 0.318 = 100(\Omega)$，$I_m = \frac{U_m}{X_L} = \frac{220\sqrt{2}}{100} = 2.2\sqrt{2}(\text{A})$

因为电感电压超前电流 90°

则 $i = 2.2\sqrt{2}\sin 314t$，$Q_L = UI = 220 \times 2.2 = 484(\text{var})$

三、纯电容电路

只含有电容元件的交流电路叫做纯电容电路，如图 3-8（a）所示。

1. 电压与电流关系

（1）瞬时值关系。设电容两端的电压为 $u_C = U_m \sin \omega t$，则其电流为

$$i = C\frac{du_C}{dt} = C\frac{d(U_m \sin \omega t)}{dt} = \omega CU_m \cos \omega t = I_m \sin(\omega t + 90°) \tag{3-22}$$

式中，

$$I_m = \omega CU_m \text{ 或 } U_m = \frac{1}{\omega C}I_m \tag{3-23}$$

（2）大小关系。把式（3-23）两边同时除以 $\sqrt{2}$，并令 $X_C = \frac{1}{\omega C}$，即得到有效值关系

$$U = X_C I \text{ 或 } I = \frac{U}{X_C} \tag{3-24}$$

式中，$X_C = \frac{1}{\omega C} = \frac{1}{2\pi fC}$，称为容抗，单位是 Ω（欧姆），反映电容对交流电流的阻碍作用，频率 f 越低，容抗 X_L 越大，其阻碍作用越强；在直流电路中 f=0，X_C=∞，电容可视为开路。可见，电容具有“通交流、阻直流，通高频、阻低频”的特性。

（3）相位关系。由式（3-22）可知，在相位上，电容的电流超前电压 90°，其波形如图 3-8（b）所示，相量图如图 3-8（c）所示。

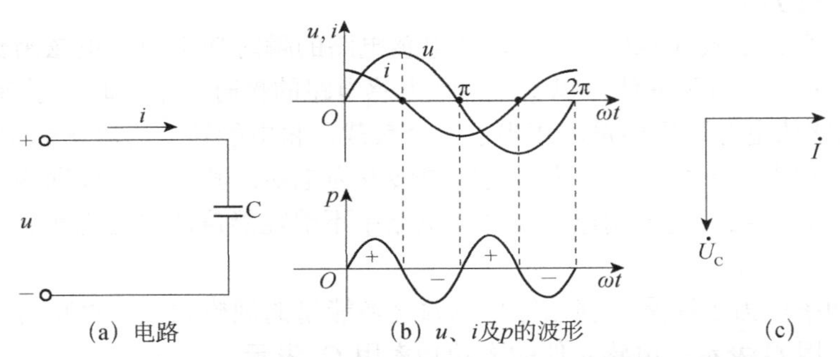

图 3-8　纯电容电路及其电压、电流、功率的波形图、相量图

2. 功率

（1）瞬时功率。瞬时功率计算公式为：

$$\begin{aligned} p = ui &= U_m \sin \omega t \cdot I_m \sin(\omega t + 90°) = U_m I_m \sin \omega t \cos \omega t \\ &= \frac{1}{2}U_m I_m \sin 2\omega t = UI \sin 2\omega t \end{aligned} \tag{3-25}$$

（2）有功功率。由式（3-25）可知，纯电容电路的瞬时功率也为一正弦函数，其波形曲线如图 3-8（b）所示。可以看出其瞬时功率也有时大于零，有时小于零，在一个周期内的平均功率（有功功率）也为零。这表明电容元件和电感元件一样，在电路中也不消耗能量，只与电源进行能量交换，是储能元件，只不过它与电源之间进行的是电能的转换。

（3）无功功率。电容元件的无功功率用 Q_C 表示，即：

$$Q_C = UI = I^2 X_C = \frac{U^2}{X_C} \tag{3-26}$$

3.1.4　RL 串联电路及感性电路功率因数的提高

一、RL 串联电路

有许多电气设备，如变压器、电动机等都是由多匝线圈绕制而成的，其中既有电阻又有电感。由于线圈匝数较多，则线圈的电阻较大，此时电阻就不可忽略，线圈相当于电阻与电感的串联电路。分析 RL 串联电路具有重要的实际意义。

1. 电压与电流的关系

如图 3-9（a）所示为 RL 串联电路。电路中的各个元件通过的电流相同。

设电路中通过的电流为 $i = I_m \sin\omega t$，则

电阻两端的电压为：$u_R = RI_m \sin\omega t = U_{Rm} \sin\omega t$

电感两端的电压为：$u_L = X_L I_m \sin(\omega t + 90°) = U_{Lm} \sin(\omega t + 90°)$

总电压为：$u = u_R + u_L = U_{Rm} \sin\omega t + U_{Lm} \sin(\omega t + 90°) = U_m \sin(\omega t + \varphi)$

由于各分电压都是同频正弦量，所以用相量法求出总电压为

$$\dot{U} = \dot{U}_R + \dot{U}_L \tag{3-27}$$

以电流为参考相量，根据各电压与电流的相位差画出相量图，如图 3-9（b）所示。

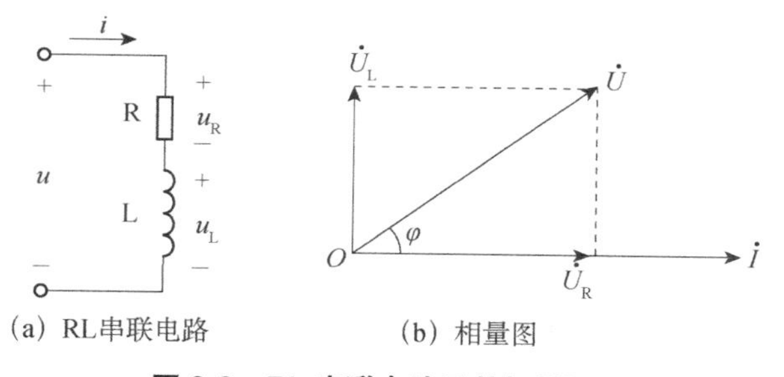

（a）RL串联电路　　（b）相量图

图 3-9　RL 串联电路及其相量图

从相量图中还可以看出各电压相量 $\dot{U}$、$\dot{U}_R$ 以及 $\dot{U}_L$ 正好形成一个直角三角形，称为电压三角形，如图 3-10（a）所示。在电压三角形中，可以得出总电压与各分电压有效值的关系，即：

$$\begin{aligned} U &= \sqrt{U_R^2 + U_L^2} \\ U_R &= U\cos\varphi \\ U_L &= U\sin\varphi \end{aligned} \tag{3-28}$$

可见各电压有效值的关系是相量和，而不是代数和，这是与电阻串联电路的本质区别。

从电压三角形中还可以得出总电压与电流之间的相位差为：

$$\varphi = \arctan\frac{U_L}{U_R} \tag{3-29}$$

总电压超前总电流一个相位角 φ（0<φ<90°）。通常把电压超前电流的电路称为感性电路，具有感性特征的负载称为感性负载。

由式（3-28）可求得总电压与电流有效值的关系遵循欧姆定律，即：

$$U=\sqrt{U_R^2+U_L^2}=\sqrt{R^2+X_L^2}I=|Z|I \tag{3-30}$$

其中，Z 称为复阻抗，是总电压相量与电流相量的比值，即：

$$Z=\frac{\dot{U}}{\dot{I}}=R+jX_L=|Z|\angle\varphi \tag{3-31}$$

它是一个复数，表示各元件对电流的阻碍作用，$|Z|$为复阻抗 Z 的模，简称阻抗，单位为 Ω。

$$|Z|=\frac{U}{I}=\sqrt{R^2+X^2} \tag{3-32}$$

阻抗$|Z|$、电阻 R 和感抗 X_L 也构成一个直角三角形，称为阻抗三角形，如图 3-10（b）所示在阻抗三角形中 φ 称为阻抗角，等于总电压与电流之间的相位差，即：

$$\varphi=\arctan\frac{X_L}{R}=\arctan\frac{U_L}{U_R} \tag{3-33}$$

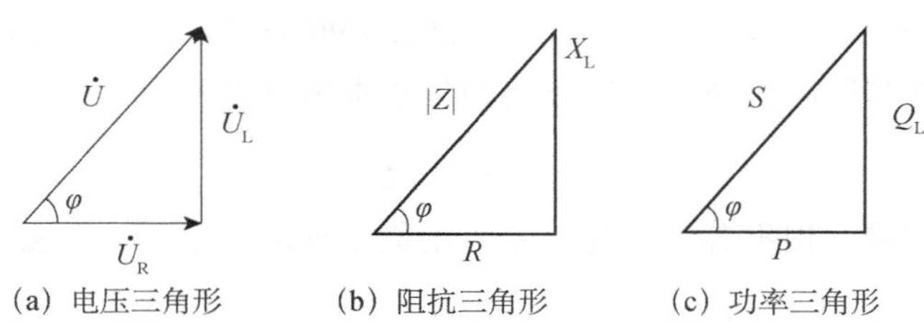

（a）电压三角形　（b）阻抗三角形　（c）功率三角形

图 3-10　RL 串联电路的电压三角形、阻抗三角形及功率三角形

由式（3-31）可知

$$\dot{I}=\frac{\dot{U}}{Z}\text{或}\dot{U}=Z\dot{I} \tag{3-34}$$

式（3-34）与直流电路中的欧姆定律具有相似的形式，称为欧姆定律的相量形式。它既表达了电路中总电压与电流有效值之间的关系，又表达了总电压与电流之间的相位关系。

2. 电路的功率

根据功率的定义，将各电压同乘以电流 I，即可以得到一个由 $UI=S$、$U_RI=P$ 及 $U_LI=Q_L$ 组成的直角三角形，称为功率三角形，如图 3-10（c）所示。其中，S 为视在功率，电源提供的总功率，也称为电源设备的额定容量，单位为 V・A（伏安）；P 为有功功率，电路中电阻消耗的功率，单位为 W（瓦）；Q 为无功功率，电路中电感与电源之间交换的功率，单位为 var。

由功率三角形可知：

$$\begin{aligned}S&=\sqrt{P^2+Q^2}=UI\\P&=S\cos\varphi=UI\cos\varphi\\Q&=S\sin\varphi=UI\sin\varphi\end{aligned} \tag{3-35}$$

可见，视在功率 S 与有功功率 P、无功功率 Q_L 之间遵循勾股定理，不是代数和的关系。电路中只有电阻取用功率，电路中的有功功率就等于电阻消耗的功率。即：

$$P = UI\cos\varphi = U_{\mathrm{R}}I = I^2R = \frac{U_{\mathrm{R}}^2}{R} \tag{3-36}$$

二、感性电路功率因数的提高

1. 功率因数的定义

在交流电路中，电源提供的总功率分成两部分：一部分是有功功率，另一部分是无功功率，其中，只有有功功率被电路所取用。有功功率的大小不仅取决于交流电压和电流的大小，而且和电压、电流间的相位差（阻抗角）有关。

有功功率与视在功率的比值，称为功率因数，用 λ 表示，数值上等于阻抗角的余弦，即

$$\lambda = \frac{P}{S} = \cos\varphi \tag{3-37}$$

功率因数用来反映电路对电源所提供的能量的利用率，是交流电路运行状况的重要指标。功率因数越大，电路对电源所提供的能量的利用率就越高。纯电阻电路 $\cos\varphi=1$，纯电感和纯电容的电路 $\cos\varphi=0$，一般电路中，$0<\cos\varphi<1$。

2. 提高功率因数的意义

如果电源设备已达到额定电压和额定电流，即输出额定容量一定，则输出的有功功率的大小就取决于功率因数的高低。

在各种用电设备中，除白炽灯、电阻炉等少数电阻性负载外，大多属于电感性负载。例如三相异步电动机、日光灯、电风扇等都属于电感性负载，而且它们的功率因数往往比较低。功率因数低，会引起下列两个问题。

（1）降低了供电设备的利用率。供电设备的额定容量 $S_{\mathrm{N}} = U_{\mathrm{N}}I_{\mathrm{N}}$ 是一定的，其输出的有功功率为

$$P = U_{\mathrm{N}}I_{\mathrm{N}}\cos\varphi = S_{\mathrm{N}}\cos\varphi$$

一般 $\cos\varphi<1$，$P<S_{\mathrm{N}}$；$\cos\varphi$ 越低，则输出的有功功率 P 越小，而无功功率 Q 越大，电源与负载交换能量的规模越大，供电设备所提供的能量就越不能充分利用。

（2）增加了供电设备和线路的功率损耗。负载从电源取用的电流为 $I = \dfrac{P}{U\cos\varphi}$，在 P 和 U 一定情况下，$\cos\varphi$ 越低，I 就越大，供电设备和输电线路的功率损耗就越大。

因此，提高电路的功率因数就可以提高供电设备的利用率和减少供电设备和输电线路的功率损耗，具有非常重要的经济意义。

3. 提高感性电路功率因数的方法

提高感性电路功率因数的方法是在电感性负载两端并联一个适当的电容器，如图 3-11(a)所示。以电压为参考相量，可画出其相量图，如图 3-11(b)所示。

由图 3-11（b）可知，并联电容前，电路的电流为电感性负载的电流 $\dot{I}_1$，电路的功率因数为电感性负载的功率因数 $\cos\varphi_1$；并联电容后，电路的总电流为 $\dot{I} = \dot{I}_1 + \dot{I}_{\mathrm{C}}$，电路的功率因数变为 $\cos\varphi$。可见，并联电容器后，流过感性负载的电流及其功率因数没有变，而整个电路的功率因数 $\cos\varphi>\cos\varphi_1$，比并联电容前提高了；电路的总电流 $I<I_1$，比并联电容前减小了。这

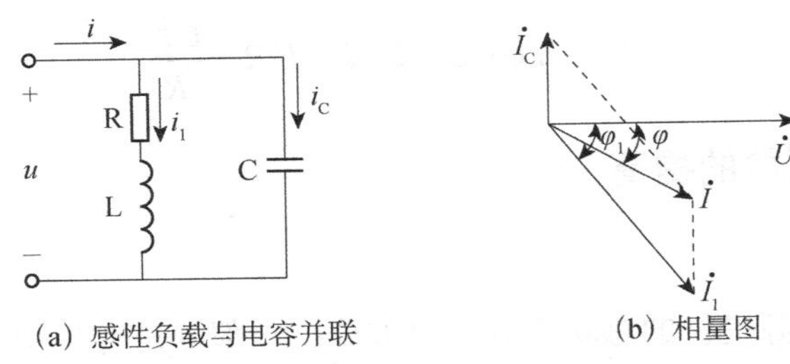

图 3-11　感性电路功率因数的提高

是由于并联电容器后电感性负载所需的无功功率大部分可由电容的无功功率补偿，减小了电源与负载之间的能量交换。但要注意，并联电容的电容量要适当，如果电容量过大，电路的性质就改变了，反而会使电路的功率因数可能降低，这种情况称为过补偿，是不允许的。此外并联电容后，提高的是总电路的功率因数，原来感性支路的功率因数并没有变，因为电路中电阻没有变，电路总的有功功率也没有改变。

目前我国有关部门规定，电力用户功率因数不得低于 0.85。但是当 $\cos\varphi=1$ 时，电路会发生谐振，这在电力电路中是不允许的，所以通常单位用户应把功率因数提高到略小于 1。

例 3-5　有电感线圈，电路中的电阻为 60Ω，电感为 255mH，将其接入频率为 50Hz，电压为 220V 的电路上，分别求：I、U_R、U_L、P、Q_L、S、λ，画出相量图。

解： $X_L = 2\pi fL = 2\times3.14\times50\times255\times10^{-3} = 80\Omega$

$$|Z| = \sqrt{R^2 + X_L^2} = \sqrt{60^2 + 80^2} = 100\Omega$$

$$I = \frac{U}{|Z|} = \frac{220}{100} = 2.2\text{A} \qquad U_R = RI = 60\times2.2 = 132\text{V}$$

$$U_L = X_L I = 80\times2.2 = 176\text{V} \qquad P = U_R I = 132\times2.2 = 290.4\text{W}$$

$$Q_L = U_L I = 176\times2.2 = 387.2\,\text{var} \qquad S = UI = 220\times2.2 = 484\text{V·A}$$

$$\lambda = \cos\varphi = \frac{R}{|Z|} = \frac{60}{100} = 0.6$$

相量图如图 3-12 所示。

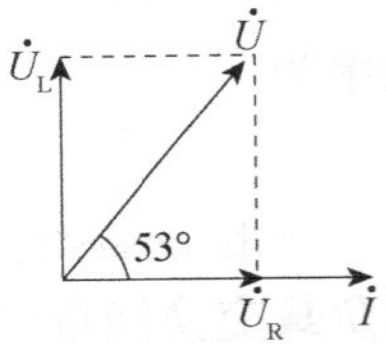

图 3-12　例 3-5 相量图

例 3-6　已知某电源 U_N=220V、f=50Hz、S_N=440kV·A。试求：（1）该电源能给多少个 $\cos\varphi_1$=0.5、44kW 的用电器供电？（2）若将电路的功率因数提高到 $\cos\varphi_2$=0.9，此时该电源又能给多少个用电器供电？

解：（1）电源的额定电流：$I_N = \dfrac{S_N}{U_N} = \dfrac{440\times10^3}{220} = 2000\text{A}$

当功率因数 $\cos\varphi_1$=0.5 时每个用电器的电流：$I_1 = \dfrac{P}{U_N\cos\varphi_1} = \dfrac{4.4\times10^3}{220\times0.5} = 40\text{A}$

此时电源可供电的用电器个数为 $n_1 = \dfrac{I_N}{I_1} = \dfrac{2000}{40} = 50$ 个

（2）当功率因数提高到 $\cos\varphi_2$=0.9 时每个用电器的电流：

$$I_2 = \frac{P}{U_N\cos\varphi_2} = \frac{4.4\times10^3}{220\times0.8} = 25\text{A}$$

此时电源可供电的用电器个数为 $n_2 = \dfrac{I_N}{I_2} = \dfrac{2000}{25} = 80$ 个

将功率因数由 0.5 提高到 0.8 时，电源供电的负载数量增多了，所以提高电网功率因数后，将提高电源的利用率。

3.1.5　RLC 串联电路

电阻、电感和电容相串联所组成的电路，叫做 RLC 串联电路，如图 3-13 所示。RLC 串联电路的实际应用十分广泛。如在电工技术中常用电容与电感线圈串联来改变电压或电流的相位。在电子电路中，常用由电容与电感线圈串联组成谐振电路，用于选频和滤波。

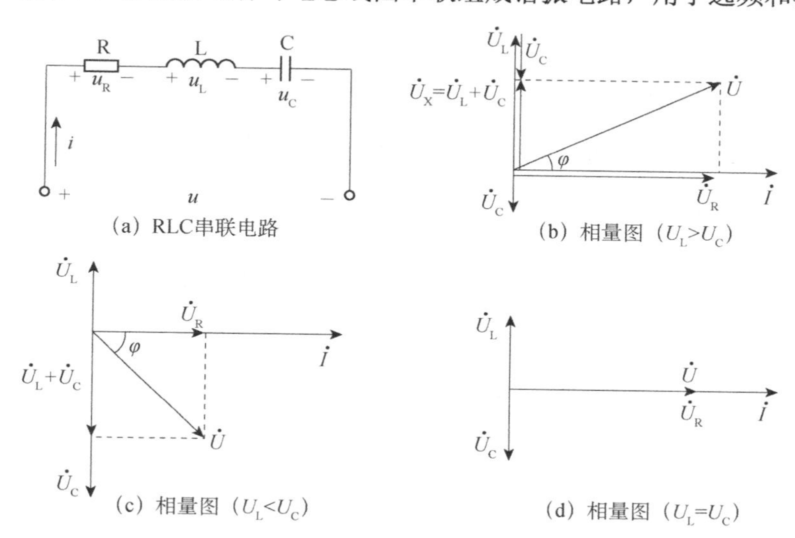

图 3-13　RLC 串联电路及其相量图

1. 电压与电流的关系

RLC 串联电路中的各个元件经过相同电流，设电流为 $i = I_m \sin \omega t$，则电路总电压为：

$$u = u_R + u_L + u_C = \sqrt{2}U_R \sin \omega t + \sqrt{2}U_L \sin(\omega t + 90°) + \sqrt{2}U_C (\sin \omega t - 90°)$$

因各电压都是同频正弦量，所以仍采用相量法进行分析，即

$$\dot{U} = \dot{U}_R + \dot{U}_L + \dot{U}_C \tag{3-38}$$

以电流为参考相量，并假设 $U_L>U_C$，根据各电压与电流的相位差画出相量图，如图 3-13（b）所示，从相量图中可以看出，电压相量 $\dot{U}$、$\dot{U}_R$ 以及 $\dot{U}_X = \dot{U}_L + \dot{U}_C$ 也形成了一个电压三角形，如图 3-14（a）所示。$\dot{U}_X$ 称为电抗的电压相量，其有效值 $U_X=U_L-U_C$。由电压三角形可知各电压有效值的关系为仍是相量和关系，即:

$$U = \sqrt{U_R^2 + (U_L - U_C)^2} = \sqrt{U_R^2 + U_X^2} \tag{3-39}$$

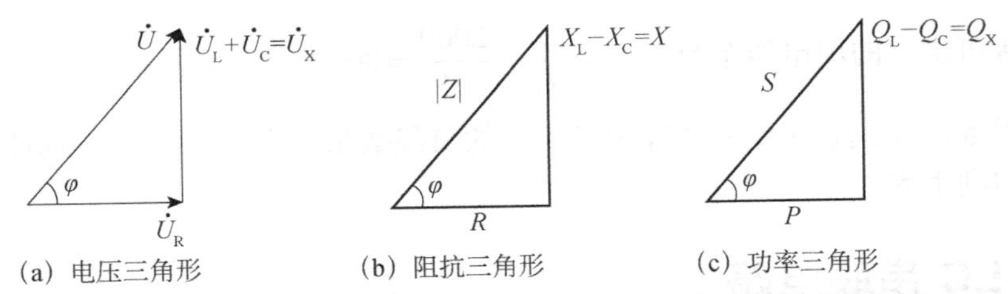

图 3-14 RLC 串联电路的电压三角形、阻抗三角形及功率三角形

总电压与总电流有效值的关系也遵循欧姆定律，即：

$$U=\sqrt{R^2+\left(X_L-X_C\right)^2}I=|Z|I \tag{3-40}$$

$$|Z|=\frac{U}{I}=\sqrt{R^2+(X_L-X_C)^2}=\sqrt{R^2+X^2} \tag{3-41}$$

式（3-41）是串联电路总阻抗的一般表达式。其中，X 称为电抗，单位为 Ω，是决定电路性质的参数，$X=X_L-X_C=\omega L-\frac{1}{\omega C}$。由$|Z|$、$R$ 与 X 构成的阻抗三角形如图 3-14（b）所示，阻抗角（总电压与电流之间的相位差）为：

$$\varphi=\arctan\frac{X}{R}=\arctan\frac{X_L-X_C}{R}=\arctan\frac{U_L-U_C}{U_R} \tag{3-42}$$

2. 电路的三种性质

（1）电感性电路。当 $X_L>X_C$，则 $U_L>U_C$，$\varphi>0$，总电压超前电流一个小于 90°的 φ，电路呈电感性，相量关系如图 3-13（b）所示。

（2）电容性电路。当 $X_L<X_C$，则 $U_L<U_C$，$\varphi<0$，总电压滞后电流一个小于 90°的 φ，电路呈电容性，相量关系如图 3-13（c）所示。

（3）电阻性电路。当 $X_L=X_C$，则 $U_L=U_C$，$\varphi=0$，总电压与电流同相位，电路呈电阻性，这种状态又叫做串联谐振，相量关系如图 3-13（d）所示。

3. 电路的功率

根据功率的定义，将各电压分别乘以总电流 I，即 $UI=S$、$U_RI=P$、$U_XI=Q_L-Q_C=Q$，便可以得到一个功率三角形，如图 3-14（c）所示，各功率及功率因数的计算公式与 RL 串联电路中的计算公式相同，但需要强调的是在 RLC 串联电路中电感和电容都有无功功率，因为它们都与电源进行能量交换，只是它们的吸收与释放能量的状态正好相反，所以整个电路的无功功率是它们与电源能量交换的差值，即 $Q=Q_L-Q_C=(U_L-U_C)I$。

例 3-7 在 RLC 串联电路中，已知电源电压 U=220V，频率为 50Hz，电阻 R=30Ω，电感 L=445mH，电容 C=32μF。分别求：I、U_R、U_L、U_C、λ、S、P、Q。

解：（1）$X_L=2\pi fL=2\times3.14\times50\times0.445=140\Omega$

$$X_C=\frac{1}{2\pi fC}=\frac{1}{2\times3.14\times50\times32\times10^{-6}}=100\Omega$$

$$|Z|=\sqrt{R^2+(X_L-X_C)^2}=\sqrt{30^2+(140-100)^2}=50\Omega$$

则 $I=\frac{U}{|Z|}=\frac{220}{50}=4.4\text{A}$

（2）$U_R=RI=30\times4.4=132\text{V}$　　$U_L=X_LI=140\times4.4=616\text{V}$

$U_C=X_CI=100\times4.4=440\text{V}$

（3）$\lambda=\cos\varphi=\frac{R}{|Z|}=\frac{30}{50}=0.6$　　$S=UI=220\times4.4=968\text{V}\cdot\text{A}$

$P=S\cos\varphi=968\times0.6=580.8\text{W}$　　$Q=S\sin\varphi=968\times0.8=774.4\,\text{var}$

3.1.6　谐振电路

电路中的总电压 u 与总电流 i 同相，即总电压 u 与总电流 i 的相位差 $\varphi=0$，电路呈电阻性，这种现象为电路的谐振，包括串联谐振和并联谐振两种。

一、RLC 串联谐振

在 RLC 串联电路中 u 与 i 达到同相时，电路发生了谐振，称为串联谐振。

1. 谐振条件与谐振频率

RLC 串联电路发生串联谐振的条件为 $X_L=X_C$，即：

$$\omega L=\frac{1}{\omega C}\ 或\ 2\pi fL=\frac{1}{2\pi fC} \tag{3-43}$$

则谐振频率为

$$\omega_0=\frac{1}{\sqrt{LC}}\ 或\ f_0=\frac{1}{2\pi\sqrt{LC}} \tag{3-44}$$

由此可知，要使电路发生谐振，可改变 L 或 C，还可改变 f 或 ω，使之满足谐振条件即可。

2. 串联谐振电路的特点

（1）总阻抗最小，$|Z_0|=\sqrt{R^2+(X_L^2-X_C^2)^2}=R$，电路呈电阻性。

（2）电流最大，$I_0=\frac{U}{|Z_0|}=\frac{U}{R}$。

（3）电感或电容两端的电压可能比总电压高很多倍。

当电路发生谐振时，电感与电容上的电压大小相等，相位相反，相互抵消，所以电路的总电压等于电阻的电压，即 $U=U_R=RI_0$。当感抗或容抗比电阻大很多时，电感或电容的电压就会比总电压高很多倍。把电感或电容的电压与总电压的比值，称为电路的品质因数，用 Q 表示，即：

$$Q=\frac{U_L}{U}=\frac{\omega_0 L}{R}=\frac{1}{\omega_0 CR} \tag{3-45}$$

在无线电工程上可以利用谐振时电感或电容上产生的高电压将微弱的电信号取出，或利用谐振电路的低电阻特性滤除无用信号。但在电力工程上应尽量避免电路发生谐振，因为此时产生的高压会将电感或电容击穿，造成设备损坏。

二、电感线圈和电容的并联谐振电路

把电感线圈等效为电阻与电感串联，则电感线圈和电容的并联电路如图 3-15（a）所示。两并联支路的电压 u 相等，电感支路的电流 i_1 滞后于电压 u 一个相位角 φ_1，电容支路的电流 i_C 则超前电压相位角 90°。以电压为参考相量，画出相量图如图 3-15（b）所示，则总电流为电感支路电流与电容支路电流的相量和，即：

$$\dot{I}=\dot{I}_1+\dot{I}_C \tag{3-46}$$

为分析方便，把 $\dot{I}_1$ 分解为水平分量 $\dot{I}_{1h}$ 和垂直分量 $\dot{I}_{1v}$，如图 3-15（c）所示，则总电流的有效值为：

$$I=\sqrt{I_{1h}^2+(I_{1v}-I_C)^2} \tag{3-47}$$

总电流和端电压的相位差为：$\varphi=\arctan\dfrac{I_{1v}-I_C}{I_{1h}}$ （3-48）

其中，各支路的电流有效值分别为：$I_1=\dfrac{U}{|Z_1|}=\dfrac{U}{\sqrt{R^2+X_L^2}}$　$I_C=\dfrac{U}{X_C}$

由以上分析可知，当电容支路电流 I_C 与电感支路电流的垂直分量 I_{1v} 大小相等时，总电流 i 与电压 u 同相，这种情况叫做并联谐振，其相量图如图 3-15（d）所示为。

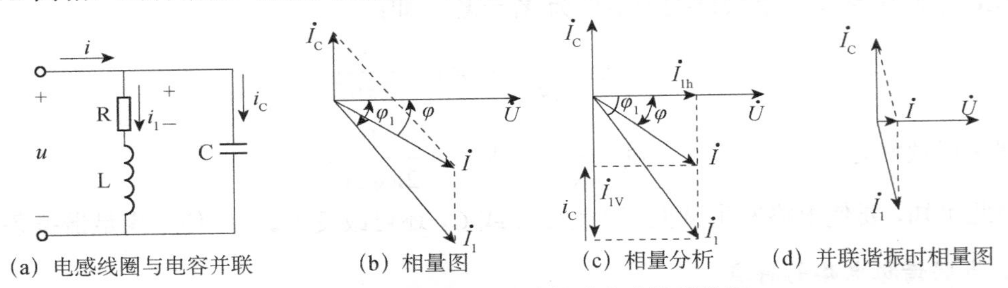

（a）电感线圈与电容并联　（b）相量图　（c）相量分析　（d）并联谐振时相量图

图 3-15　电感线圈和电容的并联电路及其谐振

1. 并联谐振条件及谐振频率

如果忽略电阻 R 的影响，并联谐振的条件为，$X_L\approx X_C$，即 $\omega_0\approx\dfrac{1}{\sqrt{LC}}$

谐振频率为

$$f_0\approx\frac{1}{2\pi\sqrt{LC}} \tag{3-49}$$

与串联谐振时的频率公式相同。在电路中线圈电阻损耗较小的情况下，误差是很小的。

2. 谐振时电路的特征

（1）总阻抗$|Z_0|$最大，$|Z_0|=\dfrac{(\omega_0 L)^2}{R}$，电路呈现高电阻特性，总电流与端电压同相。

（2）电流最小，$I_0=\dfrac{U}{|Z_0|}=\dfrac{URC}{L}$。

（3）电感和电容上的电流相位相反，大小几乎相等，并比总电流大很多倍。

将电感中电流（或电容中电流）与总电流之比，定义为电路的品质因数，用 Q 表示，即

$$Q=\frac{I_L}{I_0}=\frac{\omega_0 L}{R} \tag{3-50}$$

并联谐振，又称电流谐振，是一种用途广泛的谐振电路，在电子技术中常用来选频。

连接与测量 R、L、C 串并联电路

任务要求：正确连接电路并完成电路中各电压与电流的测量。

一、训练目的

1. 理解 R、L、C 元件在交流电路中的特性；
2. 验证串联电路中总电压和分电压的关系；
3. 验证并联电路中总电流和分电流的关系；
4. 学会交流电路的连接与测量方法与技能。

二、准备器材

1. 交流电源（220V）；2. 万用表；3. 交流电流表（500mA）；4. 白炽灯组（220V、40W）；5. 镇流器（220V、40W）；6. 电容器（2μF）；7. 开关；8. 导线若干。

三、操作内容及步骤

1. 白炽灯和白炽灯的串联（R-R 串联）

按图 3-16 连接电路，检查无误后闭合开关，接通 220V 交流电源；记录电流表读数，结果填入表 3-1 中。用万用表交流电压挡分别测量两只灯泡两端的电压，结果填入表 3-1 中，并比较各分电压与总电压的关系。

表 3-1　R-R 串联电路测量数据

U/V	U_1/V	U_2/V	I/mA
220			

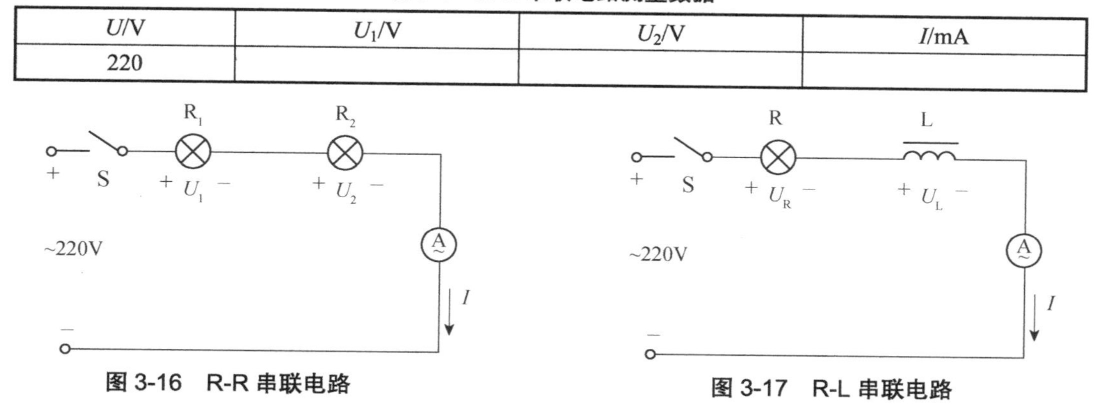

图 3-16　R-R 串联电路

图 3-17　R-L 串联电路

2. 白炽灯和镇流器的串联（R-L 串联）

按图 3-17 连接电路，检查无误后闭合开关接通 220V 电源。记录电流表读数，结果填入表 3-2 中。用万用表交流电压挡分别测量灯泡和镇流器两端的电压，结果填入表 3-2 中，并比较各分电压与总电压的关系。

表 3-2　R-L 串联电路测量数据

U/V	U_R/V	U_L/V	I/mA
220			

3. 白炽灯、镇流器和电容器的串联（R-L-C 串联）

按图 3-18 连接电路，检查无误后闭合开关接通 220V 电源。记录电流表读数，结果填入表 3-3 中；用万用表交流电压挡分别测量灯泡、镇流器、电容器两端的电压，结果填入表 3-3 中，并比较各分电压与总电压的关系。

表 3-3　R-L-C 串联电路测量数据

U/V	U_R/V	U_L/V	U_C/V	I/mA
220				

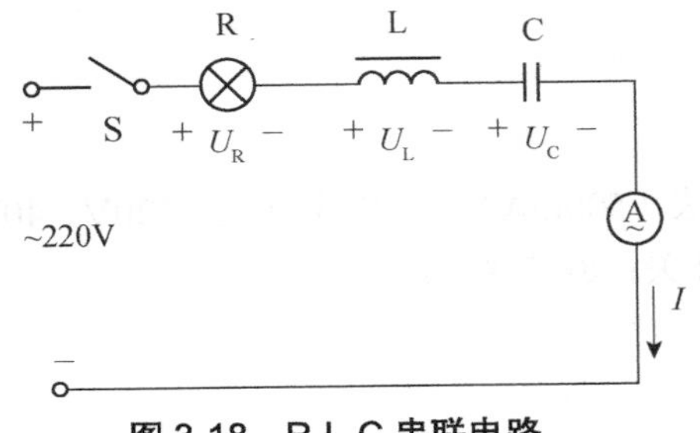

图 3-18　R-L-C 串联电路

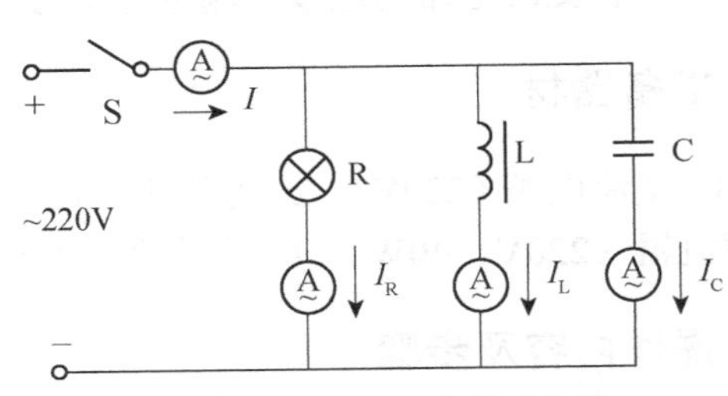

图 3-19　R-L-C 并联电路

4. 白炽灯、镇流器与电容器的并联（R-L-C 并联）

按图 3-19 连接电路，检查无误后闭合开关接通 220V 电源。记录各电流表读数，结果填入表 3-4 中，并比较各分电流与总电流的关系。

表 3-4　R-L-C 并联电路测量数据

U/V	I_R/mA	I_L/mA	I_C/mA	I/mA
220				

四、思考题

1. 在串联电路中，各电压之和与总电压相等吗？为什么？
2. 在并联电路中，各电流之和与总电流相等吗？为什么？

五、注意事项

1. 电路所用电压为交流 220V，注意用电安全，必须经教师检查确认无误后方可无通电。
2. 正确使用仪器仪表，测量时注意安全。
3. 完成实验报告及实验结果分析。

日光灯电路及其功率因数测试

任务要求：完成日光灯电路的连接、测量及其功率因数测试。

一、训练目的

1. 学习日光灯电路的连接与测量方法；
2. 学习功率因数表的使用方法；
3. 学习提高感性电路功率因数的方法和意义。

二、准备器材

1. 交流电源（220V）；2. 万用表；3. 交流电流表（500mA）；4. 单相功率因数表；5. 日光灯套件（包括灯管 220V/40W、灯座、镇流器 220V/40W 和启辉器）；6. 并联电容器组；7. 开关；8. 导线若干。

三、操作内容及步骤

1. 日光灯电路的连接与测量

按图 3-20 连接电路，检查无误后，断开开关 S_2（不接入电容器，即 C=0），闭合开关 S_1 接通 220V 交流电源。观察日光灯的点亮过程，待日光灯正常工作后，记录电流表及功率因数表的读数，填入表 3-5 中；分别测量灯管及镇流器两端的电压，结果填入表 3-5 中。计算视在功率 S、有功功率 P 和无功功率 Q，结果填入表 3-5 中。

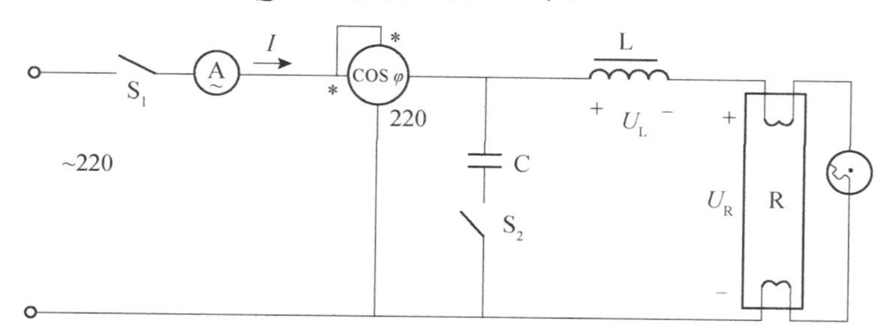

图 3-20　日光灯电路实验电路

2. 功率因数测试

在上述 1 的基础上，闭合开关 S_2，使电容并联接入电路。将电容由 1～4μF 逐渐增大，并分别记录电流表及功率因数表的读数和分别测量灯管及镇流器两端的电压，结果填入表 3-5 中。计算视在功率 S、有功功率 P 和无功功率 Q，结果填入表 3-5 中。

表 3-5　日光灯电路及其功率因数测试数据

项目	测量值					计算值		
电容（μF）	U/V	I/mA	U_R/V	U_L/V	cosφ	S/V·A	P/W	Q/var
0								

（续表）

项目 电容（μF）	测量值					计算值		
	U/V	I/mA	U_R/V	U_L/V	$\cos\varphi$	S/V·A	P/W	Q/var
1								
2								
3								
4								
5								

四、思考题

1. 当并联电容后，电路的总电流如何变化（增大还是减小）？为什么？
2. 提高感性电路功率因数的方法是什么？当电容过大时电路的功率因数有何变化？

五、注意事项

1. 电路所用电压为交流 220V，应注意用电安全，必须经教师检查确认无误后方可通电。
2. 电路器件较多，线路相对复杂，注意接线工艺并能处理电路故障。
3. 正确使用仪器仪表，测量时注意安全。
4. 完成实验报告及实验结果分析。

任务 3.2　三相交流电路的连接与测量

了解三相交流电的特点；掌握对称三相电源的连接方式及其线电压与相电压的关系；掌握三相负载的连接方式及其电压、电流关系；掌握三相交流电路的电压、电流、功率特性及分析方法，能够正确分析、计算、连接、测量三相交流电路并能够排除电路故障。

3.2.1　三相交流电源

三相交流电源是由三个频率相同、最大值相等、相位互差 120°电角度的单相交流电源按一定方式组合而成的供电系统，简称三相电。三相交流发电机是最普遍的三相电源。目前，电能的生产、输送和分配几乎全都采用三相制，就是在需要单相电供电的地方，也是采用的三相电中的某一相。三相电之所以应用极为普遍，一方面是因为三相交流发电机比同尺寸的单相交流发电机输出和传递的功率大，而且效率高。在输送功率相同、电压相同和距离、线路损失相同的情况下，采用三相制输电比采用单相输电时可节约 25%的线材。另外是大量使用的三相交流电动机和三相变压器与单相电动机和变压器相比，在输出功率相同情况下，具有构造简单、体积小、价格低、噪声小、性能好且工作可靠等优点。

一、三相交流电的产生

三相交流电由三相交流发电机产生的，其结构示意图如图 3-21 所示，主要由定子和转子组成。定子内圆周表面的凹槽内装有结构相同、匝数相等、彼此相隔 120°机械角的三个绕组（线圈），分别为 U_1-U_2（U 相绕组），V_1-V_2（V 相绕组）和 W_1-W_2（W 相绕组），其示意图如图 3-22 所示，U_1、V_1 和 W_1 分别表示 3 个绕组的首端，U_2、V_2 和 W_2 分别表示 3 个绕组的末端。转子结构形状特殊，其上装有励磁线圈，当转子以角速度 ω 逆时针匀速旋转时，3 个绕组由于切割磁感线便产生了三个频率相同、最大值相等、相位互差 120°的正弦电压，称为三相对称电压。

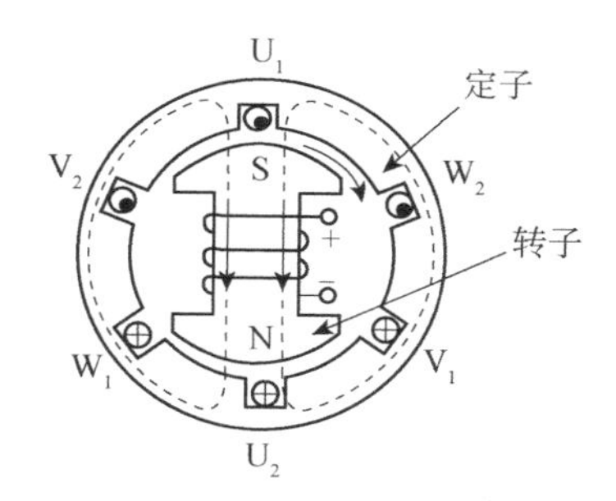

图 3-21　三相发电机示意图

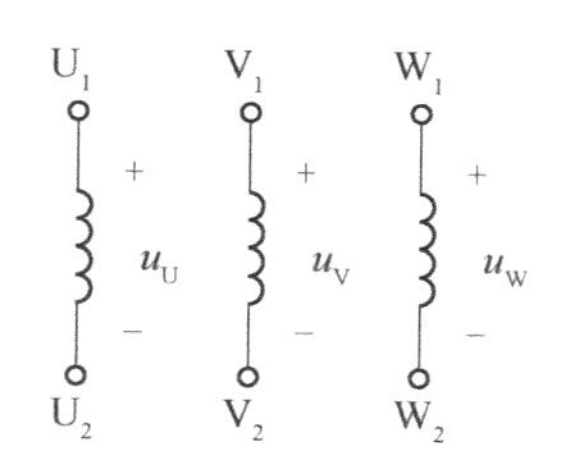

图 3-22　三相绕组示意图

若以 U 相作为参考，则 3 个电压的瞬时值表达式为

$$\left.\begin{aligned} u_{\mathrm{U}} &= U_{\mathrm{m}}\sin\omega t = \sqrt{2}U\sin\omega t \\ u_{\mathrm{V}} &= U_{\mathrm{m}}\sin(\omega t-120°) = \sqrt{2}U\sin(\omega t-120°) \\ u_{\mathrm{W}} &= U_{\mathrm{m}}\sin(\omega t+120°) = \sqrt{2}U\sin(\omega t+120°) \end{aligned}\right\} \tag{3-51}$$

其波形图和相量图如图 3-23 所示，可见三相对称电压的瞬时值之和、相量和均为零，即

$$u_{\mathrm{U}} + u_{\mathrm{V}} + u_{\mathrm{W}} = 0 \tag{3-52}$$

$$\dot{U}_{\mathrm{U}} + \dot{U}_{\mathrm{V}} + \dot{U}_{\mathrm{W}} = 0 \tag{3-53}$$

三相交流电压达到正的最大值、零或者负的最大值的先后顺序称为相序。如果它们的相序为 U 相→V 相→W 相，则称为正序；若相序为 U 相→W 相→V 相，则称为逆序，一般若不加特殊说明，均指正序。

在供电线路中，相序一旦确定，不能随便改变，因为工作在交流电路中的电动机当相序改变后就会反方向转动。

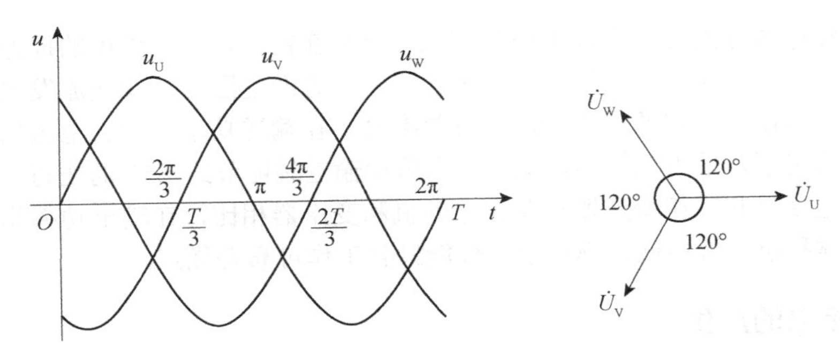

图 3-23　三相交流电压的波形图和相量图

二、三相电源的星形连接

三相绕组的每相绕组都可以作为独立电源，分别向负载供电，不过这样连接得需要 6 根导线，体现不出三相交流电的优越性。所以在实际应用中并不采用这种方式，而是将三相绕组接星形（*Y*）。如图 3-24 所示，将三相交流电源的三个绕组的末端连在一起，首端分别与负载相连，这种方式就称为三相电源的星形连接。

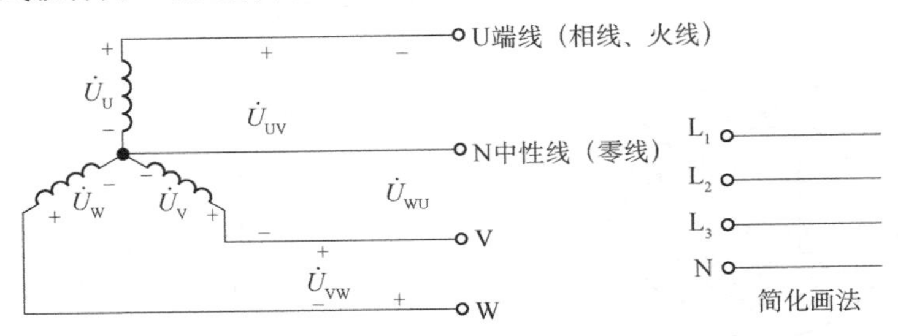

图 3-24　三相电源的星形连接及简化画法

三相绕组的末端连接在一起而形成的公共点 N 称为中性点，由中性点引出的线称为中性线（负载对称时可以省略），俗称零线。由三相绕组的首端引出的三根线称为端线（也称为相线），俗称火线。这样的供电线路称为三相四线制。在低电压供电时，多采用三相四线制。在星形接线中，如果中性点与大地相连，中性线也称为地线。我们常见的三相四线制供电设备中引出的四根线，就是三根火线和一根地线。

三相电源采用星形连接时，可以得到两组电压，即相电压和线电压。相电压是指端线与中性线之间的电压，也就是每相绕组首末两端之间的电压，其瞬时值用 u_U、u_V、u_W 表示，有效值用 U_U、U_V 和 U_W 来表示。线电压是指端线与端线之间的电压，其瞬时值用 u_{UV}、u_{VW}、u_{WU} 表示，有效值用 U_{UV}、U_{VW} 和 U_{WU} 来表示。

参照图 3-24，由基尔霍夫定律可知线电压和相电压的关系为：

$$\dot{U}_{UV}=\dot{U}_U-\dot{U}_V=\dot{U}_U+(-\dot{U}_V)$$

$$\dot{U}_{VW}=\dot{U}_V-\dot{U}_W=\dot{U}_V+(-\dot{U}_W)$$

$$\dot{U}_{WU}=\dot{U}_W-\dot{U}_U=\dot{U}_W+(-\dot{U}_U)$$

各线电压和相电压的相量图如图 3-25 所示。由相量图可知，$\dot{U}_U$、$-\dot{U}_V$ 和 $\dot{U}_{UV}$ 构成一个底角为 30°的等腰三角形，由这个三角形求可得线电压的有效值为

$$U_{UV}=2U_U\cos30°=\sqrt{3}U_U$$

同理可知：$U_{VW}=\sqrt{3}U_V$　　　$U_{WU}=\sqrt{3}U_W$

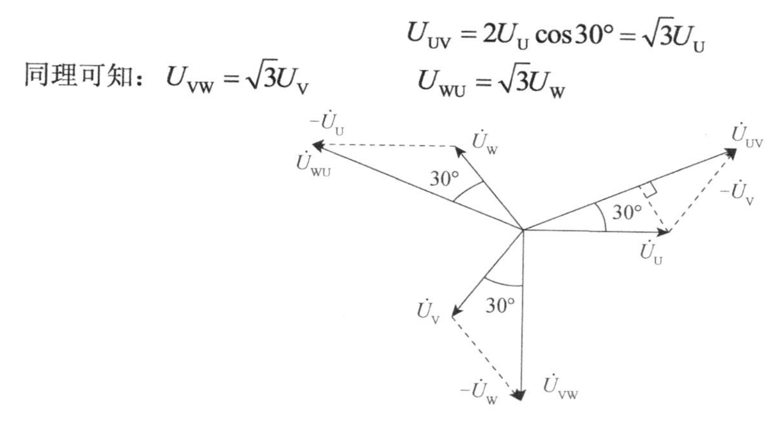

图 3-25　线电压与相电压的相量图

一般用 U_P 表示相电压有效值，用 U_L 表示线电压有效值，则有

$$U_L=\sqrt{3}U_P \tag{3-54}$$

$$\dot{U}_L=\sqrt{3}\dot{U}_P\angle30° \tag{3-55}$$

通过以上分析可知，对称三相电源作星形连接时，线电压的有效值等于相电压有效值的 $\sqrt{3}$ 倍，各线电压在相位上比其对应的相电压超前 30°。因为三个相电压是对称的，则三个线电压也是对称的，即它们的最大值相等，频率相同，相位互差 120°。

我国三相四线制供电线路中，相电压和线电压的有效值分别为 220V 和 380V。

例 3-8　我国三相四线制供电系统的线电压为 380V，试求相电压的大小。

解： 根据 $U_L=\sqrt{3}U_P$ 则 $U_P=\dfrac{\sqrt{3}}{3}U_L=\dfrac{380}{\sqrt{3}}=220\text{V}$

3.2.2　三相负载的连接

接在三相电源上的各种电器称为三相负载，有两种类型，一种是像三相异步电动机、大功率电炉等，这种本身就是三相的负载，它们必须接在三相电源上才能正常工作；另一种是像白炽灯、电烙铁及各种家用电器等，这些本身只需要单相电源供电的负载，它们可以接在三相电源中的任意一相上工作，但要尽量均衡地分配到三相电源上。在三相负载中，如果每相负载的性质相同，阻抗相等，就称为对称三相负载，否则称为不对称三相负载。

根据电源电压与负载额定电压的关系，三相负载有星形和三角形两种连接方式。

一、三相负载的星形（Y）连接

三相负载的星形（Y）连接是把各相负载分别接在每条相线和中性线上，这种供电形式称为三相四线制，如图 3-26 所示。目前我国低压配电系统普遍采用三相四线制，线电压是 380V，相电压为 220V。图 3-27 为三相负载的星形（Y）连接的电路原理图。

（1）负载的电压。从图 3-27 中可以看出，无论各相负载是否对称，其两端的电压都等于电源的相电压，用 U_{YP} 表示各相负载电压有效值，则有

$$U_{YP}=U_{P}=\frac{\sqrt{3}}{3}U_{L} \tag{3-56}$$

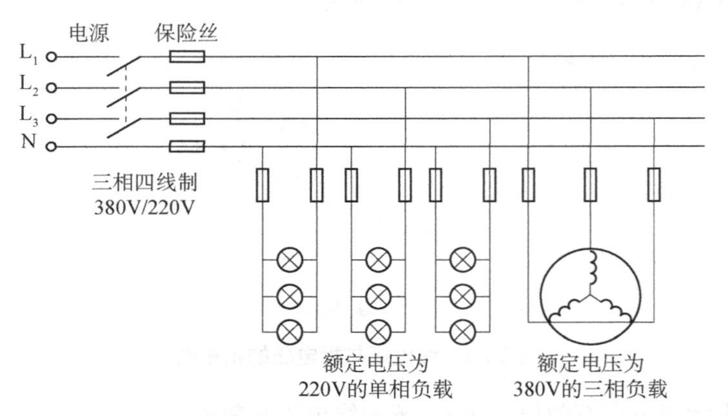

图 3-26　三相四线制供电线路

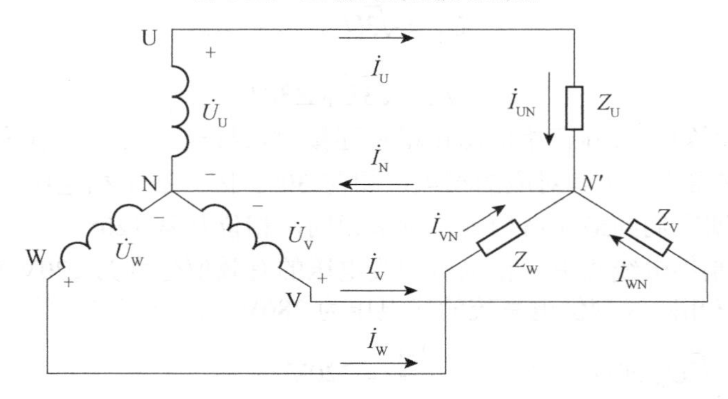

图 3-27　三相负载的星形连接电路原理图

（2）相电流与线电流。流过每根相线的电流称为线电流，其有效值用 I_U、I_V 和 I_W 表示，其方向规定为电源流向负载。流过各相负载的电流叫相电流，有效值用 I_{UN}、I_{VN} 和 I_{WN}，其方向与相电压方向一致，如图 3-27 所示，显然各线电流与相应的相电流是相等的。各相电流的大小可按单相电路的计算方法求得，即

$$I_{UN}=\frac{U_{YP}}{|Z_U|}\qquad I_{VN}=\frac{U_{YP}}{|Z_V|}\qquad I_{WN}=\frac{U_{YP}}{|Z_W|}$$

如果负载是对称的，则三个相电流也是对称的，一般用 I_{YP} 表示相电流有效值，用 I_{YL} 线电流有效值，则

$$I_{YL}=I_{YP}=\frac{U_{YP}}{|Z_P|} \tag{3-57}$$

（3）中性线电流。流过中性线的电流叫中性线电流，其有效值用 I_N，其方向规定为由负载中性点指向电源中性点，如图 3-27 所示。根据基尔霍夫电流定律可知

$$\dot{I}_N=\dot{I}_U+\dot{I}_V+\dot{I}_W \tag{3-58}$$

当三相负载对称时，中性线电流为零，此时中性线可以省去，并不影响三相负载的正常工作，各相负载的电压仍为对称的电源相电压，此时称为三相三线制。当三相负载不对称时，

中性线电流不为零，此时中性线绝不可断开，否则会影响三相负载的正常工作。

（4）电压与电流的相位关系。在三相四线制中，由于各相负载所承受的是对称的电源相电压，如果负载对称，则相电流（或线电流）与相电压的相位差均是相等的，即

$$\varphi_{U}=\varphi_{V}=\varphi_{W}=\varphi_{P}=\arccos\frac{R_{P}}{|Z_{P}|} \tag{3-59}$$

此时各电压与电流的相量图如图 3-28 所示。

例 3-9 已知某三相负载，$R_U=R_V=20\Omega$、$R_W=10\Omega$，负载作星形连接于 $U_L=380V$ 的三相电源上，如图 3-29（a）所示。（1）求各相电流和中性线电流的大小；（2）当 U 相出现断路故障时，求中性线未断开时各相负载的电压与中性线断开时求各相负载电压。

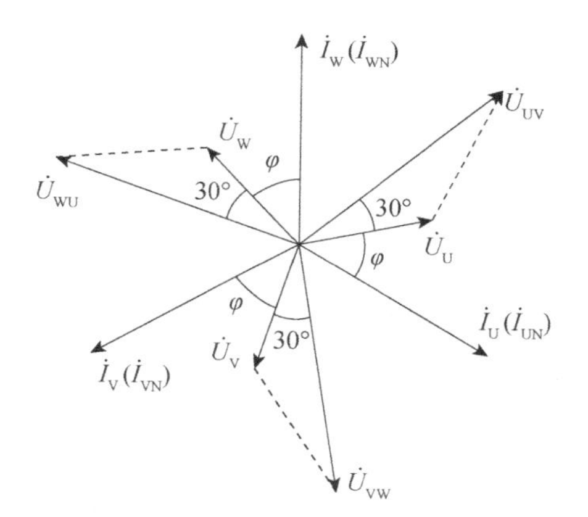

图 3-28 对称三相负载星形连接时的相量图

解：（1）$I_U=I_V=380/20\sqrt{3}=11A$

$I_W=380/10\sqrt{3}=22A$

$\because \dot{I}_N=\dot{I}_U+\dot{I}_V+\dot{I}_W$，且各相负载为电阻性，则各相电流与各相电压同相位。

$\therefore I_N=22-11=11A$，可见负载不对称时，中性线电流不为“0”。

（2）当 U 相断路，中性线未断开时，如图 3-29（b）所示。此情况下，V 相和 W 相的负载仍承受的电源相电压，即 $U_U=U_V=380/\sqrt{3}=220V$

中性线断开时，如图 3-29（c）所示，其等效电路如图 3-29（d）所示，则有

$$U_{V}=\frac{R_{V}}{R_{V}+R_{W}}\times U_{L}=\frac{20}{20+10}\times 380=253V$$

$$U_{W}=\frac{R_{W}}{R_{V}+R_{W}}\times U_{L}=\frac{10}{20+10}\times 380=126.7V$$

可见 W 相负载电压低于 220V 额定电压，不能正常工作；V 相负载电压高于 220V 额定电压，将会造成过压损坏。

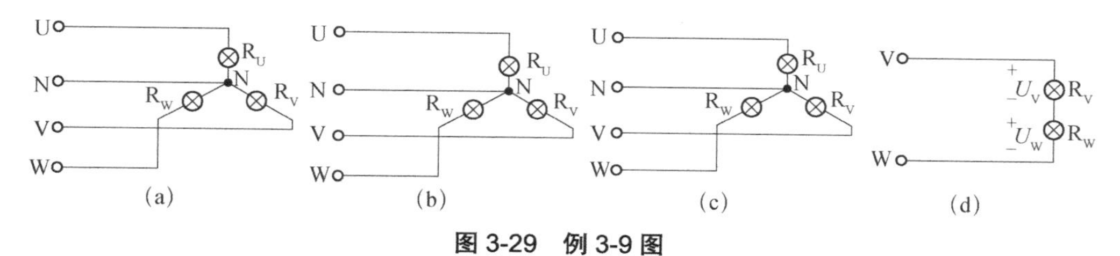

图 3-29 例 3-9 图

通过以上的计算分析可知：中性线的作用是使星形连接的各相负载承受对称的电源相电压，从而保证各相负载独立正常工作，互不影响。当负载不对称时，如果中性线断开，各相负载的电压就不等于电源的相电压，此时阻抗小的负载的电压将低于额定电压，不能正常工作；阻抗大的负载的电压将高于额定电压，可能被损坏，甚至会造成严重的事故。因此，在三相四线制中，规定中性线上不允许安装保险丝和开关。为防止中性线断开，有时采用钢心

导线来加强其机械强度。另外应将不对称三相负载尽量均衡地接到各相电路中，以减小中性线电流。

二、三相负载的三角形（△）连接

三相负载的三角形（△）连接是将各相负载分别接在三相电源的两根相线上，如图 3-30 所示，各相负载形成了一个闭合电路。

（1）负载的电压。从图 3-30 中可以看出，三相负载作三角形连接时，不论负载是否对称，各相负载所承受的电压均为对称的电源线电压，即：

$$U_{\Delta P}=U_{L} \tag{3-60}$$

（2）相电流与线电流。从图 3-30 中还可以看出，三相负载作三角形连接时，相电流与线电流是不一样的，各相电流的大小可按单相电路的计算方法求得。

当三相负载对称时，则各相电流也是对称的，各相电流与各相电压的相位差相等，各相电流的大小相等，其值为

$$I_{\Delta P}=\frac{U_{\Delta P}}{|Z_{P}|}=\frac{U_{L}}{|Z_{P}|} \tag{3-61}$$

当三相负载对称时，根据基尔霍夫电流定律可知相电流与线电流的关系为：

$$\dot{I}_{U}=\dot{I}_{UV}-\dot{I}_{WU}=\dot{I}_{UV}+(-\dot{I}_{WU})$$

$$\dot{I}_{V}=\dot{I}_{VW}-\dot{I}_{UV}=\dot{I}_{VW}+(-\dot{I}_{UV})$$

$$\dot{I}_{W}=\dot{I}_{WU}-\dot{I}_{VW}=\dot{I}_{WU}+(-\dot{I}_{VW})$$

当三相负载对称并为感性时，可作出线电流和相电流的相量图如图 3-31 所示。从图中可以看出：各线电流在相位上比各相应的相电流滞后 30°，且是对称的。从相量图中还可以分析出线电流和相电流的大小关系为

$$I_{\Delta P}=\sqrt{3}\,I_{\Delta P} \tag{3-62}$$

则线电流和相电流的相量式为

$$\dot{I}_{\Delta L}=\sqrt{3}\,\dot{I}_{\Delta P}\angle-30^{\circ} \tag{3-63}$$

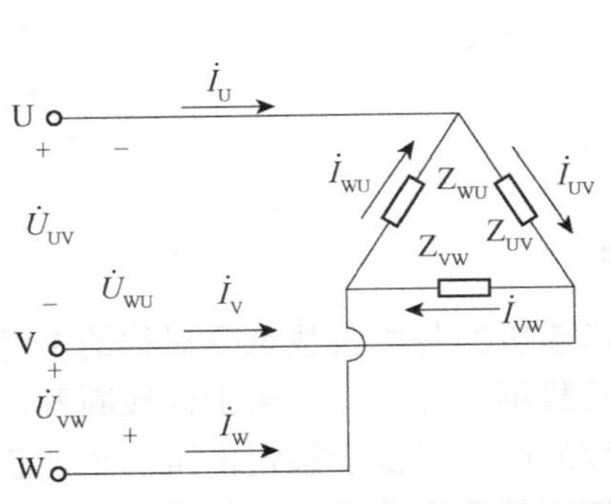

图 3-30　三相负载三角形连接的电路原理图

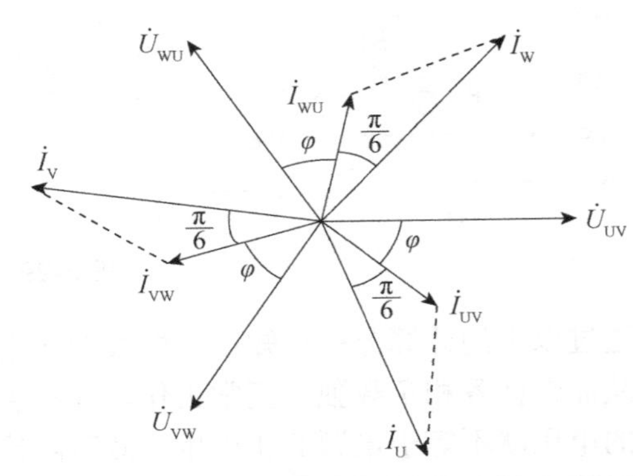

图 3-31　对称三相负载三角形连接时的相量图

综上所述，三相负载既可以接成星形，也可以接成三角形，具体采用哪种连接方式，

应根据负载的额定电压和电源电压的大小而定。遵循的原则是应使加于每相负载上的电压等于其额定电压。例如，我国低压配电电路中线电压为 380V、相电压为 220V，当每相负载的额定电压为 220V 时，负载应连接成星形；当每相负载的额定电压为 380V 时，则应连接成三角形。

例 3-10　较大功率的三相异步电动机为了减小启动电流，常采用降压启动的方法，即启动时将绕组作星形连接，正常运行时再改接成三角形连接。已知某三相异步电动机的每相绕组的 R=60Ω、X_L=80Ω，电源线电压为 380V，试比较两种接法下的线电流、相电流。

解： 电动机的每相阻抗：$|Z|_P=\sqrt{R^2+X_L^2}=\sqrt{60^2+80^2}=100\Omega$

电源的相电压：$U_P=\dfrac{\sqrt{3}}{3}U_L=220\text{V}$

星形连接时的线电流与相电流：$I_{YL}=I_{YP}=\dfrac{U_P}{|Z_P|}=\dfrac{220\text{V}}{100\Omega}=2.2\text{A}$

三角形连接时的相电流：$I_{\Delta P}=\dfrac{U_L}{|Z_P|}=\dfrac{380\text{V}}{100\Omega}=3.8\text{A}$

线电流：$I_{\Delta L}=\sqrt{3}\,I_{\Delta P}=\sqrt{3}\times 3.8\text{A}=6.6\text{A}$

则三角形连接时相电流与星形连接时相电流的比值为 $\dfrac{I_{\Delta P}}{I_{YP}}=\dfrac{3.8}{2.2}=\sqrt{3}$

三角形连接时线电流与星形连接时线电流的比值为 $\dfrac{I_{\Delta L}}{I_{YL}}=\dfrac{6.3}{2.2}=3$

从以上计算结果可知，同一个三相对称负载，三角形连接时的相电流是星形连接时的相电流的 $\sqrt{3}$ 倍，三角形连接时的线电流是星形连接时的线电流的 3 倍。当正常运行时应采用三角形连接的负载，如果错接成三角形连接，负载可能会因为电流过大而烧毁。

3.2.3　三相电路的功率

三相电路的功率为各相功率的总和。每一相的有功功率为 $P_P=U_PI_P\cos\varphi_P$，则总有功功率为 $P=P_{PU}+P_{PV}+P_{PW}$

当负载对称时，各相有功功率相等，则总有功功率为 $P=3U_PI_P\cos\varphi_P$

当对称负载星形连接时，因为 $U_{YP}=\sqrt{3}/3U_L$、$I_{YP}=I_{YL}$ 则

$$P_Y=3U_{YP}I_{YP}\cos\varphi_P=3\times\sqrt{3}/3U_LI_{YL}\cos\varphi_P=\sqrt{3}U_LI_{YL}\cos\varphi_P$$

当对称负载三角形连接时，因为 $U_{\Delta P}=U_L$、$I_{\Delta P}=\sqrt{3}/3I_{\Delta L}$ 则

$$P_\Delta=3U_{\Delta P}I_{\Delta P}\cos\varphi_P=3U_L\times\sqrt{3}/3I_{\Delta L}\cos\varphi_P=\sqrt{3}U_LI_{\Delta L}\cos\varphi_P$$

由此可见，当三相负载对称时，无论采用星形连接还是三角形连接，三相电路的总有功功率在形式上可以统一写成：

$$P=\sqrt{3}U_LI_L\cos\varphi_P \tag{3-64}$$

同理可以得到三相负载对称时三相电路的无功功率、视在功率的计算公式：

$$Q=\sqrt{3}U_LI_L\sin\varphi_P \tag{3-65}$$

$$S=\sqrt{3}U_LI_L \tag{3-66}$$

必须注意，虽然三相负载对称时三相电路的功率计算公式在形式上是统一的，但实质是不同的，因为在同样线电压作用下的同一三相负载采用星形连接和三角形连接时的线电流是不一样的，因此两种情况下电路的功率并不相同。

例 3-11 有一三相电动机，每相的等效电阻 R=30Ω，等效感抗 X_L=40Ω，电源线电压 U_L=380V，试求三相电动机星形连接和三角形连接两种情况下电路的有功功率，并比较所得的结果。

解： $|Z_P|=\sqrt{R^2+X_L^2}=\sqrt{30^2+40^2}=50\Omega$　　　$U_P=\sqrt{3}/3U_L=380\text{V}\times\sqrt{3}/3=220\text{V}$

$$\cos\varphi_P=\frac{R}{|Z_P|}=\frac{30}{50}=0.6$$

（1）星形连接时：

$$I_{YL}=I_{YP}=\frac{U_P}{|Z_P|}=\frac{220\text{V}}{50\Omega}=4.4\text{A}$$

$$P_Y=\sqrt{3}U_L I_{YL}\cos\varphi_P=\sqrt{3}\times380\text{V}\times4.4\text{A}\times0.6=1.7424\text{kW}$$

（2）三角形连接时：

$$I_{\Delta L}=\sqrt{3}I_{\Delta P}=\sqrt{3}\frac{U_L}{|Z_P|}=\sqrt{3}\times\frac{380\text{V}}{50\Omega}=13.2\text{A}$$

$$P_\Delta=\sqrt{3}U_L I_{\Delta L}\cos\varphi_P=\sqrt{3}\times380\text{V}\times13.2\text{A}\times0.6=5.2272\text{kW}$$

比较（1），（2）的结果：$\dfrac{P_\Delta}{P_Y}=3$

通过上述计算可知：在同样线电压作用下，同一三相负载三角形连接时的有功功率是星形连接时的有功功率的 3 倍。对无功功率和视在功率也有同样的结论。

对于三相电路的分析计算，如果三相负载对称，就可以只对一相电路进行计算，另两相可根据对称性直接写出；如果三相负载不对称，可将各相分别看作单相电计算。

三相负载的星形连接与测量

任务要求：正确完成三相电路的连接并测量电路的电压和电流，会处理和分析实验数据。

一、训练目的

1. 学习三相负载的星形连接和测量方法。
2. 理解三相负载的星形连接时线电压与相电压、线电流与相电流的关系。
3. 理解三相四线制电路里中性线的作用。

二、准备器材

1. 三相电源（380V/220V）；2. 三相调压器；3. 白炽灯组；4. 万用表；5. 交流电流表（500mA）；6. 导线。

三、操作内容及步骤

按图 3-32 进行连接电路，检查无误后，闭合开关 QS 接入三相电源。

1. 负载对称时电路的测量

（1）负载对称有中性线，将开关 S_1 闭合，S_2 断开，测量各线电压、相电压，记录各线电流（相电流）及中性线电流，将结果填入表 3-6 中，同时观察各相灯光的亮度。

（2）负载对称无中性线，将开关 S_1、S_2 都断开，测量各线电压、相电压，记录各线电流（相电流）及中性线电流，将结果填入表 3-6 中，同时观察各相灯光的亮度。

2. 负载不对称时电路的测量

（1）负载不对称有中性线，将开关 S_1、S_2 都闭合，测量各线电压、相电压，记录各线电流（相电流）及中性线电流，将结果填入表 3-6 中，同时观察各相灯光的亮度。

（2）负载不对称无中性线，将开关 S_2 闭合，S_1 断开，测量各线电压、相电压，记录各线电流（相电流）及中性线电流，将结果填入表 3-6 中，同时观察各相灯光的亮度。

3. 比较上述各种情况下的各线电压、相电压、各线电流（相电流）及中性线电流的大小及变化

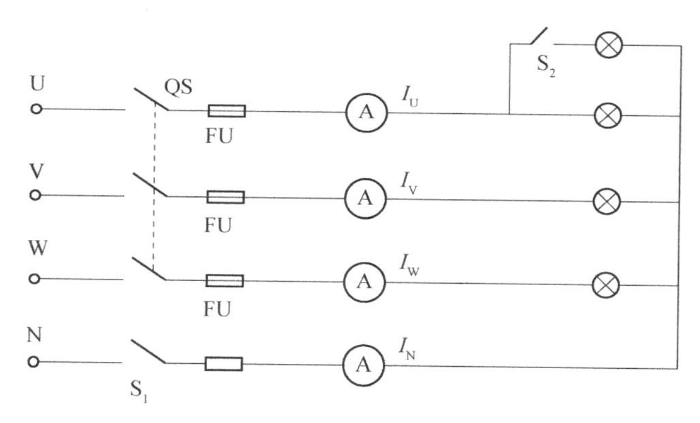

图 3-32　三相负载的星形连接测试电路

表 3-6　三相负载的星形连接的测量数据

负载情况	中性线	线电压			相电压			灯泡亮度		
		U_{UV}/V	U_{VW}/V	U_{WU}/V	U_{UN}/V	U_{VN}/V	U_{WN}/V	L_U	L_V	L_W
对称	有									
	无									
不对称	有									
	无									

负载情况	中性线	线电流=相电流			中性线电流
		I_U/mA	I_V/mA	I_W/mA	I_N/mA
对称	有				
	无				
不对称	有				
	无				

四、思考题

1. 用实验数据具体说明线电压与相电压，线电流与相电流的关系。
2. 用实验数据具体说明中性线的作用，为什么照明电路采用三相四线制？
3. 在三相四线制中，中性线是否允许接入保险丝或开关？

五、注意事项

1. 电压相对较高，必须确保用电安全，如改变接线，一定要切断三相电源，待教师检查无误后重新接通电源。
2. 每次实验完毕，均需将三相调压器旋钮调回零位。
3. 完成实验报告及实验结果分析。

【项目三　知识训练】

一、填空题

1. 交流电的三要素有________、________和________。
2. 两个同频交流电的相位关系有________、________、________和________等。
3. 交流电的最大值是有效值的________倍。
4. 纯电阻上的电压与电流________相位；纯电感上的电压________电流 90°；纯电容上的电压________电流 90°。
5. 电路谐振有________和________两种，谐振的条件是________。
6. 提高感性电路功率因数的方法是并联一个适当的________。
7. 对称三相电源星形连接时有________和________两种电压，其关系为________。
8. 对称三相负载星形连接时，负载相电压是电源线电压的________倍，当其作三角形连接时，负载相电压是电源线电压的________倍。
9. 对称三相负载星形连接时，线电流是相电流的________倍，中性线电流为________；作三角形连接时线电流是相电流的________倍。
10. 在相同对称三相电源作用下，同一个对称三相负载作三角形连接的相电流是作星形连接时相电流的________倍。

二、判断题

1.（　　）正弦交流电的三要素是最大值、频率和周期。
2.（　　）无功功率是储能元件与电源交换的功率，而不是“无用”的功率。
3.（　　）电容器具有“隔直流通交流”的特点。
4.（　　）交流电路的视在功率等于有功功率和无功功率之和。
5.（　　）一个电阻、电感与直流电源相连，当电路稳定时，电路的电流为 0。
6.（　　）两个同频率交流电在任何时候相位差不变。

7.（　　）电阻、电感、电容在电路中都有限流的作用，但其限流的本质不一样。

8.（　　）RLC 串联电路具有三种性质，具体为哪种性质由阻抗大小决定。

9.（　　）三相负载可作星形连接或三角形连接，具体如何连接，由电源电压大小决定。

10.（　　）当负载作星形连接时，负载越对称，中性线电流越小。

11.（　　）同一三相负载作星形连接的线电流是三角形连接时的线电流的 3 倍。

12.（　　）三相负载作三角形连接时，无论负载对称与否，线电流必定是相电流的 $\sqrt{3}$ 倍。

13.（　　）对称三相负载作星形连接时，中性线电流为零，此时中性线可以省略。

14.（　　）对称三相负载无论星形连接还是三角形连接，在同一电源上取用的功率都相等。

三、选择题

1. 正弦交流电是指：电压、电流、电动势的（　　）。
   A. 大小随时间作周期性变化
   B. 大小和方向都随时间按正弦规律作周期性变化
   C. 大小和方向都随时间作重复性变化
   D. 方向随时间作非周期性变化
2. 频率是 50Hz 的交流电，其周期为（　　）s。
   A. 2　　B. 0.2　　C. 0.02　　D. 0.002
3. 如果交流电压有效值为 220V，其电压最大值为（　　）V。
   A. 110　　B. 440　　C. 380　　D. 311
4. 两个正弦量为 i_1=20sin（628t−30°）A，i_2=40sin（628t−60°）A，则（　　）。
   A. i_1 比 i_2 超前 90°　　B. i_1 比 i_2 滞后 30°
   C. i_1 比 i_2 超前 30°　　D. 不能判断相位关系
5. 正弦交流电的三要素是指（　　）。
   A. 电阻、电感、电容　　B. 最大值、频率、初相
   C. 电流、电压、电功率　　D. 瞬时值、最大值、有效值
6. 某一灯泡上写着额定电压 220V，这是指电压的（　　）。
   A. 最大值　　B.有效值　　C. 瞬时值　　D. 平均值
7. 提高功率因数的目的是（　　）。
   A. 提高用电器的效率
   B. 减少无功率，提高电源的利用率
   C. 增加无功功率，提高电源的利用率
   D. 以上都不对
8. 电力系统负载大多数是电感性负载，要提高电力系统的功率因数常采用（　　）。
   A. 串联电容补偿　　B. 并联电容补偿
   C. 串联电感　　D. 并联电感
9. RLC 串联电路只有哪一项属于电感性电路（　　）。
   A. R=4Ω、X_L=3Ω、X_C=2Ω　　B. R=5Ω、X_L=0、X_C=2Ω
   C. R=4Ω、X_L=1Ω、X_C=2Ω　　D. R=4Ω、X_L=3Ω、X_C=3Ω

10. 电路由 RLC 串联（　　）。

A. $I=U/R$　　B. $I=U/Z$　　C. $I=U/|Z|$　　D. 以上都不对

11. 下图所示电压与电流的相量图中（　　）为纯电容电路，（　　）为纯电感电路。

A. $\dot{U}$ $\dot{I}$　　B. $\dot{I}$ $\dot{U}$　　C. $\dot{U}$ $\dot{I}$　　D. $\dot{I}$ $\dot{U}$

12. 我国电网交流电的频率是（　　）。

A. 50Hz　　B. 60Hz　　C. 100Hz　　D. 80Hz

13. 对称三相负载采用三角形连接时线电压与相电压、线电流与相电流的关系为（　　）。

A. $U_L=U_P$、$I_L=\sqrt{3}I_P$　　B. $U_L=\sqrt{3}U_P$、$I_L=I_P$

C. $U_L=U_P$、$I_L=I_P$　　D. 不确定

14. 三相电源相电压为 220V，若三相负载的额定电压为 380V，则负载应作（　　）连接。

A. 三角形　　B. 星形

C. 三角形或星形均可　　D. 由电源连接方式决定

15. 三相电源线电压为 380V，若三相负载的额定电压为 220V 时，则负载应连接成（　　）。

A. 星形　　B. 三角形

C. 三角形或星形均可　　D. 由电源连接方式决定

16. 星形连接的对称三相负载，每相负载电路中的电流表读数为 10A，则线电流用电流表测定，其读数为（　　）。

A. 10A　　B. 14.1A　　C. 17.3A　　D. 7A

17. 三角形连接的对称三相负载，每相负载电路中的电流表读数为 10A，则线电流用电流表测定，其读数为（　　）。

A. 10A　　B. 14.1A　　C. 17.3A　　D. 7A

18. 在相同电源线电压作用下，同一台三相异步电动机作星形连接时的功率是作三角形连接时功率的（　　）倍。

A. 1　　B. 2　　C. $\sqrt{3}$　　D. 3

19. 在相同电源线电压作用下，同一台三相异步电动机作星形连接时的线电流是作三角形连接时线电流的（　　）倍。

A. 1　　B. 2　　C. $\sqrt{3}$　　D. 3

20. 为了防止触电事故，除应注意开关必须安装在（　　）上以及合理选择导线与熔丝外，还必须采取防护措施。

A. 零线　　B. 火线　　C. 中性线　　D. 地线

四、分析简答题

1. 请你解释在稳定的直流电路中电感相当于短路，电容相当于开路。

2. RLC 串联交流电路，测得电阻、电感、电容两端的电压都是 100V，则电路端电压是多少？

3. 为什么在电感性两端并联电容可以提高电路的功率因数？提高功率因数具有什么意义？

4. 为什么照明电路均采用三相四线制?

5. 某教学楼要安装“220V、40W”日光灯900只，如果你是现场的技术员，请你设计电路，说明设计思路。

6. 对称三相负载作星形连接。试分析：（1）无中性线时，如果某相导线突然断掉，其余两相负载能否正常工作；（2）有中性线时，如果某相导线突然断掉，其余两相负载能否正常工作。

7. 某大楼电灯发生故障：第二层楼和第三层楼所有电灯都突然暗下来，而第一层楼电灯亮度不变；同时发现，第三层楼的电灯比第二层楼的电灯还暗些。试找出电路故障并分析故障产生的原因。

五、计算题

1. 已知交流电压 $u=220\sqrt{2}\sin(314t+45°)$ V，请确定其最大值、频率、初相角。

2 .已知交流电流 $i=10\sqrt{2}\sin(314t-45°)$ V，试分析求出有效值、周期、初相角。

3. 已知 $u=10\sin\left(314t-\dfrac{\pi}{3}\right)\text{V}$，$i=10\sqrt{2}\sin\left(314t+\dfrac{\pi}{2}\right)\text{A}$。求：

（1）电压和电流的最大值和有效值；

（2）频率和周期；

（3）电压和电流的相位角、初相角和它们的相位差。

4. 已知 $i_1=10\sin100\pi t\text{A}$，$i_2=10\sin\left(100\pi t-\dfrac{\pi}{2}\right)\text{A}$：

（1）绘出相量图；

（2）用相量法求 $i=i_1+i_2$，并写出 i 的瞬时表达式。

5. 有一日光灯电路，等效电阻为60Ω，电感为255mH，电源电压为220V，工频频率分别求 X_L、I、U_R、U_L、λ、P、Q、S，画出相量图。

6. 有一电感线圈，已知电阻 R=6Ω，感抗 X_L=8Ω。将其接入频率为50Hz、电压为220V的电源上，分别求 X_L、I、U_R、U_L、λ、P、Q、S，画出相量图。

7. RLC串联电路，已知 R=30Ω、X_L=80Ω、X_C=40Ω，外加电压 $u=220\sqrt{2}\sin314t$ V，

（1）计算 I、U_R、U_L、U_C、P、Q、S、λ；（2）画相量图。

8. RLC串联电路中，电阻 R=40Ω，电感 L=300mH，电容 C=50/3μF，电源 $U=100\sqrt{2}$ V，求电路中的总电流 I 和 P、Q、S、λ。

9. RLC串联电路中的 R=10Ω、L=0.125mH、C=323pF，接在 U=2V的交流电源上。试求：（1）电路的谐振频率 f_0；（2）电路的品质因数 Q；（3）谐振时的电流 I_0；（4）谐振时各元件上电压的有效值。

10. 有一对称三相负载作星形连接于线电压为380V的三相电源上，每相负载的电阻为30Ω、感抗为40Ω，试求该电路的相电流、线电流及有功功率。

11. 有一三相对称负载，每相的电阻为30Ω、感抗为40Ω，如果负载作三角形连接在线电压为380V的三相电源上，试求该电路的相电流、线电流及有功功率。

12. 某三相异步电动机每相绕组的等值阻抗 $|Z|$=100Ω，功率因数 $\cos\varphi$=0.8，正常运行时绕组作三角形连接，电源线电压为380V。试求：（1）正常运行时相电流，线电流和电动机

的输入功率；（2）为了减小启动电流，在启动时改接成星形，试求此时的相电流，线电流及电动机输入功率。

【能力拓展三】练习使用示波器

任务：正确使用示波器观察正弦信号波形，并测量正弦信号的周期、峰值等。

一、训练目的

1. 了解示波器的面板结构和使用方法。
2. 学会使用示波器观察正弦信号波形及测量正弦信号的周期、峰值等。

二、准备器材

1. 交流电源 220V；2. 示波器（日立 V1565 型）；3. 低频信号发生器；4. 导线等。

三、操作内容及步骤

示波器是一种应用广泛的电子测量仪器。常用来观察测量电信号的波形和测量电信号的幅度、周期、频率和相位等参数；配合传感器，测量一切可以转化为电压的参量（如电流、电阻、温度等）。虽然示波器的种类、型号很多，但用法大同小异。图 3-33 所示为日立 V1565 型示波器的外观（正面和背面）。

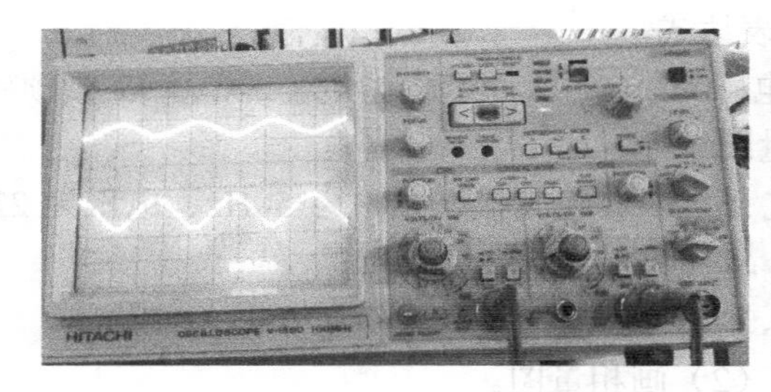

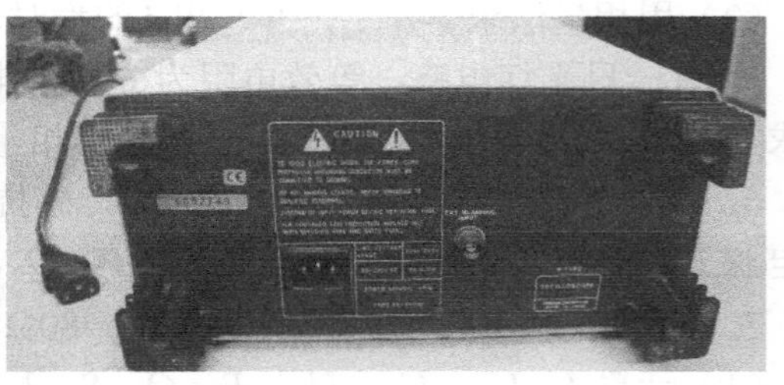

图 3-33　日立 V1565 型示波器的外观

（一）熟悉示波器的操作面板

日立 V1565 型示波器的前面板见图 3-34，具体说明如下：

1—电源开关；2—辉线亮度旋钮；3—读出字符亮度旋钮；4—聚焦旋钮；5—辉线旋转旋钮；6—垂直信号 1 输入；7—输入耦合方式（AC、DC）切换开关；8—接地开关（按下为接地状态）；9—垂直灵敏度切换阶梯衰减器开关；10—可变衰减旋钮；11—垂直位置调整旋钮；12—垂直轴工作方式选择开关：按下 CH1 仅显示 CH1 输入信号，按下 CH2 仅显示 CH2 输入信号，按下 DUALT 显示 CH1、CH2 两路输入信号；13—水平轴工作方式选择开关；14—水平轴可变项目和光标选择开关；15—无限循环旋钮：对 14 选中项目进行调整；16—移动管面上显示的两条光标线；17—A、B 扫描速度开关；18—自动扫描速度开关；19—扫描扩展开关（A、B 扫描可被扩展 10 倍）；20—触发信号源选择或 X-Y 状态下的 X 信号选择开关；21—触发方式选择开关；22—触发电平调整旋钮；23—触发极性选择开关；24—触发锁定/单次复位按钮及其指示灯；25—外部同步信号和外部扫描信号等信号的输入插座；26—探头校正信号输出端子（输出 0.5V/1kHz 方波）；27—接地端子。

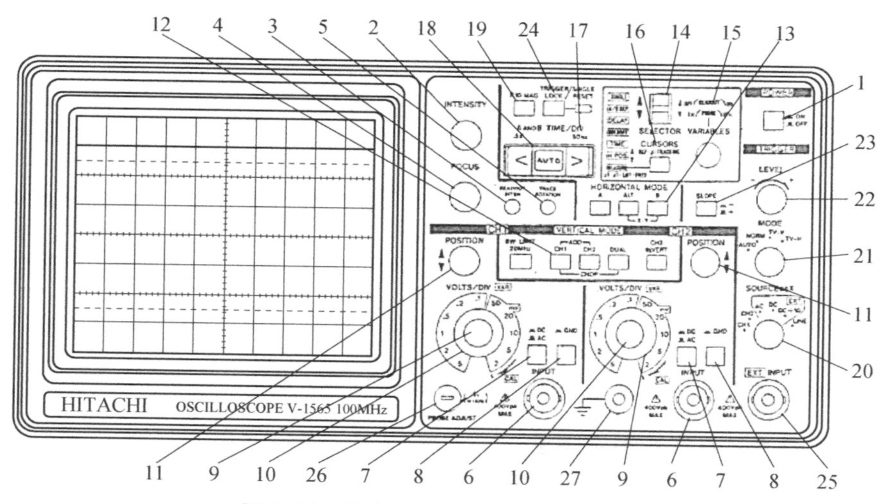

图 3-34　日立 V1565 示波器的前面板

日立 V1565 型示波器的后面板见图 3-35，具体说明如下：

28—交流电源输入插座；29—保险丝盒；30—辉度调制信号输入插座；31—被 20 所选中信号的输出插座。

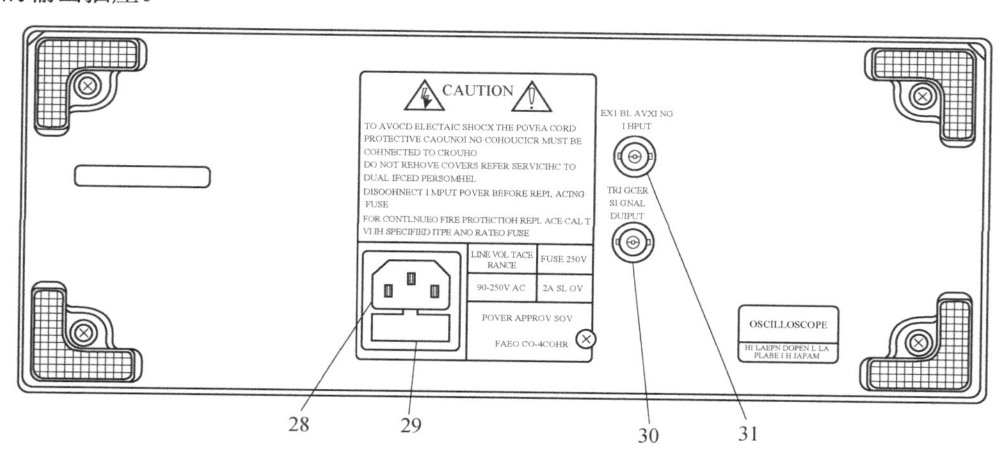

图 3-35　日立 V1565 示波器的后面板

（二）熟悉示波器的探头

示波器的探头对测量结果的准确性以及正确性至关重要，它是连接被测电路与示波器输入端的电子部件。最简单的探头是连接被测电路与电子示波器输入端的一根导线。图 3-36 所示为一种常用示波器探头的外形及结构。使用示波器探头时，要保证地线夹子可靠的接了地（被测系统的地，非真正的大地），不然测量时，就会看到一个很大的 50Hz 的信号，这是因为示波器的地线没连好，而感应到空间中的 50Hz 工频市电而产生的。注意连接夹子的地线不要太长，否则容易引入干扰，尤其是在高频小信号环境下。

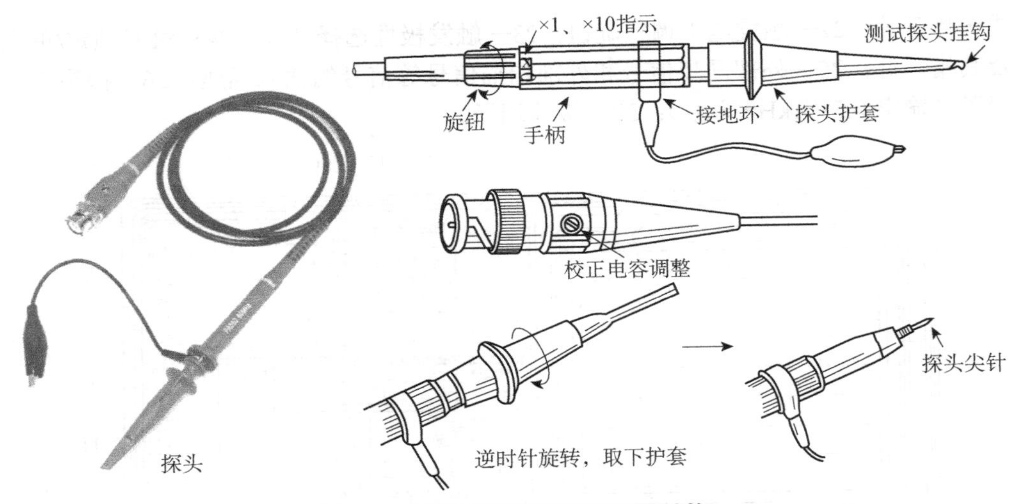

图 3-36　示波器的探头的外形及结构

（三）使用示波器观察波形及测量

1. 观察信号发生器波形

（1）将信号发生器的输出端接到示波器 Y 轴输入端上。

（2）开启信号发生器，调节示波器（注意信号发生器频率与扫描频率），观察正弦波形，并使其稳定。

2. 测量正弦波电压

在示波器上调节出大小适中、稳定的正弦波形，选择其中一个完整的波形，先测算出正弦波电压峰—峰值 $U_{p\text{-}p}$，即 $U_{p\text{-}p}$=（垂直距离 DIV）×（挡位 V/DIV）×（探头衰减率），然后求出正弦波电压有效值 U。

3. 测量正弦波周期和频率

在示波器上调节出大小适中、稳定的正弦波形，选择其中一个完整的波形，先测算出正弦波的周期 T，即 T=（水平距离 DIV）×（挡位 t/DIV）

然后求出正弦波的频率。

四、注意事项

1. 注意用电安全，使用具有安全地线的三芯电源线。

2. 接通电源线之前应使电源开关处于关闭状态，否则可能损坏示波器。电源接通约 20s 之后方可正常使用。

3. 不能在非常短时间内进行电源开关 ON-OFF-ON 操作，应至少间隔 3s。

4. 光点和辉线的亮度不要设置过大，以免烧伤示波管。

5. 示波器上所有开关与旋钮都有一定的强度和调节角度，调节时不要用力过猛。

6. 注意探头的使用，探头的接地端必须与被测电路的地线可靠连接，否则可能会损坏示波器、探头或其他设备。

7. 注意公共端的使用，接线时严禁短路。

【知识拓展】安全用电

正确地利用电能可造福人类，但使用不当也会造成设备损坏及人身伤亡。因此安全用电至关重要。

一、触电方式

1. 直接触电

直接触电可分为单相触电（人体接触相电压）和双相触电（人体接触线电压）。双相触电非常危险，单相触电在电源中性点接地的情况下也是很危险的。

2. 间接触电

间接触电主要有接触电压触电和跨步电压触电。当人触及因内部绝缘损坏而与外壳接触导致其外壳带电的电气设备外壳时，相当于单相触电，大多数触电事故属于这一种。当人站在距离高压电线落地点 8～10m 以内，两脚之间就会承受跨步电压而触电，如果误入高压电线落地点附近，应双脚并拢或单脚跳出危险区。除此之外，还有雷击电击、感应电压电击、静电电击和残余电荷电击等触电方式。

二、安全电压

触电电压越高，通过人体的电流越大就越危险。一般人体的最小电阻可按 800Ω 来估计，而通过人体的工频致命电流为 45mA 左右，因此，一般情况下 36V 左右以下的电压为安全电压，但在潮湿环境里，以 24V 或 12V 为安全电压。表 3-7 是我国国家标准规定的安全电压等级及选用举例。

表 3-7 安全电压等级及选用举例

安全电压（交流有效值）		选用举例
额定值/V	空载上限值/V	
42	50	在有触电危险的场所使用的手持电动工具等
36	43	在矿井中多导电粉尘等场所使用的行灯等
24	29	可供某些人体可能偶然触及的带电设备选用
12	15	
6	8	

三、安全用电措施

1. 绝缘保护

绝缘保护是用绝缘体把可能形成的触电回路隔开，以防止触电事故的发生，常见的有外壳绝缘、场地绝缘和工具绝缘等方法。

（1）外壳绝缘：为了防止人体触及带电部位，电气设备的外壳常装有防护罩，有些电动工具和家用电器，除了工作电路有绝缘保护外，还用塑料外壳作为第二绝缘。

（2）场地绝缘：在人站立的地方用绝缘层垫起来，使人体与大地隔离，可防止单相触电和间接接触触电。常用的有绝缘台、绝缘地毯、绝缘胶鞋等。

（3）工具绝缘：电工使用的工具如钢丝钳、尖嘴钳、剥线钳等，在手柄上套有耐压 500V 的绝缘套，可防止工作时触电。另外一些工具如电工刀、活络扳手则没有绝缘保护，必要时可戴绝缘手套操作，而冲击钻等电动工具使用时必须戴绝缘手套、穿绝缘鞋或站在绝缘板上操作。

2. 接地保护

为了人身安全和电力系统工作的需要，要求电气设备采取接地措施。按接地目的的不同，主要分为工作接地、保护接地和保护接零。需要注意的是中性点接地系统不允许采用保护接地，只能采用保护接零；中性点接地系统不准保护接地和保护接零同时使用。

3. 漏电保护

漏电保护是用来防止因设备漏电而造成人体触电危害的一种安全保护。该保护装置称为漏电保护器，也称为触电保护器，除用来防止因设备漏电而造成人体触电危害外，同时还能防止由漏电引起火灾和用于监测或切除各种一相碰地的故障，有的漏电保护器还兼有过载、过压或欠压及缺相等保护功能。

4. 安全距离

在电气设备维修时要与设备带电部分保持安全距离，具体如表 3-8 所示。

表 3-8　工作人员工作中正常活动范围与带电设备的安全距离

电压等级/kV		10 及以下	20～35	22	60～110	220	330
安全距离/m	无遮拦	0.70	1.00	1.20	1.50	2.00	3.00
	有遮拦	0.35	0.6	0.9	1.5	2.0	3.00

项目四　认识磁路与变压器

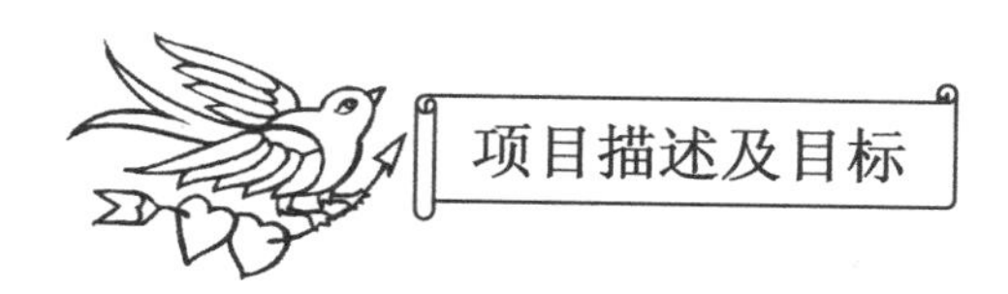

实际应用的许多电气设备都是利用电与磁的相互转化进行工作的，如电动机、电磁铁、变压器等。在这些设备中，既存在着电路，同时也存在着磁路，且电路和磁路是相互关联的。要想了解这些设备的原理及使用，就要对其电路和磁路进行分析。本项目通过对磁路及变压器的认识与分析，来了解磁场的基本物理量、铁磁材料及电磁铁的性质、电磁感应现象及变压器的特点和应用。

任务 4.1　认识磁路与电磁感应

了解磁场基本物理量的意义、单位及作用，熟悉磁路基本定律的内容及应用；了解铁磁材料的性质及应用、电磁铁的特点及应用，熟悉简单磁路的分析计算。

4.1.1　磁场的基本物理量

1. ***磁感应强度***

磁感应强度是定量描述磁场中各点磁场强弱和方向的物理量。实验表明，处于磁场中某点的一小段与磁场方向垂直的通电导体，如果通过它的电流为 I，其有效长度（即垂直磁力线的长度）为 L，则它所受到的电磁力 F 与 IL 的比值是一个常数。当导体中的电流 I 或有效长度 L 变化时，此导体受到的电磁力 F 也要改变，但对磁场中确定的点来说，不论 I 和 L 如何变化，比值 $F/(IL)$ 始终保持不变。这个比值就称为磁感应强度。即

$$B=\frac{F}{IL} \tag{4-1}$$

式中，B 为磁感应强度，单位为 T（特斯拉）；F 为通电导体所受电磁力，单位为 N（牛顿）；I 为导体中的电流，单位为 A（安培）；L 为导体的长度，单位为 m（米）。

磁感应强度是矢量，它的方向与该点的磁场方向相同，即与放置于该点的可转动的小磁针静止时 N 极的指向一致。

磁场中通电导体受力的方向、磁场方向、导体中电流的方向三者之间的关系，可用左手定则来判断，如图 4-1 所示。

(a) 磁场中通电导体所受作用力　　(b) 左手定则

图 4-1　导体电流方向、受力方向、磁场方向的关系

若磁场中各点的磁感应强度的大小、方向都相同，则称为匀强磁场。

2. 磁通量

在匀强磁场中，磁感应强度与垂直于它的某一面积的乘积，称为该面积的磁通，用 Φ 表示，即

$$\Phi=BS \tag{4-2}$$

式中，Φ 为磁通，单位为 Wb（韦伯）；S 为与磁场垂直的面积，单位为 m^2（平方米）；当 $S=1m^2$、$B=1T$ 时，$\Phi=1Wb$。式（4-2）只适用于磁场方向与面积垂直的均匀磁场。当磁场方向与面积不垂直时，则磁通为

$$\Phi=BS\sin\theta \tag{4-3}$$

式中，θ 是磁场方向与面积 S 的夹角。

3. 磁导率

磁场的强弱不仅与产生它的电流有关，还与磁场中的磁介质有关。例如，对结构一定的长螺线管来说，电流增大时，磁场中各点的磁感应强度也增强，铁芯线圈的磁场就比空心线圈的磁场强得多。就是说在磁场中放入不同的磁介质，磁场中各点的磁感应强度将受到影响。这是由于磁介质具有一定的磁性，产生了附加磁感应强度。在磁场中衡量物质导磁性能的物理量称为磁导率，用 μ 表示。磁导率是表征物质导磁能力的物理量，它表明了物质对磁场的影响程度。在电流大小以及导体的几何形状一定的情况下，磁导率越大，对磁感应强度的影响就越大。不同的介质的磁导率不同，为了比较各种物质的导磁性能，将任一物质的磁导率与真空中的磁导率的比值称为该物质的相对磁导率，用 μ_r 表示，即

$$\mu_r = \frac{\mu}{\mu_0} \tag{4-4}$$

式中，μ_0为真空磁导率，是一个常数，$\mu_0=4\pi\times10^{-7}$H/m；μ为物质的磁导率。

相对磁导率是没有单位的，它随磁介质的种类不同而不同，其数值反映了磁介质磁化后对原磁场影响的程度，它是描述磁介质本身特性的物理量。用相对磁导率可以很方便、准确地衡量物质的导磁能力，并以此分为磁性材料和非磁性材料。自然界中大多数物质的导磁性能较差，如空气、木材、铜、铝等，其磁导率为$\mu_r\approx1$，称为非铁磁材料物质；只有铁、钴、镍及其合金等，其磁导率$\mu_r>>1$，称为铁磁材料。这种物质中产生的磁场要比真空中产生的磁场强千倍甚至万倍以上。例如铸铁的μ_r为200～4000；铸钢的μ_r为500～2000；常用硅钢片的μ_r约为7500。通常把铁磁性物质称为强磁性物质，它在电工技术方面得到广泛应用。

4. **磁场强度**

在分析计算各种磁性材料中的磁感应强度与电流的关系时，还要考虑磁介质的影响。为了区别导线电流与磁介质对磁场的影响以及计算上的方便，引入一个仅与导线中电流和载流导线的结构有关而与磁介质无关的辅助物理量来表示磁场的强弱，称为磁场强度，用H表示。

$$H = \frac{B}{\mu} \tag{4-5}$$

磁场强度的单位为A/m，磁场强度是矢量，其方向与磁场中该点的磁感应强度的方向一致。

4.1.2　磁路基本定律

磁通的路径称为磁路，是由导磁材料构成的闭合回路，分为有分支磁路和无分支磁路。如图4-2所示。

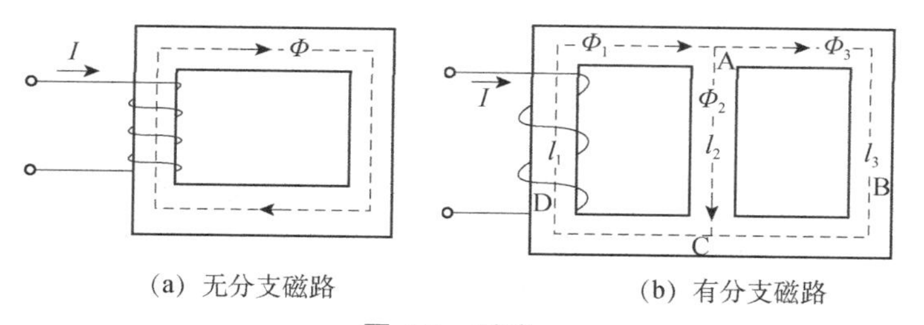

(a) 无分支磁路　　(b) 有分支磁路

图4-2　磁路

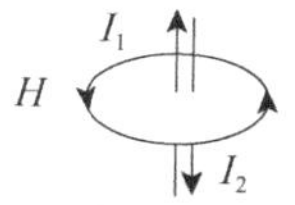

图4-3 电流正负的规定

磁路的分析和计算离不开磁路基本定律。

1. **全电流定律**

全电流定律也称安培环路定律，是计算磁场的基本定律。其定义为在磁场中，磁场强度矢量沿任意闭合回线（常取磁通路径作为闭合回线）的线积分等于穿过闭合回线所围面积的电流的代数和，即

$$\oint H\mathrm{d}l = \sum I \tag{4-6}$$

式中，l为闭合回线的长度，单位为m；I为闭合回线内包围的电流，单位为A。

全电流定律中电流正负的规定：凡是电流方向与闭合回线围绕方向之间符合右手螺旋定则的电流为正，反之为负。如图 4-3 所示，I_1 为正，I_2 为负，这里：$\sum I = I_1 - I_2$

在均匀磁场中 $Hl=IN$，NI 为线圈匝数与电流的乘积，称为磁通势，用字母 F 表示，则有：

$$F=NI \tag{4-7}$$

磁通势的单位是安[培]，磁通由磁通势产生，当磁通势一定时，为了得到较强的磁场强度，磁路要尽量短。

全电流定律将电流与磁场强度联系起来。通常在电工技术上只应用最简单的全电流定律。

2. 磁路欧姆定律

线圈如图 4-2（a）所示，其中媒质是均匀的，磁导率为 μ，若在匝数为 N 的绕组中通以电流 I，试计算线圈内部的磁通 Φ。

设磁路的平均长度为 l，根据磁通的连续性原理，通过无分支的磁路中各段磁路的磁通都相等，如果各段磁路的横截面积都相等，则磁路平均长度 l 上各点的 B 和 H 值也应相等。由全电流定律可得 $H=\dfrac{IN}{l}$

磁路平均长度上各点的磁感应强度为 $B=\mu H$

磁路中的平均磁通为

$$\Phi = BS = \frac{IN\mu S}{l} = \frac{IN}{\dfrac{l}{\mu S}}$$

令

$$R_{\mathrm{m}} = \frac{l}{\mu S} \tag{4-8}$$

得

$$\Phi = \frac{IN}{R_{\mathrm{m}}} = \frac{F}{R_{\mathrm{m}}} \tag{4-9}$$

式（4-9）称为磁路的欧姆定律。式中 $F=IN$ 为磁通势，R_{m} 称为磁阻。

磁阻 $R_{\mathrm{m}}=\dfrac{l}{\mu S}$，其大小与磁路的长度成正比，与磁导率和截面积的乘积成反比，单位为 H^{-1}（亨$^{-1}$）。

磁路的欧姆定律是分析磁路的基本定律。磁路欧姆定律与电路欧姆定律形式相似，在一个无分支的电路中，回路中的电流等于电动势除以回路的总电阻 R；在一个无分支的磁路中，回路中的磁通中等于磁通势 IN 除以回路中的总磁阻 R_{m}。

表 4-1　磁路与电路欧姆定律的对比

电路		磁路	
电流	I	磁通	Φ
电阻	$R=\rho\dfrac{l}{S}$	磁阻	$R_{\mathrm{m}}=\dfrac{l}{\mu S}$
电阻率	ρ	磁导率	μ
电动势	E	磁动势	$E_{\mathrm{m}}=IN$
电路欧姆定律	$I=\dfrac{E}{R}$	磁路欧姆定律	$\Phi=\dfrac{E_{\mathrm{m}}}{R_{\mathrm{m}}}$

由于铁芯的磁导率不是常数，它随铁芯的磁化状况而变化，因此磁路欧姆定律通常不能用来进行磁路的计算，但在分析电器设备磁路的工作情况时，要用到磁路欧姆定律的概念。

3. ***磁路基尔霍夫定律***

磁路基尔霍夫定律是计算带有分支的磁路的重要工具。

磁路基尔霍夫第一定律（KCL）表明：对于磁路中的任一节点，通过该节点的磁通代数和为零，或传入该节点的磁通代数和等于穿出该节点的磁通代数和，即

$$\sum \Phi = 0 \text{ 或 } \sum \Phi_{入} = \sum \Phi_{出} \tag{4-10}$$

它是磁通连续性的体现。

磁路基尔霍夫第二定律（KVL）表明：沿磁路中的任意回路，磁压降（Hl）的代数和等于磁通势（NI）的代数和，即

$$\sum Hl = \sum NI \tag{4-11}$$

它说明了磁路的任意回路中，磁通势和磁压降的关系。如图 4-2（b）所示的有分支的磁路，线圈匝数为 N，通以电流为 I，三条支路的磁通分别为 Φ_1、Φ_2 和 Φ_3，磁通与电流的参考方向如图 4-2 所示，它们的关系符合安培定则。对节点 A 则有 $\Phi_1=\Phi_2+\Phi_3$

对回路 BCDB 则有 $H_1l_1+H_3l_3=IN$

式中，H_1 表示 CDA 段的磁场强度，l_1 为该段的平均长度；H_3 表示 ABC 段的磁场强度，l_3 为该段的平均长度。

磁路中的基尔霍夫定律与电路中的基尔霍夫定律相似，可以对比着记忆。

磁路	电路
KCL 第一定律　$\sum \Phi = 0$	KCL 第一定律　$\sum i = 0$
KVL 第二定律　$\sum F = \sum Hl = \sum \Phi R_m$	KVL 第二定律　$\sum e = \sum u = \sum iR$

应该指出，磁路与电路只是数学公式形式上有许多相似之处，它们的本质是不同的。

4.1.3　铁磁材料的性质

铁磁材料主要指铁、镍、钴及其合金等。由于铁磁材料的磁导率很大，具有铁芯的线圈，其磁场远比没有铁芯的线圈的磁场强，所以电动机、变压器等电器设备都要采用铁芯作磁路。铁磁材料能被强烈的磁化，具有较强的磁性能。

一、铁磁材料的磁化

铁磁材料具有很强的被磁化特性。铁磁材料内部存在着许多小的自然磁化区，称为磁畴。这些磁畴犹如小的磁铁，在无外磁场作用时呈杂乱无章的排列，对外不显磁性，如图 4-4（a）所示。当有外磁场时，在磁场力作用下磁畴将按照外磁场方向顺序排列，产生一个很强的附加磁场，此时称铁磁材料被磁化。磁化后，附加磁场与外磁场相叠加，从而使铁磁材料内的磁场大大增强，如图 4-4（b）所示。

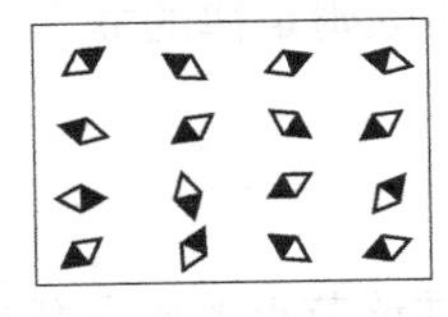

(a) 磁化前

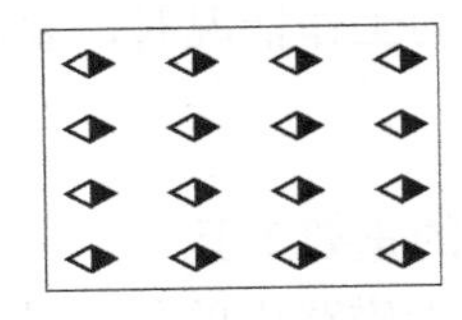

(b) 磁化后

图 4-4　铁磁材料磁畴示意图

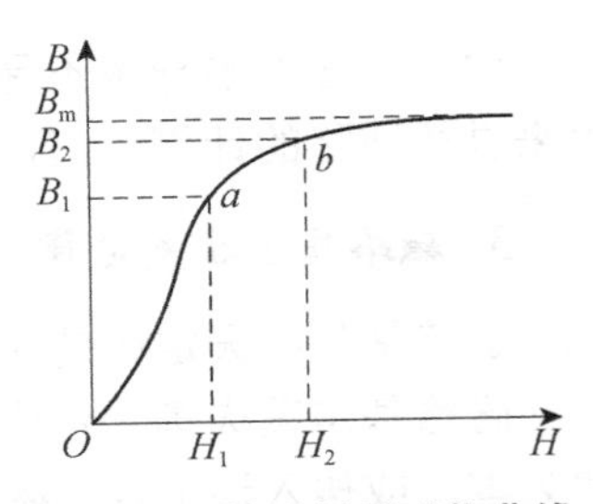

图 4-5　铁磁材料磁化曲线

材料的磁感应强度 B 和外加磁场强度 H 之间的对应关系曲线，称为磁化曲线。通过实验得出铁磁材料的磁化曲线如图 4-5 所示，横轴为外加磁场强度 H，纵轴为铁磁材料的磁感应强度 B，是一条非线性曲线。铁磁材料磁化曲线的特征是：

① *oa* 段：B 与 H 几乎成正比地增加。

② *ab* 段：B 的增加缓慢下来。

③ *b* 点以后：B 增加很少。

④ *c* 点时达到最大值 B_m，以后不再增加，与真空或空气中一样，近于直线。

由磁化曲线可见，铁磁材料的 B 与 H 不成正比，这说明铁磁材料的磁感应强度与外加磁场强度呈非线性的关系，所以铁磁材料的 μ 值不是常数，随磁场强度的变化而变化，不同的磁场强度，铁磁材料所对应的磁导率是不同的。铁磁材料的磁化曲线在磁路计算上极为重要。几种常见铁磁材料的磁化曲线如图 4-6 所示。

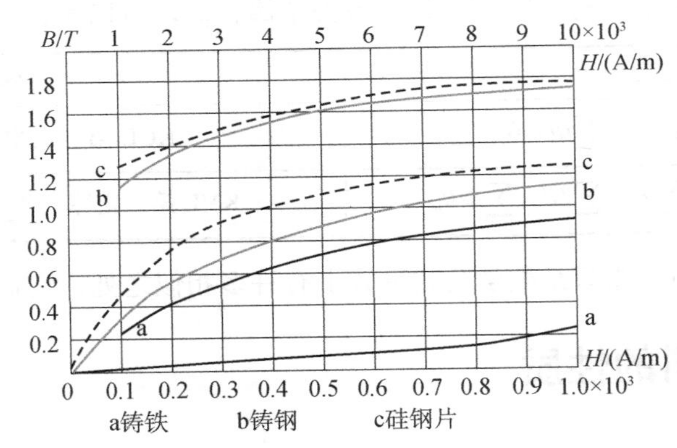

图 4-6　几种常见铁磁材料的磁化曲线

二、铁磁材料的磁性能

1. 高导磁性

磁性材料的磁导率通常都很高，即 μ_r>>1（如坡莫合金，其 μ_r 可达 2×10^5）。磁性材料能被强烈地磁化，具有很高的导磁性能。从铁磁材料的磁化曲线（图 4-5）可以看出：在磁化曲线的 *oa* 段，当 H 由 0 向 H_1 增加时，铁磁材料内部磁畴的磁场按外磁场的方向顺序排列，使铁磁材料内的磁场大为加强，B 迅速增大，且 B 与 H 基本上呈线性关系。这一段曲线称为起始化磁化曲线。

磁性物质的高导磁性被广泛地应用于电工设备中，如电机、变压器及各种铁磁元件的线圈中都放有铁芯。在这种具有铁芯的线圈中通入不太大的电流，便可以产生较大的磁通和磁感应强度。

2. **磁饱和性**

铁磁材料由于磁化所产生的磁化磁场不会随着外加磁场的增强而无限的增强，当外加磁场增大到一定程度时，磁化磁场的磁感应强度将趋向某一定值，不再随外加磁场的增强而增强，达到饱和。这是因为当外加磁场 H 达到一定强度时，铁磁材料的全部磁畴的磁场方向都转向与外部磁场方向一致。

由磁化曲线（图 4-5）可见，超过曲线的 b 点之后，外加磁场强度 H 的进一步增加不再使磁感应强度 B 有明显增加。到达 b 点时，铁磁材料中的绝大多数磁畴已经转向外加磁场方向。外加磁场 H 的继续增加只能使磁感应强度 B 有少量的增加，因此膝点标志着磁饱和的开始。c 点时达到最大值 B_m，以后不再增加，与真空或空气中一样，其磁化曲线近于直线，达到完全饱和。达到饱和以后，磁化磁场的磁感应强度不再随外加磁场的增强而增强。实际工程应用中，称 a 点为附点，b 点为“膝”点，c 点为饱和点，通常要求磁性材料工作在在曲线的膝点附近，在膝点附近磁导率 μ 值达到最大。

3. **磁滞特性**

铁磁材料的磁滞特性是在交变磁化中体现出来的。当磁场强度 H 的大小和方向反复变化时，磁性材料在交变磁场中反复磁化，其磁化曲线是一条回形闭合曲线，称为磁滞回线，如图 4-7 所示。从图中可以看到，当 H 从 O 增加到 H_m 时，B 沿 Oa 曲线上升到饱和值 B_m，随后 H 值从 H_m 逐渐减小，B 值也随之减小，但 B 并不沿原来的 Oa 曲线下降，而是沿另一条曲线 ab 下降；当 H 下降为零时，B 下降到 B_r 值。这是由于铁磁材料被磁化后，磁畴已经按顺序排列，即使撤掉外磁场也不能完全恢复到其杂乱无章的排列，而对外仍显示出一定的磁性，这一特性称为剩磁，即图中的 B_r 值。要使剩磁消失，必须改变 H 的方向。当 H 向反方向达到 H_c 时剩磁消失，H_c 称为矫顽磁力。铁磁材料在磁化过程 B 的变化落后于 H 的变化，这一现象称为磁滞。当继续增加反向 H 值，铁磁材料被反方向磁化，当反向 H 值达到最大值 H_m 时，B 值也随之增加到反方向的饱和值 B_m。当 H 完成一个循环，B 值即沿闭合曲线 $abcdefa$ 变化，这个闭合曲线称为磁滞回线。

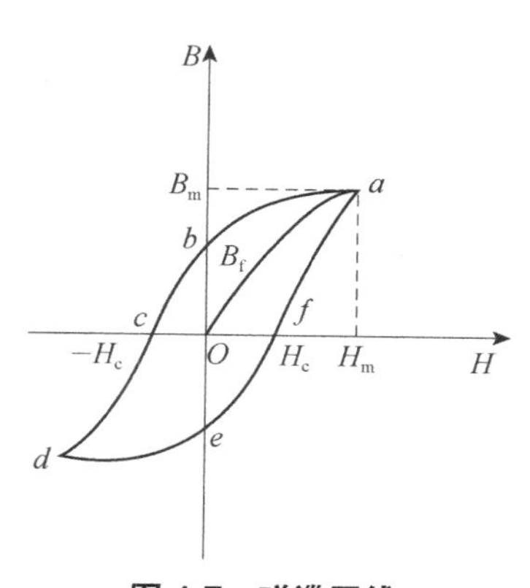

图 4-7 磁滞回线

铁磁材料在交变磁化过程中，由于磁畴在不断地改变方向，使铁磁材料内部分子振动加剧，温度升高，造成能量消耗。这种由于磁滞而引起的能量损耗，称为磁滞损耗。磁滞损耗程度与铁磁材料的性质有关，不同的铁磁材料其磁滞损耗不同，硅钢片的磁滞损耗比铸钢或铸铁的小。磁滞损耗对电机或变压器等电器设备的运行不利，是引起铁芯发热的原因之一。

三、铁磁性材料的分类

铁磁材料在工程技术上应用很广，不同的磁性材料导磁性能不相同，其磁滞回线和磁化曲线也不同。根据磁滞回线的不同，可将磁性材料分为软磁性材料、硬磁性材料和矩磁性材料三类。

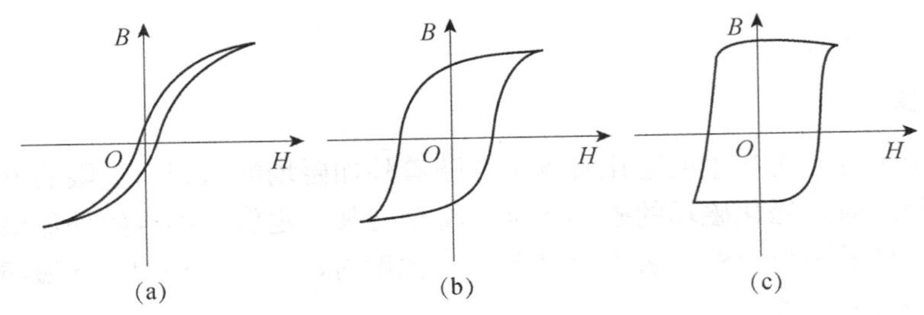

图 4-8　不同磁性材料的磁滞回线

1. **软磁性材料**

图 4-8（a）所示为软磁材料的磁滞回线。这类材料的剩磁、矫顽力、磁滞损耗都较小，磁滞回线狭长，容易磁化，也容易退磁，适用于交变磁场，可用来制造变压器、继电器、电磁铁、电机以及各种高频电磁元件铁芯。常用的软磁材料有铸钢、铸铁、硅钢片、玻莫合金和铁氧体等，其中硅钢片是制造变压器、交流电动机、接触器和交流电磁铁等电器设备的重要导磁材料；铸铁、铸钢一般用来制造电动机的机壳；而铁氧体是用来制造高频磁路的导磁材料。

2. **硬磁性材料**

图 4-8（b）所示为硬磁性材料的磁滞回线。它的剩磁、矫顽力、磁滞损耗都较大，磁滞回线较宽，磁滞特性显著，磁化后，能得到很强的剩磁，而不易退磁，因此，这类材料适用于制造永久磁铁，广泛应用于各种磁电式测量仪表、扬声器、永磁发电机以及通信装置中。常用的硬磁性材料有碳钢、钨钢、铝镍钴合金、钡铁氧体等。

3. **矩磁性材料**

矩磁性材料的磁滞回线形状近似于矩形，如图 4-8（c）所示。它的剩磁很大，但矫顽力较小，易于翻转，在很小的外磁场作用下就能磁化，一经磁化便达到饱和值，去掉外磁场，磁性仍能保持在饱和值。矩磁性材料主要用来做记忆元件，如计算机存储器等。

4.1.4　简单磁路的分析计算

计算磁路时，一般磁路各段的尺寸和材料的 B-H 曲线都是已知的，主要任务是按照所定的磁通、磁路，求产生预定的磁通所需要的磁通势 $F=NI$，确定线圈匝数和励磁电流。磁路可分为无分支磁路和有分支磁路。我们只讨论恒定磁通无分支磁路的计算问题。

（1）基本公式：设磁路由不同材料或不同长度和截面积的 n 段组成，则基本公式为：

$$NI = H_1 l_1 + H_2 l_2 + \cdots + H_n l_n \text{，即 } NI = \sum_{i=1}^{n} H_i l_i$$

（2）基本步骤：当漏磁通忽略不计时，磁路中的磁通在每个横截面上都相等，这样恒定磁通无分支磁路的计算可按以下步骤进行。

① 求各段磁感应强度 B_i，各段磁路截面积不同，通过同一磁通，则有

$$B_1 = \frac{\Phi}{S_1}\text{，}\ B_2 = \frac{\Phi}{S_2}\text{，}\ \cdots\text{，}\ B_n = \frac{\Phi}{S_n}$$

② 求各段磁场强度 H_i，根据各段磁路材料的磁化曲线求 B_1，B_2，……，相对应的 H_1，H_2，……。

$$H_1=\frac{B_1}{\mu_1},\quad H_2=\frac{B_2}{\mu_2},\quad \cdots,\quad H_n=\frac{B_n}{\mu_n}$$

③ 计算各段磁路的磁压降（H_il_i）。

④ 根据（$F=NI$）求出磁通势。

例 4-1 一个具有闭合的均匀的铁芯线圈，其匝数为 300，铁芯中的磁感应强度为 0.9T，磁路的平均长度为 45cm，试求：（1）铁芯材料为铸铁时线圈中的电流；（2）铁芯材料为硅钢片时线圈中的电流。

解：（1）查铸铁材料的磁化曲线，当 B=0.9T 时，磁场强度 H=9000A/m，则

$$I=\frac{Hl}{N}=\frac{9000\times0.45}{300}=13.5\text{A}$$

（2）查硅钢片材料的磁化曲线，当 B=0.9T 时，磁场强度 H=260A/m，则

$$I=\frac{Hl}{N}=\frac{260\times0.45}{300}=0.39\text{A}$$

由此可知，如果要得到相等的磁感应强度，采用磁导率高的铁芯材料，可以降低线圈电流，减少用铜量。

例 4-2 有一环形铁芯线圈，其内径为 10cm，外径为 15cm，铁芯材料为铸钢。磁路中含有一空气隙，其长度等于 0.2cm。设线圈中通有 1A 的电流，如要得到 0.9T 的磁感应强度，试求线圈匝数。

解：空气隙的磁场强度：$H_0=\dfrac{B_0}{\mu_0}=\dfrac{0.9}{4\pi\times10^{-7}}=7.2\times10^5\text{A/m}$

铸钢铁芯的磁场强度：查铸钢的磁化曲线，B=0.9T 时，磁场强度 H_1=500A/m

磁路的平均总长度：$l=\dfrac{10+15}{2}\pi=39.2\text{cm}$

铁芯的平均长度：$l_1=l-\delta=39.2-0.2=39\text{cm}$

对各段有：$H_0\delta=7.2\times10^5\times0.2\times10^{-2}=1440\text{A}$

$H_1l_1=500\times39\times10^{-2}=195\text{A}$

总磁通势：$NI=H_0\delta+H_1l_1=1440+195=1635\text{A}$

线圈匝数：$N=\dfrac{NI}{I}=\dfrac{1635}{1}=1635$ 匝

可见，磁路中含有空气隙时，由于其磁阻较大，磁通势几乎都降在空气隙上面。所以线圈匝数一定，磁路中含有空气隙时，由于其磁阻较大，要得到相等的磁感应强度，必须增大励磁电流。

4.1.5 电磁铁

电磁铁是工程技术中常用的电气设备，是利用通电铁芯线圈吸引衔铁而工作的电器。电磁铁种类很多，但基本结构相同，都是由励磁线圈、静铁芯和衔铁（动铁芯）三个主要部分组成。电磁铁根据使用电源不同，分为直流电磁铁和交流电磁铁两种；如果按照用途来划分

电磁铁，主要可分成五种：①牵引电磁铁——主要用来牵引机械装置、开启或关闭各种阀门，以执行自动控制任务；②起重电磁铁——用作起重装置来吊运钢锭、钢材、铁砂等铁磁性材料；③制动电磁铁——主要用于对电动机进行制动以达到准确停车的目的；④自动电器的电磁系统——如电磁继电器和接触器的电磁系统、自动开关的电磁脱扣器及操作电磁铁等；⑤其他用途的电磁铁——如磨床的电磁吸盘及电磁振动器等。

一、直流电磁铁

图 4-9 所示为直流电磁铁的结构示意图。当电磁铁的励磁线圈中通入励磁电流时，铁芯对衔铁产生吸力。衔铁受到的吸力与两磁极间的磁感应强度 B 成正比，在 B 为一定值的情况下，吸力的大小还与磁极的面积成正比，即 $F \propto B^2S$。经过计算，作用在衔铁上的吸力用公式表示为

$$F = \frac{10^7}{8\pi} B^2 S \tag{4-12}$$

式中，F 为电磁吸力，单位为 N（牛）；B 为空气隙中的磁感应强度，单位为 T（特）；S 为铁芯的横截面积，单位为 m^2，在图 4-9 中，$S=2S'$。

直流电磁铁的吸力 F 与空气隙的关系，即 $F=f_1$（δ）；电磁铁的励磁电流 I 与空气隙的关系，即 $I=f_2$（δ），称为电磁铁的工作特性，可由实验得出，其特性曲线如图 4-10 所示。

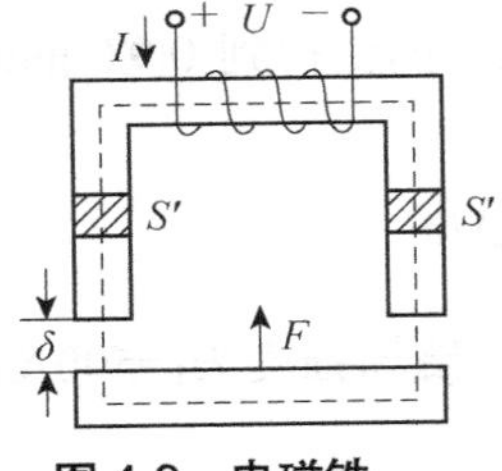

图 4-9 电磁铁

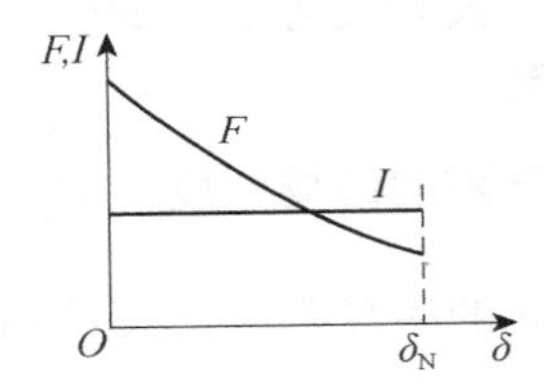

图 4-10 直流电磁铁的工作特性

从图 4-10 中可见，直流电磁铁的励磁电流 I 的大小与衔铁的运动过程无关，只取决于电源电压和线圈的直流电阻，而作用在衔铁上的吸力则与衔铁的位置有关。当电磁铁启动时，衔铁与铁芯之间的空气隙最大，磁阻最大，因磁动势不变，磁通最小，磁感应强度也最小，吸力最小。当衔铁吸合后，$\delta=0$，磁阻最小，吸力最大。

二、交流电磁铁

交流电磁铁与直流电磁铁在原理上并无区别，只是交流电磁铁的励磁线圈上加的是交流电压，电磁铁中的磁场是交变的。设电磁铁中磁感应强度 B 按正弦规律变化，即

$$B=B_m \sin\omega t$$

代入式（4-12），得电磁吸力的瞬时值为

$$\begin{aligned} F &= \frac{10^7}{8\pi} B^2 S = \frac{10^7}{8\pi} S{B_m}^2 \sin^2 \omega t = \frac{10^7}{8\pi} S{B_m}^2 \left(\frac{1-\cos 2\omega t}{2}\right) \\ &= \frac{1}{2}F_m - \frac{1}{2}F_m \cos 2\omega t \end{aligned} \tag{4-13}$$

式中，$F_m=\dfrac{10^7}{8\pi}SB_m^2$为电磁吸力的最大值。从式中可见，电磁吸力是脉动的，在零和最大值之间变动。但实际上吸力的大小取决于平均值。设电磁吸力的平均值为F_0，则有

$$F_0=\frac{1}{2}F_m=\frac{10^7}{16\pi}\ SB_m^{\ 2}=\frac{10^7}{16\pi}\frac{\Phi_m^2}{S} \tag{4-14}$$

式中，$\Phi_m=B_mS$为磁通的最大值，在外加电压一定时，交流磁路中磁通的最大值基本保持不变$\left(\Phi_m\approx\dfrac{U}{4.44Nf}\right)$。因此，交流电磁铁在吸合衔铁的过程中，电磁吸力的平均值也基本保持不变。

由于交流电磁铁的吸力是脉动的，工作时要产生振动，从而产生噪声和机械磨损。为了减小衔铁的振动，可在磁极的部分端面上嵌装上一个铜制的短路环，如图 4-11 所示。当总的交变磁通 Φ 的一部分 Φ_1 穿过短路环时，环内产生感应电流，阻止磁通 Φ_1 变化，从而造成环内磁通 Φ_1 与环外磁通 Φ_2 产生相位差，于是有这两部分磁通产生的吸力不会同时为零，使振动减弱。需要指出的是，交流电磁铁的线圈电流在刚吸合时要比工作时大几倍到十几倍。由于吸合时间很短，吸合后电流立即降为正常值，因此对线圈没有大的影响。如果由于某种意外原因电磁铁的衔铁被卡住，或因为工作电压低落不能吸合，则线圈会因为长时间过流而烧毁。

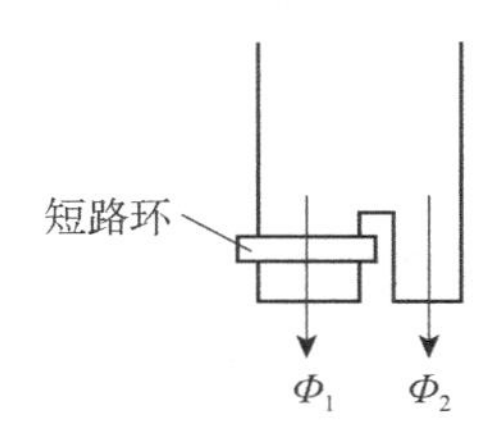

图 4-11　短路环

三、电磁铁的应用

电磁铁的用途极为广泛，如工业生产中使用的起重电磁铁、电器设备中的接触器、继电器、制动器、液压电磁阀等。

（一）工业企业中的应用

1. 电磁起重机

电磁起重机为工业用的强力电磁铁，通上大电流，可用以吊运钢板、货柜、废铁等。把电磁铁安装在吊车上，通电后吸起大量钢铁，移动到另一位置后切断电流，把钢铁放下。大型电磁起重机一次可以吊起几吨钢材。

2. 电磁继电器

电磁继电器是由电磁铁控制的自动开关。使用电磁继电器可用低电压和弱电流来控制高电压和强电流，实现远距离操作。

3. 电磁选矿机

电磁选矿机是根据磁体对铁矿石有吸引力的原理制成的。当电磁选矿机工作时，铁砂将落入 B 箱。矿石在下落过程中，经过电磁铁时，非铁矿石不能被电磁铁吸引，由于重力的作用直接落入 A 箱；而铁矿石能被电磁铁吸引，吸附在滚筒上并随滚筒一起转动，到 B 箱上方时电磁铁对矿石的吸引力已非常微小，所以矿石由于重力的作用而落入 B 箱。

（二）交通车辆中的应用

1. **磁悬浮列车**

磁悬浮列车是一种采用无接触的电磁悬浮、导向和驱动系统的磁悬浮高速列车系统。它的时速可达到500公里以上，是当今世界最快的地面客运交通工具，有速度快、爬坡能力强、能耗低运行时噪声小、安全舒适、不燃油，污染少等优点。磁悬浮技术利用电磁力将整个列车车厢托起，摆脱了讨厌的摩擦力和令人不快的锵锵声，实现与地面无接触、无燃料的快速"飞行"。

2. **磁储氢汽车**

目前尚处于研究和试验中的磁储氢汽车是另一类具有优势的磁交通设备。利用磁储氢材料作汽车燃料是解决燃料汽油造成环境污染的一个重要途径。氢是一种无污染或严格来说污染极微小的燃料，可供燃烧的单位质量的能量密度很高。但纯气态氢的体积太大且纯气态氢和纯液态氢都易燃烧爆炸，因此不能简单地使用纯气态氢或纯液态氢作燃料。而是使用固态储氢材料，将氢以固态化合物的组元形态存储在固态材料中，然后在一定的条件下释放出气态氢用做汽车燃料。目前已经进行过在汽车中应用磁储氢器的许多试验。这些磁储氢器在使用一定时间后，又需要在一定条件下进行再充氢气。这就像蓄电池在使用一定时间后需要进行再充电一样。不过目前的磁储氢器的不足之处是磁储氢材料的重量还较大，还需要进一步减轻磁储氢材料的重量。

（三）日常生活中的应用

家里的一些电器，如电冰箱、吸尘器上都有电磁铁，全自动洗衣机的进水、排水阀门也都是由电磁铁控制的。

此外，电磁铁广泛应用在医疗器械、仪器仪表、军工、航天等领域。

4.1.6 电磁感应

实验指出，当导体对磁场做相对运动，切割磁感线时，导体中便有感应电动势产生；当穿过闭合回路的磁通量发生变化时，回路中便有感应电动势产生。这两种本质上是一样的。在不同条件下产生感应电动势的现象，统称为电磁感应。

一、感应电动势的产生

从形式上看，产生感应电动势有两种方法：切割磁感线和磁通量变化。

1. **切割磁感线产生感应电动势**

如图4-12（a）所示，直导体 l 处在匀强磁场 B 中，以速度 v 垂直于磁场方向做切割磁感线运动，此时导体中便会产生感应电动势，该感应电动势的大小为

$$e=Blv$$

式中，e 为感应电动势，单位为V；B 为磁感应强度，单位为T；l 为导线的有效长度，单位为m；v 为导线的运动速度，单位为m/s。

感应电动势 e 的方向可由右手定则来判断，如图 4-12（b）所示。

根据感应电动势的产生原理，可制造出各种发电机，如交流发电机。交流发电机的转子线圈就是切割磁感线的导体，当转子在外力作用下匀速转动时，由于导体切割磁感线而在线圈中产生感应电动势，当接上负载时，即可输出交流电能。

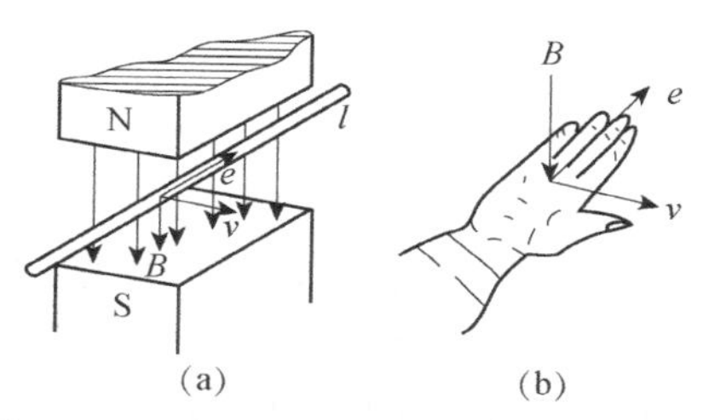

图 4-12　导体切割磁感线产生的感电动势

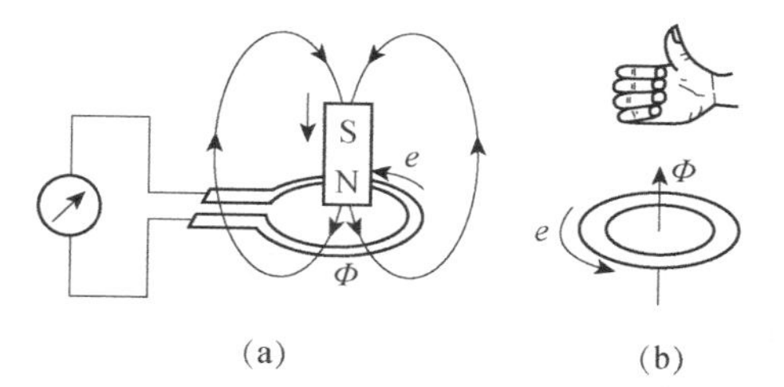

图 4-13　变化磁通产生的感应电动势

2. **磁通量变化产生感应电动势**

如图 4-13（a）所示，将线圈放在磁场中，当磁体垂直于线圈移动时，穿过线圈的磁通 Φ 会发生变化，此时线圈中就产生感应电动势。线圈中感应电动势的大小与穿过线圈的磁通的变化率成正比，即

$$|e|=\left|\frac{\mathrm{d}\Phi}{\mathrm{d}t}\right|$$

穿过线圈的磁通变化越快，产生的感应电动势越大；穿过线圈的磁通变化越慢，产生的感应电动势越小；磁通不变化时，感应电动势为零。这一变化规律称为法拉第电磁感应电动势定律。

感应电动势的方向可用楞次定律来确定。楞次定律指出：如果回路中的感应电动势是由于穿过回路的磁通变化产生的，则感应电动势在闭合回路中将产生一电流，由这一电流产生的磁通总是阻碍原磁通的变化。根据楞次定律，若选择磁通 Φ 与感应电动势 e 的参考方向仍符合右手螺旋关系，见图 4-13（b），则感应电动势的表达式为

$$e=-N\frac{\mathrm{d}\Phi}{\mathrm{d}t} \tag{4-15}$$

式中，“-”号包含了楞次定律的含义；N 为线圈匝数。

二、自感和互感

1. **自感**

当线圈中电流变化时，便在线圈周围产生变化的磁通，这个变化的磁通穿过线圈本身时，线圈中便产生感应电动势。这种由于线圈本身电流变化而产生感应电动势的现象，称为自感应，简称自感，所产生的电动势称为自感电动势，用 e_L 表示。根据法拉第电磁感应定律，当线圈的匝数为 N 时，自感电动势为 $e_L=-N\dfrac{\mathrm{d}\Phi}{\mathrm{d}t}=-\dfrac{\mathrm{d}\Psi}{\mathrm{d}t}$

式中，$\Psi=N\Phi$，称为磁链，即与线圈各匝相链的磁通总和。

通常磁通或磁链是由通过线圈的电流 i 产生的，当线圈中没有铁磁材料时，Ψ 或 Φ 与 i 成正比关系，即

$$\Psi = N\Phi = Li \text{ 或 } L = \frac{\Psi}{i} = \frac{N\Phi}{i} \quad (4\text{-}16)$$

式中，L 为自感系数，简称电感，是电感元件的参数，单位为 H（亨）。

由式中可知，自感电动势为

$$e_L = -L\frac{di}{dt} \quad (4\text{-}17)$$

2. **互感**

如图 4-14（a）所示，两个彼此靠近的线圈，当线圈 1 中电流 i_1 变化时，它产生的变化磁通 Φ_{21} 会穿过线圈 2，这部分磁通称为互感磁通，会使线圈 2 中产生感应电动势 E_{M2}。同样，当线圈 2 中电流 i_2 变化时，也会有互感磁通 Φ_{12} 穿过线圈 1，也会使线圈 1 中产生感应电动势 E_{M1}。这种由于一个线圈中电流变化，而在另一线圈中产生感应电动势的现象，称为互感应，所产生的电动势称为互感电动势，两个互感线圈称为磁耦合线圈。

（1）互感系数与互感电动势。在两个有磁耦合的线圈中，互感磁链与产生此磁链的电流的比值，称为这两个线圈互感系数，简称互感，用 M 表示，即

$$M = \frac{\Psi_{21}}{i_1} = \frac{\Psi_{12}}{i_2} \quad (4\text{-}18)$$

式中，$\Psi_{21}=N_2\Phi_{21}$，线圈 1 对线圈 2 产生的互感磁链；$\Psi_{12}=N_1\Phi_{12}$，线圈 2 对线圈 1 产生的互感磁链。

互感系数的单位为 H（亨）。互感系数的大小取决于两个线圈的几何尺寸、匝数、相对位置和磁介质。当磁介质为非铁磁材料时，M 为常数。

根据法拉第电磁感应定律，互感电动势的大小为 $E_{M2} = \frac{d\Psi_{21}}{dt}$

将 $\Psi_{21}=Mi_1$ 代入上式，则 $E_{M2} = M\frac{di_1}{dt}$，同理 $E_{M1} = M\frac{di_2}{dt}$ （4-19）

上式说明线圈中互感电动势的大小与互感系数和另一线圈中电流的变化率的乘积成正比。互感电动势的方向可用楞次定律来判断。

（2）耦合系数。工程上常用耦合系数 k 表示两个线圈耦合的紧密程度，耦合系数的定义式为

$$k = \frac{M}{\sqrt{L_1 L_2}} \quad (4\text{-}20)$$

由于互感磁通是自感磁通的一部分，所以 $k \leqslant 1$。当 k 接近于零时，为弱耦合；当 k 接近于 1 时，为强耦合；当 $k=1$ 时，称两线圈为全耦合，此时的自感磁通全部为互感磁通。

两个线圈之间的耦合程度或耦合系数的大小与两个线圈的结构、相互位置及磁介质有关。如果两个线圈紧密地绕在一起，如图 4-14（b）所示，则 k 可以接近于 1；如果两个线圈离得较远或轴线相互垂直，如图 4-14（c）所示，线圈 1 产生的磁通不穿过线圈 2；而线圈 2 产生的磁通穿过线圈 1 时，线圈上半部和线圈下半部磁通的方向正好相反，其互感作用相互抵消，则 k 值很小，甚至可以接近于零。由此可知，改变或调整线圈的相对位置，可改变耦合系数的大小。

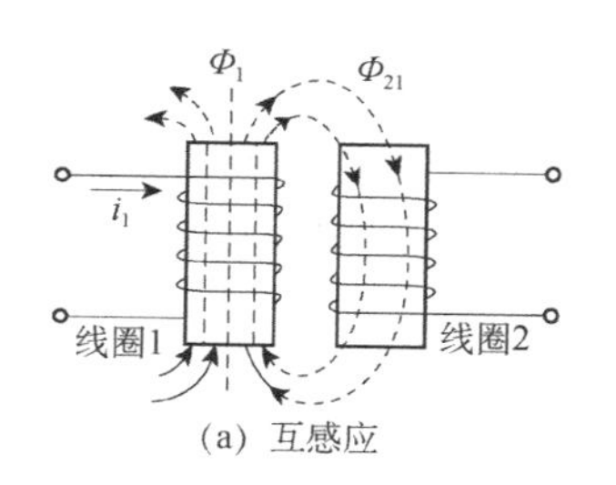

(a) 互感应

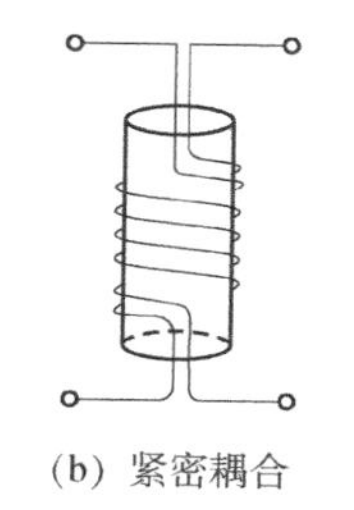
(b) 紧密耦合

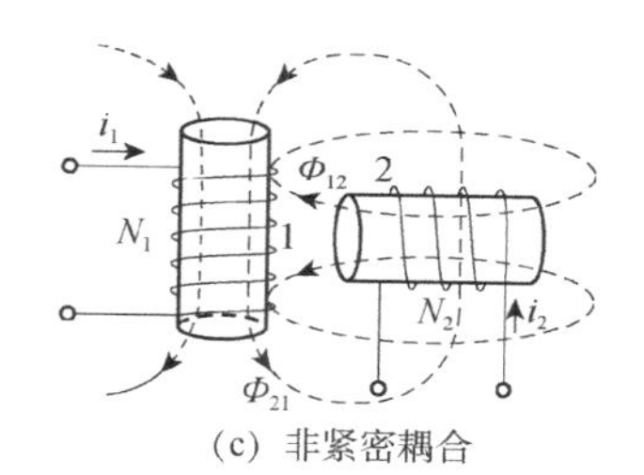

(c) 非紧密耦合

图 4-14　互感线圈

在电力电子技术中，为了利用互感原理传递能量或信号，常采取紧密耦合的方式。如变压器利用铁磁材料作为导磁磁路，以使 k 值接近于 1。

三、互感线圈的同名端及其判断

互感现象在电工和电子技术中应用非常广泛，如各种变压器、仪用互感器等都是根据互感原理工作的。在实际应用中，常常要根据需要对互感线圈进行连接使用，如变压器有时需要把绕组串联起来以提高电压，或把绕组并联起来以增大电流，因此必须要知道互感线圈的极性。

1. 同名端的定义

互感线圈的同名端也称同极性端，是指互感电动势瞬时极性相同的端点，常用“•”标记，极性相反的端点称为异名端。同名端和绕组的绕向有关。如图 4-15（a）中 1、3 或 2、4 为同名端，而图 4-15（b）中 1、4 或 2、3 为同名端。

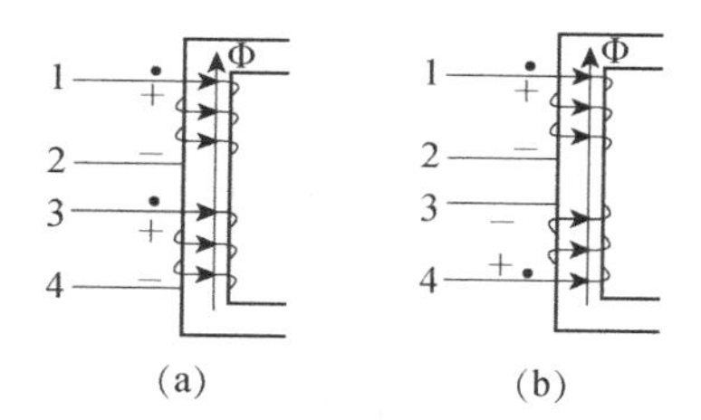

(a)　(b)

图 4-15　互感线圈的同名端

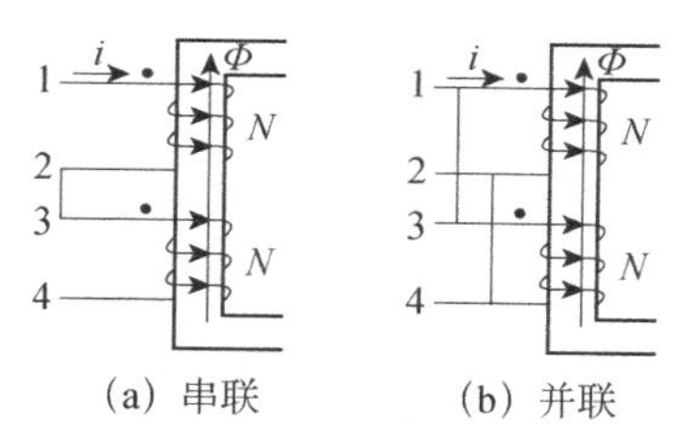

(a) 串联　(b) 并联

图 4-16　互感线圈的连接

2. 同名端的确定

在实际使用中有时需要把互感线圈串联或并联起来使用。正确的串联方式是把两个线圈的一对异名端连在一起，如图 4-16（a）中 2、3 端连在一起，则在异名端 1、4 两端得到的电压为两个线圈电压之和，如果接错，则得到的输出电压就会消减。正确的并联方式是在两个线圈的电压相等的情况下，把两个线圈的同名端分别连在一起，如图 4-16（b）中 1、3 端和 2、4 端分别连在一起，这样就可以向负载提供更大的电流，如果接错，就会造成短路而烧毁线圈。因此一定要先确定同名端，才能进行正确连接使用。

当已知线圈的绕向及相对位置时，同名端很容易利用其概念进行判定。但对于从外观上无法确定线圈的具体绕向，很难直接判定出来时，常用实验法来确定同名端。常用的实验方法有直流法和交流法。

（1）直流法。如图 4-17 所示，用一直流电源经开关 S 连接线圈 1、2，在线圈 3、4 回路中接入一直流电表（电流表或电压表）。当开关 S 闭合瞬间，线圈 1、2 中的电流通过互感耦合将在线圈 3、4 回路中产生一互感电动势，并在线圈 3、4 回路中产生一感应电流，使线圈 3、4 上的直流电表指针偏转。当直流电表正向偏转时，线圈 1、2 和电源正极相接的端点 1 与线圈 3、4 和直流电表正极相接的端点 3 是同名端；当直流电表反向偏转时，则线圈 1、2 的端点 1 与线圈 3、4 和直流电表负极相接的端点 4 为同名端。

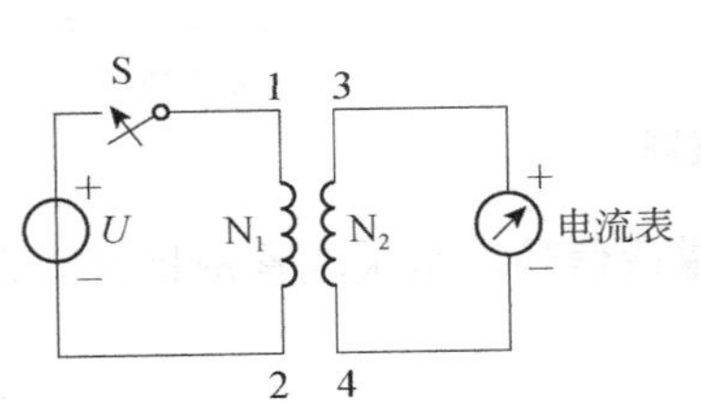

图 4-17　直流法判定同名端

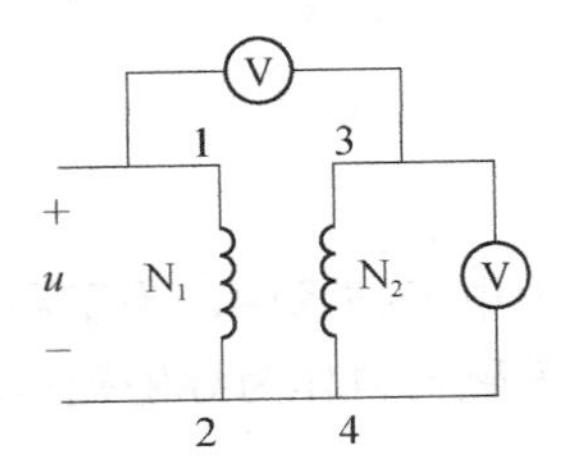

图 4-18　交流法判定同名端

（2）交流法。如图 4-18 所示，将两个线圈的任意两端（如 2、4 端）用导线连接在一起，在线圈 1 两端加交流电压（低电压），用交流电压分别测出端电压 U_{13}、U_{12} 和 U_{34}。若 U_{13} 是两个线圈端电压 U_{12} 和 U_{34} 之差，则 1、3 是同名端；若 U_{13} 是两个线圈端电压 U_{12} 和 U_{34} 之和，则 1、4 是同名端。

以上交流法判定同名端的方法原理，读者可自行思考分析。

四、涡流

由于铁磁物质具有很高的磁导率，所以电器设备中采用铁磁材料作磁路材料。铁磁材料作为磁路材料时，除了产生磁滞损耗之外，还会产生涡流损耗。

涡流也是一种感应电流，它产生在交流电器设备中。如图 4-19（a）所示，在一整体铁芯上绕有线圈，当线圈中通以交变电流时，铁芯中便产生交变磁场。由于铁芯也是导体，可将其看成是由许多垂直于磁通方向的闭合回路组成的。当穿过这些闭合回路的磁通发生变化时回路中要产生感应电流，这个感应电流称为涡流。

涡流的存在会使电气设备的铁芯发热而消耗电功率，称为涡流损耗。涡流损耗会造成铁芯发热，严重时会影响电工设备的正常工作。为了减小涡流损耗，电气设备的铁芯一般都不用整体的铁芯，而用硅钢片叠成，如图 4-19（b）所示。硅钢片可由含硅 2.5%的硅钢轧制而成，其厚度为 0.35～1mm，硅钢片表面涂有绝缘层，使片间相互绝缘。由于硅钢片具有较高的电阻率，且涡流被限制在较小的截面内流通，电流值很小，因此大大减少了损耗。

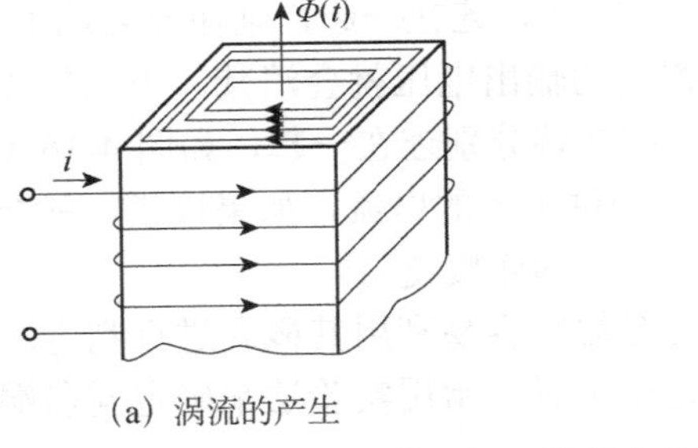

（a）涡流的产生　　（b）涡流的减少

图 4-19　铁芯中的涡流

涡流对许多电工设备是有害的，但在某些场合却是有用的。比如工业用高频感应电炉就是利用涡流的热效应来加热和冶炼炉内金属的。

互感电路实验

任务：正确连接电路并完成两个互感线圈的同名端、互感系数及耦合系数的测定。

一、训练目的

1. 学会互感电路同名端、互感系数及耦合系数的测定方法。
2. 理解两个线圈相对位置的改变，以及用不同材料作线圈铁芯时对互感的影响。

二、准备器材

1. 220V 交流电源、0～24V 直流稳压电源；2. 直流电压表、毫安表；3. 交流电压、电流表；4. 空心互感线圈（1 大 1 小两个）5. 铁棒、铝棒；6. 自耦调压器；7. 100Ω/8W 电位器、510Ω/2W 电阻；8. 发光二极管。

三、操作内容及步骤

1. 分别用直流法和交流法测定互感线圈的同名端

（1）直流法：实验电路如图 4-20 所示，将 N_1、N_2 同心地套在一起，并放入铁棒。U 为可调直流稳压电源，调至 6V，然后改变可变电阻器 R（由大到小地调节），使流过 N_1 侧的电流不超过 0.4A（选用 5A 量程的数字电流表），N_2 侧直接接入 2mA 量程的毫安表。将铁芯迅速地拔出和插入，观察毫安表正、负读数的变化，来判定 N_1 和 N_2 两个线圈的同名端。

（2）交流法：实验电路如图 4-21 所示，将小线圈 N_2 放入大线圈 N_1 中，并在两线圈中放入铁棒。N_1 串联电流表（2.5A 以上的量程）后接至自耦调压器的输出端，N_2 侧开路。

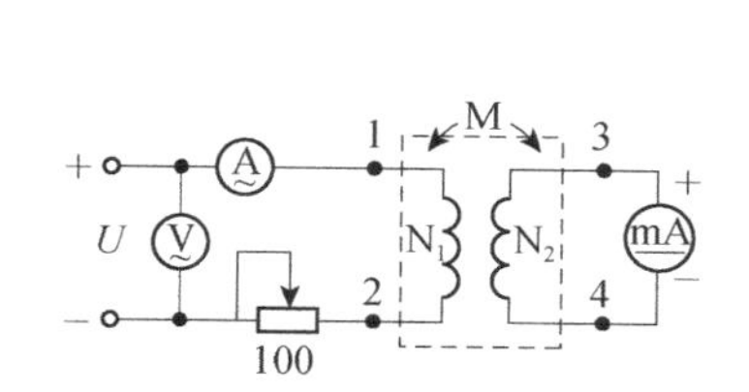

图 4-20 直流法测定同名端

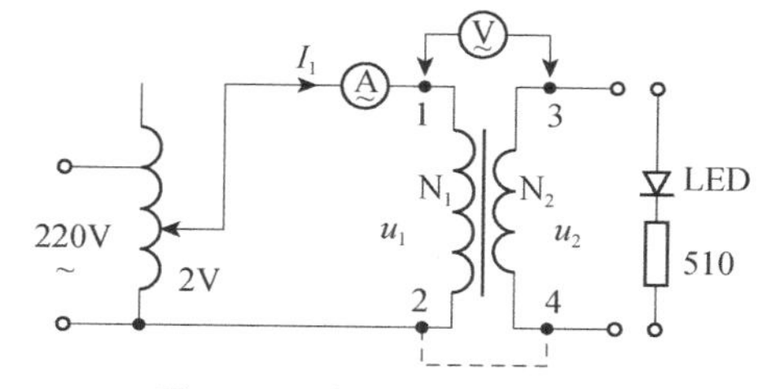

图 4-21 交流法测定同名端

接通电路源前，应首先检查自耦调压器是否调至零位，确认后方可接通交流电源，令自耦调压器输出一个很低的电压（约 2V），使流过电流表的电流小于 1.5A，然后用 0～20V 量程的交流电压表测量 U_{13}、U_{12}、U_{34}，判定同名端。

拆去 2、4 连线，并将 2、3 相接，重复上述步骤，判定同名端。

2. 计算出 M

在图 4-21 中拆去 2、3 连线，并在 N_1 侧加低压交流电压 U_1，测出 I_1 及 U_2，可算得互感

系数 M，公式为 $M=\dfrac{U_2}{\omega I_1}$

3. 耦合系数 K 的测定

图 4-21 中，先在 N_1 侧加低压交流电压 U_1，测出 N_2 侧开路时的电流 I_1；然后再在 N_2 侧加电压 U_2，测出 N_1 侧开路时的电流 I_2（小于 1A）。根据自感电势 $E_L \approx U = \omega LI$，分别求出自感 L_1 和 L_2。当已知互感系数 M，便可算得 K 值，公式为 $K=M/\sqrt{L_1L_2}$

4. 测电阻

用万用表的 R×1 档分别测出 N_1 和 N_2 线圈的电阻值 R_1 和 R_2。

5. 观察互感现象

在图 4-21 的 N_2 侧接入 LED 发光二极管和 510Ω 电阻串联的支路。

（1）将铁棒慢慢地从两线圈中抽出和插入，观察 LED 亮度的变化及各电表读数的变化，记录现象。

（2）将两线圈改为并排放置，并改变其间距，以及分别或同时插入铁棒，观察 LED 亮度的变化及仪表读数。

（3）改用铝棒替代铁棒，重复（1）、（2）的步骤，观察 LED 的亮度变化，记录现象。

四、注意事项

1. 整个实验过程中，注意流过线圈 N_1 的电流不超过 1.5A，流过线圈 N_2 的电流不得超过 1A。

2. 测定同名端及其他测量数据实验中，都应将小线圈 N_2 套在大线圈 N_1 中，并插入铁棒。

3. 交流实验前，首先要检查自耦调压器，保证手柄置在零位，因实验时所加的电压只有 2～3V。因此调节时要特别仔细、小心，要随时观察电流表的读数，不得超过规定值。

任务 4.2　认识变压器

了解变压器的基本结构、原理、分类及作用，掌握变压器的变压、变流、变阻抗的原理，熟悉单相变压器的运行特性和铭牌数据，了解自耦变压器等特殊变压器，能正确分析计算变压器的变比、效率等相关参数，并能正确选择和使用变压器。

变压器是一种静止的电气设备。它利用电磁感应原理把某一数值的交流电压转换成同频率的另一数值的交流电压。变压器具有变换电压、变换电流、变换阻抗、改变相位和电磁隔

离等作用。

变压器的种类繁多，用途各异，按冷却方式有干式（自冷）变压器、油浸（自冷）变压器、氟化物（蒸发冷却）变压器；按防潮方式有开放式变压器、灌封式变压器、密封式变压器；按铁芯或线圈结构有心式变压器、壳式变压器、环型变压器、金属箔变压器；按电源相数有单相变压器、三相变压器；按用途有电力变压器、仪用变压器和整流变压器等。图 4-22 所示为几种变压器的外形。

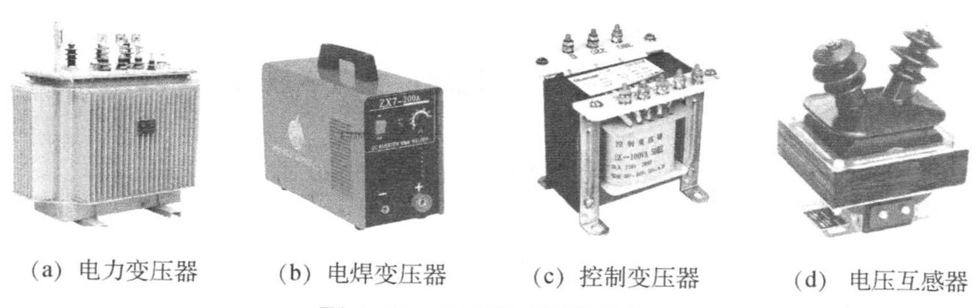

(a) 电力变压器　(b) 电焊变压器　(c) 控制变压器　(d) 电压互感器

图 4-22　几种变压器的外形

尽管变压器的种类繁多、用途各异，但其基本结构和工作原理是相同的。

4.2.1　变压器的基本结构和工作原理

一、变压器的基本结构

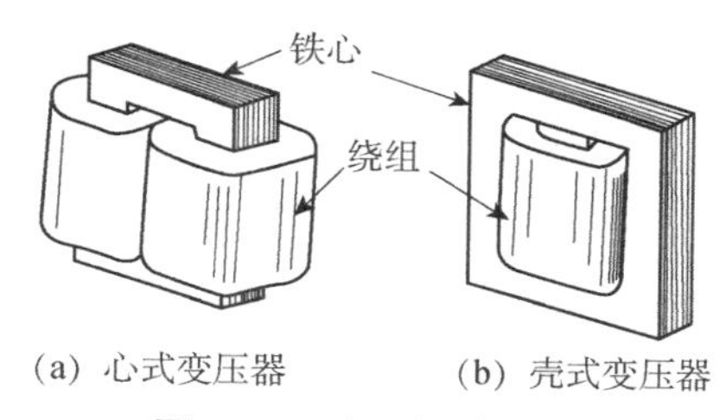

(a) 心式变压器　(b) 壳式变压器

图 4-23　变压器的结构

变压器主要由铁芯和绕组两部分组成。图 4-23 所示为单相变压器的基本结构。铁芯是变压器的磁路部分，一般采用 0.35mm 或 0.5mm 的硅钢片叠成，并且每层硅钢片的两面都涂有绝缘漆，可分为心式和壳式两种。心式变压器的绕组环绕铁芯，多用于容量较大的变压器，如图 4-23（a）所示；壳式变压器则是铁芯包围着绕组，多用于小容量变压器，如图 4-23（b）所示。一般电力变压器多采用心式结构。

绕组也叫线圈，是变压器的电路部分，用纱包线或高强度漆包的铜线或铝线绕制而成。通常变压器具有两种绕组，工作时与电源相连的绕组称为原绕组（或一次绕组）；与负载相连的绕组称为副绕组（或二次绕组）。

除了铁芯和绕组以外，较大容量的变压器还有冷却系统、保护装置及绝缘装置等。变压器的电路符号如图 4-24 所示。

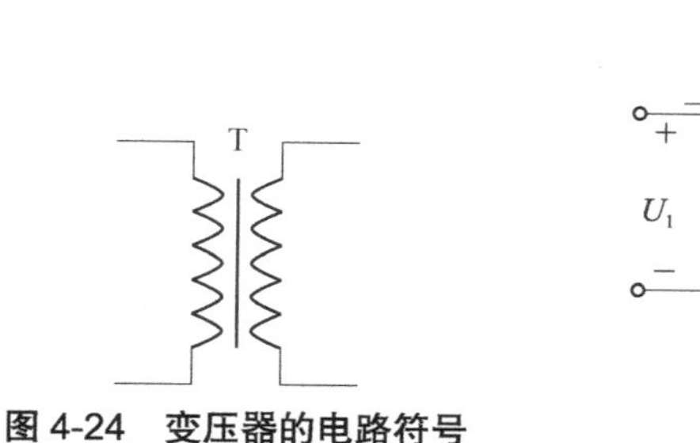

图 4-24　变压器的电路符号

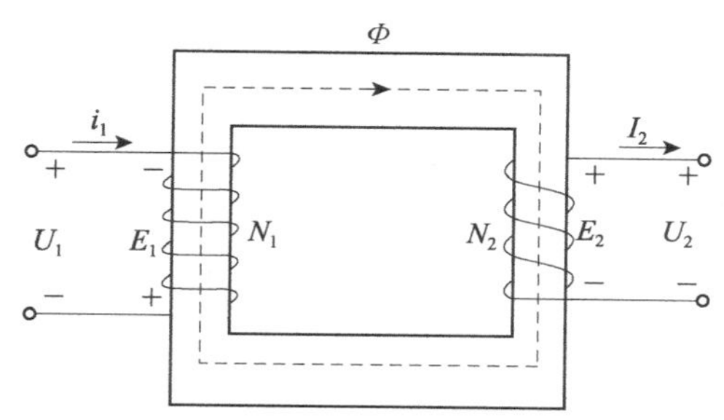

图 4-25　变压器的工作原理

二、变压器的工作原理

以单相变压器为例，其工作原理示意图如图 4-25 所示。根据理想情况来分析变压器的工作原理，即假设变压器的绕组电阻和漏磁通均忽略不计，不计铜损耗和铁损耗，设原绕组匝数为 N_1，副绕组匝数为 N_2。

1. 电压变换原理

将变压器的原绕组接上交流电源，且副边处于空载状态，如图 4-25 所示，则会在原绕组中产生交变电流，此电流又在铁芯中产生交变磁通，交变磁通同时穿过原、副两个绕组，分别在其中产生感应电动势 e_1 和 e_2，即

$$e_1=-N_1\frac{\mathrm{d}\Phi}{\mathrm{d}t},\ e_2=-N_2\frac{\mathrm{d}\Phi}{\mathrm{d}t}$$

主磁通按正弦规律变化，设为 $\Phi=\Phi_\mathrm{m}\sin\omega t$

则有 $e_1=-N_1\dfrac{\mathrm{d}\Phi}{\mathrm{d}t}=-N_1\dfrac{\mathrm{d}}{\mathrm{d}t}(\Phi_\mathrm{m}\sin\omega t)=-N_1\omega\Phi_\mathrm{m}\cos\omega t=E_{1\mathrm{m}}\sin(\omega t-90°)$

则 e_1 的有效值为 $E_1=\dfrac{E_{1\mathrm{m}}}{\sqrt{2}}=\dfrac{2\pi N_1\Phi_\mathrm{m}}{\sqrt{2}}=4.44f\Phi_\mathrm{m}N_1$

同理 e_2 的有效值为 $E_2=4.44f\Phi_\mathrm{m}N_2$

由此可得

$$\frac{E_1}{E_2}=\frac{N_1}{N_2} \tag{4-21}$$

因为变压器的绕组电阻和漏磁通均忽略不计，则原、副绕组中电动势的有效值近似等于原、副绕组上电压的有效值。

所以可得

$$\frac{U_1}{U_2}\approx\frac{E_1}{E_2}=\frac{N_1}{N_2}=K \tag{4-22}$$

式中，K 称为变压器的变压比。可见，变压器原、副边电压之比等于原、副绕组的匝数比。如果 $N_2>N_1$，则 $U_2>U_1$，称为升压变压器；如果 $N_2<N_1$，则 $U_2<U_1$，称为降压变压器。

2. 电流变换原理

当变压器的副边接负载时原、副边绕组中的电流有效值分别为 I_1 和 I_2. 变压器从电网上吸收能量并通过电磁感应，以另一个电压等级把能量输送给负载。在这个过程中，变压器只起到能量的传递作用。根据能量守恒定律，当忽略变压器的一切损耗时，变压器输入、输出的视在功率相等，即 $S_1=U_1I_1=S_2=U_2I_2$

则有 $\dfrac{I_1}{I_2}=\dfrac{U_2}{U_1}=\dfrac{N_2}{N_1}=\dfrac{1}{K}$

即

$$\frac{I_1}{I_2}=\frac{N_2}{N_1}=\frac{1}{K} \tag{4-23}$$

这说明变压器工作时，在改变电压的同时，电流也会随之改变，且原、副绕组中的电流之比与原、副绕组的匝数成反比。一般变压器的高压绕组匝数多而通过的电流小，可用较细的导线绕制；低压绕组的匝数少而通过的电流大，应用较粗的导线绕制。

3. 阻抗变换原理

在电子线路中常用变压器进行变换阻抗，实现“阻抗匹配”，从而使负载获得最大功率。当变压器的副边接负载时，副边的阻抗 $Z_2=\dfrac{U_2}{I_2}$，则原边的阻抗 Z_1 可用下式求出

$$Z_1=\frac{U_1}{I_1}=\frac{KU_2}{I_2/K}=K^2\frac{U_2}{I_2}=K^2Z_2$$

即

$$\frac{Z_1}{Z_2}=K^2 \tag{4-24}$$

式（4-24）表明，当变压器副绕组电路接入阻抗 Z_2 时，就相当于在原绕组电路的电源两端接入阻抗 K^2Z_2，因此只需改变变压器的原、副绕组的匝数比，就可以把负载阻抗变换为所需要的数值。

例 4-3 有一单相变压器的原边电压为 U_1=220V，副边电压 U_2=20V，副边绕组匝数为 N_2=100 匝，试求该变压器的变压比和原边绕组的匝数。

解： 变压比为 $K=\dfrac{U_1}{U_2}=\dfrac{220}{20}=11$

则原边绕组的匝数为 $N_1=N_2K=100\times11=1100$ 匝。

例 4-4 有一理想单相变压器原边绕组的匝数 N_1=800 匝，副边绕组匝数为 N_2=200 匝，原边电压为 U_1=220V，接入纯电阻性负载后副边电流 I_2=8A。求变压器的副边电压 U_2、原边电流 I_1 和变压器的输入、输出功率。

解： 变压比为 $K=\dfrac{N_1}{N_2}=\dfrac{800}{200}=4$

则副边电压 $U_2=\dfrac{U_1}{K}=\dfrac{220}{4}=55\text{V}$

原边电流 $I_1=\dfrac{I_2}{K}=\dfrac{8}{4}=2\text{A}$

由于负载为纯电阻性，功率因数 λ=1，所以

输入功率 $P_1=U_1I_1=220\times2=440\text{W}$

输出功率 $P_2=U_2I_2=55\times8=440\text{W}$

例 4-5 已知某交流信号源电压 U=80V，内阻 R_0=800Ω，负载 R_L=8Ω，试求：（1）将负载直接接到信号源，负载获得多大功率？（2）需用多大电压比的变压器才能实现阻抗匹配？（3）不计变压器的损耗，当实现阻抗匹配时，负载获得最大功率是多少？

解：（1）负载直接接信号源时，获得的功率

$$P_L=I^2R_L=\left(\frac{U}{R_0+R_L}\right)^2R_L=\left(\frac{80}{800+8}\right)^2\times8=0.0784\text{W}$$

（2）要实现阻抗匹配，负载折算到原绕组电源两端的电阻为 $R'_L=R_0$，变压器的电压比应为

$$K=\sqrt{\frac{R'_L}{R_L}}=\sqrt{\frac{R_0}{R_L}}=\sqrt{\frac{800}{8}}=10$$

（3）实现阻抗匹配时，负载获得最大功率是

$$P_{\max} = I^2 R_{\mathrm{L}} = \left(\frac{80}{800+800}\right)^2 \times 800 = 2\mathrm{W}$$

4.2.2 变压器的铭牌和外特性

一、变压器的铭牌

为了使变压器能够长时间安全可靠地运行，在变压器外壳上都附有铭牌，如图 4-26（a），铭牌上标明了正确使用变压器的技术数据。

1. 变压器的型号

变压器的型号表示变压器的结构和规格，包括变压器结构性能特点的基本代号、额定容量和高压侧额定电压等级（kV）等。例如变压器型号 SJL—1000/10 的具体意义如图 4-26（b）所示。则 SJL—1000/10 型变压器表示的是三相油浸自冷式铝线变压器，其容量为 1000kV·A，高压绕组的额定电压为 10kV。

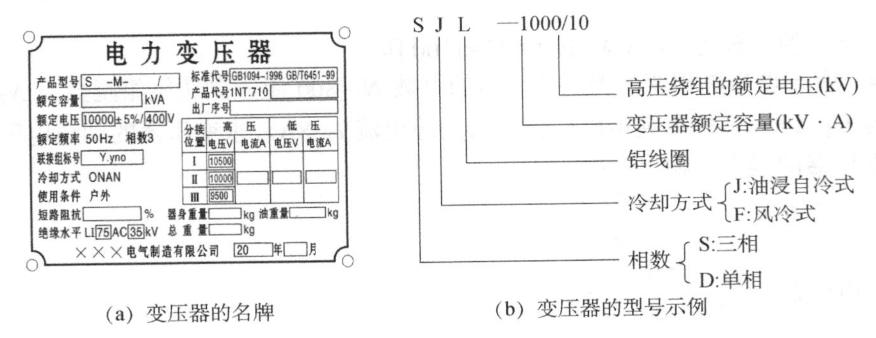

（a）变压器的名牌　　（b）变压器的型号示例

图 4-26　变压器的名牌及型号

2. 变压器的铭牌数据

（1）额定电压 U_{1N}、U_{2N}：额定电压 U_{1N} 为原边绕组的额定电压，是指变压器正常工作时原边绕组应加的电压值。它是根据变压器的绝缘强度和允许发热条件规定的；U_{2N} 为副边绕组的额定电压，是指变压器空载且原边绕组加额定电压时，副边绕组两端的电压值。

在三相变压器中原、副边绕组的额定电压均指线电压。

（2）额定电流 I_{1N} 和 I_{2N}：是变压器满载运行时，根据变压器容许发热的条件而规定的原、副边绕组通过的最大电流值；在三相变压器中原、副边绕组的额定电流也均指线电流。

（3）额定容量 S_N：是指变压器副边绕组的额定视在功率，等于变压器副边绕组的额定电压与额定电流的乘积，单位常用千伏安（kV·A）表示。

单相变压器的额定容量为 $S_{\mathrm{N}} = \dfrac{U_{2\mathrm{N}} I_{2\mathrm{N}}}{1000} = \mathrm{kV{\cdot}A}$

三相变压器的额定容量为 $S_{\mathrm{N}} = \dfrac{\sqrt{3}\, U_{2\mathrm{N}} I_{2\mathrm{N}}}{1000} = \mathrm{kV{\cdot}A}$

额定容量反映了变压器传送电功率的能力，实际上是变压器长期运行时，允许输出的最大功率，但变压器实际的输出功率是由接在副边的负载决定的，它能输出的最大有功功率还与负载的功率因数有关。

（4）额定频率 f_N：额定频率 f_N 是指变压器原绕组应接的电源电压的频率。我国电力系统规定的标准频率为 50Hz。

（5）相数：表示变压器绕组的相数是单相还是三相。

（6）连接组标号：表示变压器高、低压绕组的连接方式及高、低压侧对应的线电动势（或线电压）的相位关系的一组符号。星形连接时，高压侧用大写字母 Y，低压侧用小写字母 y 表示。三角形连接时高压侧用大写字母 D，低压侧用小写字母 d 表示。有中线时加 n。

例如，Y，yn0 表示该变压器的高压侧为无中线引出的星形连接，低压侧为有中线引出的星形连接，标号的最后一个数字表示高低压绕组对应的线电压（或线电动势）的相位差为零。

二、变压器的外特性

一般用来表示变压器运行特性的指标有两个：变压器的电压变化率和变压器的效率。

1. 变压器的外特性和电压变化率

变压器的外特性是指在原绕组加额定电压 U_{1N}，负载的功率因数 $\cos\varphi_2$（即负载的性质）不变的条件下，副绕组的端电压 U_2 随负载电流 I_2 变化的关系曲线，如图 4-27 所示。

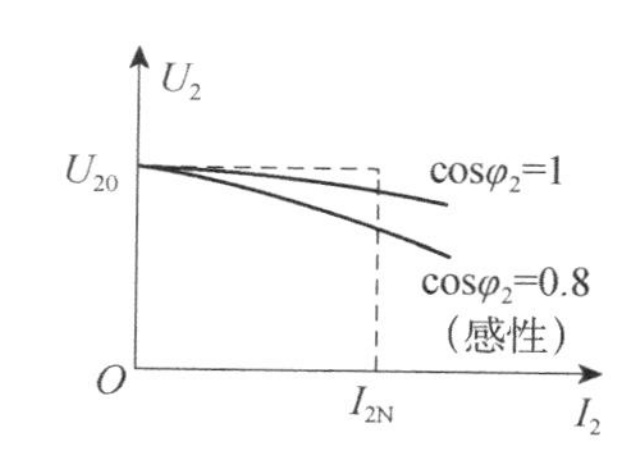

图 4-27　变压器的外特性曲线

由图 4-27 可见，变压器副边向负载输出的电压 U_2 是随负载电流 I_2 的增大而下降的，其主要原因是原、副绕组自身都有一定的阻抗压降，它随负载电流的增大而增大，使副边输出电压降低。通常 U_2 随 I_2 的变化越小越好，这种变化可以用电压变化率 $\Delta U\%$来表示。电压变化率是指变压器从空载到额定负载运行，副绕组端电压的变化与空载运行时端电压之比的百分值，即

$$\Delta U\% = \frac{U_{20}-U_2}{U_{20}}\times 100\% = \frac{U_{2N}-U_2}{U_{2N}}\times 100\% \tag{4-25}$$

电压变化率是变压器的主要性能指标之一，它反映了变压器二次侧供电电压的稳定性，即供电电压质量。通常变压器的负载多为感性负载，当负载发生变化时，输出电压也随之波动。对负载用电而言，希望变压器二次侧的输出电压稳定。我国电力技术规程规定，35kV 及以上电压允许偏差为±5%，10kV 及以下三相供电电压允许偏差为±7%，220V 单相供电电压为±5～±10%。

2. 变压器的损耗和效率

变压器在传输功率的过程中，同时也存在功率损耗。变压器的输入功率和输出功率的差值即是变压器的功率损耗，包括铜损耗 P_{Cu} 和铁损耗 P_{Fe} 两部分。铁芯的磁滞损耗和涡流损耗为铁损耗。它是固定损耗，只要变压器投入运行，铁损耗就存在且不变。绕组的电阻通过电流而发热损耗的功率称为铜损耗，它与电流的平方成正比，随负载电流大小而改变，所以是可变损耗。

变压器输出的有功功率 P_2 和输入的有功功率 P_1 的比值称为变压器的效率，用 η 来表示。

$$\eta = \frac{P_2}{P_1}\times 100\% = \frac{P_2}{P_2 + p_{Cu} + p_{Fe}}\times 100\% \tag{4-26}$$

与一般电气设备相比，变压器的效率是比较高的，供电变压器效率都在95%以上，大型变压器效率可高达99%。电子设备中的小容量变压器效率稍低些，一般在90%以下。同一台变压器在不同负载时的效率也不同，通常，电力变压器在负载为额定负载的 40%～50%时其效率最高。

4.2.3 几种常用变压器

一、三相变压器

三相变压器的用途是变换三相电压。它主要用于输电、配电系统中，常称作电力变压器。图4-28所示为三相油浸式电力变压器的外形。

三相变压器的结构如图4-29所示。它和三台单相变压器相比，简化了结构和节约了材料。变压器的每个铁芯柱上都绕有原、副绕组，相当于一个单相变压器。三相高压绕组的始端分别用 U_1、V_1、W_1 表示，末端分别用 U_2、V_2、W_2 表示；三相低压绕组的始端分别用 u_1、v_1、w_1 表示，末端分别用 u_2、v_2、w_2 表示。

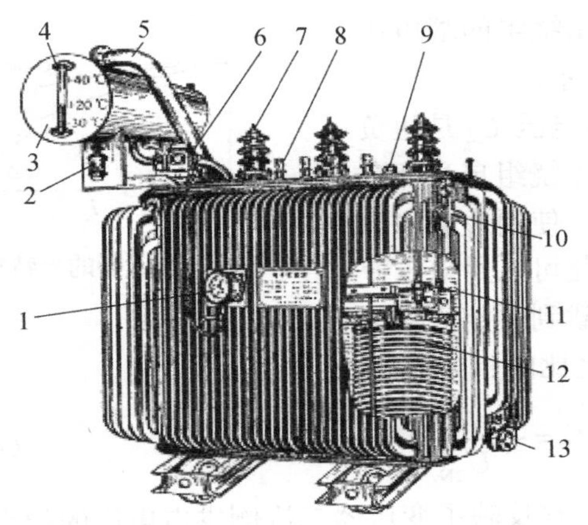

1—讯号温度计；2—吸湿计；3—储油柜；4—油表；
5—安全气道；6—气体继电器；7—高压套管；8—低压套管；
9—分接开关；10—油箱；11—铁心；12—绕组；13—放油阀门

图4-28 油浸式电力变压器

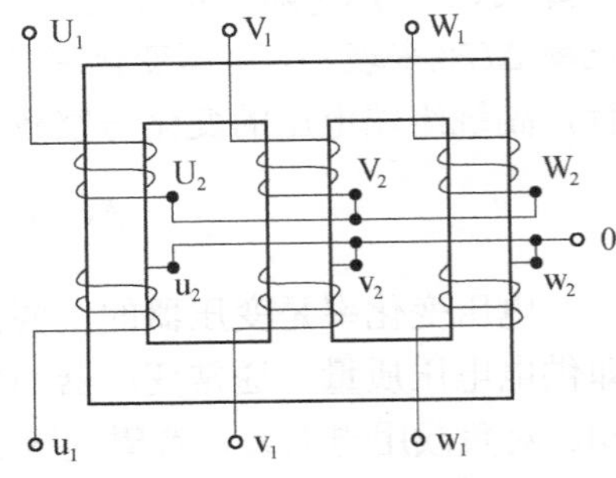

图4-29 三相变压器的结构

根据国家标准的规定，高、低压三相绕组的接法，有五种连接方式：Y/Y_0、Y/Y、Y_0/Y、Y/Δ、Y_0/Δ。其中“/”前面的Y或 Y_0 分别表示高压绕组是无中线或有中线的星形接法，“/”后面的Y、Y_0、Δ分别表示低压绕组是无中线的星形接法、有中线的星形接法和三角形接法。无中线的星形接法是三相三线制，有中线的星形接法是三相四线制，三角形接法是三相三线制。

二、自耦变压器

普通变压器一般是指双绕组变压器，它的原、副绕组之间只有磁的联系，而没有电的联系。而自耦变压器是一种单绕组变压器，它的副绕组是原绕组的一部分，因此自耦变压器的原、副绕组之间不仅有磁的联系，而且还有电的直接联系。图4-30所示为自耦变压器的外形和电路原理图。

与普通变压器一样，自耦变压器的变比计算公式为$K=\dfrac{U_1}{U_2}=\dfrac{E_1}{E_2}=\dfrac{N_1}{N_2}=\dfrac{I_2}{I_1}$

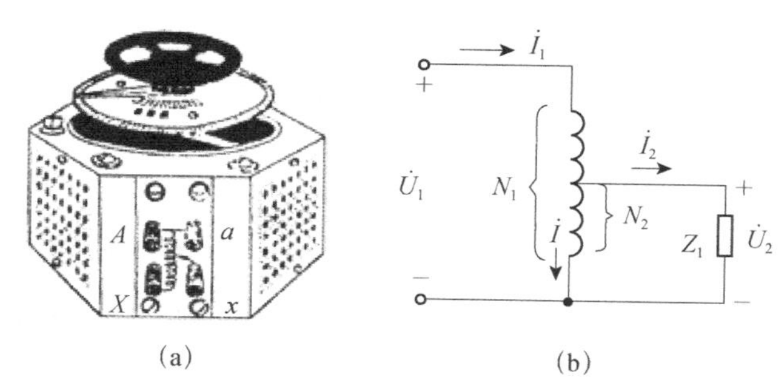

图 4-30 自耦变压器

实际上，自耦变压器就是利用一个绕组抽头的办法来实现改变电压的一种变压器。在相同的额定容量下，自耦变压器比普通变压器省材料、尺寸小、制造成本低。但是，由于自耦变压器的一、二次绕组有电的直接联系，因此当过电压波侵入一次侧时，二次侧将出现高压，所以自耦变压器的二次侧必须装设过电压保护，防止高压侵入损坏低压侧的电气设备，其内部绝缘也需要加强。

自耦变压器可用作电力变压器，也可作为实验室的调压设备以及异步电动机启动器的重要部件。

三、仪用变压器

在电力系统和科学实验的电气测量中，经常需要对交流电路中的高电压和大电流进行测量，如果直接使用电压表和电流表测量，仪表的绝缘和载流量需要大大加强，这给仪表的制造带来困难，同时对操作人员也不安全。因此，利用变压器可以变压和变流的作用，制造了可供测量电压和电流用的变压器，称为互感器，有电流互感器和电压互感器。

1. 电流互感器

电流互感器类似于一个升压变压器，其一次绕组线径较粗，匝数很少，一般只有一匝或几匝，二次绕组线径较细，匝数很多。使用时，一次绕组串联在被测线路中，流过被测电流，二次侧串接电流表或功率表及其他装置的电流线圈，如图 4-31 所示，实现了用低量程的电流表测量大电流，被测电流=电流表读数×N_2/N_1。电流互感器工作时，二次侧所接仪表的阻抗都很小，二次侧电流很大，相当于二次侧短路运行的升压变压器。电流互感器的二次侧额定电流一般都设置为 5A。

使用电流互感器时，其副绕组必须牢固接地，以防止由于绝缘损坏后，原边的高电压传到副边，发生人身事故。另外，电流互感器的副绕组绝对不允许开路，因为副边开路时，互感器成为空载运行，此时原边被测线路电流成为励磁电流，使铁芯内的磁密比额定情况增加许多倍，这将使副边感应出很高的电压，可能使绝缘击穿，同时对测量人员也很危险；此外由于铁芯内磁密增大以后，引起铁损耗大大增加，使铁芯过热，会影响互感器的性能，甚至烧坏互感器。电流互感器按其精度分为 0.2、0.5、1.0、3.0 和 10.0 五个等级。

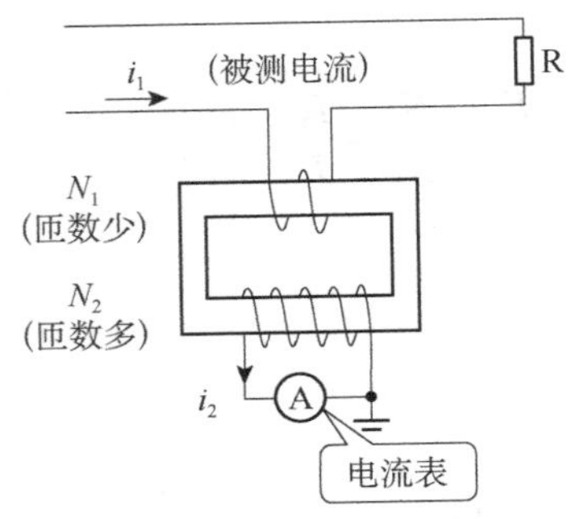

图 4-31 电流互感器的使用

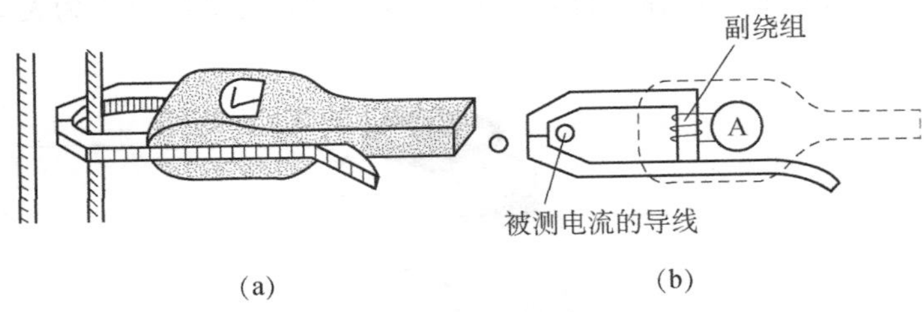

图 4-32 钳形电流表

利用电流互感器的原理可以制成便携式钳形电流表。在低压电路测量电流时，将它的闭合铁芯张开，将被测的载流导线穿入铁芯钳口中，如图 4-32（a）所示，使这根导线成为电流互感器的一次绕组，铁芯上的副绕组已直接与测量仪表连接，可以随即读出电流的数值，如图 4-32（b）所示。这种测量方法，测电流可以不断开电路，非常方便，因而广泛用于生产中，成为维修人员不可缺少的工具。

2. **电压互感器**

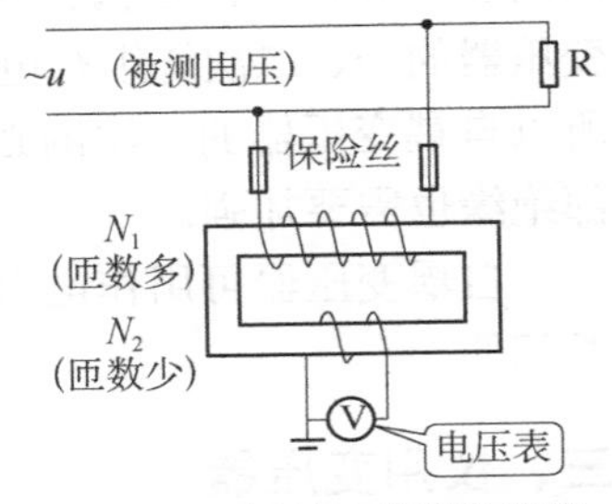

图 4-33 电压互感器的使用

电压互感器实质上是一台小容量的降压变压器。它的一次绕组匝数多，二次绕组匝数少。使用时，一次绕组直接并接在被测线路，二次绕组接电压表或其他仪表及装置的电压线圈，如图 4-33 所示，实现用低量程的电压表测量高电压，被测电压=电压表读数×N_1/N_2。

使用电压互感器，必须注意副边不允许短路。因为短路电流很大，将使互感器烧坏，因此电压互感器一、二侧都必须安装熔断器作短路保护。此外，互感器副绕组的一端以及铁芯必须可靠接地，以保证安全。另外电压互感器的副边不宜接过多的仪表，否则负载阻抗过小将引起较大的漏阻抗压降，从而影响互感器的测量精度。目前，我国生产的电压互感器按其精度分为 0.2、0.5、1.0 和 3.0 四个等级。

4.2.4 变压器的运行维护

一、合理使用

合理使用变压器是保证变压器安全运行的主要因素。普通变压器的合理使用，主要包括以下几个要点：

① 变压器使用环境的年平均温度应符合规定值。

② 限定一次电压不超过其相应分接头标称电压值的 5%。

③ 变压器允许的事故过负荷不超过允许持续时间。

④ 设立适当保护措施，限制突发短路电流的冲击。

二、运行监视

变压器运行中应当时刻监视检查，有利于及时发现运行中的异常情况，消除事故于萌芽状态。监况内容如下：

① 监视并记录变压器控制盘上的仪表指示。

② 现场巡回监视，包括油位、油温、冷却系统、干燥器、运行噪声等。

③ 定期对变压器油进行抽样检查。

三、定期维护

定期维护有大修、小修两种，大修应吊出铁芯进行，5～10 年一次；小修不用吊出铁芯，每半年进行一次维护已足够。维修内容参见电机修理手册。

四、常见故障及处理

变压器运行中故障主要包括绕组故障，铁芯故障及套管、分接开关等部分的故障。其中，绕组的故障最多，占变压器故障的 60%～70%；其次是铁芯故障，约占 15%，其余部分的故障较少。应根据故障现象查找并判明故障原因，采取相应的处理方法进行检修。

单相变压器的特性测试

任务：正确连接电路并完成单相变压器的特性测试。

一、训练目的

1. 了解变压器的构造和应用。
2. 学会变压器外特性的测定。
3. 学习测量变压器的变压比 K、变流比 K_i、空载电流 I。

二、准备器材

1. 交流电源 220V；2. 单相调压器（1kV·A/0～250V）；3. 单相变压器（220/36V）；4. 单相刀开关；5. 万用表；6. 交流电流表；7. 灯箱板；8. 导线若干。

三、操作内容及步骤

1. 测量空载电流 I_0 和变压比 K

按图 4-34 连接电路，S1～S4 开关均断开，将调压器输出电压调整为 220V，此时 A_1 电流表中电流就是变压器的空载电流，用万用表测量出 U_2 电压，并计算变压比 K，将结果填入表 4-2 中。

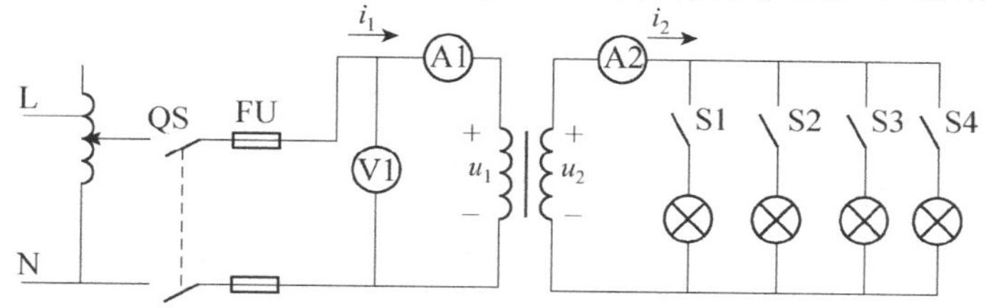

图 4-34　单相变压器的特性测试

表 4-2　变压器空载电流 I_0 和变压比 K

测　量　值			计算值
I_0/mA	U_1/V	U_2/V	K

2. 测量变流比 K_i 及外特性

将调压器输入电压给定为 220V，分别合上 S1～S4，每合上一个开关，用万用表测量一次 U_2 值，将每次测量的 I_1、I_2、U_2 值和计算的变流比 K_i 填入表 4-3 中。

表 4-3　变压器变流比和外特性

项目 / 次数	给定值	测　量　值			计算值
	U_1/V	I_1/mA	U_2/V	I_2/mA	A
1					
2					
3					
4					
5					

四、实验结果分析

1. 根据表中的各测量数据，计算变压器的变压比和变流比，并比较变压比和变流比是否互为倒数？

2. 根据表 4-3 中的测量数据，在坐标纸（或万格纸）上用描点法给出 U_2-I_2 输出特性曲线。

五、注意事项

1. 注意安全用电，不要带电操作，必须经教师检查确认无误后方可通电。
2. 注意变压器原、副线圈不能接错，且副线圈不能短路。
3. 副线圈两端的电压 U_2 随负载电流 I_2 的增加而下降不大，应注意读数的准确性。
4. 正确使用仪器仪表。

【项目四　知识训练】

一、填空题

1.磁路的基本物理量有________、________、________、________。

2. 铁磁性材料分为________、________和________三大类；具有________、________、________和________的磁性能。

3. 铁磁材料在磁化过程中________的变化落后于________的变化，这一现象称为________。

4. 变压器具有________、________、________和________的作用。

5. 判断变压器同名端常用的实验方法有________和________。

6. 在同变化磁通的作用下，感应电动势极性________的端点叫同名端，感应电动势极性相反的端点叫异名端。

7. 各种变压器的构造基本是相同的，主要由________和________两部分组成。

8. 变压器工作时与电源连接的绕组叫________绕组，与负载连接的绕组叫________绕组。

9. 变压器是根据________原理制成的电气设备。

10. 变压器在电子电路中应用除可以进行信号的传递外，还可以起________作用。

11. 变压器的________是选用变压器的依据。

二、判断题

1. (　　) 磁感应强度 B 总是与磁场强度 H 成正比。

2. (　　) 线圈产生的磁通势大小与其通过的电流成正比。

3. (　　) 磁导率是用来表示不同材料导磁能力强弱的物理量，其越大的材料导磁性能越差。

4. (　　) 铁磁材料能够被磁化的根本原因是有外磁场作用。

5. (　　) 线圈中产生感应电动势的大小与通过线圈的磁通的变化量成正比。

6. (　　) 楞次定律的内容是感应电动势所产生的磁场总是加强原磁通的变化。

7. (　　) 铁磁性材料的磁导率很大且是常数。

8. (　　) 非铁磁性物质的 μ 近似等于 μ_0，而铁磁性物质的磁导率很高，$\mu>>\mu_0$。

9. (　　) 软磁性材料适合制作电机的铁芯，而硬磁性材料适合制作永久磁铁。

10. (　　) 铁磁材料的特性是剩磁性、磁饱和性、磁滞性和高导磁性。

11. (　　) 变压器的工作原理是电磁感应现象中的自感应。

12. (　　) 变压器的工作原理是电磁感应现象中的互感应。

13. (　　) 磁路采用表面绝缘的硅钢片制造，唯一目的是为了减小磁路的磁阻。

14. (　　) 直流电磁铁若由于某种原因将衔铁卡住不能吸合时，则线圈将被烧毁。

15. (　　) 交流电磁铁若由于某种原因将衔铁卡住不能吸合时，则线圈将被烧毁。

16. (　　) 额定电压均为 220 V 的电磁铁，直流电磁铁错接到交流电源上则不能工作；而交流电磁铁错接到直流电源上则会将线圈烧毁。

17. (　　) 某变压器变比 K=2，当一次绕组接 1.5V 干电池时，则二次绕组的感应电压为 0.75V。

18. (　　) 变压器的一次绕组电流大小由电源决定，二次绕组电流大小由负载决定。

19. (　　) 变压器不能改变直流电压。

20. (　　) 220/110V 的变压器一次绕组加 440V 交流电压，二次绕组可得到 220V 交流电压。

三、选择题

1. 定量描述磁场中各点磁场强弱和方向的物理量是（　　）；用来表示各种不同材料导磁能力强弱的物理量是（　　）。

A. 磁通量　B. 磁感应强度　C. 磁场强度　D. 磁导率

2. 铁磁材料能够被磁化的根本原因是（　　）。

A. 有外磁场作用　B. 有良好的导磁性能

C. 反复交变磁化　D. 其内部有磁畴

3. 线圈中产生感应电动势的大小与通过线圈的（　　）成正比。

A. 磁通量的变化量　B. 磁通量的变化率

C. 磁通量的大小　D. 磁感应强度的大小

4. 楞次定律的内容是（　　）。

A. 感应电压所产生的磁场总是阻止原磁通的变化

B. 感应电压所产生的电场总是停止原电场的变化

C. 感应电流所产生的磁场总是阻碍原磁通的变化

D. 感应电压所产生的磁场总是顺着原磁场的变化

5. 互感现象是指：相邻 A、B 两线圈，由于 A 线圈的（　　）。

A. 位置发生变化，使 A、B 线圈的距离改变的现象

B. 电流发生变化，使 B 线圈产生感应电动势的现象

C. 形状微微变化，对 B 线圈没有影响的现象

D. 轴线与 B 线圈的轴线相互垂直时的现象

6. 为减小剩磁，电器的铁芯应采用（　　）。

A. 硬磁材料　B. 软磁材料　C. 矩磁材料　D. 非磁材料

7. 磁路计算时通常不直接应用磁路欧姆定律，其主要原因是（　　）。

A. 磁阻计算较烦琐　B. 闭合磁路压之和不为零

C. 磁阻不是常数　D. 磁路中有较多漏磁

8. 空心线圈被插入铁芯后（　　）。

A. 磁性将大大增强　B. 磁性基本不变

C. 磁性将减弱　D. 铁芯与磁性无关

9. 在 220/110V 的变压器一次绕组加 220V 直流电压，空载时次绕组电流是（　　）。

A. 0　B. 空载电流　C. 额定电流　D. 短路电流

四、分析简答题

1. 变压器的铁芯为什么要用硅钢片叠装，而不用整块铁？

2. 标出图 4-35 中绕组 1 与绕组 2 的同名端。

3. 图 4-36 所示的变压器，共可获得多少组输出电压？其值各为多少？

4. 如图 4-37 所示，变压器有两个相同的原绕组，其额定电压均为 110V，它们的同名端如图 4-37 所示。副绕组的额定电压为 6.3V。（1）当电源电压为 220V 时，原绕组应当如何连接才能接入这个电源?（2）如果电源电压为 110V，原绕组并联使用接入电源，这时两个绕组又应当怎样连接?（3）设负载不变，在上述两种情况下副绕组的端电压和电流有无不同？每个原绕组的电流有无不同?（4）如果两个绕组连接时接错，分别对串联使用和并联使用两种情况，说明将会产生什么后果，并阐述理由。

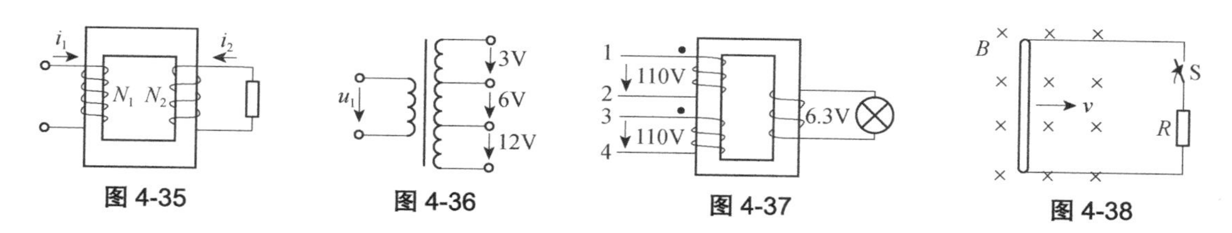

图 4-35　图 4-36　图 4-37　图 4-38

五、计算题

1. 有一线圈匝数为1500匝，套在铸钢制成的闭合铁芯上，铁芯的截面积为$10cm^2$，长度为75cm，线圈中通入电流2.5A，求铁芯中的磁通多大?

2. 如图4-38所示，已知均匀磁场B=1T中，有一导体长40cm，以与磁场垂直的v=5m/s的速度做恒速运动，求感应电动势E及其方向。如导体外接有电阻R=8Ω，求导体中电流I及其方向。

3. 某单相变压器的一次电压U_1=220V，二次电压U_2=36V，二次绕组匝数N_2=225匝，求变压器的变比和一次绕组的匝数。

4. 单相变压器的原边电压U_1=3300V，其变压比K=15，求副边电压为U_2。当副边电流I_2=60A时，求原边电流I_1。

5. 扬声器的阻抗R_L=8Ω，为了在输出变压器的一次侧得到256Ω的等效阻抗，求输出变压器的变比。

6. 某收音机，原配置4Ω的扬声器，现改接8Ω的扬声器。已知输出变压器原绕组匝数为N_1=250匝，副绕组匝数N_2=60匝，若原绕组匝数不变，问副绕组匝数如何变动，才能实现阻抗匹配?

7. 容量为S_N=2kV·A的单相变压器中，原边额定电压是220V，副边额定电压是110V，试求原、副边的额定电流。

8. 某台单相变压器，一次侧额定电压为220 V，额定电流为4.55A，二次侧额定电压为36V，试求二次侧可接36V、60W的白炽灯多少盏?

9. 某单相变压器原绕组匝数为440匝，额定电压为220V，有两个副绕组，其额定电压分别为110V和44V，设在110V的副绕组接有110V、60W的白炽灯11盏，44V的副绕组接有44V、40W的白炽灯11盏，试求：（1）两个副绕组的匝数各为多少?（2）两个副绕组的电流及原绕组的电流各为多少?

【能力拓展四】练习使用兆欧表

一、训练目的

1. 学习兆欧表的使用方法；
2. 学习单相变压器绝缘电阻的测定方法。

二、准备器材

1. 单相试验变压器（220V/36V、50V·A）；2. 兆欧表（500V）；3. 导线。

三、操作内容及步骤

1. 认识兆欧表

兆欧表，即绝缘电阻表，也叫摇表，一般是用来测量电气设备绝缘电阻的，它的刻度是以兆欧（MΩ）为单位的。指针式兆欧表的外形及结构如图 4-39 所示。

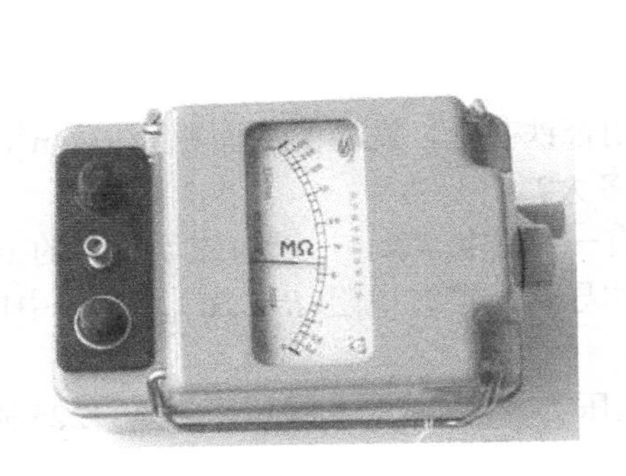

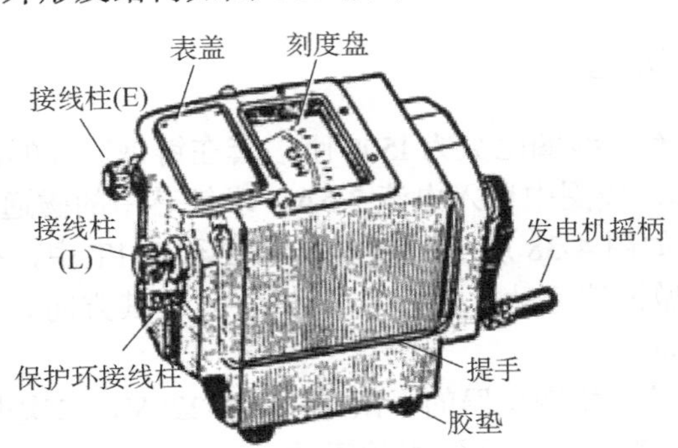

图 4-39 指针式兆欧表的外形及结构

2. 兆欧表的使用

（1）使用前的准备工作

① 检查兆欧表是否能正常工作，将兆欧表水平放置，空摇兆欧表手柄，指针应该指到 0 处，再慢慢摇动手柄，使 L 和 E 两接线桩输出线瞬时短接，指针应迅速指零。注意在摇动手柄时不得让 L 和 E 短接时间过长，否则将损坏兆欧表。

② 检查被测电气设备和电路，看是否已全部切断电源。绝对不允许设备和线路带电时用兆欧表去测量。

③ 测量前，应对设备和线路先行放电，以免设备或线路的电容放电危及人身安全和损坏兆欧表，这样还可以减少测量误差，同时注意将被测试点擦拭干净。

（2）正确使用及注意事项

① 兆欧表必须水平放置于平稳牢固的地方，以免在摇动时因抖动和倾斜产生测量误差。

② 接线必须正确无误，兆欧表有三个接线桩，“E”（接地）、“L”（线路）和“G”（保护环或叫屏蔽端子）。保护环的作用是消除表壳表面“L”与“E”接线桩间的漏电和被测绝缘物表面漏电的影响。在测量电气设备对地绝缘电阻时，“L”用单根导线接设备的待测部位，“E”用单根导线接设备外壳；如测电气设备内两绕组之间的绝缘电阻时，将“L”和“E”分别接两绕组的接线端。“L”、“E”、“G”与被测物的连接线必须用单根线，绝缘良好，不得绞合，表面不得与被测物体接触。

③ 摇动手柄的转速要均匀，一般规定为 120r/min，允许有±20%的变化，最多不应超过±25%。通常都要摇动一分钟后，待指针稳定下来再读数。如被测电路中有电容时，先持续摇动一段时间，让兆欧表对电容充电，指针稳定后再读数，测完后先拆去接线，再停止摇动。若测量中发现指针指零，应立即停止摇动手柄。

④ 测量完毕，应对设备充分放电，否则容易引起触电事故。

⑤ 禁止在雷电时或附近有高压导体的设备上测量绝缘电阻。只有在设备不带电又不可能受其他电源感应而带电的情况下才可测量。

⑥ 兆欧表未停止转动以前，切勿用手去触及设备的测量部分或兆欧表接线桩。拆线时也

不可直接去触及引线的裸露部分。

⑦ 兆欧表应定期校验。校验方法是直接测量有确定值的标准电阻，检查其测量误差是否在允许范围以内。

3. 变压器绝缘电阻的测量

（1）摇测一次绕组对二次绕组及地（壳）的绝缘电阻的接线方法：将一次绕组引出端接兆欧表“L”端；将二次绕组引出端及地（地壳）短接后，接在兆欧表“E”端。

（2）摇测二次绕组对一次绕组及地（壳）的绝缘电阻的接线方法：将二次绕组引出端接兆欧表“L”端；将一次绕组引出端及地（壳）短接后，接在兆欧表“E”端。

（3）在测量时，应将摇表置于水平位置，一手按着摇表外壳（以防摇表振动）。以每分钟大约 120 转的速度转动发电机的摇把，在 15s 时读取一数，在 60s 时再读一数，记录摇测数据；当表针指示为 0 时，应立即停止摇动，以免烧坏表。

（4）待表针基本稳定后读取数值，先撤出“L”测线后再停摇兆欧表。

（5）摇测前后均要用放电棒将变压器绕组对地放电。

项目五　认识电动机及其控制电路安装

电动机有三相交流电动机、单相交流电动机、直流电动机及特种电机等，其控制方法简单方便，可实现遥控和自动控制，在工农业生产、交通运输、科技、国防及日常生活等各个领域应用广泛。本项目通过对各种电动机的认识及其控制电路安装，使学生了解各种电动机的基本结构、工作原理、运行特性及应用，掌握电动机典型电气控制线路的基本组成、工作原理及线路的分析、安装与检测方法。

任务 5.1　认识及检测电动机

了解三相异步电动机的结构、工作原理、铭牌数据及运行特性，掌握其启动、调速及制动方法；了解单相异步电动机及直流电机的结构、原理及其控制方法；了解特种电动机的用途。能正确理解电动机铭牌数据的意义并完成三相异步电动机的简单测试。

5.1.1　三相异步电动机

三相异步电动机是应用最广泛的一种电动机，如被用来驱动各种金属切削机床、起重机、锻压机、传送带、功率不大的通风机及水泵等。

一、三相交流异步电动机的结构组成

异步电动机主要由定子（固定部分）和转子（转动部分）两部分组成，三相异步电动机的结构及外形如图 5-1 所示。

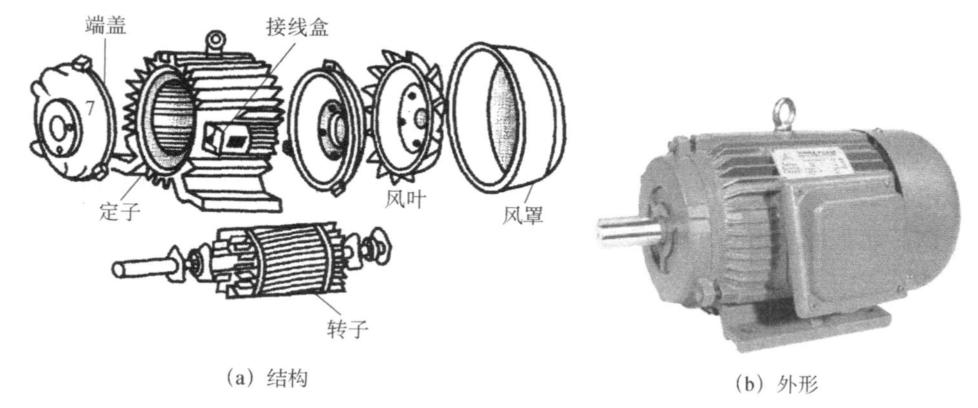

图 5-1　三相异步电动机的结构及外形

1. 定子

定子是用来产生磁场的，主要由定子铁芯、定子绕组和机座三部分组成。

定子铁芯是异步电动机主磁通磁路的一部分。为减少由于交变磁通而引起的涡流损耗和磁滞损耗，定子铁芯由导磁性能较好的 0.5mm 厚、表面涂有绝缘漆的硅钢片叠装而成，硅钢片的内圆上冲有均匀分布的槽口，如图 5-2（b）所示，用来安装定子绕组，并固定在机座内，如图 5-2（a）所示。

定子绕组是电动机定子的电路部分，其作用是通过三相电流产生旋转磁场。三相异步电动机定子绕组为三相对称绕组，各相绕组之间在空间互差 120°电角度。三相绕组的六个接线端子从接线盒中引出，其接法如图 5-3 所示，其中图（a）为星形连接，图（b）为三角形连接。当电动机每相绕组的额定电压等于电源的相电压时，绕组应作星形连接；当电动机每相绕组的额定电压等于电源的线电压时，绕组应作三角形连接。三相异步电动机定子绕组的接法在它的铭牌中已经表明，使用时按规定连接即可。

机座是固定整个电动机的，要求机座具有足够的机械强度和刚度，通常由铸铁或钢板制成。

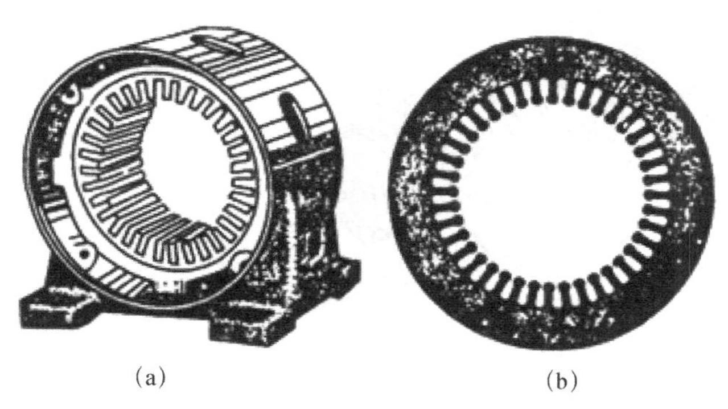

图 5-2　电动机定子铁芯

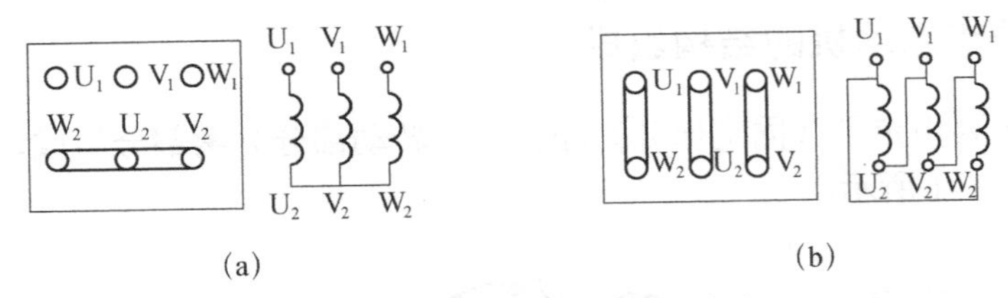

图 5-3　三相异步电动机接线方式

2. 转子

转子由转子铁芯、转子绕组和转轴组成，根据构造不同分为笼型和绕线型两种。

转子铁芯通常也是由 0.5mm 厚的冲槽硅钢片叠成。铁芯固定在转轴或转子支架上，整个转子铁芯的外表面呈圆柱形。图 5-4 所示是笼型转子，图 5-4（a）所示是转子硅钢片。笼型转子是在转子铁芯槽内压进铜条，铜条两端分别焊在两个铜环（端环）上，如图 5-4（b）所示。由于转子绕组的形状像一个鸟笼子，故称其为笼型转子。为了节省铜材料，中小型电动机一般都将熔化的铝浇铸在转子铁芯槽中，连同短路端环以及风扇叶片一次浇铸成形。这样的转子不仅制造简单而且坚固耐用，如图 5-4（c）所示。

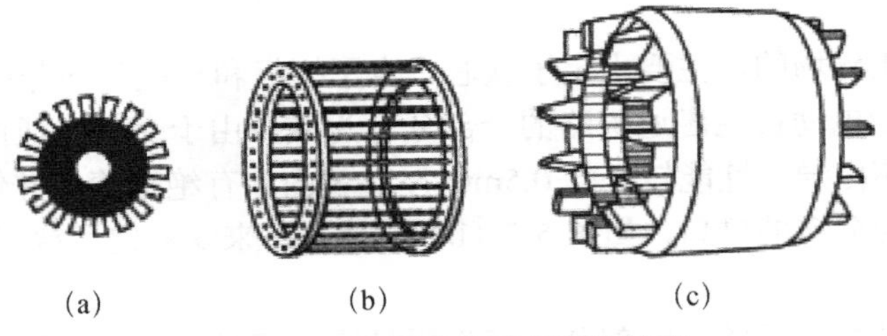

图 5-4　三相异步电动机笼型转子

绕线转子的铁芯与笼型相同，不同的是在转子的铁芯槽内嵌置对称三相绕组并作星形连接。三个绕组的末端相连，各相绕组首端通过滑环和电刷引到相应的接线盒里，在启动和调速时可在转子电路中串入附加电阻。绕线转子异步电动机的转子结构如图 5-5（a）所示，图 5-5（b）为绕线转子的接线电路图。

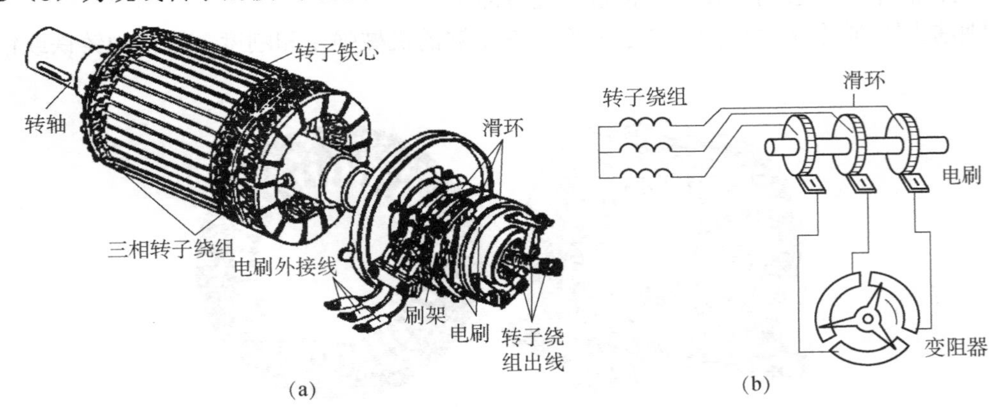

图 5-5　三相异步电动机线绕型转子

绕线转子异步电动机的转子结构比笼型的要复杂得多，但绕线转子异步电动机能获得较好的启动与调速性能。在需要大启动转矩时（如起重机械）往往采用绕线转子异步电动机。

二、三相异步电动机的工作原理

定子绕组接通三相交流电源后，在定子绕组内形成三相对称电流，在电动机内形成旋转磁场，转子绕组与旋转磁场产生相对运动并切割磁力线，使转子绕组产生感应电流，两者相互作用产生电磁转矩，使转子转动起来。

（一）旋转磁场的产生与同步转速

三相异步电动机定子绕组的分布与星形如图 5-6（a）所示，三相绕组 U_1U_2、V_1V_2、W_1W_2 在空间互成 120°机械角。三相绕组可连接成星形，也可连接成三角形。图 5-6（b）所示为三相绕组的星形连接。

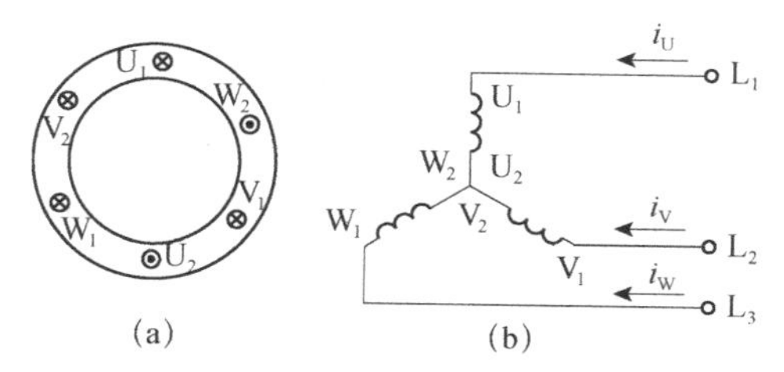

图 5-6　电动机三相定子绕组的分布连接

1. 旋转磁场的产生

当三相定子绕组按照规定接法与三相对称电源接通后，绕组中就会有三相对称电流 i_u、i_v、i_w 通过。当各相电流为正时，由各绕组的首端（U_1、V_1、W_1）流入；当各相电流为负时，由各绕组的末端（U_2、V_2、W_2）流入，随着三相电流的变化，定子绕组所产生的合成磁场在空间内旋转。图 5-7 为三相电流的瞬时值与旋转磁场的对应关系。

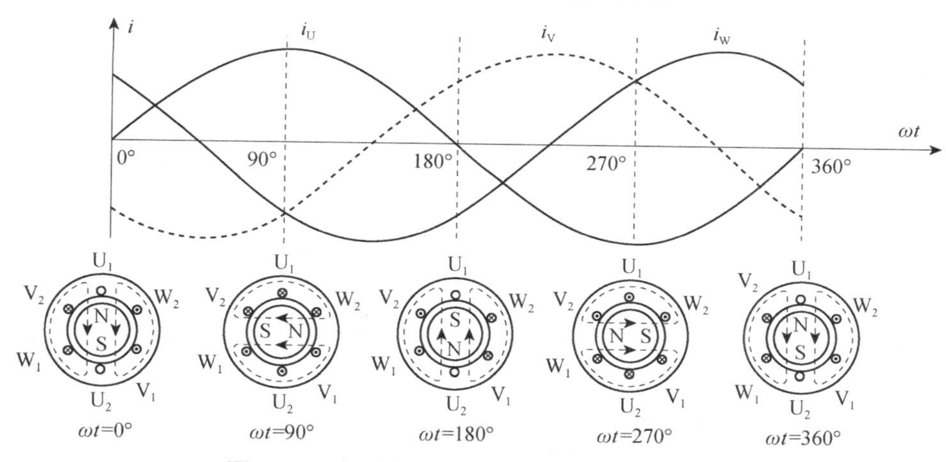

图 5-7　三相对称电流的波形图和两极旋转磁场

由图 5-7 可知，当三相异步电动机的定子绕组通过三相对称电流时，就会产生一个旋转磁场，且旋转磁场的旋转方向是由 $U_1 \to V_1 \to W_1$（顺时针方向）与三相电流的相序 $i_U \to i_V \to i_W$ 一致。若要使旋转磁场反转，只需把三根电源线中的任意两根对调，如 U、V 对调，此时 U_1U_2

绕组通入了 i_V 相电流，V_1V_2 绕组通入 i_U 相电流，即改变了通入电动机定子绕组的三相电流相序，旋转磁场的旋转方向变为由 $V_1 \rightarrow U_1 \rightarrow W_1$（逆时针方向）。实际上只要把电动机与电源的三根连接线中的任意两根对调，电动机的转向便与原来相反了。

2. 同步转速

旋转磁场的转速称为同步转速，用 n_0 表示，与电源的频率 f 和电动机定子绕组的磁极对数 P 有关。磁极对数 P，即磁场的 N、S 磁极数，一对磁极（一个 N 极和一个 S 极），通常用 P=1 表示，图 5-7 中就是只有一对磁极的磁场。

可见在磁极对数 P=1 的情况下，三相定子绕组电流变化一个周期，旋转磁场也旋转一周；而当电源频率为 f 时，对应的磁场每分钟旋转 60f 转，即同步转速 $n_0=60f$；当电动机的合成磁场具有 P 对磁极时，三相定子绕组电流变化一个周期所产生的合成磁场在空间转过一对磁极的角度，即 $1/p$ 周，因此旋转磁场的同步转速 n_0 为

$$n_0 = \frac{60f}{p} \tag{5-1}$$

旋转磁场的同步转速 n_0 的单位都是用转每分（r/min）来表示。我国工频电源的频率为 50Hz，不同磁极对数旋转磁场的转速如表 5-1 所示。

表 5-1　不同磁极对数旋转磁场的转速

磁极对数 p	1	2	3	4	5
旋转磁场的转速 n_0(r/min)	3000	1500	1000	750	600

（二）转动原理与转差率

1. 转动原理

三相异步电动机的转动原理可用图 5-8 来说明。

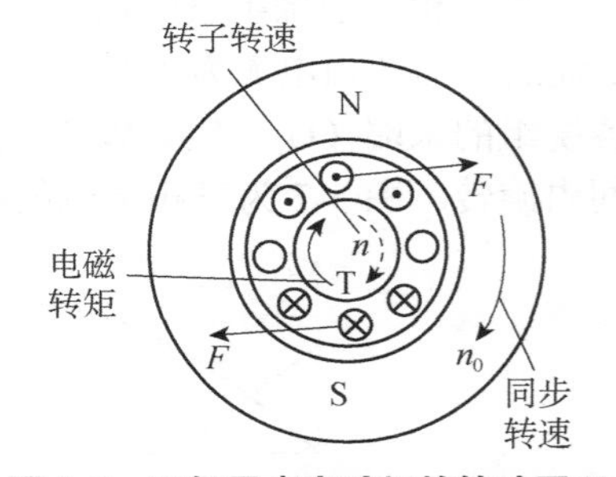

图 5-8　三相异步电动机的转动原理

假设旋转磁场以同步转速 n_0 顺时针方向旋转，此时转子与磁场之间就有了相对运动，则转子导体逆时针方向切割磁力线运动而产生了感应电流。有了电流的转子导体在旋转磁场中受到电磁力 F 的作用，电磁力对转子转轴形成电磁转矩，由左手定则可判断出其作用方向与旋转磁场方向一致，因此转子就顺着旋转磁场的方向（顺时针方向）转动起来。

2. 转差率

电动机的转子转速 n 不可能达到与同步转速 n_0 相等，即 $n_0 > n_1$，否则转子与旋转磁场之间就没有相对运动，转子导体就不能切割磁力线，则其感应电流及电磁转矩也就都不存在。也就是说旋转磁场与转子之间存在转速差，因此，把这种电动机称为异步电动机，又因为这种电动机的转动原理是建立在电磁感应基础上的，故又称为感应电动机。

通常把同步转速 n_0 与转子转速 n 的差值与同步转速 n_0 之比称为异步电动机的转差率，用 s 表示。

$$s = \frac{n_0 - n}{n_0} \tag{5-2}$$

转差率 s 是描绘异步电动机运行情况的重要参数。电动机在启动瞬间 n=0，s=1，转差率最大；空载运行时，n 接近于同步转速 n_0，转差率 s 最小。可见，转差率 s 描述转子转速与旋转磁场转速差异程度的，即电动机异步程度。一般三相异步电动机在额定转速时的转差率 s 为 0.02～0.06。

例 5-1 有一台三相异步电动机，其额定转速 n_N=975r/min。试求电动机的磁极对数和额定转差率。电源频率 f=50Hz。

解： 由于电动机的额定转速接近而略小于同步转速，而同步转速对应于不同的极对数有一系列固定的数值。显然，与 975r/min 最相近的同步转速是 n_0=1000r/min，从而确定磁极对数 P=3。

额定负载时的转差率为：$s=\frac{n_0-n_N}{n_0}\times 100\%=\frac{1000-975}{1000}\times 100\%=2.5\%$。

三、三相异步电动机的运行特性和铭牌数据

（一）三相异步电动机的运行特性

1. 机械特性

三相异步电动机的机械特性是指定子电压和频率为常数时，电动机转速 n 与电磁转矩 T 之间的关系，即 $n=f(T)$，其机械特性曲线如图 5-9 所示。由图可知，机械特性曲线分为两个不同性质区域：稳定工作区 ab 和非稳定工作区 bc。通常三相异步电动机都工作在特性曲线的 ab 段，当负载转矩 T_L 增大时，在最初瞬间电动机的转矩 $T=T_L$，所以转速 n 开始下降。随着 n 的下降，电动机的转矩 T 相应增加，当转矩增加到 $T=T_L$ 时，电动机在新的稳定状态下运行，这时转速 n 稍低。稳定工作区 ab 段比较平坦，当负载在空载与额定值之间变化时，电动机的转速变化不大，而非稳定工作区 bc 段较陡，电动机的转速受负载变化的影响较大，将无法稳定工作。

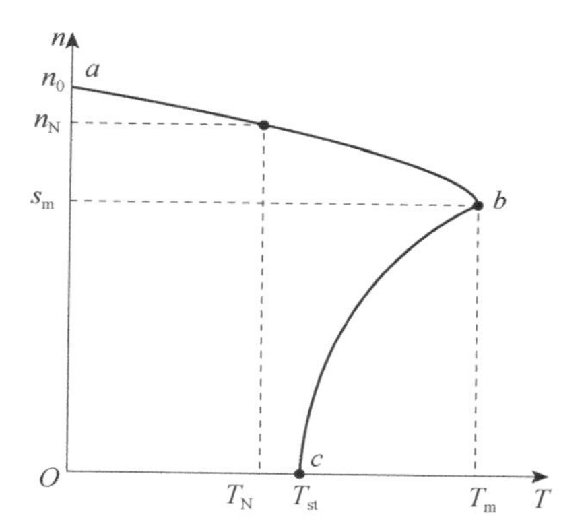

图 5-9 三相异步电动机的机械特性曲线

2. 额定转矩 T_N、最大转矩 T_m 和启动转矩 T_{st}

（1）额定转矩 T_N。电动机的额定转矩是指其工作在额定状态下产生的电磁转矩。额定转矩 T_N 与额定功率 P_N、额定转速 n_N 三者之间的关系为

$$T_N=9550\frac{P_N}{n_N} \tag{5-3}$$

式中，P_N 为电动机额定输出功率（kW）；n_N 为电动机额定转速（r/min）；T_N 为电动机额定转矩（N·m）。从电机的铭牌上可查到额定功率和额定转速的大小，则由式（5-3）便可计算出额定转矩的大小。

（2）最大转矩 T_m。从机械特性曲线上看，转矩有一个最大值 T_m，称为最大转矩或临界转矩。一般情况下，允许电动机的负载转矩在较短的时间内超过其额定转矩，但不能超过最大转矩。当负载转矩超过最大转矩时，电动机就带不动负载了，发生了堵转（闷车）现象，此时电动机的电流迅速升高到额定电流的 7～8 倍，电动机会严重过热导致烧毁。因此最大转矩

也表示电动机短时容许的过载能力。电动机的额定转矩 T_N 应低于最大转矩 T_m，两者之比称为过载系数 λ，即

$$\lambda = \frac{T_{max}}{T_N} \tag{5-4}$$

λ 是衡量电动机短时过载能力和稳定运行的一个重要参数。λ 值越大的电动机过载能力越大，一般三相异步电动机的过载系数为 1.8～2.2。

（3）启动转矩 T_{st}。电动机刚启动（n=0）时产生的转矩称为启动转矩 T_{st}。启动转矩必须大于负载转矩（$T_{st}>T_L$）电动机才能启动。通常用其动转矩与额定转矩的比值来表示异步电动机的启动能力 λ_{st}，即

$$\lambda_{st} = \frac{T_{st}}{T_N} \tag{5-5}$$

国产三相异步电动机的启动系数一般为 0.8～2.0。

实际上，三相异步电动机的电磁转矩 T、最大转矩 T_m 和启动转矩 T_{st} 不仅与电动机的内部参数有关，还与外加电源电压的平方成正比。因此，电源电压的波动对电动机的运行影响很大。当电源电压降低时，这些转矩会明显降低，电动机可能会出现不启动或带不动负载而被迫停转的现象，这种情况是非常危险的。

例 5-2 某异步电动机，定子绕组△连接，额定功率为 P_N=40W，额定转速 n_N= 1460r/min，过载系数为 λ=2.2，启动系数为 λ_{st}=2.0。试求：额定转矩 T_N、额定转差率 s_N、最大转矩 T_m 和启动转矩 T_{st}。

解： 额定转矩 $T_N = 9550 \times \frac{P_N}{n_N} = 9550 \times \frac{40}{1460} \text{N·m} = 261.6\text{N·m}$

由 $n_N = 1460\text{r/min}$ 和表 5-1 得知 $n_0 = 1500\text{r/min}$，所以

额定转差率 $s_N = \frac{n_0 - n_N}{n_0} \times 100\% = \frac{1500 - 1460}{1500} \times 100\% \approx 2.67\%$

最大转矩 $T_m = \lambda T_N = 2.2 \times 261.6\text{N·m} = 575.5\text{N·m}$

启动转矩 $T_{st} = \lambda T_N = 2.0 \times 261.6\text{N·m} = 523.2\text{N·m}$

例 5-3 某三相异步电动机 T_N=206N·m，λ_{st}=1.2，负载转矩为 T_L=280N·m。请问：在 $U_1=U_N$ 和 $U_1=0.9U_N$ 两种情况下电动机能否直接启动？

解：（1）$U_1=U_N$

$T_{st}=1.2T_N=1.2\times260\text{N·m}=312\text{N·m}>280\text{N·m}$，可以启动；

（2）$U_1=0.9U_N$

因为启动转矩 T_{st} 与外加电源电压的平方成反比，所以当 $U_1=0.9U_N$ 时，$T'_{st}=0.81T_{st}=0.81\times312\text{N·m}=245\text{N·m}<280\text{N·m}$，不能启动。

（二）三相异步电动机的铭牌数据

电动机的外壳上都有一块铭牌，标出了电动机的型号和主要技术数据，以便能正确使用电动机。如图 5-10 所示为一台三相异步电动机的铭牌及型号。

电动机的主要技术数据如下。

① 额定电压 U_N：电动机定子绕组按铭牌上接法时应加的线电压。一般功率 4kW 以上的

Y 系列三相异步电动机的定子绕组均作三角形连接，其额定电压为 380V。

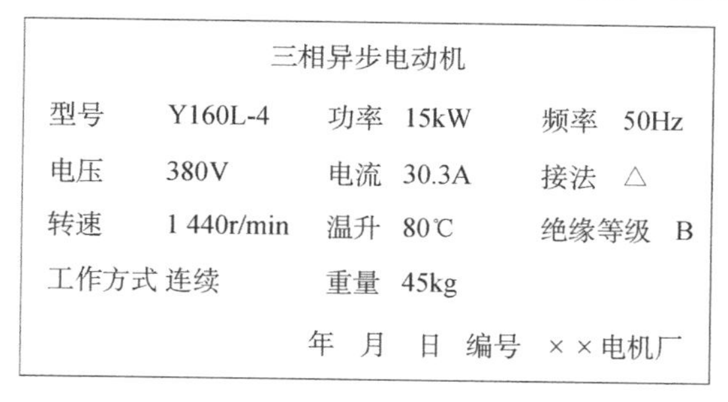

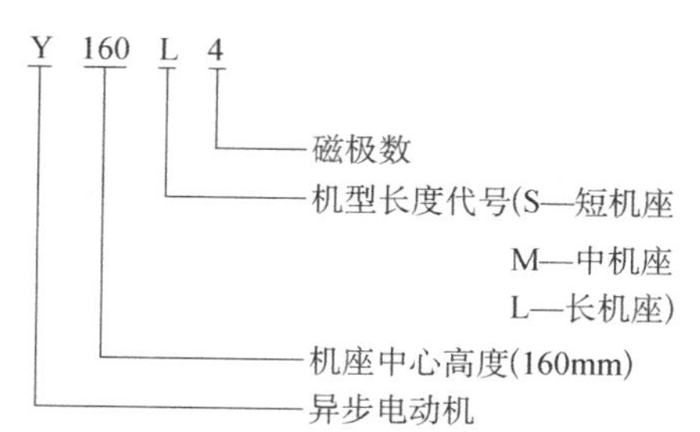

图 5-10　三相异步电动机的铭牌及型号

② 额定电流 I_N：电动机额定运行时定子绕组的线电流。

③ 额定功率 P_N：电动机在额定工作状态下运行时轴上输出的机械功率。对于三相异步电动机，其额定功率为 $P_N = \sqrt{3}U_N I_N \eta_N \cos\varphi_N$

式中，η_N 为电动机的额定效率。

④ 额定转速 n_N：电动机在额定运行时转子的转速。

⑤ 额定频率 f_N：电动机在额定运行时应接入交流电源的频率，我国交流电网的频率为 50Hz。

⑥ 绝缘等级：表示电动机各绕组及其他绝缘部件所用绝缘材料的等级。绝缘材料按耐热性能可分为 Y、A、E、B、F、H、C 七个等级，如表 5-2 所示。目前，国产 Y 系列电动机一般采用 B 级绝缘。

表 5-2　绝缘材料耐热性能等级

绝缘等级	Y	A	E	B	F	H	C
最高允许温度/℃	90	105	120	130	155	180	大于 180

⑦ 工作制：S_1 表示电动机可以在铭牌标出的额定状态下连续运行；S_2 为短时运行；S_3 为短时重复运行。

除铭牌上标出的参数之外，在产品目录或电工手册中还有其他一些技术数据。例如，

- 功率因数：指在额定负载下定子等效电路的功率因数。
- 效率：指电动机在额定负载时的效率，它等于额定状态下输出功率与输入功率之比，即

$$\eta_N = \frac{P_N}{P_1} \times 100\% = \frac{P_N}{\sqrt{3}I_N U_N} \times 100\%$$

- 温升：指在额定负载时，绕组的工作温度与环境温度的差值。

例 5-4　已知三相异步电动机的铭牌数据如下，试计算电机的输入功率、输出功率、效率。

功率	转速	接法	电压	电流	功率因数
7.5kW	1440r/min	△	380V	15.4A	0.85

解：输入功率：$P_1=\sqrt{3}U_1I_1\cos\varphi$

$P_1=\sqrt{3}\times380\times15.4\times0.85=8.6$

输出功率：$P_2=P_N=7.5\text{kW}$

效率：$\eta=\dfrac{P_2}{P_1}\times100\%=\dfrac{7.5}{8.6}\times100\%=87\%$

四、三相异步电动机的控制

（一）三相异步电动机的启动

电动机的启动是指电动机接通电源后，转速从零上升到稳定转速的过程，启动时的电流称为启动电流。启动电流很大，如普通笼型异步电动机的启动电流为其额定电流的4～7倍。过大的启动电流会使电网电压短时降落很多，影响电网上的其他用电设备的正常运行。此外，如果频繁启动，由于启动电流很大，电动机绕组将严重发热，降低了使用寿命，甚至被烧毁。因此，对7.5kW以上的功率较大的电动机，在启动时，启动电流应采取措施限制在一定范围内。一般要求电动机的启动电流在电网上的电压降落不得超10%～15%。

三相异步电动机的常用的启动方法有直接启动和降压启动两种。

1. 直接启动

直接启动又称为全电压启动，是给电动机定子绕组直接加额定电压进行启动。直接启动的优点是启动设备简单，操作方便，启动时间短，缺点是启动电流大。一般适合于功率小于7.5kW且电动机容量小于本地电网容量的20%的异步电动机的启动。

2. 降压启动

降压启动是指电动机启动时，降低加在电动机定子绕组上的电压，以达到减小启动电流的目的。常用的降压启动的方法有定子绕组串电阻降压启动，自耦变压器降压启动，Y-△降压启动等。

（1）定子绕组串电阻降压启动。定子绕组串联对称电阻的降压启动如图5-11所示。启动前先合上电源开关QS1，将启动电阻串接入定子电路中，定子绕组的电压为额定电压减去启动电流在R_{st}上造成的电压降，实现降压启动。当电动机转速升高到某一定数值时，再闭合开关QS2，把启动电阻短接，实现电动机全压运行，达到稳定转速。这种启动方法设备简单，操作方便，但启动电阻会消耗很大的电能，不够经济，实际应用中常采用电抗器来代替启动电阻来减少电能损耗。

（2）自耦变压器降压启动。自耦变压器降压启动如图5-12所示。启动前先合上电源开关QS1，然后将开关QS2扳向启动位置，使电动机定子绕组接在自耦变压器的二次侧，此时加在电动机定子绕组上的电压小于电源电压，实现电动机降压启动；当转速上升到一定数值后，将开关QS2扳向运行位置，将电源电压加到电动机定子绕组上，同时断开自耦变压器，实现电动机全压运行。

自耦变压器降压启动适合于容量较大的或正常运行时联成Y形，但允许直接启动的鼠笼式异步电动机。优点是可以按电动机的启动电流和启动转矩来选择自耦变压器的不同抽头，启动方便，不受电动机接法限制；缺点是启动设备费用高，体积大。

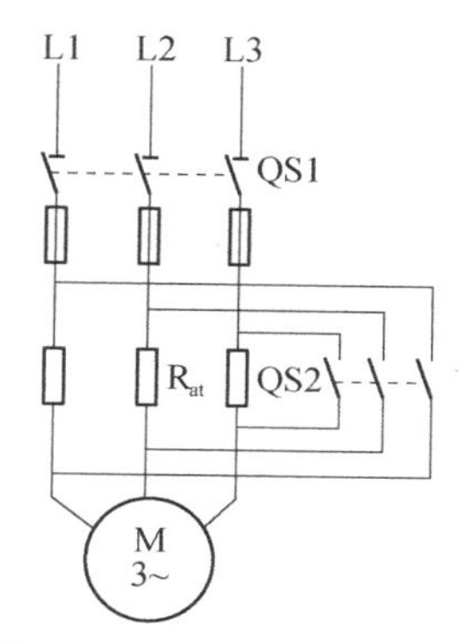

图 5-11　串电阻降压启动

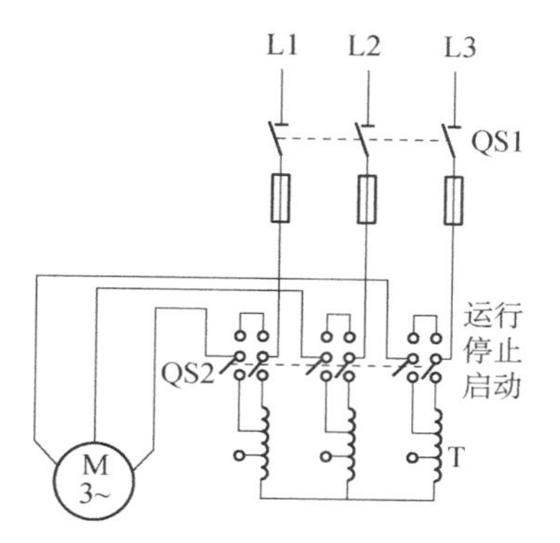

图 5-12　自耦变压器降压启动

（3）Y-△降压启动。Y-△降压启动，就是在启动时电动机定子绕组为星形接法，正常运行时改变为三角形接法，如图 5-13 所示。在启动时，将开关 QS2 扳向“Y 启动”位置，使电动机的定子绕组为星形接法，这时每相绕组上的启动电压降为其额定电压的 $1/\sqrt{3}$，因此减小了启动电流；当电动机接近额定转速时，再迅速把开关 QS2 扳向“△运行”位置，定子绕组转换成三角形接法，使电动机在额定电压下运行。

这种启动方法，启动电流小，仅为直接启动时的 $1/\sqrt{3}$，设备简单，启动过程中没有额外电能消耗，成本较低；但启动转矩较低，为直接启动时的 1/3。因此这种启动方法仅限于电动机空载或轻载下启动。另外，这种启动方法只适用于正常运行时定子绕组为三角形连接的电动机的启动。

（4）转子串电阻启动。对于绕线转子异步电动机常采用转子绕组与启动变阻器串接进行启动。如图 5-14 所示，启动时，先把启动变阻器调到最大阻值，然后再接通电源，由于转子绕组的阻值增大，则转子绕组中的电流减小，从而使定子绕组的电流减小，达到了减小启动电流的目的；随着转速的上升，启动电阻被逐级切除，待转速达到额定转速时启动电阻被全部切除，使电动机在全压下正常运行。此外，由于转子绕组的阻值增大，增大了绕线转子异步电动机的启动转矩，提高了其启动能力。这种启动方法方法适用于频繁启动又要求有较启动大转矩的机械设备上，如起重机。

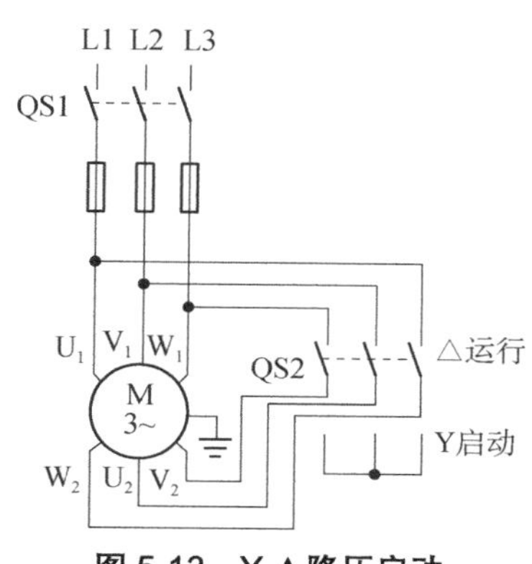

图 5-13　Y-Δ降压启动

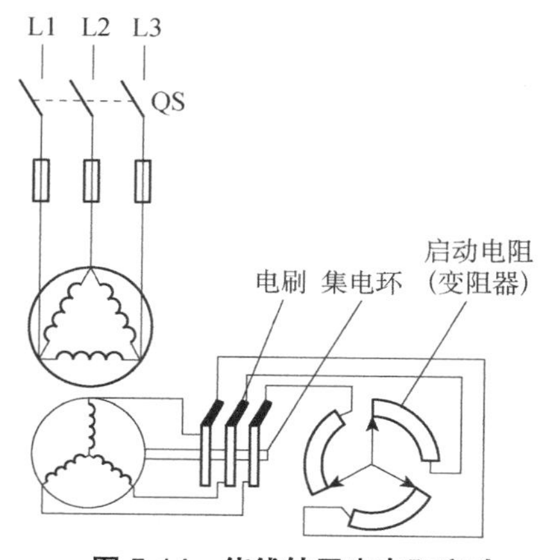

图 5-14　绕线转子串电阻启动

（二）三相异步电动机的调速

在实际生产过程中，为满足生产机械的需要，需要人为地改变电动机的转速。电动机的调速在负载不变的情况下，通过人为方法来改变电动机转速的过程。电动机调速的方法较多。根据三相异步电动机的转速 n 与电源频率 f_1、定子磁极对数 p 及转差率 s 之间的关系

$$n = (1-s)n_0 = (1-s)\frac{60f_1}{p} \tag{5-6}$$

由此可知，改变电源频率 f_1、电动机的磁极对数 p 或转差率 s 均能改变电动机的转速。其中改变 f_1、p 常用于笼型电动机的调速；改变转差率 s，则用于绕线型电动机的调速。

1. 变频调速

变频调速指通过改变三相异步电动机供电电源的频率来实现调速。目前交流变频器已广泛应用于异步电动机的调速系统。变频器主要由整流器、逆变器、控制电路三部分组成，整流器先将交流电转换成电压可调的直流电，再由逆变器变换成频率连续可调的交流电压，以此来实现三相异步电动机的无级调速。变频调速具有调速性能好、调速范围广、运行效率高等特点，应用日益广泛。

2. 变极调速

变极调速就是通过改变旋转磁场的磁极对数来实现对三相异步电动机的调速。这种电动机的每相定子绕组都由多个独立的绕组组成，可通过改变各相绕组的连接方式（串联或并联）来改变磁场的磁极对数，以此来改变电动机转速。

变极调速设备简单，操作方便，成本低，但受磁极对数的限制，转速级别不会太多，为有级调速，平滑性差。常用的有双速或三速电机等，其中双速电动机应用最广。

3. 转子串电阻调速

转子串电阻调速只适用于绕线转子异步电动机，是改变转差率调速的一种类型。调速时在转子电路中串接调速电阻，电路与图 5-14 相似（但需要注意调速电阻不能用启动电阻代替）。一般串接的调速电阻越大，电动机的转速越低。转子串电阻调速属于有级调速，平滑性差、能耗大，但设备简单，成本较低、容易实施、便于维修。

（三）三相异步电动机的制动

制动是指电动机在断电后，使电动机在最短的时间内克服电动机转子的惯性而迅速停转的过程。对电动机进行准确制动不仅能保证安全，还能提高生产效率。电动机的制动方法很多，这里仅介绍几种电气制动的方法。

1. 反接制动

反接制动的电路及原理如图 5-15 所示，当电动机需要停车时，先断开 Q_1，再接通 Q_2，目的是改变电动机的三相电源相序，从而使定子旋转磁场反向，使转子产生一个与原转向相反的制动力矩，迫使转子迅速停转。当转速接近零时，必须立即断开 Q_2，切断电源，否则电动机将在反向磁场的作用下反转。在反接制动时，旋转磁场与转子的相对转速很大，定子绕组电流也很大，为确保运行安全，不至于因电流大导致电动机过热损坏，必须在定子电路中串入限流电阻。反接制动具有制动方法简单、制动效果好等特点。但能耗大、冲击大。在启停不频繁、功率较小的电力拖动中常用这种制动方式。

2. 能耗制动

能耗制动的电路及原理如图5-16所示。在断开电动机的交流电源的同时把Q投至“制动”，给任意两相定子绕组通入直流电流。定子绕组中流过的直流电流在电动机内部产生一个不旋转的恒定直流磁场。断电后，电动机转子由于惯性作用还按原方向转动，从而切割直流磁场产生感应电动势和感应电流，其方向用右手法则确定。转子电流与直流磁场相互作用，使转子导体受力 F，F 的方向用左手法则确定。F 所产生的转矩方向与电动机原旋转方向相反，因而起制动作用，是制动转矩。制动转矩的大小与通入的直流电源的大小有关，一般为电动机额定电流的0.5～1倍。这种制动方法是利用转子惯性转动的能量切割磁场而产生制动转矩，其实质是将转子动能转换成电能，并最终变成热能消耗在转子回路的电阻上，故称能耗制动。能耗制动的特点是制动平稳、准确、能耗低，但需配备直流电源。

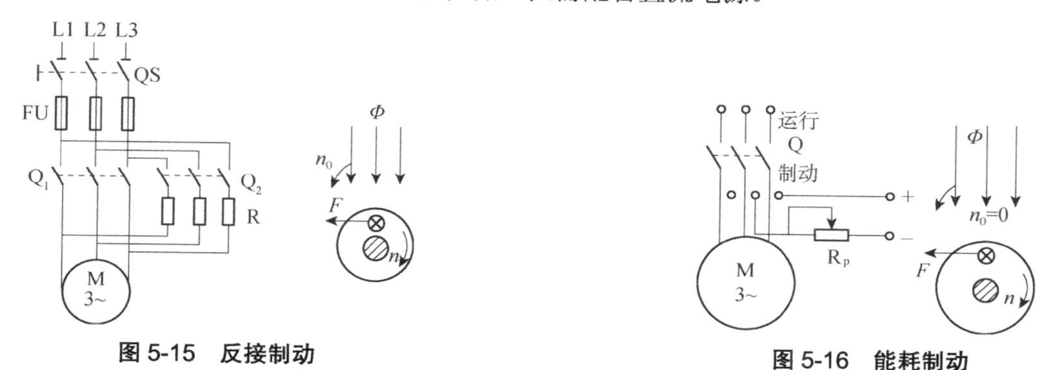

图5-15　反接制动　　　图5-16　能耗制动

3. 回馈制动

回馈制动的原理如图5-17所示，它采用的是有源逆变技术，将再生电能逆变为与电网同频率同相位的交流电回送电网，从而实现制动。在变频调速系统中，电动机的减速和停止都是通过逐渐减小运行频率来实现的。在变频器频率减小的瞬间，电动机的同步转速随之下降，而由于机械惯性的原因，电动机的转子转速未变，这时会出现实际转速大于给定转速，从而产生电动机反电动势高于变频器直流端电压的情况，这时电动机就变成发电机，非但不消耗电网电能，反而可以通过变频器专用型能量回馈单元向电网送电，这样既有良好的制动效果，又将动能转变化为电能，向电网送电而达到回收能量的效果。回馈制动提高了系统的效率，但可能发生换相失败，损坏器件，此外，对电网有谐波干扰，控制复杂、成本较高。

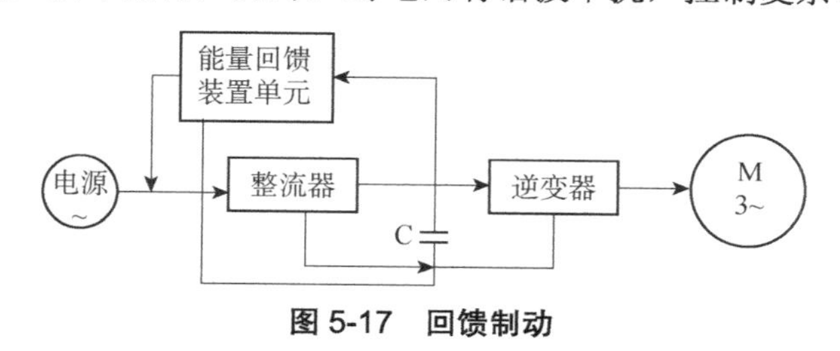

图5-17　回馈制动

五、三相异步电动机的维护

（一）使用前检测

三相异步电动机在正式投入使用前应进行必要的检查和试验，合格后方能投入使用，以免发生事故。检查和测试的内容主要有以下几方面。

1. 机械部分的检查

将三相异步电动机的外壳清扫干净，看电动机的端盖、轴承盖、风扇等安装是否合乎要求，紧固部分是否牢固可靠，转动部分应轻便灵活，转动时应没用摩擦声和异常声响。

2. 直流电阻和绝缘电阻测量

用万用表电阻挡测量定子三相绕组的通断情况。如正常，则测出电阻值应基本一致；用兆欧表测量定子三相绕组的对地绝缘电阻和相间绝缘电阻，如绝缘电阻在0.5MΩ及以上，说明该电动机绝缘尚好，可继续使用，否则必须进行处理，排除故障后方能使用。

3. 三相定子绕组首末端判别

（二）启动检查及故障分析、检修

1. 电动机启动前检查

电动机启动前应检查：①使用电源的种类和电压与电动机铭牌是否一致，电源容量与电动机的容量及启动方法是否合适；②电动机接线及与电源连线是否正确，端子有无松动；③开关和接触器等控制电器的容量是否与电动机的容量匹配；④检查传动装置，皮带不得过紧或过松，连接要可靠，联轴器螺丝及销子应完整、坚固；⑤电动机外壳应可靠接地，绕组相间及对地绝缘良好。

以上项目不一定每次启动前都要逐项检查，但安装后第一次启动的电动机，必须仔细检查。

2. 电动机启动后的检查

电动机启动后的检查包括：①启动电流是否正常；②电动机旋转方向是否符合要求；③仔细清查有无异常振动和声响（应特别注意观察气隙和轴承）；④有无异味及冒烟现象。

3. 启动时的故障分析及检修

（1）电动机不转动，但无声响：这是电源没有接通而出现的现象。可用电压表检查电动机出线端子处的电压，如测不到电压说明电源没有通入电动机，属供电设备的故障。如果用电压表检查电动机出线端有电压，且三相基本平衡，而电动机仍无声响又不转动，最大可能是星形接法的三相绕组中点没有连接或各相绕组均断线。此时可按绕组断路的方法找出断点进行修复。

（2）电动机接通电源后发出嗡嗡声但不转动：这类故障多为电动机缺相运行或电动机启动转矩小于阻转矩所致。此时应立即断电进行检查。先检查电源是否缺相，然后检查熔断器各相熔体是否完好，开关或接触器各相触点是否良好。然后检查电动机电源电压是否满足要求，绕组连接正确与否，最后检查电动机是否在机械方面被卡住不能转动，此时电动机通电时会有较大的嗡嗡声。若属于电器元件故障，应及时更换。如果是由于绕组接线错误而造成电压低，启动转矩小的情况，要将绕组重新连接。对于机械故障，主要是轴承问题，应及时处理。

（3）电动机启动时有振动和异常响声：检查地脚螺丝是否牢固，是否因轴承磨损而引起电动机气隙不均，笼型转子导条开焊或断条，也会造成不正常的响声，因此应更换轴承或对笼型转子进行处理。

（三）运行中检查及故障分析、检修

1. **运行中的检查**

电动机运行中的检查包括：①加上负载后检查有无异常的振动和声音，如发现异常，应立即停机检查；②电流大小与负载是否相当，有无过载现象；③加负载后有无不正常的转速下降现象；④各部分有无局部过热（包括配线在内），电动机各部温升不应超过规定数值。

2. **运行时的故障分析及检修**

如果出现电动机过热或冒烟，这是由于电动机负载运行时的电压偏低或负载过重，使得电动机的电流在超过额定值的情况下长期运行，造成绕组温度增高，绝缘损坏，发生局部短路故障。出现这种情况应检查电源是否满足要求或电动机负载是否匹配，并及时进行处理。

异步电动机除了上述故障外，还有绕组的故障。绕组的常见故障有短路、断路和接地等。

5.1.2　单相异步电动机

单相异步电动机是指单相电源（220V）供电的小功率电动机（输出功率多在 1kW 以下）。单相异步电动机结构简单、成本低、运行可靠、维修方便，它的应用非常广泛，如家用电器（洗衣机、电冰箱、电风扇）、电动工具（如手电钻）、医用器械、自动化仪表等。

单相异步电动机的结构如图 5-18 所示，与三相异步电动机的结构相似，它的转子一般也是笼型结构，只是定子铁芯槽内嵌装的是单相绕组。

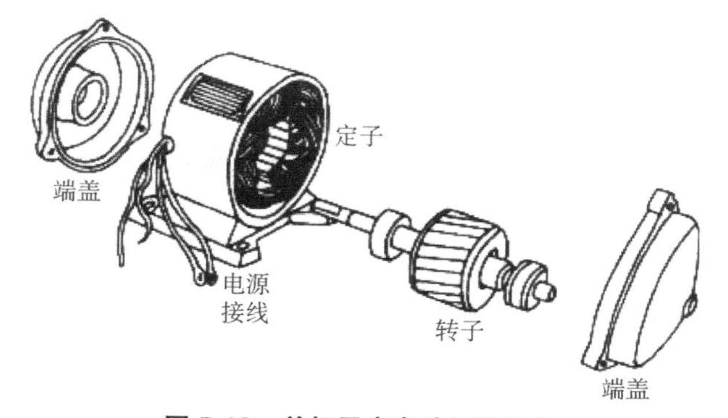

图 5-18　单相异步电动机的结构

由于单相异步电动机定子铁芯上只有单相绕组，当单相交流电流通入单相定子绕组以后，电动机内产生的是一个脉动磁场，如图 5-19 所示。在正半周时，电流从单相绕组的左半侧流入，从右半侧流出，磁场方向垂直向下，如图 5-19（b）所示；反之，磁场方向垂直向上，如图 5-19（c）所示。磁场的大小和方向随时间变化，但磁场的轴线却固定不变，即是一个脉动磁场。

单相异步电动机在脉动磁场作用下不可能自行启动，必须采取相应的启动措施才能使之启动。根据启动方法不同，单相异步电动机一般有电容分相、电阻分相、罩极式等不同类型。这里仅介绍电容分相和罩极式两种。

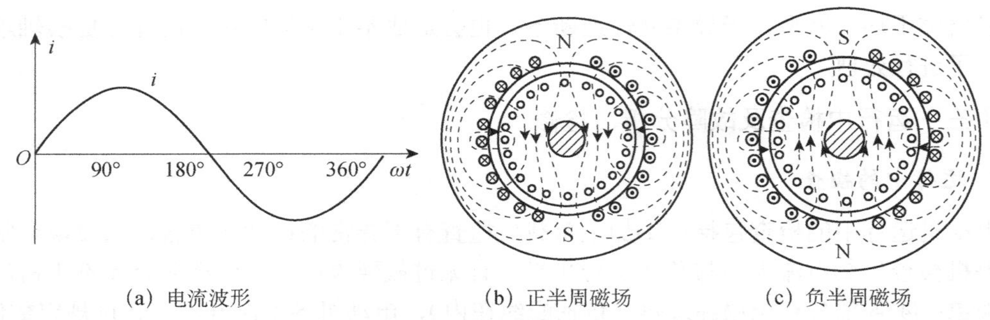

(a) 电流波形　　(b) 正半周磁场　　(c) 负半周磁场

图 5-19　单相异步电动机的工作原理

1. 电容分相式单相异步电动机

电容分相式单相异步电动机的工作原理如图 5-20（a）所示，其定子铁芯槽内嵌装有两套绕组，其中 U_1U_2 为工作绕组（也称主绕组，V_1V_2 为启动绕组绕组（也称副绕组）。工作绕组和启动绕组在空间上相差 90°，启动绕组 V_1V_2 串联一个电容后再与工作绕组 U_1U_2 并联接入电源。

这样接在同一电流上的两个绕组上的电流 $\dot{I}_1$、$\dot{I}_2$ 在相量图上却不同。$\dot{I}_1$ 滞后电源电压 $\dot{U}$，$\dot{I}_2$ 超前电源电压 $\dot{U}$，如图 5-20（b）所示。这是因为工作绕组为感性电路，而启动绕组因串联电容器 C 后成为容性电路。若适当选择电容 C 的容量，使得 $\dot{I}_1$、$\dot{I}_2$ 相差为 90°，就能得到在时间和空间上相位差均为 90° 的两相电流。它们分别通过工作绕组和启动绕组后，在电动机内产生一个旋转磁场。转子导条在这个旋转磁场的作用下产生感应电流，电动机就有了启动转矩，使电动机转起来。

将任意一个绕组的两个接线端互换可以改变电容分相式单相异步电动机的转向。电容分相式单相异步电动机结构简单，使用维护方便，因此应用广泛，如冰箱、洗衣机、油烟机、风扇及医疗器械等都采用这种电动机。

实际应用中，三相异步电动机若在运行过程中，有一相和电源断开，则相当于单相电动机运行，仍会按原来方向运转，但若负载不变，电流将变大，导致电机过热；三相异步电动机若在启动前有一相断电，和单相电机一样将不能启动，此时只能听到嗡嗡声，如果长时间启动过长，也会过热，可能会烧坏电动机绕组，因此必须赶快排除故障。

2. 罩极式单相异步电动机

罩极电动机的定子制成凸极式磁极，定子绕组套装在这个磁极上，并在每个磁极表面开有一个凹槽，将磁极分成大小两部分，在较小的一部分上套着一个短路铜环，如图 5-21 所示。

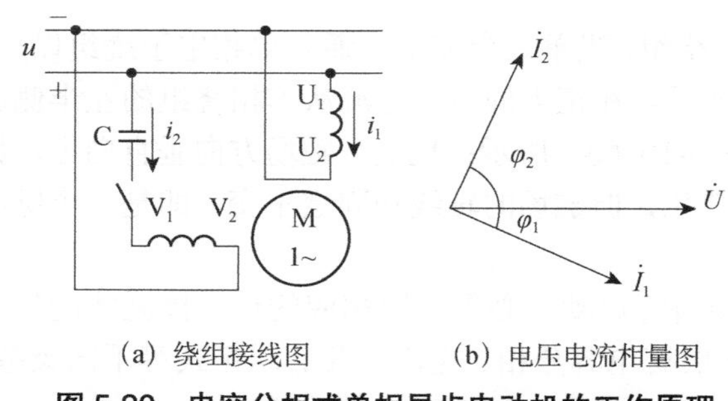

(a) 绕组接线图　　(b) 电压电流相量图

图 5-20　电容分相式单相异步电动机的工作原理

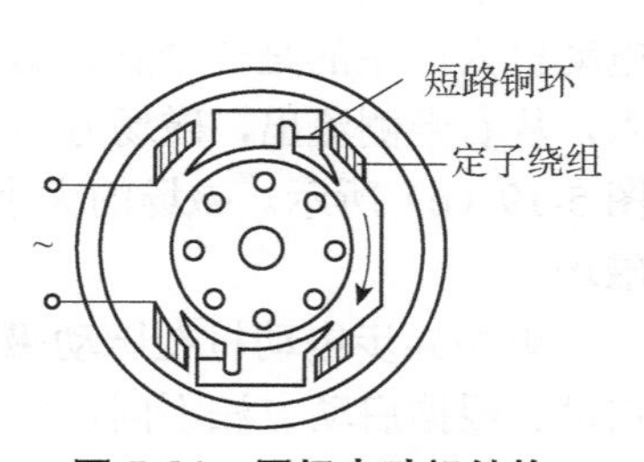

图 5-21　罩极电动机结构

当定子绕组通入交流电流而产生脉动磁场时，由于短路环中感应电流的作用，使通过磁极的磁通分成两个部分，这两部分磁通数量上不相等，在相位上也不同，通过短路环的这一部分磁通滞后于另一部分磁通。这两个磁通在空间上亦相差一个角度，相互合成以后也会产生一个旋转磁场。

鼠笼型转子在这个旋转磁场的作用下就产生电磁转矩而旋转。这种电动机的旋转方向是由磁极未加短路环部分向套有短路环部分的方向旋转。

罩极上的铜环是固定的，而磁场总是从未罩部分向罩极移动，故磁场的转动方向是不变的。可见罩极式单相异步电动机不能改变转向，它的启动转矩较分相式单相异步电动机的启动转矩小，一般用在空载或轻载启动的台扇、排风机等设备中。

5.1.3　直流电动机

直流电动机是将直流电能转换为机械能的转动装置。与交流电动机相比，其结构较复杂、成本高、可靠性较差，且维护比较麻烦；但具有优良的调速性能和启动性能。在自动控制、起重机械和牵引机车等领域应用广泛。近年来，随着交流电动机变频调速技术的迅速发展，在某些领域直流电动机有被交流电动机取代的趋势。

一、直流电动机的结构组成

直流电动机由定子（主磁极）和转子（电枢）两部分组成。如图 5-22（a）、（b）所示。其中，定子包括主磁极（铁芯和励磁绕组）、换向磁极和电刷装置等组成，用来产生磁场。转子及其连接部件统称电枢，主要由电枢铁芯、电枢绕组、换向器、转轴等部件组成，如图 5-23 所示，直流电源向转子的绕组提供电流，在主磁场的作用下产生电磁转矩。换向器是直流电动机的特有装置，又称整流子，通过与电刷的摩擦接触，将两个电刷之间固定极性的直流电流变换成为绕组内部的交流电流，以便形成固定方向的电磁转矩。

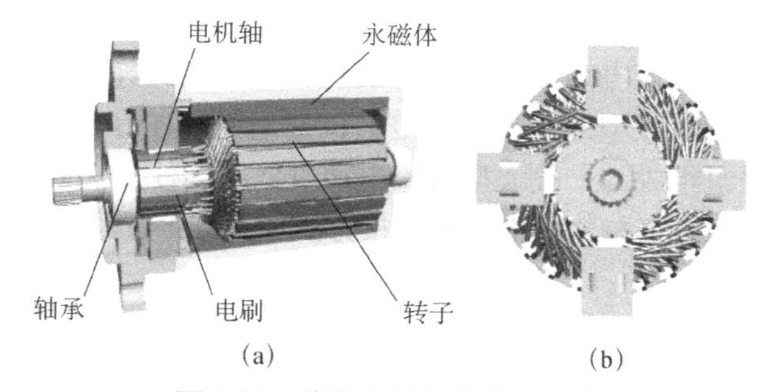

图 5-22　直流电动机的结构组成

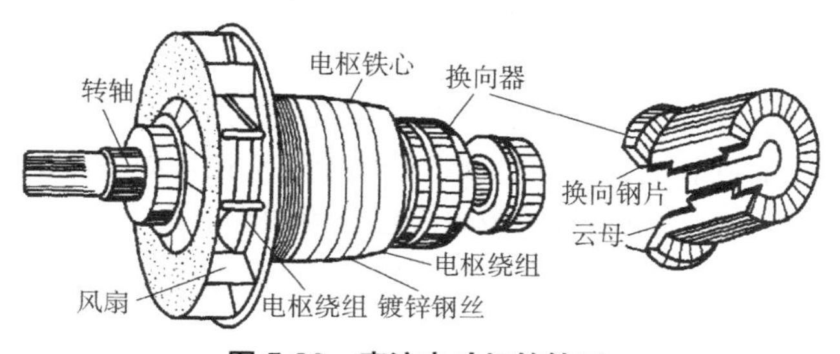

图 5-23　直流电动机的转子

二、直流电动机的工作原理

如图 5-24（a）所示，线圈 abcd 处于 N-S 极间的磁场当中，当直流电源加在电刷 A 和 B（A 接正极、B 接负极）上后，线圈 abcd 中就会有电流流过，电流方向为 abcd。由左手定则可知，导体 ab 和 cd 会受到电磁力的作用而形成一个逆时针方向的电磁转矩，使整个电枢逆时针方向旋转。当电枢旋转 180° 时，导体 cd 转到 N 极下，ab 转到 S 极下，如图 5-24（b）所示，由于电刷上电流仍从电刷 A 流入，使 cd 中的电流变为由 d 流向 c，而 ab 中的电流由 b 流向 a，从电刷 B 流出，由左手定则可知，电磁转矩的方向仍是逆时针方向，则电枢仍逆时针方向旋转。

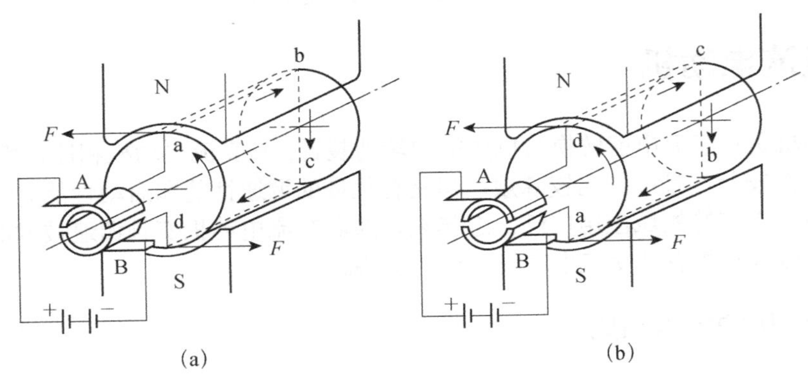

图 5-24 直流电动机的工作原理

由此可见，加于直流电动机的直流电源，借助换向器和电刷的作用，使直流电动机电枢线圈中流过电流，其方向是交变的，从而使电枢产生的电磁转矩的方向恒定不变，确保直流电动机朝确定的方向连续旋转。

三、直流电动机的分类

根据定子磁场不同，直流电动机可分为永磁式和激磁式两种。永磁式直流电动机的定子磁极由永久磁铁组成，一般微型或小型直流电动机都采用这种方式。激磁式直流电动机的定子磁极由铁芯和激磁绕组组成，一般大型直流电动机采用这种方式。

按照励磁方式（励磁绕组与电枢绕组的连接方式）不同，直流电动机可分为他励、并励、串励和复励四种类型。

① 他励直流电动机：它的激磁绕组与电枢绕组使用两个单独电源。这种电动机具有良好的启动性能和稳定的运行性能，并且易于调速，如图 5-25（a）所示。

② 并励直流电动机：这种电动机的激磁绕组与电枢绕组并联，共同用一个直流电源。这种直流电动机运行稳定，如图 5-25（b）所示。

③ 串励直流电动机：这种电动机的激磁绕组与电枢绕组串联，共同用一个直流电源。此种直流电动机具有较强的过载能力，其机械特性属于软特性，如图 5-25（c）所示。

④ 复励直流电动机：这种电动机的激磁绕组分为两组，其中一组与电枢绕组并联，另一组与电枢绕组串联；电枢绕组与激磁绕组共同用一个直流电源，如图 5-25（d）所示。

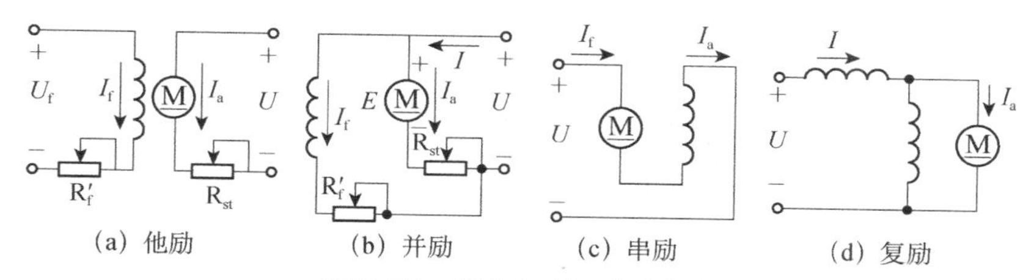

图 5-25　直流电动机励磁方式

四、并励电动机的机械特性

1. 反电动势

线圈在磁场中旋转时线圈中产生的感应电动势。由右手定则可知，感应电动势的方向与电流的方向相反，故称为反电动势，用 E_a 表示，反电动势 E_a 与磁极的磁通量 Φ 和电枢的转速 n 成正比，即

$$E_a = C_e \Phi n \tag{5-7}$$

式中，n 为电动机的转速；C_e 为电机常数。

在直流电动机中，电源电压 U 必须大于反电动势 E_a 后才能在电路中形成电流。直流电动机电枢回路的电压平衡方程式为

$$U = E_a + I_a R_a \tag{5-8}$$

式中，R_a 为电枢回路总电阻，包括电枢绕组的电阻和电刷与换向器的接触电阻。

可见，电源加在电枢上的电压分成两部分：一部分用来平衡反电动势 E_a，另一部分为电枢回路总电阻 R_a 的电压降。

2. 电磁转矩

电枢绕组通电后所产生的电磁转矩 T 与主磁通量 Φ 和电枢电流 I_a 的乘积成正比，即

$$T = C_T \Phi I_a \tag{5-9}$$

式中，C_T 为电机的转矩常数。

3. 机械特性

直流电动机的转速与电磁转矩的关系，即 $n=f(T)$，称为直流电动机的机械特性。将式(5-7)代入式（5-8），整理可得机械特性表达式为

$$n = \frac{U}{C_E \Phi} - \frac{R_a}{C_T C_E \Phi^2} T \tag{5-10}$$

电源电压 U 和磁通 Φ 一般均为定值，R_a 很小，所以，随着转矩 T 的增加，转速 n 略有下降，如图 5-26 所示，并励电动机的机械特性较硬。

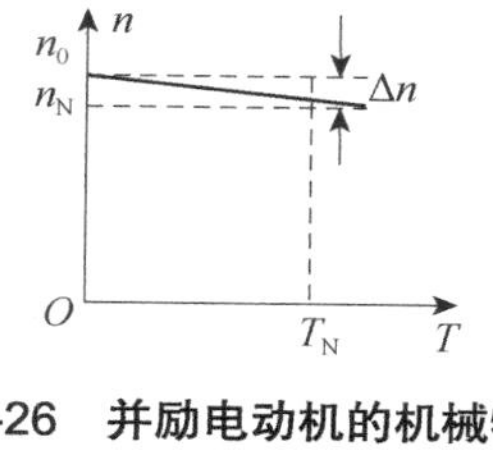

图 5-26　并励电动机的机械特性

五、直流电动机的控制

1. 启动

直流电动机不允许在额定电压 U_N 下直接启动。因为刚启动时转速 $n=0$，反电动势 $E_a=0$，

而 R_a 很小，所以启动电流 I_{st} 很大，为额定电流的 10～20 倍，这样大的电流会使换向器产生严重的火花而被烧坏；另外启动转矩较大，为额定转矩 T_N 的 10～20 倍，会造成机械冲击，使传动机构遭受损坏。所以，一般启动电流 I_{st} 限制在 I_N 的 1.5～2.5 倍。为限制他励直流电动机的启动电流，常用的启动方法有电枢串电阻启动和降压启动。电枢回路串电阻启动，能量消耗较大，经济性较差，常用于容量不大，对启动调速性能要求不高的场合。

2. **调速**

直流电动机的转速 n 为

$$n = \frac{U - I_a R_a}{K_E \Phi} \tag{5-11}$$

他励电动机的调速方法有三种：电枢回路串联电阻、降压和弱磁调速。

电枢回路串联电阻调速只能使转速由额定值往下调，且转速降低时，转速稳定性变差，调速平滑性差，一般只适用于容量不大，低速运行时间不长，对于调速性要求不高的场合。

降压调速，电压可以连续调节，实现平滑调速，调速范围比用电枢回路串联电阻调速时要大得多。但需要专用的可调直流电源，价格较贵，初投资大，适用于对调速性能要求较高的中、大容量拖动系统。

弱磁调速是保持 $U=U_N$ 和 $R_{sa}=0$，调节电动机的励磁电流 I_f，使之减小，也即减弱磁通，从而调节电动机的转速。弱磁调速只能将转速向上调，转速的上限又受换向的限制，因而调速范围不大，但转速稳定性好；励磁电流便于连续调节，可平滑调速；控制设备容量小、成本低、效率高，维护方便。适用于向上调速的恒功率调速系统，通常与降压调速配合使用，以扩大总的调速范围。

3. **制动**

常用的电气制动方法有三种：能耗制动、反接制动和回馈制动。

5.1.4 特种电机简介

特种电机，又称控制电机，是指体积和输出功率较小的微型电机或特种精密电机（一般其外径不大于 130mm）。其主要任务是转换和传递控制信号，在现代控制技术中应用广泛。控制电机的种类很多，主要有伺服电机、步进电机、测速发电机等。

一、伺服电动机

伺服电动机又称执行电动机，其功能是将输入的电压控制信号转换为轴上的转速信号，并按控制信号要求而动作：在信号到来之前，不转动，信号到来时马上转动，当信号消失时能及时自行停转，故称为“伺服”电动机。伺服电动机可控性好、反应迅速，是自动控制系统和计算机外围设备中常用的执行元件。伺服电动机可分为两类：交流伺服电动机和直流伺服电动机。直流伺服电动机与普通直流电动机非常相似，这里只介绍交流伺服电动机。

1. **交流伺服电动机的基本结构**

交流伺服电动机就是一台两相交流异步电机。它的定子上装有空间互差 90° 的两个绕组：

励磁绕组（与电源相连）和控制绕组（与控制信号相连）；转子有空心杯和笼型两种结构。图 5-27 所示为空心杯转子伺服电动机的结构。

2. 交流伺服电动机的工作原理

如图 5-28 所示，控制电压$\dot{U}_2$与电源电压$\dot{U}$频率相同，相位相同或反相；励磁绕组串联电容 C，是为了产生两相旋转磁场。适当选择电容的大小，可使通入两个绕组的电流电流$\dot{I}_1$和$\dot{I}_2$的相位差接近 90°，从而产生所需的旋转磁场。在旋转磁场的作用下，转子便转动起来。加在控制绕组上的控制电压反相时（保持励磁电压不变），由于旋转磁场的旋转方向发生变化，使电动机转子反转。

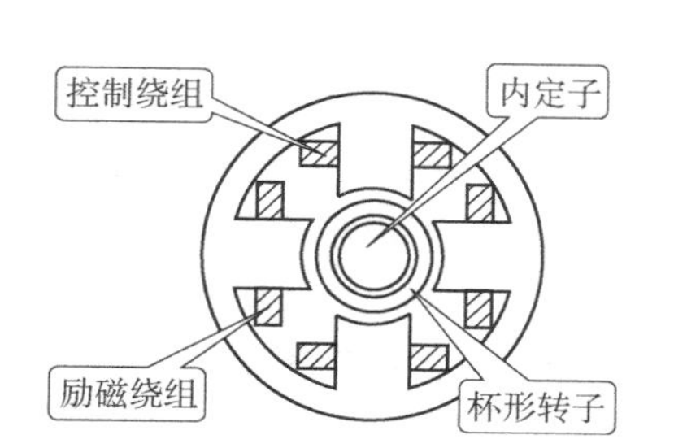

图 5-27 空心杯转子伺服电动机的结构

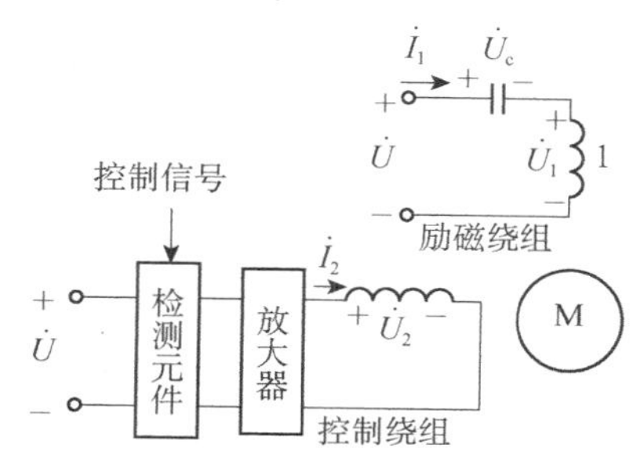

图 5-28 交流伺服电动机的工作原理

3. 交流伺服电动机的控制

交流伺服电动机的控制方法有三种：幅值控制、相位控制和幅相控制。幅值控制是保持励磁电压不变，且控制电压与电源电压频率相同，相位差 90°，通过调节控制电压的大小来改变电动机的转速。不同控制电压下的机械特性如图 5-29 所示，在同一负载转矩作用时，电动机转速随控制电压的下降而均匀减小。

交流伺服电机的输出功率一般为 0.1～100W，电源频率分 50Hz、400Hz 等多种。它的应用很广泛，如用在各种自动控制、自动记录等系统中。

二、步进电动机

步进电机是利用电磁铁的作用原理，将脉冲信号转换为线位移或角位移的控制电机。每给一个电脉冲，电机就转动一定角度或前进一步，带动机械移动一小段距离，其输出的角位移与电脉冲数成正比，转速或线速度与电脉冲频率成正比。步进电动机有励磁式和反应式两种，区别在于励磁式步进电机的转子上有励磁线圈，反应式步进电动机的转子上没有励磁线圈。

1. 步进电动机的基本结构

如图 5-30 所示为反应式步进电动机的基本结构示意图。其定子、转子铁芯均由硅钢片叠压而成，定子内部为凸极结构，上面安装 6 个均匀分布的磁极，磁极上有三相励磁绕组，每两个相对的绕组为一相。转子有 4 个齿，磁极宽度相等，转子上没有绕组。

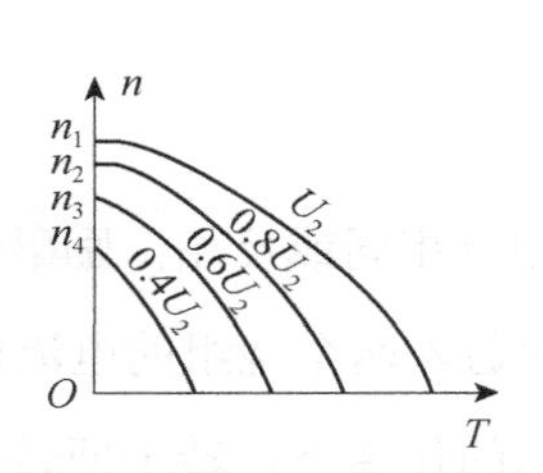

图 5-29　幅值控制的机械特性

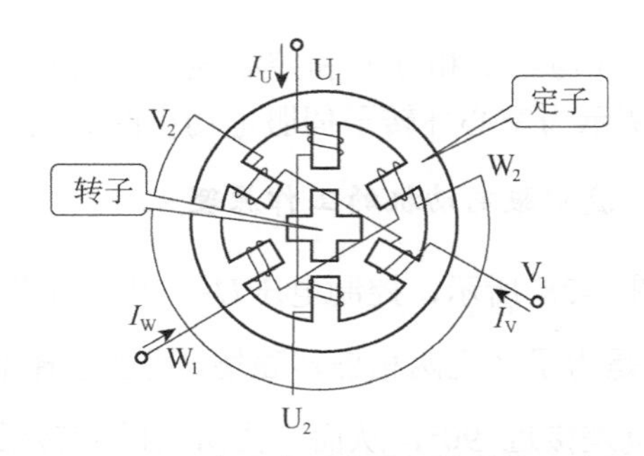

图 5-30　反应式步进电动机的结构示意图

2. 步进电动机的工作原理

如图 5-31 所示，当 U 相绕组首先通电（V、W 两相都不通电）时，会产生 U_1–U_2 轴线方向的磁场。由于磁通总是力图走磁阻最小路径，所以转子的齿 1 和 3 齿对齐 U_1–U_2 轴线（N、S 极）位置，如图 5-31（a）所示；接着 V 相绕组通电（U、W 两相都不通电），会产生 V_1–V_2 轴线方向的磁场，转子将顺时针方向转过 30° 角，其齿 2 和齿 4 极对齐 V_1–V_2 轴线（N、S 极）位置，如图 5-31（b）所示；随后 W 相绕组通电（U、V 两相都不通电），转子又顺时针方向转过 30°，它的齿 1 和 3 齿对齐 W_1–W_2 轴线（N、S 极）位置，如图 5-31（c）所示。如果定子绕组按 U→V→W→U 顺序轮流通电，则电动机转子便顺时针方向一步一步地转动，每一步的转角都为 30°。每一步转过的角度称为步距角，用 θ 表示。从一相通电到另一相通电，称为一拍，每一拍都转过一个步距角。如果按 U→W→V→U 顺序通电，则电动机反转。

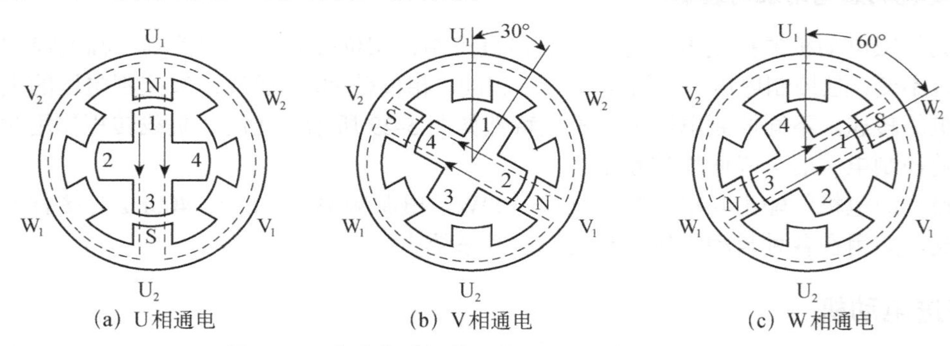

图 5-31　步进电动机的工作原理（三相单三拍）

上面这种通电方式称为三相单三拍方式。这种方式在一相断电和另一相通电的交替时容易造成失步，使电动机运行不稳，实际中很少使用。除了单三拍方式，还有三相双三拍、三相单双六拍方式。双三拍方式是每次都是两相通电，按 UV→VW→WU→UV 的顺序通电，步距角也是 30°。单双六拍方式是 U→UV→V→VW→W→WU→U 的顺序通电，步距角为 15°。

通过以上分析可知，无论采用哪种通电方式，通过一个通电循环后，步进电动机转子都转过一个齿，因此步距角 θ 可用下式计算

$$\theta = \frac{360°}{Zm} \tag{5-12}$$

式中，Z 为转子齿数；m 为运行拍数。

如果脉冲频率为 f，由式（5-12）可知，步进电动机转速 n 为

$$n = \frac{60f}{Zm} \tag{5-13}$$

步进电动机除了三相，还有四相、五相、六相或更多相，相数越多则步距角越小，在脉冲频率为一定时，电动机转速就越低，电源就越复杂，成本就越高。

三、测速发电机

测速发电机是一种转速测量传感器。在许多自动控制系统中，它被用来测量旋转装置的转速，向控制电路提供与转速大小成正比的信号电压。测速发电机分为交流和直流两种类型。交流测速发电机又分为同步式和异步式两种，这里只分析异步式交流测速发电机的工作原理。

如图 5-32 所示，异步式交流测速发电机的结构与杯形转子交流伺服电机相似，其定子上有两个绕组，一个是励磁绕组，另一个是输出绕组。转子电路用高电阻材料制成，使转子电路接近于纯电阻性。

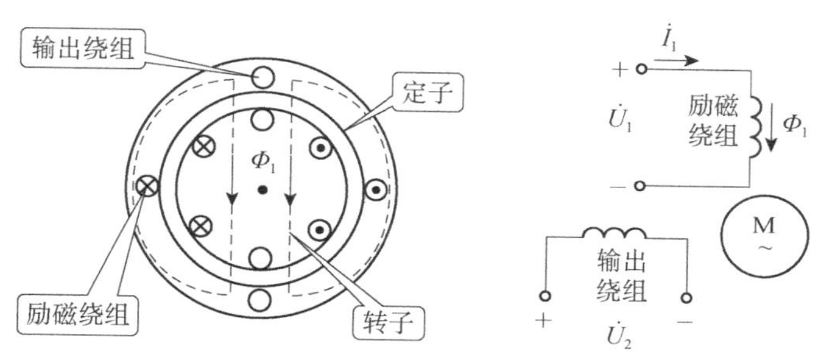

图 5-32　异步式交流测速发电机的结构原理

工作时，励磁绕组接交流电源 U_1，使励磁绕组中有电流通过并产生磁通 Φ_1；输出绕组接控制电路。当被测转动轴带动发电机转子旋转时，转子导体便切割 Φ_1 产生感应电势 E_r 和转子电流 I_r，它们的大小与 Φ_1 和转子转速 n 成正比；转子电流 I_r 也会产生磁通 Φ_r，Φ_r 与输出绕组相交链，在输出绕组中感应出电压 U_2，U_2 的大小与 Φ_r 成正比。

由上述分析可知：输出绕组中感应出电压 U_2 与转子转速 n 成正比。这样，发电机就把被测装置的转速信号转变成了电压信号，输出给控制系统。由于铁芯线圈电感的非线性影响，交流测速发电机的输出电压 U_2 与转子转速 n 之间存在一定的非线性误差，使用时要注意加以修正。

三相异步电动机的简单测试

任务要求：正确完成三相异步电动机的基本性能测试和直接启动。

一、训练目的

1. 学习三相异步电动机的简单检测方法。
2. 练习三相异步电动机的直接启动和通电测试。
3. 学习使用兆欧表、转速表和钳形电流表。

二、准备器材

1. 三相交流电源；2. 万用表；3. 三相异步电动机；4. 兆欧表；5. 钳形电流表；6. 转速表；7. 三相刀开关；8. 导线等。

三、操作内容与步骤

1. 基本性能测试

（1）机械部分的检查：重点看电动机的转动部分是否轻便灵活，转动时有无摩擦声和异常声响。

（2）直流电阻测量：用万用表 R×1k 挡测量定子三相绕组的通断情况，如测出电阻值基本一致，则正常。

（3）绝缘电阻测量：用兆欧表测量定子三相绕组的对地绝缘电阻和相间绝缘电阻，绝缘电阻应在 0.5MΩ 以上，如果低于此值说明该电动机绝缘不良或严重漏电，不能使用。

（4）三相定子绕组首末端判别。

2. 三相异步电动机的直接启动及反转

（1）直接启动：先将三相异步电动机的定子绕组接成星形，再按照图 5-33 连接电路，在教师检查无误后接通三相电源，合上三相刀开关 QS，观察电动机转向后断开三相刀开关 QS，使电动机停转。

（2）反转：在切断电源的前提下，将与电动机绕组相连的任意两根电源线（如 U 相和 V 相）调换，然后合上三相刀开关 QS，观察电动机转向后断开三相刀开关 QS，使电动机停转。

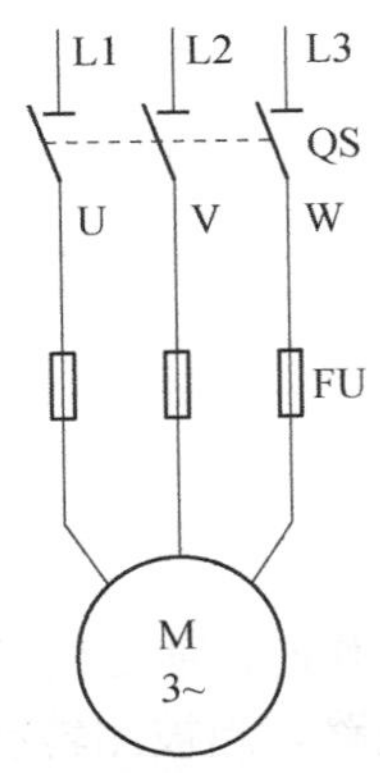

图 5-33　直接启动电路

3. 三相异步电动机的通用测试

（1）启动电流的测量：将钳形电流表量程置于较大的挡位（为电动机额定电流的 7～10 倍），电动机静止时用钳口卡住一根电源线，通电使电动机启动，观察电动机启动瞬间的电流，并做好记录（见表 5-3）。

（2）空载电流的测量：待电动机转动正常后，用钳形电流表分别测量三相的空载电流，并做好记录（见表 5-3）。

（3）空载转速的测量：待电动机转动正常后，用转速表测量电动机的空载转速，做好记录，并计算转差率。

四、思考题

1. 电动机在通电运行前需要进行哪些检查和试验？

2. 在通电运行前为什么必须注意电动机的三相定子绕组接法正确？

五、注意事项

1. 注意安全用电，不要带电操作；必须经教师检查确认无误后方可通电；如出现故障，应立即切断电源并报告教师。

2. 正确使用仪器仪表。

3. 在通电运行前检测电动机定子绕组是否断路及接法是否符合铭牌要求。

表 5-3　三相异步电动机的测试数据

<table>
<tr><td rowspan="2">直流电阻</td><td colspan="2">U_1与U_2</td><td colspan="2">V_1与V_2</td><td colspan="2">W_1与W_2</td></tr>
<tr><td colspan="2"></td><td colspan="2"></td><td colspan="2"></td></tr>
<tr><td rowspan="2">绝缘电阻</td><td>U_1与V_1</td><td>V_1与W_1</td><td>W_1与U_1</td><td>U_1与外壳</td><td>V_1与外壳</td><td>W_1与外壳</td></tr>
<tr><td></td><td></td><td></td><td></td><td></td><td></td></tr>
<tr><td rowspan="2">启动电流</td><td colspan="2">I_U/A</td><td colspan="2">I_V/A</td><td colspan="2">I_W/A</td></tr>
<tr><td colspan="2"></td><td colspan="2"></td><td colspan="2"></td></tr>
<tr><td rowspan="2">空载电流</td><td colspan="2">I_U/A</td><td colspan="2">I_V/A</td><td colspan="2">I_W/A</td></tr>
<tr><td colspan="2"></td><td colspan="2"></td><td colspan="2"></td></tr>
<tr><td>空载转速（r/min）</td><td colspan="6"></td></tr>
<tr><td>转差率</td><td colspan="6"></td></tr>
</table>

任务 5.2　认识低压电器及基本控制电路安装

了解常用低压电器元件的结构、工作原理、作用及使用方法。掌握三相异步电动机的基本控制电路的组成、原理及安装方法；能正确分析电动机基本控制电路，并能正确安装、检测及排除故障。

现代生产机械设备大多数是由电动机拖动的。为使这些机械设备按照设定的要求运行，需要对电动机进行控制，如对电动机的启动、停止、正反转等过程进行手动和自动控制。目前，对电动机的控制及电路保护，普遍采用按钮、继电器、接触器等低压电器来完成。

5.2.1　常用低压电器

低压电器通常是指工作在交流电压小于 1200V、直流电压小于 1500V 的电路中的电器。低压电器种类繁多，按动作方式可分为手动电器和自动电器；按作用不同可分为低压控制电器和低压保护电器（有的电器同时具有控制和保护作用）；按动作原理可分为电磁式电器和非电量电器。

一、手动电器

1. 刀开关

刀开关，俗称刀闸开关，主要用来隔离电源，按极数不同可分为单极、两极和三极。它的结构简单，主要由刀片（动触头）和刀座（静触头）组成。图 5-34 所示的为 HK 型三极胶盖瓷底闸刀开关的外形、结构及图形符号，QS 为其文字符号。胶盖可用来熄灭切断电源时产生的电弧，保证操作人员的安全。

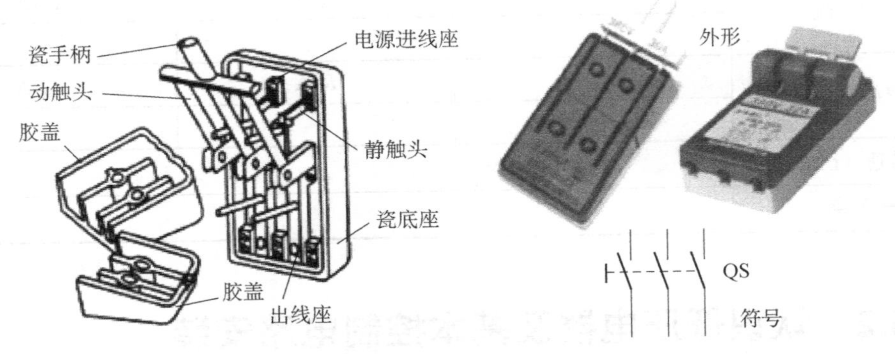

图 5-34　刀开关的外形、结构及符号

刀开关适用于手控不频繁地接通和切断小负载电路，多用在照明电路和小容量（小于 5.5kW）、不频繁启动的动力控制电路中。

安装时，瓷底座应与地面垂直，手柄向上，易于灭弧，不得倒装或平装。倒装时手柄可能因自重落下而引起误合闸，危及人身和设备安全。接线时，应保证“上进下出”的原则，即电源进线接在上端端子，负载出线接在下端端子，这样当拉开刀闸后，刀开关与电源隔离，便于检修。刀开关的主要功能是隔离电源，根据使用场合选择刀开关的类型、极数及操作方式，对于普通负载，可根据其额定电流来选择，对于有电动机启动的场合，其额定电流应为电动机额定电流的 3 倍左右。

2. 组合开关

组合开关又称转换开关，是一种多触点、多位置、控制制多个回路的刀开关。组合开关与普通闸刀开关的区别是用动触片代替闸刀，操作手柄在平行于安装面的平面内可左右转动。它有若干动触片和静触片（刀片），分别装于数层绝缘垫板内，动触片装在附有手柄的转轴上，随转轴旋转而改变通、断位置。如图 5-35 所示为 HZ10-25 / 3 型组合开关的外形、结构和图形符号。

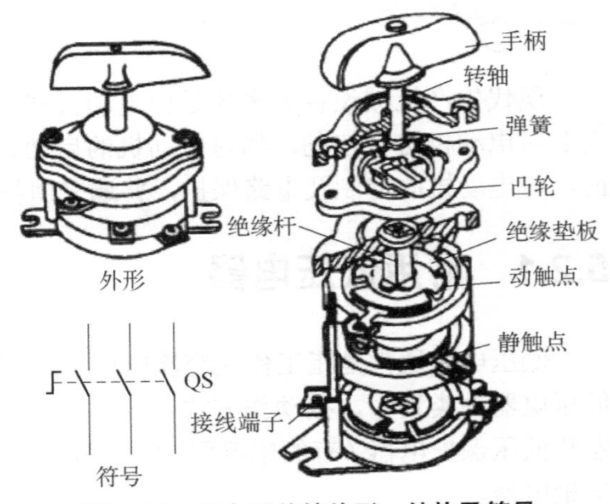

图 5-35　组合开关的外形、结构及符号

组合开关的选用应根据电源种类、电压等级、所需触点数目和额定电流等来进行。组合开关常用作电源隔离开关（通常不带负

载时操作），有时也用作小负荷开关，作为非频繁的接通和分断电路小电流电路，如小功率电动机的启动、停止和正转、反转控制等。

3. **按钮**

按钮是一种典型的主令电器，其作用是用来接通或断开小电流的控制电路（如接触器、继电器等）。按钮一般由按钮帽、复位弹簧、桥式动触头、静触头、支柱连杆及外壳等组成，当按下按钮帽时，常开触点闭合、常闭触点断开；松开按钮帽，触点复位。按钮的结构原理和图形符号如图 5-36 所示，SB 为其文字符号。按钮的形式很多，根据触点不同按钮可分为以下 3 种。

（1）常开按钮：又称动合按钮，在未按下按钮帽时，动、静触点是断开的，按下按钮帽时，动、静触点闭合，松开按钮时，在复位弹簧作用下动、静触点会自动恢复原来的断开状态。

（2）常闭按钮：又称动断按钮，在未按下按钮帽时，动、静触点是闭合的，按下按钮帽时，动、静触点断开，松开手时，在复位弹簧作用下动、静触点会自动恢复原来的闭合状态。

（3）复合按钮：既有动合按钮，又有动断按钮。按下按钮帽时，所有的触点都改变状态，即动合触点要闭合，动断触点要断开。但这两对触点的变化是有先后顺序的：按下按钮帽时，动断触点先断开，动合触点后闭合；松开按钮时，动合触点先复位，动断触点后复位。

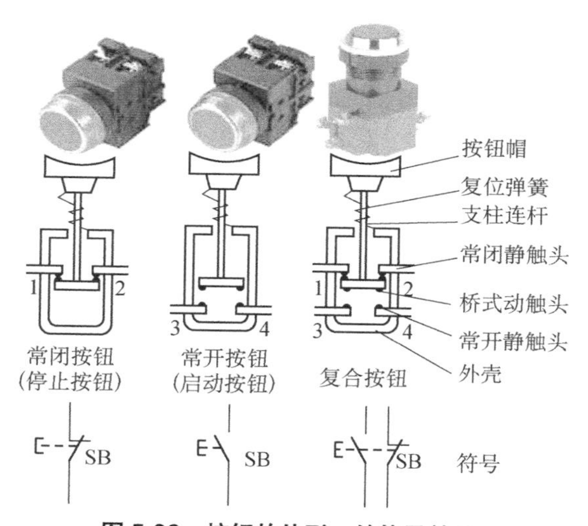

图 5-36 按钮的外形、结构及符号

按钮的触点允许通过的电流较小，一般不超过 5A。一般情况下，它不直接控制主电路，而是在控制电路中发出指令或信号去控制接触器、继电器等电器，再由它们去控制主电路的通断、功能转换或电气联锁。为便于识别，避免发生误操作，常用不同的颜色和符号标志来区分按钮的功能及作用，其颜色有红、绿、黄、白、蓝等，一般红色用作停止按钮，绿色用作启动按钮等。常用的按钮有 LA2、LA10、LA18、LA19、LA20 等系列，选用时主要根据使用场合、触点个数和颜色等要求来进行。

二、自动电器

自动电器是指能根据参数变化和控制指令自行完成保护或控制电路功能的电器。常用自动电器有：空气断路器、熔断器、接触器和热继电器等。

1. 空气断路器

空气断路器，即空气开关，在低压配电网络和电力拖动系统中应用非常广泛，是一种只要电路中电流超过额定电流就会自动断开的开关。它集控制和多种保护功能于一身。除能完成接触和分断电路外，还能对电路或电气设备发生的短路、严重过载及欠电压等进行保护，同时也可以用于不频繁地启动电动机。空气断路器的外形、结构原理及图形符号如图 5-37 所示。空气断路器主要由触点系统、操作结构和保护元件三部分组成。当电路发生短路或严重过载或失压时，会自动跳闸，切断电源。

目前国内常用的塑料外壳式空气断路器有 DZ5、DZ10、DZ15、DZ20 和 DZ10X 等系列。空气断路器的一般选用原则：①根据线路对保护的要求确定断路器的类型和保护形式。②额定电压应不低于线路额定电压。③额定电流应不低于线路计算负载电流。④热脱扣器的整定电流应等于所控制负载的额定电流。⑤电磁脱扣器的瞬时脱扣整定电流应不低于负载电路正常工作时的峰值电流。⑥动空气开关欠电压脱扣器的额定电压应等于线路额定电压。⑦断路器的长延时脱扣电流应小于导线允许的持续电流。

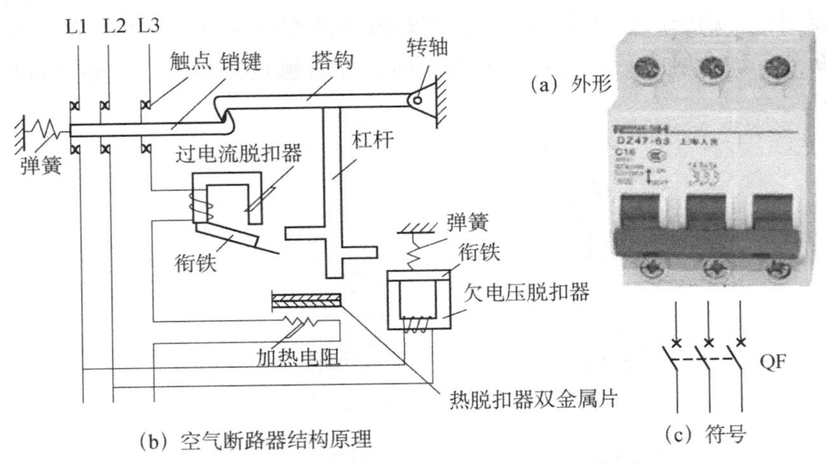

图 5-37 空气断路器的外形、结构及符号

2. 熔断器

熔断器俗称保险丝，在低压配电系统和控制系统中，主要作为短路保护之用。当通过熔断器的电流大于规定值时，以其本身产生的热量使熔体熔化而自动分断电路，使用时，熔断器串接在所保护的电路中，能在电路发生短路或严重过电流时闪速自动熔断，从而切断电路电源，起到保护作用。熔断器有管式、插入式和螺旋式等几种形式，如图 5-38 所示，其图形符号如图 5-38（d）所示，文字符号为 FU。

熔断器的熔丝一般由熔点较低的铅锡合金、银、铜、铝等制成，是熔断器的核心部件。熔断器是控制电路和配电电路中常用的安全保护电器，熔丝被串联在保护的电路中，当电路通过的电流小于或等于熔丝的工作额定电流时，熔丝不会断开，电路正常工作。一旦电路发生短路或超载故障，线路中的电流会增大，在熔丝上产生的热量便会使其温度升高到熔丝的熔点，熔丝自动熔断，切断电源，起到保护设备的作用。

熔断器的选用由电路的工作情况来确定。在照明、电热器等电路中，熔断丝的额定电流应等于或稍大于负载的额定电流。熔断丝电流过小，电路不能正常工作，电流过大又不能起

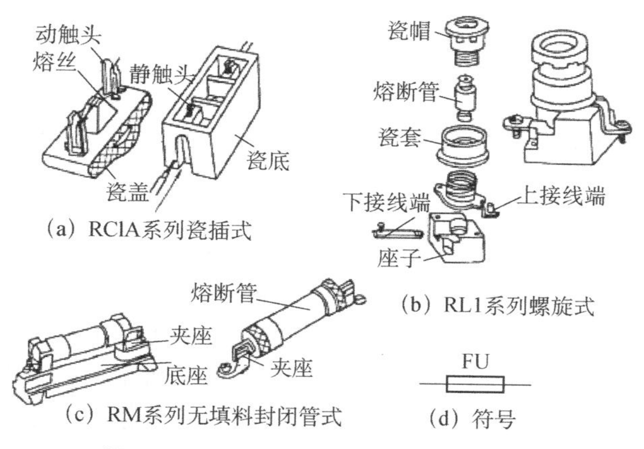

图 5-38　几种熔断器的外形结构及符号

到保护作用。

在异步电动机直接启动的电路中，启动电流可达额定电流的 4～7 倍。为了在启动时保证熔断丝不致熔断，在电路内发生短路故障时又能迅速熔断，熔断丝应选用热容量小、熔断较快的铜丝，其额定电流可取为电动机额定电流的 2.5～3 倍；熔断丝选用铅锡合金丝时，一般取其电流为额定电流的 1.6～2 倍。在某些重载启动或采用反接制动的电动机线路中，也有把额定电流取为电动机额定电流的 3.5～4 倍的。此外，电动机在运行中，常发生由于某相熔断丝烧断而造成单相运转致使绕组烧坏的情况，根据经验，按较大系数选择熔断丝，在使用中再定期检查熔断丝的接触情况，完全可以有效地减少熔断丝的断相故障。

3. 接触器

接触器主要是用来频繁地接通或分断交、直流主电路，并能进行远距离控制的自动电器，是电力拖动中最主要的控制电器之一。接触器分为直流和交流两大类，基本结构相同都是由电磁系统、触点系统和灭弧装置、释放弹簧等组成。图 5-39 所示为交流接触器的外形、结构和图形符号，KM 为其文字符号。同一个接触器上的线圈和触点用相同的文字符号表示。

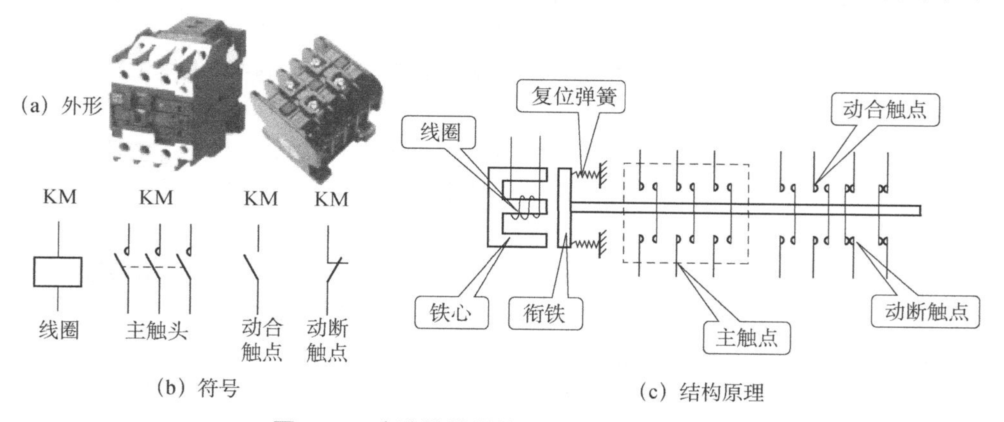

图 5-39　交流接触器的外形、结构及符号

交流接触器的电磁系统由电磁线圈、铁芯和衔铁组成。接触器的动触头固定在衔铁上，静触头固定在机壳上。触点系统按功能不同分为 3 对常开主触点和 4 对辅助触点（2 对常开和 2 对常闭)。主触点允许通过较大的电流，接在主电路中，用于接通和断开主电路；辅助触点只允许通过较小的电流，接在控制电路中，用于实现一定的控制要求（如自锁和互锁等)。常开触头是指线圈未通电时互相分开的触头，也称动合触头；常闭触头是指线圈未通电时互相闭合的触头，也称动断触头。

接触器的线圈与开关串联接在控制电路中。当线圈通电时，衔铁被吸合，带动各个常开触头闭合，常闭触头断开；当吸引线圈断电时，在恢复弹簧的作用下、衔铁和所有触头都恢复到原来状态，从而实现对主电路的自动控制。接触器除是一个控制电器外，还是一个欠压、失压保护电器，即在线路电压降低到临界电压（欠压）或电源电压突然消失（失压）时，接触器线圈便会失电，使其主触头断开而切断主电路，从而防止电动机因过载而烧毁，或者防止在电源电压恢复时电动机可能自动重新启动，以免造成人身或设备故障。

交流接触器线圈的额定电压有 36V、110V、220V 和 380V 四种，其额定电流有 5A、10A、20A、40A、60A、100A、150A 七种。20A 以上的交流接触器通常装有陶瓷灭弧罩，用来迅速熄灭触头分断时所产生的电弧，以免触头灼伤或熔焊。在接触器有负载时，不允许把灭弧罩取下，因为装上灭弧罩后，三对主触点被绝缘材料隔开，可以避免因触头分断时产生的电弧相互连接而造成相间短路事故。

交流接触器常用来接通和分断异步电动机电路，常用的有 CJ10、CJ12、CJ21、CJ26 等系列。选择接触器时根据电动机的额定电流来确定，其线圈的额定电压则应根据控制电路的工作电压来选择。

4. 中间继电器

中间继电器的文字符号为 KA，其结构原理与接触器基本相同。与接触器相比，其体积小、触点容量小、不需要灭弧装置、触点数目多、动作灵敏，通常用于传递信号或同时控制多个电路，也可直接用它来控制小容量电动机或其他电气执行元件。

5. 热继电器

热继电器是利用电流的热效应原理工作的保护电器，在电路中用作电动机的长期过载保护。

热继电器有多种结构形式，最常用的是双金属片式结构，由发热元件、双金属片、动断触点、传动机构、复位按钮及电流调节钮等组成。图 5-40 所示为热继电器的外形、结构和图形符号，FR 为其文字符号。

热继电器的发热元件一般由电阻不大的电阻丝或电阻片构成，并绕在由两个热膨胀系数不同的双金属片上，双金属片的一端固定在支架上，另一端与导板自由接触。当通过热元件的电流为额定电流时，双金属片受热膨胀变形（弯向膨胀系数小的一侧)，但此时变形较小不足以使热继电器动作；但当电流过载（超过整定电流）时，双金属片的变形加大，推动导板带动传动机构运动，将动断触头断开，切断被保护电路。断电后经过一定时间，双金属片逐渐冷却，按下复位按钮，热继电器便可复位重新工作。

由于热继电器是依靠发热元件通过电流后使双金属片变形而动作的，因此要实现这个动作需要一个热量积累的过程。对于短时过载，热继电器不会立即动作。所以热继电器只适用于作电动机的长期过载保护，而不能作短路保护。

常用的热继电器产品有 JR20、JRS1、JR36、JR10、JR15、JR16 等系列，选用时其额定电流应大于被保护电动机的额定电流，整定电流按电动机的额定电流进行调整。当整定电流

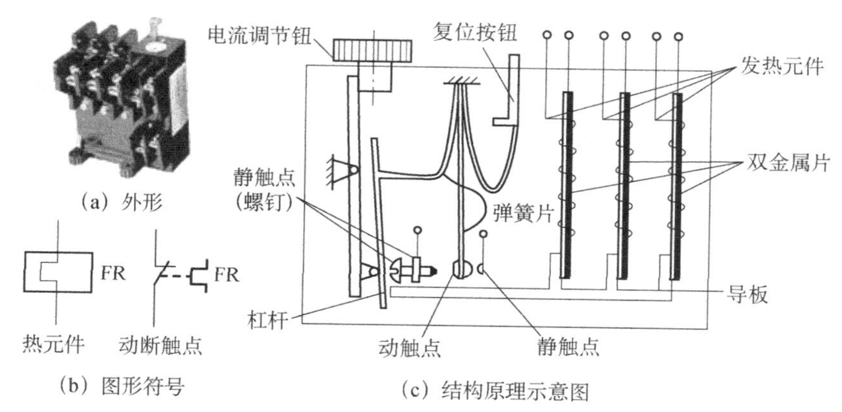

图 5-40 热继电器的外形、结构和图形符号

为额定电流的 1.2 倍时，热继电器约在 20min 内动作；1.5 倍时，约在 2min 内动作；6 倍时，约在 5s 内动作，一般应使所选热继电器的额定电流为电动机界定电流的 0.95～1.05 倍。

6. 时间继电器

时间继电器是指从线圈通电（或断电）开始，经过一定的延时后触点才动作（闭合或断开）的继电器。常用的时间继电器有空气阻尼式、电子式等，它们的外形如图 5-41 所示。

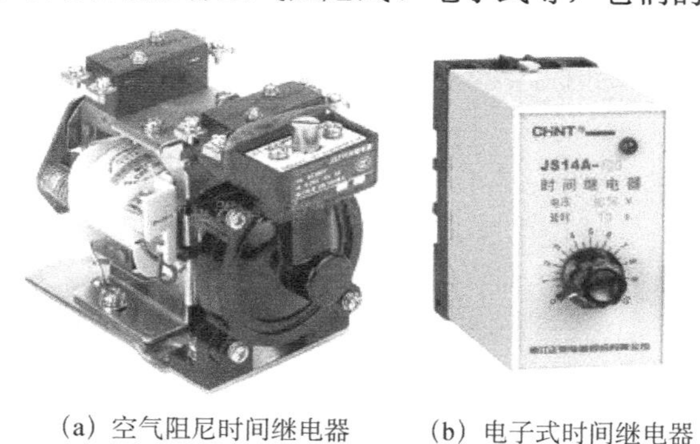

图 5-41 常用的时间继电器

空气阻尼式是利用空气阻尼以达到延时目的的，比较简单、直观，电子式则利用半导体器件实现延时，具有体积小、延时时间长等特点，在电气控制中常用。图 5-42 所示为 JS7 空气阻尼时间继电器的结构原理和图形符号，KT 为其文字符号。

由图 5-42 可见，它主要由电磁机构、触头系统、气室及传动机构等所组成。当线圈通电后，动铁芯在电磁力作用下被吸住，由于释放弹簧的作用，活塞杆将向下移动，由于活塞杆的上端连着气垫中的橡皮膜，橡皮膜也将随之向下移动，橡皮膜的下移使气室体积增大，因近气孔较小，不能及时补充空气，这样，气室内空气就变得稀薄，外面的大气压力将阻止活塞杆下移，起到阻尼延时作用，直到气囊内通过进气孔补充了足够的空气，活塞杆才移动到位，并推动杠杆，使延时触点动作。除了有延时触点外，时间继电器还有瞬动触点，当线圈得电后，随着动铁芯的吸合，它们立即动作，使用中可按控制线路的不同要求选取。利用进气孔调节螺钉，可调整延时时间的长短，进气孔小，进气量慢，气室压差大，延时时间就长；反之，延时时间则短。此外，当线圈失电时，在复位弹簧的作用下，衔铁将立即复原，气室内空气可通过排气孔立即排出，不存在压差、延时问题。这种继电器属于通电延时型：即通电时，其常开触点延时闭合、常闭触点延时断开；断电时常开、常闭触点立即复原。还有一种时间继电器属于断电延时型，通电时触点立即动作，断电时触点则延时动作。

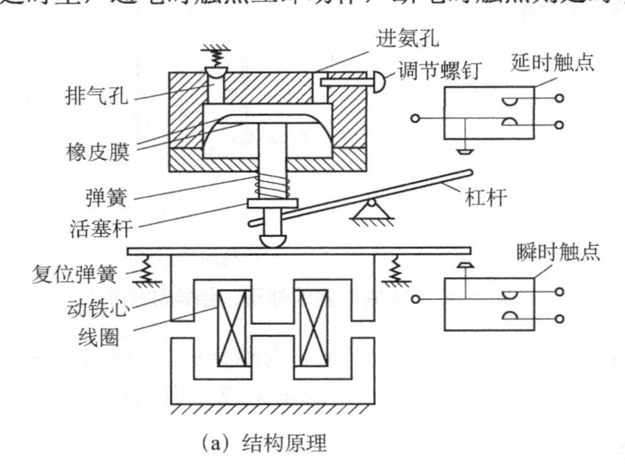

(a) 结构原理

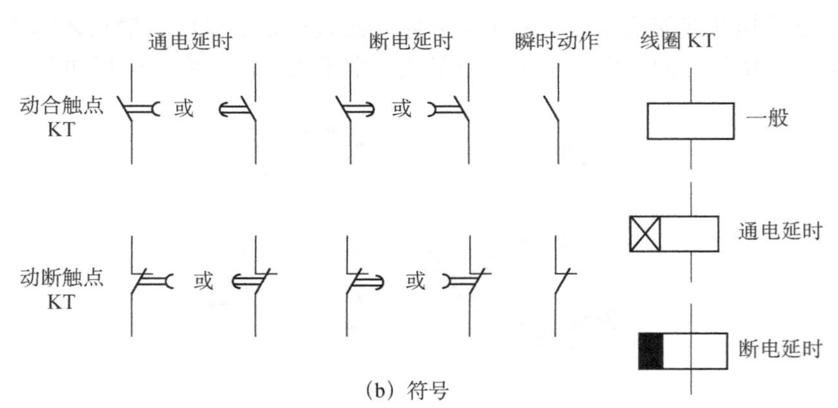

(b) 符号

图 5-42　JS7 时间继电器的结构原理及符号

空气阻尼式时间继电器的结构简单、应用广泛，但其延时时间不长、准确度低。如果要求延时精确，则一般应选用电动式、晶体管式时间继电器。

7. 行程开关

行程开关又称限位开关，能将机械位移转变为电信号，进行限位保护和行程控制。它的种类很多，按运动形式可分为直动式和转动式，按触点性质可分为有触点式和无触点式等。

图 5-43 所示的为一有触点直动式行程开关的结构和图形符号。行程开关有一对动合触头和一对动断触头。静触头装在绝缘基座上，动触头与推杆相连，当推杆受到装在运动部件上的挡铁作用后，触点换接。当挡铁离开推杆后，恢复弹簧使开关自动复位。这种开关的分合速度与挡铁运动速度直接相关。不能做瞬时换接，属于非瞬时动作的开关。它只适用于挡铁运动速度不小于 0.4m/min 的场合中，否则会由于电弧在触点上所停留时间过长而使触点烧坏。这种行程开关的结构简单、价格便宜、应用甚广。

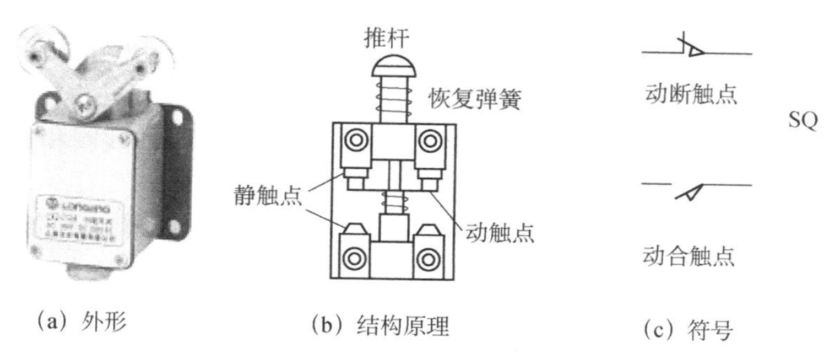

图 5-43　行程开关的外形、结构和图形符号

目前生产上常用的行程开关很多，如 LX19、LX22 系列及 LXW 系列微动开关等，它们的结构紧凑，触点能瞬时换接，故可用于机械部件做低速运动的场合。

为了克服有触点行程开关可靠性较差、使用寿命短和操作频率低的缺点，现在很多设备开始采用无触点式行程开关，也叫接近开关。

接近开关外形结构多种多样。其电子线路装调后用环氧树脂密封，具有良好的防潮防腐性能。它能无接触又无压力地发出检测信号，又具有灵敏度高、频率响应快、重复定位精度高、工作稳定可靠、使用寿命长等优点，在自动控制系统中已获得广泛应用。

5.2.2　三相异步电动机的基本控制电路

对三相异步电动机的控制大部分都是采用按钮、接触器等低压电器来实现。由于在电路中应用了接触器，对大电流的主电路的控制就变成了对小电流的控制电路的控制，操作者不需要手动操作开关，可以在远处用按钮操作，对多台电动机还可实现集中控制，既方便又保证了安全。电动机的基本控制电路有点动控制、连续（长动）控制、正反转控制、多地控制、顺序控制及 Y-△降压启动控制等。

一、点动控制电路

电动机的点动就是按下按钮时电动机运转，松开按钮时电动机立即停止工作。其控制电路如图 5-44 所示，图中熔断器 FU_1、FU_2起短路保护作用（为了扩大保护范围，熔断器在线路中应尽量靠近电源，一般直接装在刀开关下方）。该电路是用按钮、接触器来控制电动机运行的最简单的控制电路，其工作原理是：接通电源开关 QS，按下启动按钮 SB，交流接触器 KM 的线圈通电动作，主触头 KM 闭合，电动机 M 接通电源启动运转；松开按钮 SB，接触器线圈 KM 断电，主触头 KM 分断，电动机 M 停止运转。

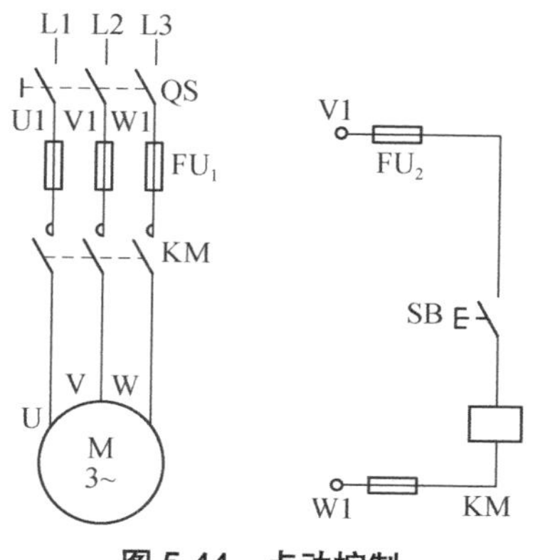

图 5-44　点动控制

电动机的点动控制主要用于机床刀架、横梁、立柱的快速移动及机床的调整对刀等。

二、连续（长动）控制电路

电动机的连续运转，也称为长动，相对点动控制而言，它是指在按下启动按钮启动电动机后，松开按钮，电动机仍然能够通电连续运转。电动机长动控制电路如图 5-45 所示，三相交流电源经由三相闸刀开关 QS、熔断器 FU_1、接触器 KM 主触头、热继电器 FR 的发热元件到电动机 M 的定子，构成主电路；按钮 SB_1、SB_2、接触器 KM 的线圈和其常开辅助触头、热继电器 FR 的常闭触头和熔断器 FU_2 构成控制电路。

其工作原理：接通电源开关 QS，按下启动按钮 SB_2，交流接触器 KM 的线圈通电动作，三个主触头闭合，电动机 M 接通电源启动；同时与 SB_2 并联的常开辅助触头 KM 也闭合，即使松开按钮 SB_2，接触器吸引线圈依靠其常开触头 KM 闭合仍能保持通电。这种依靠接触器自身触头而使其线圈保持通电的现象，称为自锁，这对起自锁作用的常开辅助触头称为自锁触头。

按下停止按钮 SB_1，接触器线圈 KM 断电，主触头、自锁触头恢复常开状态，电动机 M 停止运转，就是松开手，SB_1 复位闭合后，控制电路已断开，也不可能再自行启动运转。只有等到下次按下启动按钮 SB_2，电动机才会再次启动。

电路中，熔断器 FU_1、FU_2 分别为主电路、控制电路提供短路保护；热继电器 FR 用来对电动机进行长期过载保护；交流接触器 KM 起到欠电压与失电压保护。

注意：为了读图方便，在控制电路原理图上，尽量把连接线画得简洁易读，因此，常常把同一电器的各个部分分开来画。例如，接触器的线圈、主触点、辅助触点都没有画在一起，但标以相同的字母 KM；热继电器的热元件和它的动断触点也没有画在一起，而标以相同的字母 FR，在读图时应注意辨认。

在实际工作中，往往需要电动机既能点动又能连续运转。图 5-46 所示是电动机既能实现点动又能连续运转的控制电路。图中增加了一个复合按钮 SB_3（其两对触点用虚线相连），将 SB_3 的常闭触头串接在接触器自锁电路中，其常开触头与连续运转启动按钮 SB_2 常开触头并联，使 SB_3 成为点动控制按钮。当按下 SB_3 时，其常闭触头先断开，切断自锁电路，常开触头后闭合，接触器 KM 线圈通电并吸合，主触头闭合，电动机启动旋转。当松开 SB_3 时，它的常开触头先恢复断开，KM 线圈断电并释放，KM 主触头及与 SB_3 常闭触头串联的常开辅助触头都断开，电动机停止旋转。SB_3 的常闭触头后恢复闭合，这时也无法接通自锁电路，KM 线圈无法通电，电动机也无法运转。电动机需连续运转时，可按下连续运转起动按钮 SB_2，停机时按下停止按钮 SB_1，便可实现电动机的连续运转启动和停止控制。

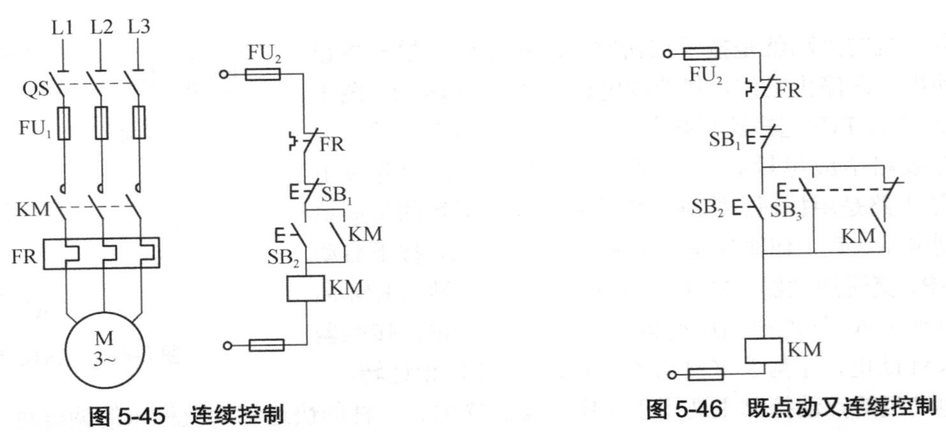

图 5-45　连续控制

图 5-46　既点动又连续控制

三、顺序控制电路

有些生产机械工作时，要求按一定顺序控制多台电动机的启、停。如轧钢机、感应炉及大型自动机床等设备，必须在润滑系统或冷却系统运转后，主轴电动机才能启动。图 5-47 和

图 5-48 所示为两台电动机的顺序启动控制电路。

图 5-47 所示的是通过主电路实现顺序启动的控制电路，其特点是将交流接触器 KM_1 主触头的进线端与三相电源相接，交流接触器 KM_2 主触头的进线端与 KM_1 主触头的出线端相连。这样电动机 M_2 必须经过交流接触器 KM_1 主触头的吸合才能与电源接通，只有先按下按钮 SB_2，KM_1 线圈得电使 KM_1 主触头吸合，电动机 M_1 通电启动后，再按下 SB_3，接触器 KM_2 线圈得电使 KM_2 主触头吸合，才能使电动机 M_2 通电启动，即实现两台电动机的顺序启动。如果 KM_1 主触头没有吸合，即使 KM_2 线圈先得电使 KM_2 主触头吸合，但由于电动机 M_2 不能与电源接通，所以也不会先启动。

图 5-48（a）所示的是通过接触器控制线圈回路实现的顺序启动控制电路，其特点是主电路中的 KM_1 和 KM_2 的主触头得电没有先后顺序，而控制线圈的得电是有先后的。即使先按下按钮 SB_3，KM_2 线圈也不会得电，则 KM_2 主触头不会吸合，电动机 M_2 不会启动，只有在先按下 SB_2，使 KM_1 线圈先得电，KM_1 主触头先吸合后，再按下 SB_3 才能使 KM_2 线圈得电接通。这样就实现了实现两台电动机的顺序启动。

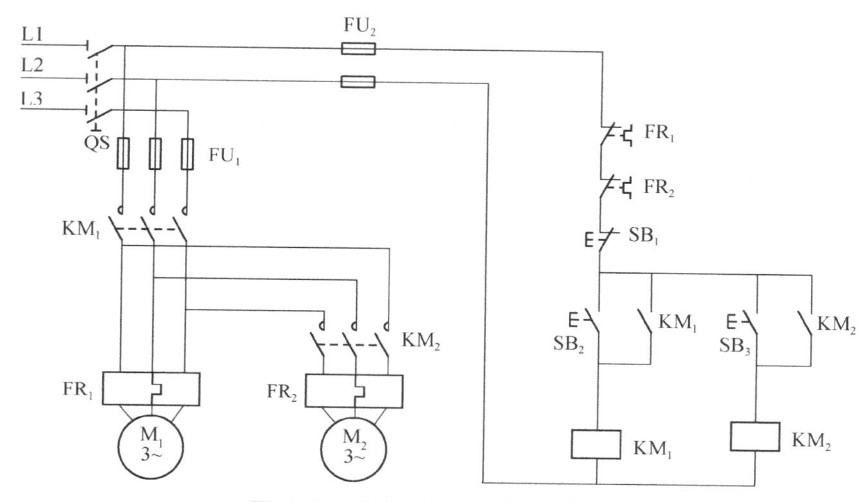

图 5-47 主电路实现顺序启动控制

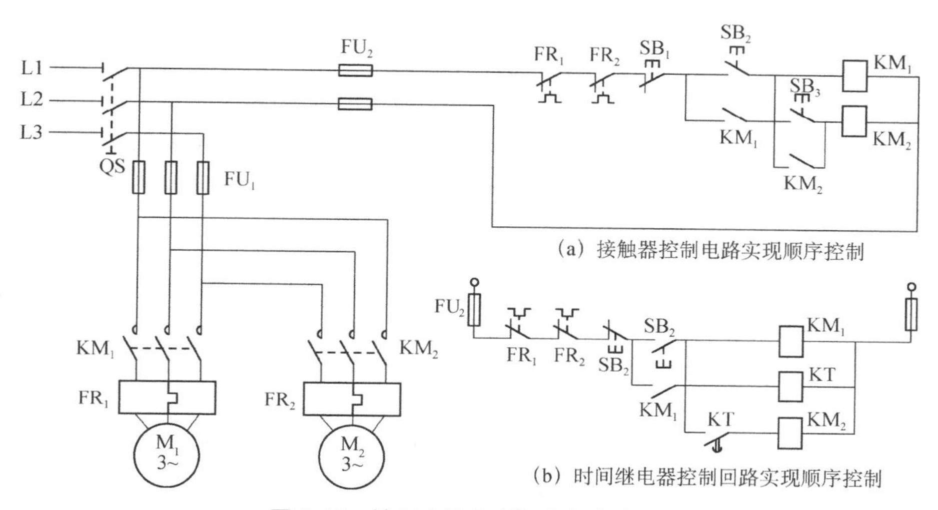

（a）接触器控制电路实现顺序控制

（b）时间继电器控制回路实现顺序控制

图 5-48 控制电路实现顺序启动控制

图 5-48（b）是用时间继电器实现的顺序启动控制电路，特点是按下启动按钮 SB_2，接触器 KM_1 线圈得电，电动机 M_1 启动；同时，时间继电器 KT 线圈也得电，其延时常开触点 KT 延时闭合，使接触器 KM_2 线圈得电，延时启动电动机 M_2。

以上三种顺序启动电路，均是按下停止按钮 SB_1，使两台电动机同时停转。实际应用中还可以根据需要实现电动机的顺序停转。

四、多地控制电路

有的生产机械要求在几处都能操作，从而引出多地控制问题。显然，为了实现多地控制，控制电路中必须有多组按钮。这些按钮的接线，应遵从下面的原则：各启动按钮并联；各停止按钮串联。如图 5-49 所示为两地控制同一台电动机的控制电路。

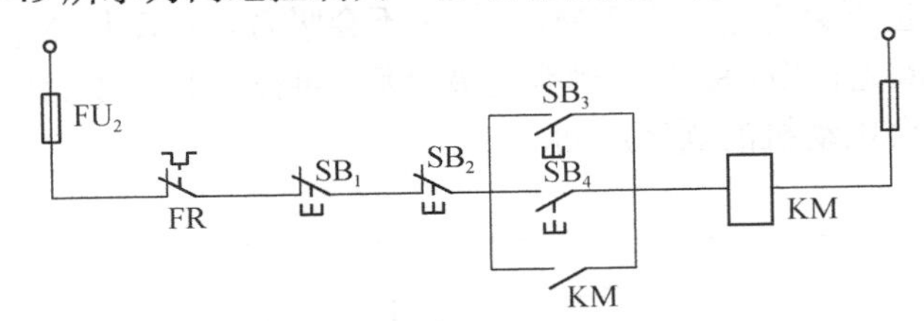

图 5-49　同一台电动机的两地控制电路

当按下启动按钮 SB_2 或 SB_4 时，都可以使接触器 KM 的线圈通电，接通主电路；同样按下停止按钮 SB_1 或 SB_3 时，都可以使接触器 KM 的线圈断电，KM 主触头断开，电动机停转。

五、正、反转控制电路

在生产加工过程中，生产机械往往要求运动部件做往复运动，如机床工作台的前进和后退，车床主轴的正转和反转，起重机吊钩的上升和下降等，都要求拖动电动机能实现正转和反转可逆运行。电动机由正转变为反转很简单。只要将电动机三相电源进线中的两相对调接线，即改变电动机的电源相序，其旋转方向就会随之改变，故控制电路只要能保证两相对调接线而不会短路，就可以实现三相异步电动机的正反转。

图 5-50 所示为三相异步电动机的正反转控制电路。电路中采用了两个接触器：正转接触器 KM_1 和反转接触器 KM_2，它们分别由正转按钮 SB_2 和反转按钮 SB_3 控制。从图 5-50（a）所示主电路中可看出，这两个接触器的主触头所接通的电源相序不同，KM_1 按 L1-L2-L2 相序接线，KM_2 按 L3、L2、L1 相序接线。但必须注意，接触器 KM_1 和 KM_2 的主触头决不允许同时闭合，否则会造成两相电源（L1 相和 L3 相）短路事故。

1. 接触器互锁正、反转控制电路

为了避免两个接触器 KM_1 和 KM_2 同时得电，将 KM_1、KM_2 的常闭辅助触头分别串接到对方线圈电路中，形成相互制约的控制，这种相互制约的控制关系称为互锁，也叫联锁。这两对起互锁作用的常闭触头称为互锁触头。由接触器或继电器常闭触头构成的互锁还称为电气互锁。

接触器互锁正、反转控制电路如图 5-50（b）所示，其工作原理：在上图接触器互锁正、反转控制电路中，按下正转起动按钮 SB_2，正转接触器 KM_1 线圈通电，一方面 KM_1 主电路中的主触点和控制电路中的自锁触点闭合，使电动机连续正转；另一方面，动断互锁触点 KM_1

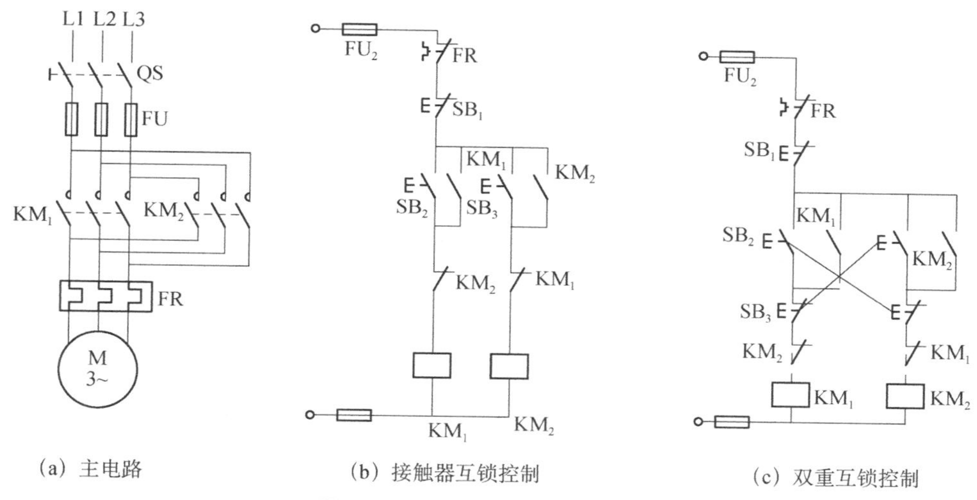

（a）主电路　　（b）接触器互锁控制　　（c）双重互锁控制

图 5-50　电动机正反转控制电路

断开，切断反转接触器 KM_2 线圈支路，使得它无法通电，实现互锁。此时，即使按下反转起动按钮 SB_3，反转接触器 KM_2 线圈因 KM_1 互锁触点断开也不会通电。要实现反转控制，必须先按下停止按钮 SB_1，切断正转接触器 KM_1 线圈支路，KM_1 主电路中的主触点和控制电路中的自锁触点恢复断开，互锁触点恢复闭合，解除对 KM_2 的互锁，然后按下反转起动按钮 SB_3，才能使电动机反向启动运转。同理可知，反转起动按钮 SB_3 按下时，反转接触器 KM_2 线圈通电。一方面主电路中 KM_2 三对常开主触点闭合，控制电路中自锁触点闭合，实现反转；另一方面正转互锁触点断开，使正转接触器 KM_1 线圈支路无法接通，进行互锁。

接触器互锁正、反转控制电路优点是，可以避免由于误操作以及因接触器故障引起电源短路的事故发生；但存在的主要问题是，从一个转向过渡到另一个转向时要先按停止按钮 SB_1，不能直接过渡，显然这是十分不方便的；可见接触器互锁正、反转控制电路的特点是安全不方便，运行状态转换必须是“正转—停止—反转”。

2. 双重互锁正、反转控制电路

为提高生产效率，实际工作中常要求电动机能够直接进行正反转切换，常采用按钮、接触器双重互锁的正、反转控制电路，简称双重互锁。如图 5-50（c）所示，在接触器互锁的基础上使用了复合按钮 SB_2、SB_3，并分别将它们的常闭触点串接到对方的线圈支路中。只要按下按钮，就自然先切断了对方的线圈支路。这种利用按钮的常闭触点来实现的互锁，称它为按钮互锁，属于机械互锁。

双重互锁正、反转控制电路的工作原理：按下正转启动按钮 SB_2，SB_2 常闭触头断开，先分断对 KM_2 的互锁；SB_2 常开触头后闭合，KM_1 线圈通电动作，KM_1 主触头闭合，电动机正转，同时 KM_1 常开辅助触头闭合，实现自锁，KM_1 常闭辅助触头断开互锁，保证 KM_2 不会动作。

按下反转按钮 SB_3 时，SB_3 常闭触头先断开，KM_1 线圈断电，KM_1 主触点断开，电动机停转，KM_1 常开辅助触头断开（解除自锁），常闭触头闭合（为下次反转做准备）。SB_3 常开触头后闭合，KM_2 线圈通电动作，KM_2 主触头闭合，电动机反转，同时 KM_2 常开辅助触头闭合自锁，KM_2 常闭辅助触头断开互锁。按下停止按钮，KM_1、KM_2 都会断电，电动机停转。

双重互锁正、反转控制电路结合了接触器互锁和按钮互锁的优点，既能实现正、反转直接过渡，也可有效防止相间短路事故的发生，电路操作方便、安全可靠，因此实际应用非常广泛。

六、Y–△降压启动控制电路

Y-△降压启动是指在电动机启动时，把定子绕组接成星形，以降低启动电压，限制启动电流，待电动机启动后，再把定子绕组改接成三角形，使电动机全压运行，凡是正常运行时，定子绕组组成三角形连接的异步电动机，才可考虑是否采用此种降压启动的方法。图 5-51 所示电路为常用 Y-△降压启动控制电路。

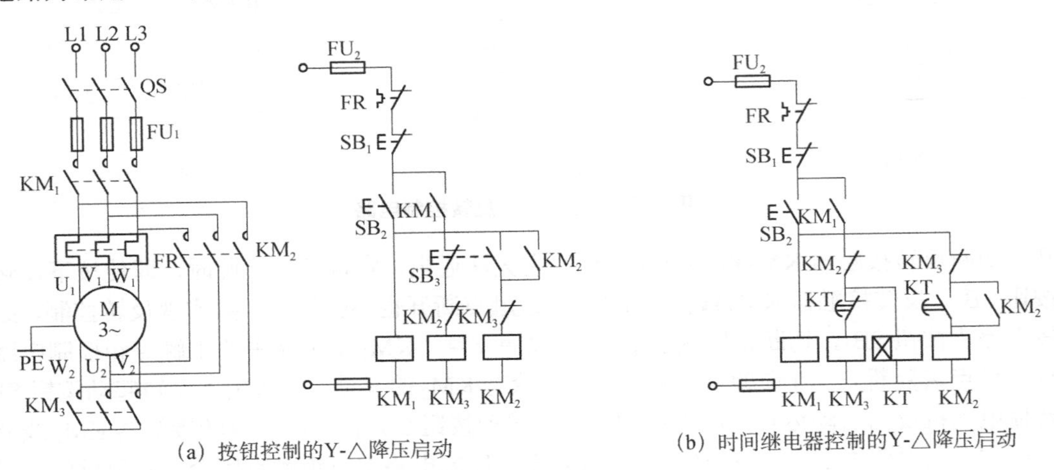

(a) 按钮控制的Y-△降压启动　　(b) 时间继电器控制的Y-△降压启动

图 5-51　Y-△降压启动控制电路

图 5-51（a）是按钮控制的 Y-△降压启动控制电路，其工作原理：按下“Y”启动按钮 SB_2，KM_1、KM_3 线圈同时通电，KM_1 辅助触点吸合自锁，KM_1 主触点吸合接通三相交流电源，KM_3 主触点吸合将电动机三相定子绕组尾端短接，电动机“Y”启动；KM_3 的常闭辅助触点（互锁触点）断开对 KM_2 线圈，使 KM_2 线圈不能通电。电动机转速上升至一定值时，按下“△”全压运行切换按钮 SB_3，SB_3 常闭触点先断开使 KM_3 线圈断电，KM_3 主触点断开解除定子绕组的“Y”连接，KM_3 常闭辅助触点（互锁触点）恢复闭合，为 KM_2 线圈通电做好准备，SB_3 按钮常开触点闭合后，KM_2 线圈通电并自锁，KM_2 主触点闭合，电动机定子绕组首尾顺次连接成“△”运行，KM_2 常闭辅助触点（互锁触点）断开，使 KM_3 线圈不能通电。

电动机停转时，可按下停止按钮 SB_1，接触器 KM_1 线圈断电释放，KM_1 常开主触头、常开辅助触头（自锁触点）均断开，切断电动机主电路和控制电路，电动机停止转动。接触器 KM_2 常开主触头、常开辅助触头（自锁触点）均断开，解除电动机定子绕组的三角形接法，为下次星形降压启动做准备。

图 5-51（b）是时间继电器控制的 Y-△降压启动控制电路，其工作原理：按下启动按钮 SB_2，KM_1、KM_3、KT 线圈同时通电，KM_1 辅助触点吸合自锁，KM_1 主触点吸合接通三相交流电源，KM_3 主触点吸合，电动机“Y”启动，同时 KM_3 的常闭辅助触点（互锁触点）断开 KM_2 线圈，使 KM_2 线圈不能通电，KT 按设定的“Y”形降压启动时间工作。电动机转速上升至一定值（接近额定转速）时，时间继电器 KT 的延时时间结束，KT 瞬动常闭触点断开，KM_3 线圈断电，KM_3 主触点恢复断开，电动机断开“Y”连接，KM_3 常闭辅助触点恢复闭合，为 KM_2 通电做好准备，KT 延时常开触点闭合，KM_2 线圈通电自锁，KM_2 主触点将电动机三

相定子绕组首尾顺次连接成“△”，电动机接成“△”全压运行。同时 KM_2 的常闭辅助触点断开，使 KM_3 和 KT 线圈都断电。

停止时，按下停止按钮 SB_1，KM_1、KM_2 线圈断电，KM_1 主触点断开切断电动机的三相交流电源，KM_1 自锁触点恢复断开解除自锁，电动机断电停转。

一般在生产实践中常采用 Y-△启动器来完成电动机的 Y-△的自动启动控制过程，启动器实际上是把三个接触器、一个时间继电器和一个热继电器组装在一起构成的，如常用的 QX3-13 型启动器。

七、行程控制电路

在生产过程中，常需要控制生产机械的某些运动部件的行程。例如龙门刨床的工作台、导轨磨床的工作台、组合机床的滑台，需要在一定的行程范围内自动地往复循环运动。图 5-52 所示是由挡铁和行程开关组成的工作台自动往复循环行程控制电路。图 5-52 中Ⅰ、Ⅱ为挡铁，挡铁Ⅰ只和行程开关 SQ_1、SQ_2 碰撞，挡铁Ⅱ只和行程开关 SQ_2、SQ_4 碰撞，调节挡铁Ⅰ和Ⅱ的位置，可控制工作台向前、向后的行程；工作时开关 SA 应接通。

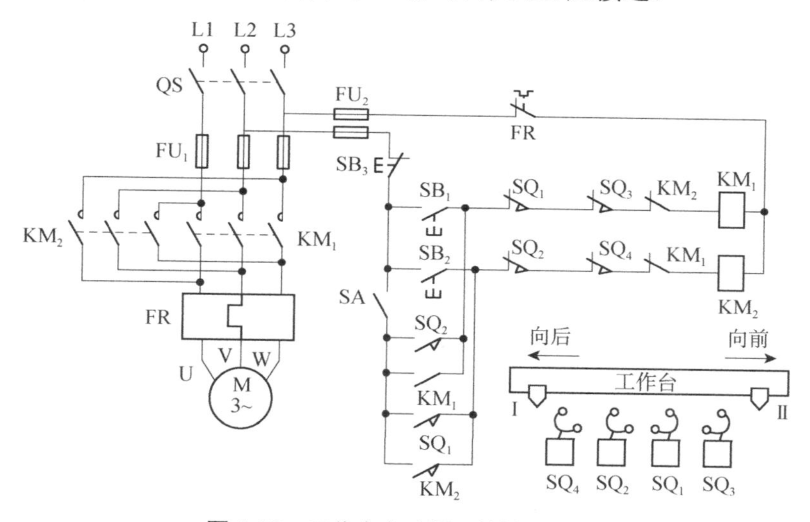

图 5-52　工作台自动循环的控制线路

自动循环的工作原理：按下启动按钮 SB_1，KM_1 线圈通电，KM_1 常闭辅助触头断开互锁，常开触头闭合自锁，主触头闭合，电动机正转，工作台向前运动；当工作台运动到指定行程时，装在工作台上的挡铁Ⅰ压下装在车床身上的行程开关 SQ_1，SQ_1 的动断点分断，动合点接通；此时，线圈 KM_1 断电，其所有动合点断开，动断点接通，电动机停止正转，工作台停止向前运动；此时，KM_1 常闭触头闭合，行程开关 SQ_1 常开触头闭合，线圈 KM_2 通电，电动机反转，KM_2 常开辅助触点闭合自锁，常闭辅助触点断升互锁，工作台开始向后运动；挡铁Ⅰ使 SQ_1 复位，常开触点断开，常闭触点闭合，为下次向前运动做准备；当向后运动到指定行程时，挡铁Ⅱ压下 SQ_2，SQ_2 的动断点分断，动合点接通，线圈 KM_2 断开，线圈 KM_1 通电，电动机随即从反转变为正转，工作台向前运动；挡铁Ⅱ使 SQ_2 复位，为下次向后运动做准备。

若先按下运动按钮 SB_2，则工作台向后运动再向前运动，按下停止按钮 SB_3，工作台便停止运动，其原理自行分析。

断开开关 SA，工作台可以进行点动调整，其原理自行分析。

图 5-52 中 SQ_3 和 SQ_4 是用来对工作台进行极限位置保护的。例如，工作台向前运动时，挡铁 I 碰撞 SQ_1 失灵，继续向前运动；当碰到 SQ_3 时，动断点分断，KM_1 断电，电动机停止转动，工作台停止前进。同理，SQ_4 是为避免工作台向后越出行程造成严重事故而设置的。

安装与检测电动机正、反转控制电路

任务要求：正确检测各低压电器、连接电路并能排除故障。

一、训练目的

1. 熟悉各低压电器的使用及检测方法。
2. 学习三相异步电动机正反转控制电路的安装、检测及运行操作。
3. 理解三相异步电动机的工作原理以及电路中“自锁”和“互锁”的作用。

二、准备器材

1. 三相交流电源 380V；2. 万用表；3. 三相异步电动机；4. 刀开关；5. 熔断器；6. 交流接触器；7. 热继电器；8. 按钮；9. 导线若干。

三、操作内容及步骤

1. 检测各元器件

检查各元器件是否完好，活动部件是否灵活，用万用表检测各触头是否接触良好；并检测电动机的绕组是否正常。

2. 安装及检测电路

电动机正、反转控制实验电路如图 5-53 所示。

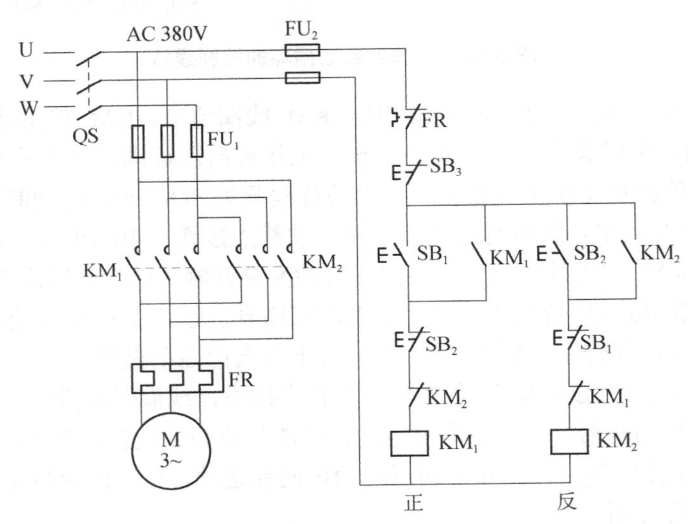

图 5-53　三相异步电动机正、反转控制电路

（1）先接主电路，可先接好一个接触器的主触头，再接另一个接触器的主触头，并注意换向环节别接错。

（2）再接控制电路，可先接串联电路，后接并联电路。注意自锁、互锁别接错。

（3）电路检测及故障排除。接好电路后，用万用表检测各控制电路安装是否正确，出现故障及时排除，并经老师检查无误后，方可进行电动机运行操作。

3. 电动机正、反转运行操作

在教师指导性操作，先合上刀开关 QS，再分别按下启动按钮 SB_1、SB_2 和停止按钮 SB_3，控制电动机启动、反转和停止。每按动一个按钮时，观察接触器、电动机的动作情况。操作过程中若出现不正常现象，应立即断开电源，查明原因并排除故障之后，再继续相关操作。

四、注意事项

1. 注意用电安全，电路接好后，必须经老师检查无误后，方可进行电动机运行操作。
2. 在每个接点上，接线尽量不超过两根，以保证接线牢固可靠。
3. 认知检测各电器元件的质量好坏，防止出现电动机缺相。
4. 电路检测，必须切断电源。

五、思考题

1. 各种电器元件的质量是如何检测的？
2. 本电路中共有哪些保护环节？由什么电气元件来实现？
3. 为什么采用由按钮、接触器双重互锁？
4. 怎样实现电动机的点动正反转控制？

【项目五　知识训练】

一、填空题

1. 三相异步电动机主要由________和________和机座组成。
2. 同步转速与电源频率和定子绕组的磁极对数三者之间的关系为________。
3. 三相异步电动机的机械特性曲线，有两个区：________和________；三个重要转矩：________、________和________。
4. 三相异步电动机的调速方法主要有________、________和________等。
5. 根据启动方法不同，单相异步电动机一般有________、________和________等几种。
6. 按励磁方式不同，直流电动机一般有________、________、________和________等几种。
7. 特种电机又称________电机，主要有________、________和________等几种。
8. 低压电器是指工作在交流电压小于________ V、直流电压小于________ V 的电路中的电器。
9. 低压电器按其作用不同可分为________和________；按其动作方式可分为________

和________。

10. 在电路中刀开关起________作用，熔断器起________作用，热继电器起________作用；交流接触器除了接通和分断电路作用外，还具有________和________作用。

二、选择题

1. 三相异步电动机旋转磁场的旋转方向是由三相电源的（　　）决定。
A. 相序　B. 相位　C. 频率　D. 幅值

2. 三相交流异步电动机启动瞬间，转差率为（　　）。
A. $s=0$　B. $s=s_N$　C. $s=1$　D. $s>1$

3. 三相异步电动机转子的转速与同步转速、转差率之间的关系为（　　）。
A. $n=n_0$　B. $n=sn_0$　C. $n=(1-s)n_0$　D. $n=(s-1)n_0$

4. 在相同条件下，若将异步电动机的磁极数增多，电动机输出的转矩（　　）。
A. 增加　B. 减小　C. 不变　D. 与磁极数无关

5. 直接启动一般用于小于（　　）容量的鼠笼型异步电动机。
A. 5kW　B. 10kW　C. 20kW　D. 都可以

6. 应用启动设备启动三相异步电动机，降低起动电流是为了（　　）。
A. 防止电机过载发热　B. 防止熔体熔断
C. 防止电网电压过度降低　D. 保护启动设备

7. Y-△降压启动时，电动机定子绕组中的启动电流可以降到正常运行时电流的（　　）倍。
A. $\sqrt{3}$　B. 1/3　C. 3　D. $1/\sqrt{3}$

8. 下面属于无级调速的是（　　）。
A. 变极调速　B. 转子串电阻　C. 变频调速　D. 都不是

9. 在检测定子绕组断路应选用（　　）电阻挡。
A. ×10　B. ×1k　C. ×10k　D. 都可以

10. 直流电动机的额定功率是指（　　）。
A. 额定电压和额定电流的乘积　B. 转轴上输出的机械功率
C. 输入的电功率　D. 电枢中的电磁功率

11. 直流电动机换向器的作用是使电枢获得（　　）。
A. 单向电流　B. 单向转矩　C. 恒定转矩　D. 旋转磁场

12. 用于电路短路保护的低压电器是（　　）。
A. 三极隔离开关　B. 熔断器　C. 热继电器　D. 交流接触器

13. 热继电器在电路中具有（　　）保护作用。
A. 短路　B. 过载　C. 失压与欠压　D. 隔离

14. 下面哪个电器不能实现互锁（　　）。
A. 交流接触器　B. 组合按钮　C. 热继电器　D. 都不能

15. 下面制动需要直流电源的是（　　）。
A. 反接制动　B. 能耗制动　C. 机械制动　D. 都需要

三、分析简答题

1. 电动机铭牌中有哪些重要数据？它们的含义是什么？

2. 异步电动机的转差率有何意义？当 s=1 时，异步电动机的转速怎样？

3. 三相异步电动机常用的制动方法有几种？它们的共同点是什么？

4. 三相异步电动机定子绕组有几种接法？实际应用中该怎样连接?

5. 异步电动机在满载和空载启动时，其启动电流和启动转矩是否一样大小，为什么？

6. 单相异步电动机能否自行启动？为什么？

7. 直流电动机中的换向器的作用是什么？

8. 伺服电动机的作用是什么？

9. 什么叫自锁和互锁？怎样实现？

10. 根据下列 3 个要求，试分别给出两台电动机的控制电路图：

（1）M_1 先启动，经过一定延时后，M_2 可自行启动；

（2）M_1 先启动，经过一定延时后 M_2 能自行启动，且 M_2 启动后 M_1 立即停车；

（3）启动时，M_1 先启动后 M_2 才能启动；停止时，M_2 停车后 M_1 才能停止。

11. 某机床的主轴和润滑油泵分别由两台异步电动机带动，采用继电接触控制。要求：（1）主轴在油泵启动后才能启动；（2）主轴能正反转、且能单独停车；（3）有短路、失压及过载保护，试设计主电路与控制电路。

四、计算题

1. 一台三相异步电动机的转子转速为 720r/min，电源频率为 50Hz，试求电动机的磁极对数和此时的转差率。

2. 某多速三相异步电动机，f_N=50Hz，若磁极对数由 P=2 变到 P=4 时，同步转速各是多少？

3. 一台三相异步电动机接在 50Hz 的电源上，已知在额定电压下满载运行的转速 940r/min。试求：（1）磁极对数 p；（2）同步转速 n_0；（3）转差率 s。

4. 三相异步电动机额定数据为 P_N=40kW，U_N=380V，η=0.84，n_N=950r/min $\cos\varphi$=0.97，求输入功率 P_1、线电流 I 及额定转矩 T_N。

5. 已知某电动机铭牌数据为 3kW，三角形/星形连接，220V/380V，11.25A/6.5A，50Hz，$\cos\varphi = 0.86$，1430r/min。试求：（1）额定效率；（2）额定转矩；（3）额定转差率；（4）磁极对数。

6. 一台异步电动机，额定电压 380V，定子三角形接法，频率 50Hz，额定功率 7.5kW，额定转速 960r/min，额定负载时 $\cos\varphi_1 = 0.85$，定子铜耗 474W，铁耗 231W，机械损耗 45W，附加损耗 37.5W，试计算额定负载时：（1）转差率；（2）转子电流的频率；（3）转子铜耗；（4）效率；（5）定子电流。

7. 现有一台异步电动机铭牌数据如下：P_N=10kW，n_N=1460r/min，U_N=380/220V，星-三角联结，η_N=0.868，$\cos\varphi_{1N}$=0.88，I_{st}/I_N=6.5，T_{st}/T_N=1.5，试计算（1）额定电流和额定转矩；（2）电源电压为 380V 时，电动机的接法及直接启动的启动电流和启动转矩；（3）电源电压为 220V 时，电动机的接法及直接启动的启动电流和启动转矩；（4）要求采用星-三角启动，其启动电流和启动转矩。此时能否带 60%和 25%PN 负载转矩。

【能力拓展五】练习使用变频器

任务要求：能正确操作西门子 MM420 型变频器的面板及功能参数设定，完成对电动机的启动、正反转、点动、调速控制。

一、训练目的

1. 学习变频器的面板操作及功能参数设定等基本使用方法。
2. 学习使用变频器对电动机的启动、正反转、点动、调速控制的方法。

二、准备器材

1. 西门子 MM420 型变频器；2. 三相异步电动机；3. 交流电源（220V）；4. 导线若干。

三、操作内容及步骤

（一）认识变频器

1. 变频器的作用

变频器是将工频交流电变为电压、电流、频率可调的三相交流电的电器设备，用于交流电动机的变频调速，实现无极调速，达到软启动、节能以及提高设备自动化程度。

2. 面板功能介绍（西门子 MM420 型变频器）

（1）操作面板（BOP）。操作面板包括键盘和显示屏等，具体结构及功能如图 5-54、表 5-4 所示。

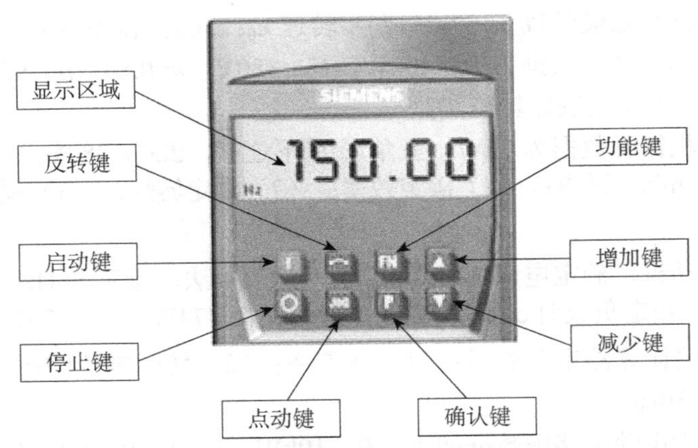

图 5-54 西门子 MM420 型变频器操作面板

表 5-4 基本操作面板（BOP）上的按钮及功能

显示/按钮	功能	功能的说明
r0000	状态显示	LCD 显示变频器当前的设定值
I	启动变频器	按此键启动变频器。默认值运行时此键是被封锁的。为了使此键的操作有效，应设定 P0700=1

（续表）

显示/按钮	功能	功能的说明
(0)	停止变频器	OFF1：按此键，变频器将按选定的斜坡下降速率减速停车，默认值运行时此键被封锁：为了允许此键操作，应设定 P0700=1 OFF2：按此键两次（或一次，但时间较长）电动机将在惯性作用下自由停车。此功能总是“使能”的
(换向)	改变电动机的转动方向	按此键可以改变电动机的转动方向电动机的反向用负号表示或用闪烁的小数点表示缺省值运行时此键是被封锁的为了使此键的操作有效应设定 P0700=1
(jog)	电动机点动	在变频器无输出的情况下按此键，将使电动机启动，并按预设定的点动频率运行。释放此键时，变频器停车。如果变频器/电动机正在运行，按此键将不起作用
(Fn)	功能	此键用于浏览辅助信息。 变频器运行过程中，在显示任何一个参数时按下此键并保持不动 2 秒钟，将显示以下参数值（在变频器运行中从任何一个参数开始）： 1. 直流回路电压（用 d 表示，单位：V） 2. 输出电流（A） 3. 输出频率（Hz） 4. 输出电压（用 o 表示，单位 V） 5. 由 P0005 选定的数值（如果 P0005 选择显示上述参数中的任何一个（3，4 或 5），这里将不再显示）。 连续多次按下此键将轮流显示以上参数。 **跳转功能** 在显示任何一个参数（r×××× 或 P××××）时短时间按下此键，将立即跳转到 r0000，如果需要的话，你可以接着修改其他的参数。跳转到 r0000 后，按此键将返回原来的显示点
(P)	访问参数	按此键即可访问参数
(▲)	增加数值	按此键即可增加面板上显示的参数数值
(▼)	减小数值	按此键即可减小面板上显示的参数数值

（2）外部控制端子。当不使用变频器的键盘操作时，可以选用外部控制端子进行控制。外部控制端子分为数字输入端、模拟输入端及输出控制端等，具体如图 5-55 所示。

（二）基本操作

使用变频器的基本技能包括参数设定与操作方法、控制接线端子设置及接线等。

1. 恢复变频器工厂设置

用 BOP 可把变频器的全部参数复位为工厂设置值，其设定参数为：P0010=30（缺省值）、P0970=1，完成复位至少 3min。

2. 启动 BOP 键盘

P0700=1（基本操作面板，P0700，选择命令信号源，使能 BOP 上的按钮）；

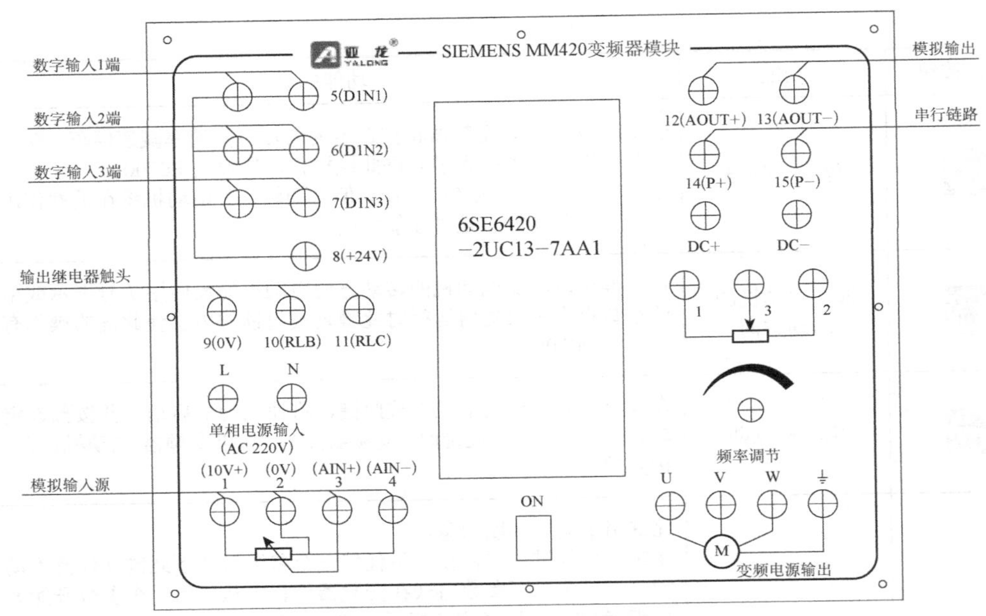

图 5-55　西门子 MM420 型变频器外部控制端子

P1000=1（用 BOP 改变频率，P1000：选择频率设定值）。

操作步骤：（1）按 P 键，访问参数；（2）按▲键，直到显示 P1000；（3）按 P 键，进入参数访问级；（4）按▲、▼键，达到所要求的数值，利用 BOP 面板显示，需使 P1000 的值为 1；（5）按 P 键，确认并存储参数值。

3. 设置电动机参数

为了使电动机与变频器相匹配，需要设置电动机参数。电动机参数设置见表 5-5。电动机参数设定完成后，设 P0010=0，变频器当前处于准备状态，可正常运行。

表 5-5　电动机参数设置

参数号	出厂值	设置值	说明
P0003	1	1	设定用户访问级为标准级
P0010	0	1	快速调试
P0100	0	0	功率以 kW 表示，频率为 50Hz
P0304	230	380	电动机额定电压/V
P0305	3.25	1.05	电动机额定电流/A
P0307	0.75	0.37	电动机额定功率/kW
P0310	50	50	电动机额定频率/Hz
P0311	0	1400	电动机额定转速/（r/min）

4. 设置面板操作控制参数

设置面板操作控制参数，如表 5-6 所示。

表 5-6　面板基本操作控制参数

参数号	出厂值	设置值	说明
P0003	1	1	设用户访问级为标准级
P0010	0	0	正确地进行运行命令的初始化
P0004	0	7	命令和数字 I/O
P0700	2	1	由键盘输入设定值（选择命令源）
P0003	1	1	设用户访问级为标准级
P0004	0	10	设定值通道和斜坡函数发生器
P1000	2	1	由键盘（电动电位计）输入设定值
P1080	0	0	电动机运行的最低频率/Hz
P1082	50	50	电动机运行的最高频率/Hz
P0003	1	2	设用户访问级为扩展级
P0004	0	10	设定值通道和斜坡函数发生器
P1040	5	20	设定键盘控制的频率值/Hz
P1058	5	10	正向点动频率/Hz
P1059	5	10	反向点动频率/Hz
P1060	10	5	点动斜坡上升时间/s
P1061	10	5	点动斜坡下降时间/s

5. 使用 BOP 键盘控制电动机运行

按要求，进行电动机接线。

（1）启动：在变频器的前操作面板上按运行键，变频器将驱动电动机升速，并运行在由 P1040 所设定的 20Hz 频率对应的 560r / min 的转速上。

（2）正反转及加减速运行：电动机的转速（运行频率）及旋转方向可直接通过按前操作面板上的增加键 / 减少键（▲/▼）来改变。

（3）点动运行：按下变频器前操作面板上的点动键，则变频器驱动电动机升速，并运行在由 P1058 所设置的正向点动 10Hz 频率值上。当松开变频器前操作面板上的点动键，则变频器将驱动电动机降速至零。这时，如果按下一变频器前操作面板上的换向键，在重复上述的点动运行操作，电动机可在变频器的驱动下反向点动运行。

（4）电动机停车：在变频器的前操作面板上按停止键，则变频器将驱动电动机降速至零。

6. 使用数字输入端口开关控制电动机运行及调试

具体简化调节步骤如下。

恢复工厂设置：p0010=30　　p0970=1　　即：调试完毕，恢复原样，此时变频器会显示（p—或者 BUSY）请片刻等待。

调试时：P0010=1　　即：此状态各参数可改变

P0100=0　　选择工作地区为 0 表示 kW

P0304=380（220）V　　电动机额定电压

P0305=1.6（0.9）A　额定电流
P0307=0.25kW　额定功率
P0310=50Hz　额定电源频率
P0311=1400R/min　额定转速
P0700=2　2为端子排控制输入
P1000=2　由键盘（点动点位计）
P1080=X（自己设定值）　电动机最小频率
P1082=50　电动机最大频率
P1120=10　斜率上升时间
P1121=10　斜率下降时间
P3900=1　结束快速调试
P0003=2　设置访问级别为扩展级　P0004=7
P0703=1　ON 接通正转　OFF 停止 P0702=2　ON 接通反转　OFF 停止
P0703=10　正向点动
P0004=10　设定值通道和斜坡函数发生器
P1040=20　设定键盘控制的频率值
P1058=10　正向点动频率　完成调节

7. 使用模拟输入端口开关控制电动机运行及调试

（1）通过数字输入端口控制电机转向：DIN1 正转；DIN2 反转。

（2）通过模拟输入端口（AIN+，AIN−）控制电机转速（由试验台模拟量综合输出）。

（3）设置参数及调试。

具体简化调节步骤如下：

恢复工厂设置：p0010=30　p0970=1　即：调试完毕，恢复原样，此时变频器会显示（p—或者 BUSY）请片刻等待。

调试时：P0010=1　即：此状态各参数可改变
P0100=0　选择工作地区为 0 表示 kW
P0304=380（220）V　电动机额定电压
P0305=1.6（0.9）A　额定电流
p0307=0.25kW　额定功率
P0310=50Hz　额定电源频率
P0311=1400R/min　额定转速
P0700=2　2为端子排控制输入
P1000=2　由键盘（点动点位计）
P1080=X（自己设定值）　电动机最小频率
p1082=50　电动机最大频率
P1120=10　斜率上升时间
P1121=10　斜率下降时间
P3900=1　结束快速调试
P0003=2　设置访问级别为扩展级　P0004=7
P0703=1　ON 接通正转　OFF 停止　P0702=2　ON 接通反转　OFF 停止

P0703=10　正向点动
P0004=10　设定值通道和斜坡函数发生器
P1040=20　设定键盘控制的频率值
P1058=10　正向点动频率　　　　完成调节

四、注意事项

1. 注意安全用电。
2. 正确接线及重要参数设定（电动机参数、变频器参数 P0700、P0701、P0702、P1000）。
3. 模拟量应控制在 0～10V 之间。

项目六　认识与检测半导体器件

半导体器件具有体积小、质量轻、使用寿命长、功率转换效率高等突出优点，已被广泛应用于家电、汽车、计算机及工业控制技术等众多领域，是现代电子技术的基础。只有认识和掌握了作为电子线路核心元件的各种半导体器件的结构、性能、工作原理和应用特点，才能深入分析电子线路的工作原理，正确选择和合理使用半导体器件。本项目通过对晶体二极管、三极管及场效应管等半导体元器件的认识与检测使学生了解半导体元器件的特性及应用，掌握常用二极管、三极管及场效应管的选择、检测方法，熟悉电子电路的组装和测试，能够正确使用常用仪器仪表及工具书。

任务 6.1　二极管基本特性的测试

通过对普通二极管的识别与检测，掌握使用万用表检测二极管正、反向电阻值，判别二极管电极的方法，估测二极管的好坏，理解二极管的单向导电特性。

6.1.1　半导体知识介绍

随着科学技术的进步，人们发现自然界中还有一种物质，它的导电能力介于导体和绝缘体之间，这就是半导体，如锗、硅、砷化镓和一些硫化物、氧化物等。目前制作半导体器件的主要材料是硅（Si）和锗（Ge）。

一、本征半导体

纯净且呈现晶体结构的半导体，叫本征半导体，又称纯净半导体。

1. 本征半导体结构

通过特殊工艺加工，可以使硅或锗元素的原子之间靠共有电子对——共价键，形成非常规则的晶体点阵结构。这种结构整齐且单一的纯净半导体，叫本征半导体。共价键内的两个电子由相邻的原子各用一个价电子组成，称为束缚电子。图 6-1 所示为硅、锗的原子结构及共价键结构。

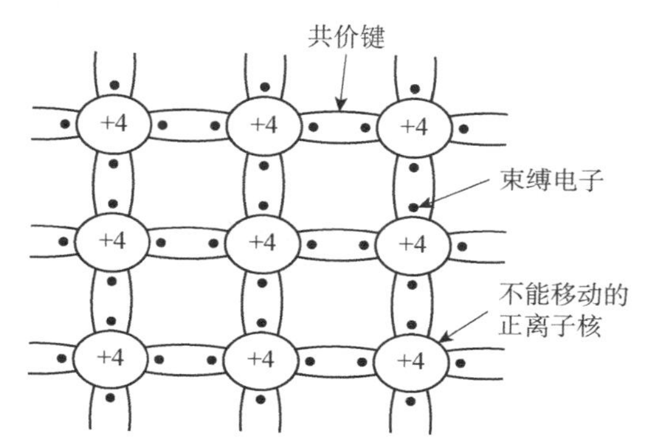

图 6-1　硅、锗的原子结构和共价键结构

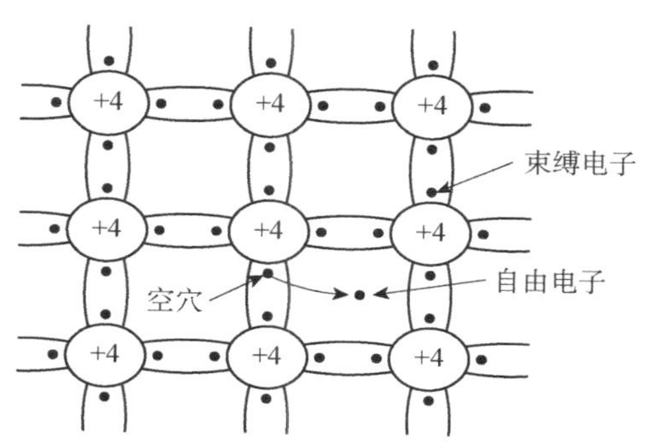

图 6-2　本征激发产生电子空穴对

2. 本征激发

在常温下，由于热运动的激发，使本征半导体共价键中的价电子获得足够的能量而脱离共价键的束缚，成为自由电子。同时，在共价键中留下一个空位，叫空穴。这种产生自由电子和空穴对的现象，叫本征激发。本征半导体中，自由电子和空穴成对出现，数目相同，温度越高，半导体材料中产生的自由电子便越多。由于本征激发而在本征半导体中存在一定浓度的自由电子（带负电荷）和空穴（带正电荷）对，故其具有导电能力，但其导电能力有限。图 6-2 所示为本征激发所产生的电子空穴对。

如图 6-3 所示，空穴（如图中位置 1）出现以后，邻近的束缚电子（如图中位置 2）可能获取足够的能量来填补这个空穴，而在这个束缚电子的位置又出现一个新的空位，另一个束缚电子（如图中位置 3）又会填补这个新的空位，这样就形成束缚电子填补空穴的运动。为了区别自由电子的运动，称此束缚电子填补空穴的运动为空穴运动。

本征半导体导电能力的大小与本征激发的激烈程度有关，温度越高，由本征激发所产生的电子-空穴对越多，本征半导体内部载流子的数目也越多，本征半导体的导电能力就越强，这就是半导体导电能力受温度影响的直接原因。本征激发现象比较弱，本征半导体的导电能力很弱。

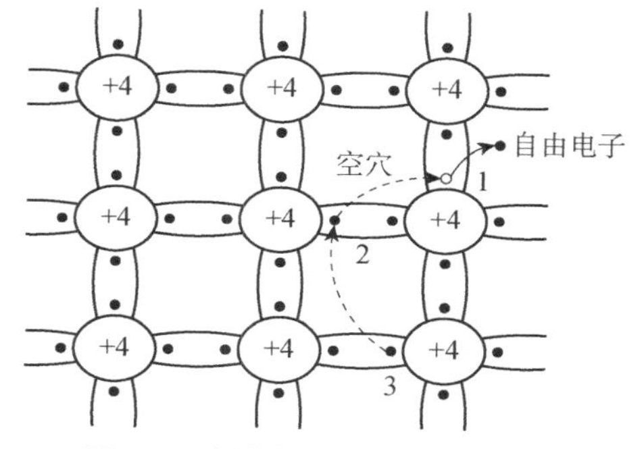

图 6-3　束缚电子填补空穴的运动

二、杂质半导体

为了提高半导体的导电能力，在本征半导体中掺入微量的杂质，可以使本征半导体的导电能力得到改善，并受所掺杂质的类型和浓度控制，使半导体获得重要的用途。由于掺入半导体中的杂质不同，杂质半导体可分为N型和P型半导体两大类。

1. N型半导体

在硅或锗本征半导体中掺入适量的五价元素（如磷），则磷原子与其周围相邻的四个硅或锗原子之间形成共价键后，还多出一个电子，这个多出的电子极易成为自由电子参与导电。同时，因本征激发还产生自由电子和空穴对。结果，自由电子成为多数载流子（称多子），空穴成为少数载流子（称少子）。这种主要依靠多数载流子自由电子导电的杂质半导体，叫N型半导体，如图6-4所示。

2. P型半导体

在硅或锗本征半导体中，掺入适量的三价元素（如硼），则硼原子与周围的四个硅或锗原子形成共价键后，还留有一个空穴。同时，因本征激发还产生自由电子和空穴对。结果，空穴成为多子，自由电子成为少子。这种主要依靠多子空穴导电的杂质半导体，叫P型半导体，如图6-5所示。

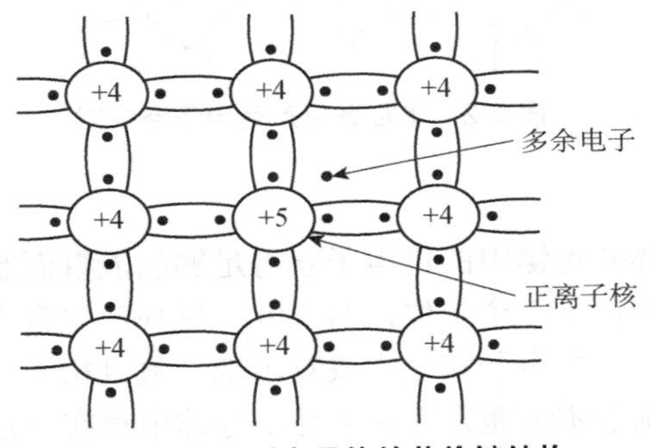

图6-4　N型半导体的共价键结构

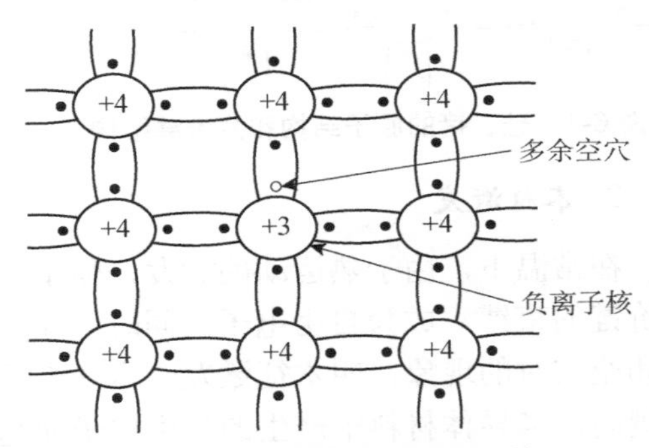

图6-5　P型半导体共价键结构

杂质半导体中多子的浓度取决于掺入杂质的多少，少子的浓度与温度有密切关系。

无外电场作用时，本征半导体和杂质半导体对外均呈现电中性，其内部无电流。

三、PN结及单向导电性

杂质半导体增强了半导体的导电能力，利用特殊的掺杂工艺，可以在一块晶片的两边分别生成N型和P型半导体，在两者的交界处将形成PN结。

1. PN结的形成

利用特殊的掺杂工艺，在一块晶片的两边分别生成如图6-6（a）所示的N型和P型半导体。P区的多子是空穴，N区的多子是电子。

当两种半导体“结合”在一起时，交界面两侧有很大的载流子浓度差：N型区中自由电子浓度高，空穴浓度低；P型区中自由电子浓度低，而空穴浓度高。自由电子和空穴都要从浓度高处向浓度低处扩散，于是N区一边的自由电子要扩散到P区去，P区中的空穴要扩散到N区去，如图6-6（a）所示。

如果没有电场对载流子的作用，扩散将一直进行到浓度差消失为止。但N区的一个自由电子扩散到P区后，N区一侧显露出一个正离子，这个自由电子扩散到P区后与空穴复合，在P区一侧显露出一个负离子；同理P区的一个空穴扩散到N区后，与N区的自由电子复合，在N区一侧显露出一个正离子。于是，在交界面N区一侧由正离子形成正的空间电荷区，P区一侧由负离子形成负的空间电荷区。空间电荷区形成之后，在空间电荷区中产生了电场，这个电场称为内建电场，其方向是由N区指向P区，如图6-6（b）所示。

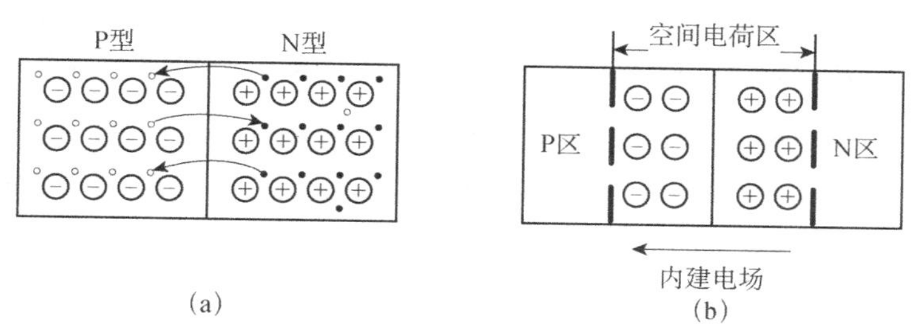

图6-6　PN结的形成

在内电场的作用下，少数载流子产生漂移运动，漂移运动的方向与扩散运动的方向相反，即P区的少子自由电子进入空间电荷区向N区漂移，N区的少子空穴进入空间电荷区向P区漂移。开始，内电场较弱，载流子的扩散占优势。随着扩散的进行，空间电荷区变宽，内电场增强，从而使载流子的漂移运动加强。当载流子的漂移运动增强到与扩散运动相当时，交界面处的正负离子数不再增加，空间电荷区宽度不再变化，达到动态平衡状态，形成PN结。

因PN结内载流子缺少，所以其电阻率高，是高阻区；又因PN结内载流子被“耗尽”，因此，PN结又称为耗尽层；结内电场的存在，阻碍载流子的扩散，所以又称为阻挡层。

2. PN结的单向导电性

如果在PN结两端加上不同极性的电压，PN结会呈现出不同的导电性能。

当PN结未加电压时，PN结处于平衡状态，阻挡层内的电场力等于扩散力，通过PN结的多子扩散电流与少子漂移电流相等。宏观上看，两者相互抵消，通过PN结的电流等于零。

（1）PN结加正向电压。PN结外加正向电压，PN结P端接高电位，N端接低电位，称PN结外加正向电压，又称PN结正向偏置，简称为正偏。

当P区接高电位、N区接低电位时，由于PN结是高阻区，所以，外加电压大部分都降落在阻挡层上。由图6-7可以看出，外加电场的方向和内建电场的方向相反，起了抵消部分内建电场的作用，使空间电荷区变窄，内建电场减弱。内建电场的减弱对载流子的运动有什么影响呢？当外加正向电压时，内建电场减弱，破坏了漂移作用和扩散作用的平衡，使扩散作用占优势。于是，P区的空穴连续不断地向N区扩散，而N区的自由电子向P区扩散，但它们构成的电流是同方向的，所以流过PN结的正向电流方向如图6-7所示。

正向电压越大，内建电场减弱得越厉害，P区扩散到N区的空穴就越多，N区扩散到P区的自由电子也越多，因此正向电流随着正向电压的增加而迅速增加。

（2）PN结加反向电压。PN结外加反向电压，PN结P端接低电位，N端接高电位，称PN结外加反向电压，又称PN结反向偏置，简称为反偏。

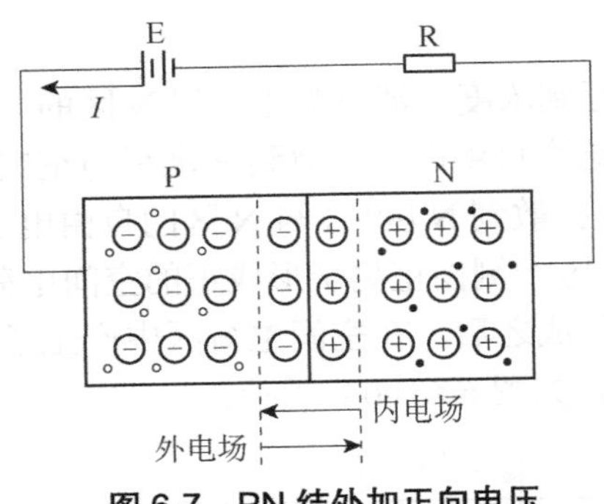

图 6-7　PN 结外加正向电压

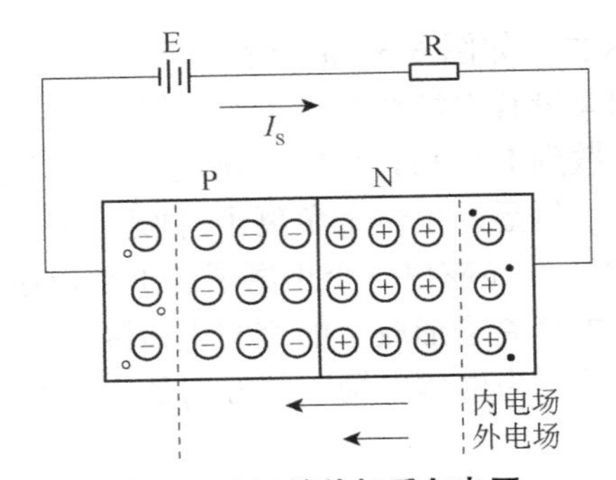

图 6-8　PN 结外加反向电压

PN 结加反向电压的情况如图 6-8 所示。和前述情况相同，外加电压也几乎全部降落在阻挡层上。这时外加电压所形成的外电场与内建电场方向一致，使 PN 结变宽、内电场增强。所以形成的反向电流是很微小的。

由以上分析，可知：当 PN 结加正向电压时，PN 结处于导通状态，正向电流大；当 PN 结加反向电压时，PN 结的反向电流非常小，PN 结近乎截止，这就是 PN 结的单向导电性。

6.1.2　半导体二极管及其应用

一、二极管结构

将 PN 结用外壳封装起来，并加上电极引线后就构成半导体二极管，简称二极管。由 P 区引出的电极称为二极管的阳极（或正极），由 N 区引出的电极称为二极管的阴极（或负极），二极管的结构和符号如图 6-9 所示。文字符号用 D、V 或 VD 来表示。

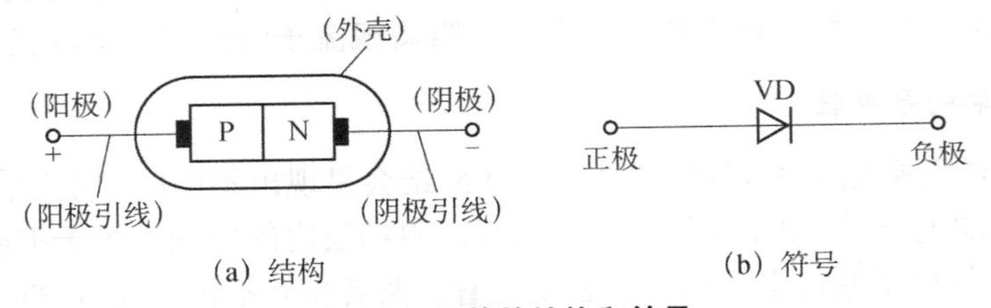

图 6-9　二极管的结构和符号

根据使用的不同，二极管的外形各异，如图 6-10 所示。

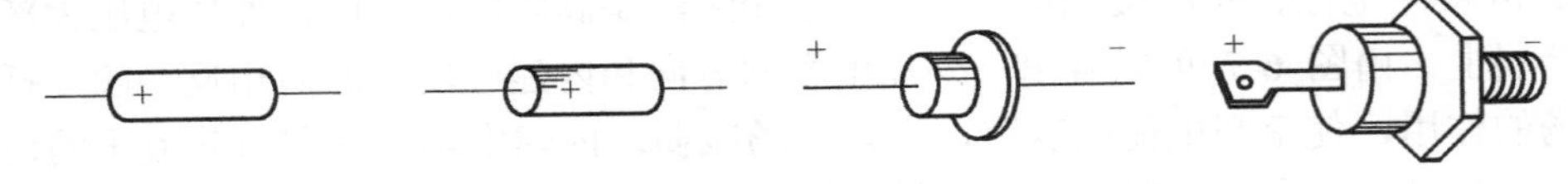

图 6-10　常见的二极管外形

二、二极管的伏安特性

二极管由一个 PN 结构成，因此它同样具有单向导电性。

1. 二极管的伏安特性曲线

二极管两端的电压 U 及其流过二极管的电流 I 之间的关系曲线，称为二极管的伏安特性。

即：$I=f(U)$，二极管伏安特性测试电路如图 6-11 所示，其伏安特性曲线如图 6-12 所示。

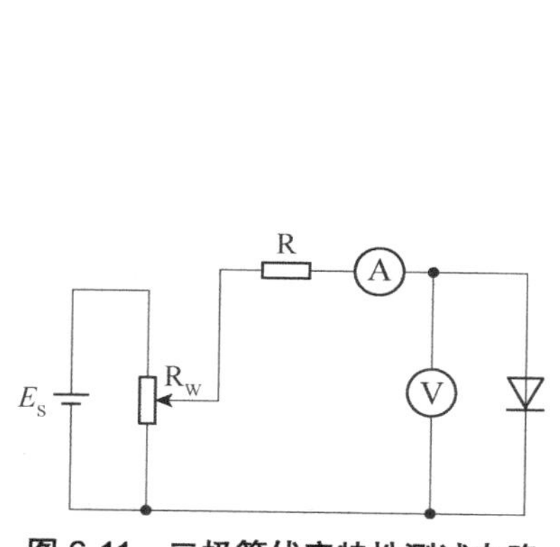

图 6-11　二极管伏安特性测试电路

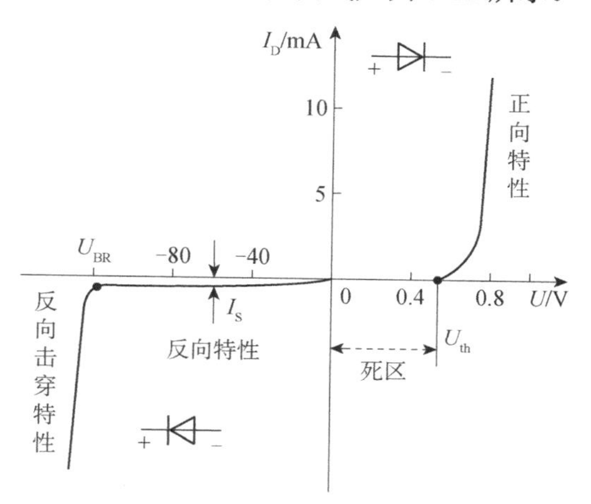

图 6-12　二极管伏安特性曲线

由图 6-12 可以看出二极管为非线性元件，电流和电压的约束关系不能用欧姆定律来描述，必须用伏安特性曲线来描述。

2. 二极管伏安特性分析

如图 6-12 所示二极管的伏安特性曲线，$U>0$ 为正向特性，$U<0$ 为反向特性。

（1）正向特性。当二极管所加正向电压比较小时（$0<U<U_{th}$），二极管上流经的电流为 0，管子仍截止，此区域称为死区，U_{th} 称为死区电压（门槛电压）。死区以后的正向特性曲线上升较快，表明只有正向电压超过某一数值后，电流才显著增大，这个电压称导通电压。在室温下，硅二极管的死区电压约为 0.5V，锗二极管的死区电压约为 0.2V。

当 $U>U_{th}$ 时，正向电流从零开始随端电压按指数规律增大，二极管处于导通状态，呈现很小电阻。当正向电流较大时，正向特性曲线几乎与横轴垂直，表明二极管正向导通时二极管两端电压变化很小。通常，硅二极管的正向导通压降约为 0.7V，锗二极管的正向导通压降约为 0.3V。

（2）反向特性。二极管外加反向电压时，反向电流很小（$I\approx -I_S$），而且在相当宽的反向电压范围内，反向电流几乎不变，因此，称此电流值为二极管的反向饱和电流。二极管呈现的电阻很大，管子处于截止状态。

（3）反向击穿特性。当反向电压的值增大到 U_{BR} 时，反向电压值稍有增大，反向电流会急剧增大，称此现象为反向击穿（即电击穿），U_{BR} 为反向击穿电压。

在电路中要采取适当的限压措施，就能保证电击穿不会演变成热击穿以避免损坏二极管。

三、二极管的主要参数

① 最大整流电流 I_F：最大整流电流 I_F 是指二极管长期连续工作时，允许通过二极管的最大正向电流的平均值。

② 反向击穿电压 U_{BR}：反向击穿电压是指二极管击穿时的电压值。

③ 反向饱和电流 I_S：它是指管子没有击穿时的反向电流值。其值越小，说明二极管的单向导电性越好。

四、普通二极管的应用

普通二极管在电子技术中应用范围很广，可用于开关、整流、钳位、限幅等电路，主要都是利用它的单向导电性。下面介绍几种应用电路。

1. 二极管半波整流电路

在电子电路及其设备当中，一般都需要稳定的直流电源供电。整流、滤波、稳压就是实现单相交流电转换到稳定直流电压的三个重要组成部分。

利用二极管的单向导电性，将交流电变成直流电的过程，称为整流。如图 6-13 为半波整流电路图，图 6-14 为半波整流电路及信号的输入、输出波形。

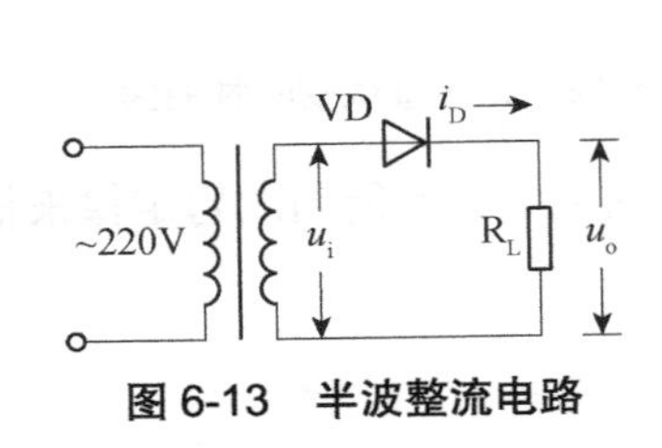

图 6-13　半波整流电路

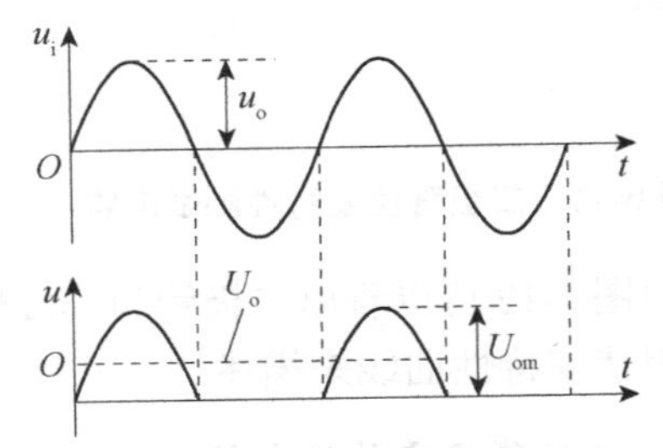

图 6-14　半波整流电路及信号的输入、输出波形

2. 钳位电路

利用二极管正向导通时压降很小的特性，可组成钳位电路，如图 6-15 所示。

图中若 A 点 U_A=0，二极管 VD 可正向导通，其压降很小，故 F 点的电位也被钳制在 0V 左右，即 U_F=0。

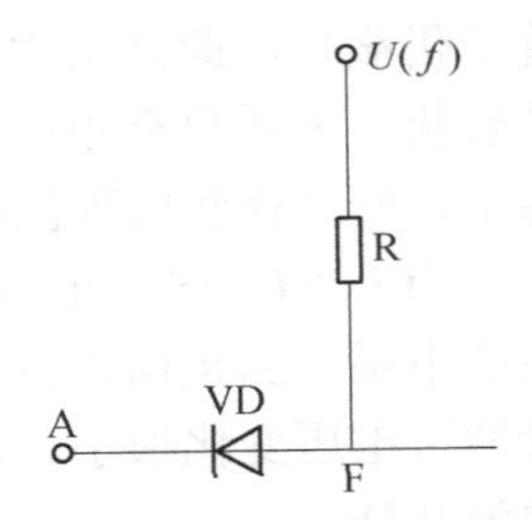

图 6-15　二极管钳位电路

3. 二极管限幅电路

当输入信号电压在一定范围内变化时，输出电压也随着输入电压相应地变化；当输入电压超过该范围时，输出电压保持不变，这就是限幅电路。限幅器的功能就是限制输出电压的幅度。

限幅电路可应用于波形变换，输入信号的幅度选择、极性选择和整形变形。

例 6-1　如图 6-16 所示的限幅电路，输入电压的波形为图 6-17 所示。试分析电路输出电压情况并画出波形（假设二极管为理想二极管）。

解： u_i>10V，VD_1 导通，VD_2 截止，u_o 被限制在 10V；

u_i<−8V，VD_1 截止，VD_2 导通，u_o 被限制在−8V；

−8V<u_i<10V，VD_1、VD_2 均截止，u_o=u_i。

4. 开关应用

半导体二极管导通时相当于开关闭合（电路接通），截止时相当于开关打开（电路切断），所以二极管可作为开关使用。开关二极管的作用是利用其单向导电特性使其成为一个较理想的电子开关。

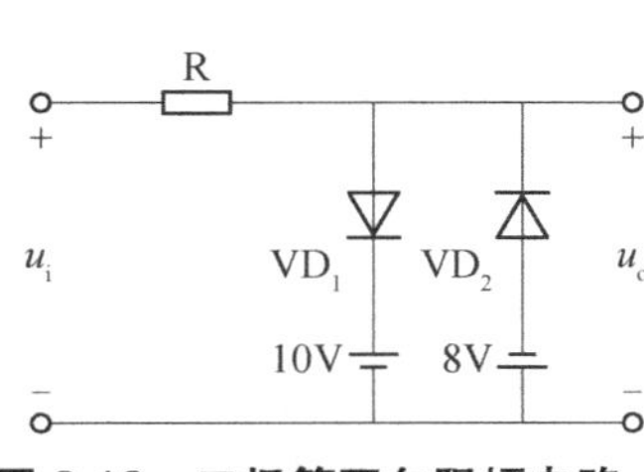

图 6-16　二极管双向限幅电路

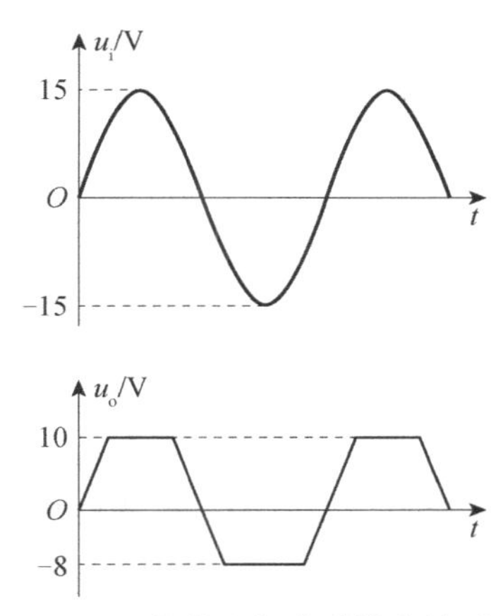

图 6-17　二极管限幅电路输出波形

开关二极管除能满足普通二极管和性能指标要求外，还具有良好的高频开关特性（反向恢复时间较短），被广泛应用于计算机、电视机、通信设备、家用音响、影碟机、仪器仪表、控制电路及各类高频电路中。

6.1.3　特殊二极管及其应用

一、发光二极管

发光二极管是把电能转换成光能的一种半导体显示器件，简称 LED。发光二极管一般使用砷化镓、磷化镓等材料制成。现有的发光二极管能发出红、黄、绿等颜色的光，如图 6-18 所示。

发光二极管正常工作时应正向偏置，因发光管属于功率型器件，因此死区电压较普通二极管高，在 0.9～1.1V，其正向工作电压在 1.5～2.5V。

单个发光二极管常作为电子设备通断指示灯或快速光源及光电耦合器中的发光元件等。数字电路的数码及图形显示的七段式或阵列器件常使用发光管，如图 6-19 所示。

红色的发光二极管开启电压在 1.6～1.8V 之间，绿色的发光二极管开启电压约为 2V。正向电流愈大，发光二极管所发的光愈强。使用时，应特别注意不要超过发光二极管的最大功耗、最大正向电流和反向击穿电压等极限参数。

发光二极管的符号表示如图 6-20 所示。

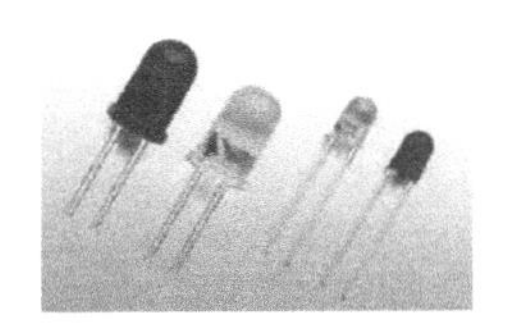
图 6-18　发光二极管

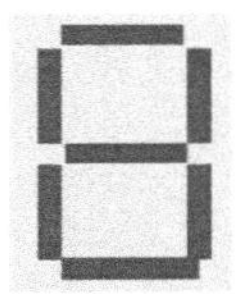
图 6-19　发光二极管数码显示

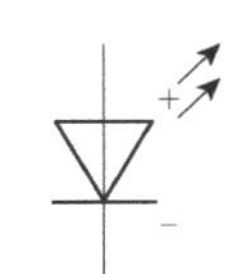

图 6-20　发光二极管符号

二、稳压二极管

稳压管是一种面接触型半导体二极管，具有稳定电压的作用。

前面讨论的二极管不允许在反向击穿的状态下工作，当二极管反向击穿时，因流过二极管 PN 结的电流太大，将造成永久性的损坏。由二极管的特性曲线可知，当二极管反向击穿时，流过二极管的电流急剧增大，但二极管两端的电压却保持不变。利用二极管的这一特性，采用特殊的工艺制成在反向击穿状态下工作而不损坏的二极管，就是稳压管。

稳压管是应用在反向击穿区的特殊硅二极管。稳压管的伏安特性曲线与硅二极管的伏安特性曲线相似。

稳压管在工作时应反接，并串入一只电阻。电阻的作用是起限流作用，以保护稳压管；其次是当输入电压或负载电流变化时，通过该电阻上电压降的变化，取出误差信号以调节稳压管的工作电流，从而起到稳压作用。

稳压管与二极管的外形相似如图 6-21 所示，稳压管在电路中用字符 D_Z 来表示。

图 6-22（a）所示为稳压管的表示符号，图 6-22（b）所示为稳压管的伏安持性曲线。

由稳压管的伏安特性曲线可见，稳压管的正向特性和普通二极管基本相同，但反向特性较陡。当反向电压较低时，反向电流几乎为零，此时稳压管仍处在截止的状态，不具有稳压的特性。当反向电压增大到击穿电压 V_Z 时，反向电流 I_Z 将急剧增加。击穿电压 V_Z 为稳压管的工作电压，I_Z 为稳压管的工作电流。当 I_Z 在较大的范围内变化时，管子两端电压 V_Z 基本保持不变，显示出稳压的特性。

图 6-21　稳压管实物

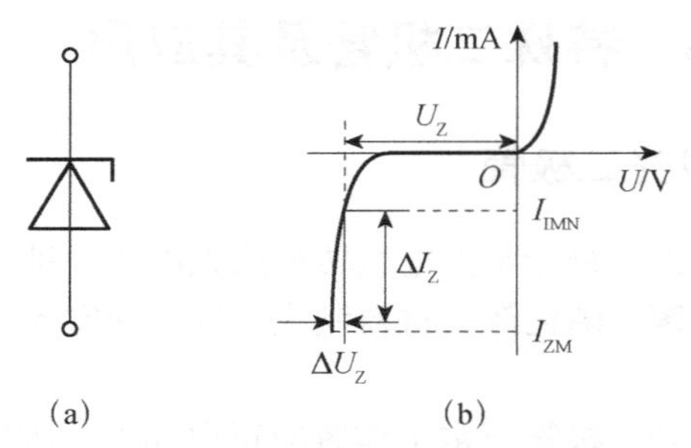

图 6-22　稳压二极管电路符号和特性曲线

三、光电二极管

光电二极管也称光敏二极管，是将光信号变成电信号的半导体器件，其核心部分也是一个 PN 结。光电二极管 PN 结的结面积较小、结深很浅，一般小于一个微米。

光电二极管的电路符号如图 6-23 所示。图中的“+”、“−”号表示正常工作时的外加电压极性。光电二极管结构与普通二极管相似，如图 6-24 所示，只是在管壳上留有一个能使光线照入的窗口。

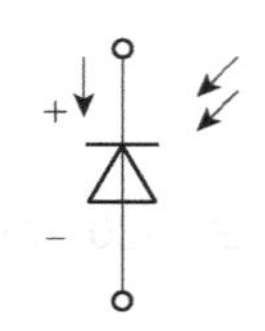

图 6-23　光电二极管符号

图 6-24　光电二极管

光电二极管同样具有单向导电性，光电管管壳上有一个能射入光线的“窗口”，这个窗口用有机玻璃透镜进行封闭，入射光通过透镜正好射在管芯上。

光电二极管的正常工作状态是反向偏置。在反向电压下，无光照时，反向电流很小；有光照射时，在反向电压作用下形成反向光电流，其强度与光照强度成正比。光电二极管可用来做光的测量元件，也可以用来制作光电池。

四、变容二极管

二极管结电容的大小除了与本身结构和工艺有关外，还与外加电压有关。结电容随反向电压的增加而减小，这种效应显著的二极管称为变容二极管，电路符号如图 6-25 所示。不同型号的管子，其电容量最大值一般为 5～300pF。

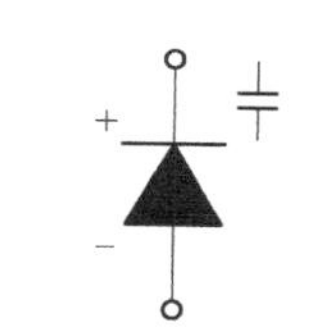

图 6-25　变容二极管

在高频技术中，变容二极管应用较多。如彩电的遥控选台，就是通过调节电路中的变容二极管来实现的。

技能训练　二极管的识别及检测

任务要求：正确使用万用表测量二极管的极性及质量好坏，测量其正、反向电阻。

一、训练目的

1. 学会使用万用表测量二极管的极性及质量好坏的方法。
2. 理解二极管的单向导电性。

二、准备器材

1. 万用表一块；2. 二极管 1N4007、FR301；3. 导线。

三、操作内容及步骤

1. 二极管的识别

根据晶体二极管的外壳标志或封装形状，可以区分出两引脚的正、负极性来，图 6-26 为两种普通二极管。小型塑料封装的二极管通常在负极一端印上一道色环作为负极标记。有的二极管两端形状不同，平头一端引脚为正极，圆头一端引脚为负极。

图 6-26　常见二极管

2. 二极管的测试

使用万用表判别普通二极管特性及质量好坏，记录测得的正向、反向电阻的电阻值，将数据填入表 6-1。

（1）判定二极管的极性。将万用表置于欧姆挡的×100Ω 挡或×1kΩ 挡，用表笔分别正、反接二极管的两端引脚，分别测得大、小两个电阻值。其中较大阻值是二极管的反向阻值，此时万用表黑表笔所接为二极管 N 区；较小阻值是二极管的正向阻值，此时万用表黑表笔所接为二极管 P 区。

（2）判定二极管的好坏。判断二极管的好坏关键看它有无单向导电性，正向电阻越小，反向电阻越大的二极管质量越好；如果一个二极管正、反向电阻值相差不大，则必为劣质管。

若测得的反向电阻和正向电阻都很小，表明二极管短路，已损坏。

若测得的反向电阻和正向电阻都很大，表明二极管断路，已损坏。

表 6-1　二极管好坏测量表

二极管型号	偏压	电阻阻值	好/坏
1N4007	正向		
	反向		
FR301	正向		
	反向		

四、思考题

取 2 个 1N4007，如图 6-27 所示连接电路，观察灯泡 H_1、H_2亮灭情况。

通过上述测试，可以观察到：

1. 二极管 VD_1 正偏，p 接电源_________极，灯泡 H_1_________。

2. 二极管 VD_2 反偏，p 接电源_________极，灯泡 H_2_________。

3. 该实验说明二极管具有_______________ 特性。

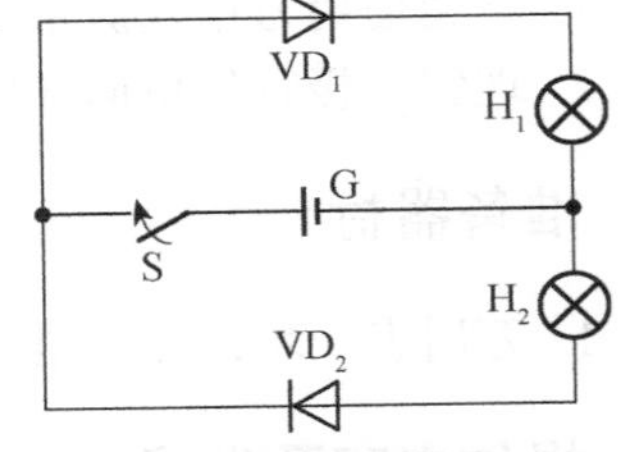

图 6-27　二极管单向导电性测试

五、注意事项

1. 万用表在测量电阻时，每换一次挡位，都要进行调零校对。

2. 在测量二极管的正、反向电阻时，自己的手不要一起接在两个引脚上，这样测出的阻值有误差。

任务 6.2　三极管的特性测试

用万用表对三极管的电极、好坏做大致的判断，了解三极管的特性及应用，掌握三极管的识别与检测方法。

晶体三极管及其放大作用

一、晶体三极管的结构与符号

晶体三极管，又称双极型晶体管，简称三极管。三极管的制造工艺有很多种，目前常用的是利用光刻、扩散等工艺制成的平面管。它的结构和符号如图 6-28 所示，三极管有三个区，并相应引出三个电极，形成两个 PN 结。三个区分别是发射区引出发射极 e，基区引出基极 b，集电区引出集电极 c。发射区和基区间的 PN 结称为发射结，集电区和基区间的 PN 结称为集电结。管子符号的箭头方向表示发射结正向偏置时电流的实际方向。

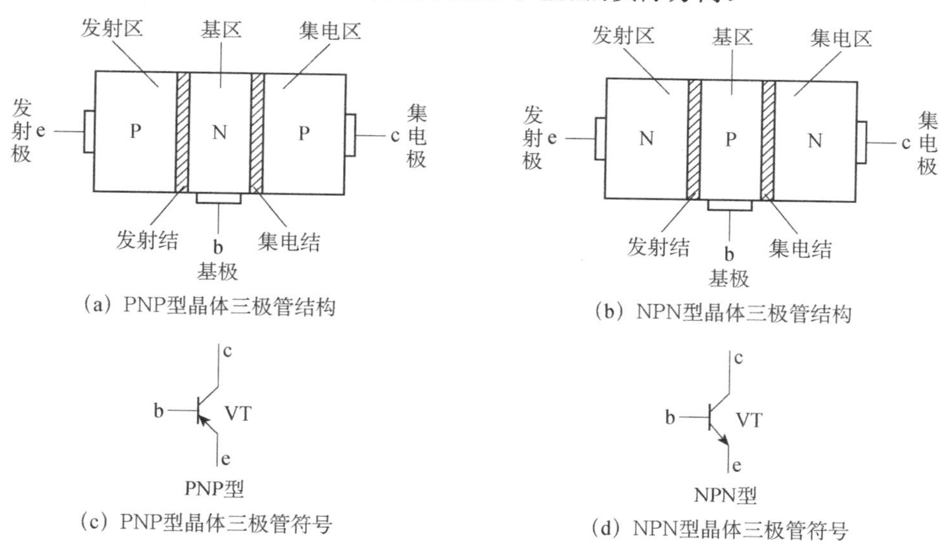

图 6-28　三极管的结构示意图及其在电路中的符号

一般在晶体三极管中集电结的面积做得比较大，发射区是高浓度掺杂区，基区很薄且杂质浓度低。因此晶体三极管使用时集电极与发射极不能互换。

三极管按材料可分 NPN 型和 PNP 型，一般情况下 NPN 型为硅管，PNP 型为锗管；按功率不同，分小功率管（耗散功率小于 1W）和大功率管（耗散功率不小于 1W）；按频率可分高频管（工作频率不低于 3MHz）和低频管（工作频率在 3MHz 以下）；按作用不同可分为普通三极管和开关三极管。

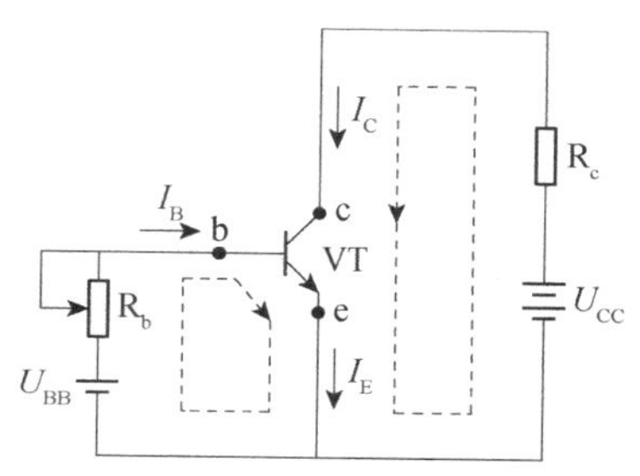

图 6-29　三极管具有电流放大作用的实验电路

二、三极管的电流放大作用

为了定量地分析三极管的电流分配关系和放大原理，完成下列实验测试，实验电路如图 6-29 所示。

加电源电压 U_{BB} 时发射结承受正向电压，而电源 $U_{CC}>U_{BB}$，使集电结承受反向偏置电压，这样可以是三极管能够具有正常的电流放大作用。

改变电阻 R_b，使基极电流 I_B、集电极电流 I_C 和发射极电流 I_E 都会发生变化，表 6-2 为实验所得一组数据。

表 6-2　三极管各极电流试验数据

I_B/μA	0	20	30	40	50	60
I_C/mA	≈0	1.4	2.3	3.2	4	4.7
I_E/mA	≈0	1.42	2.33	3.24	4.05	4.76
I_C/I_B	0	70	76	80	80	78

将表中数据进行比较分析，可得出如下结论：

① 三极管的三个电流之间符合基尔霍夫电流定律，即 $I_E=I_B+I_C$。

② $I_C \approx I_E$，I_B 虽然很小，但对 I_C 有控制作用，I_C 随 I_B 改变而改变。即三极管具有电流放大作用。集电极电流 I_C 与基极电流 I_B 的比值，称为三极管的直流电流放大倍数，用 $\overline{\beta}$ 表示，

即：
$$\overline{\beta}=\frac{I_C}{I_B}$$

β 的大小体现了三极管的电流放大能力。

③当基极电流变化时，集电极电流同时也发生较大变化。集电极电流变化量 ΔI_C 与基极电流变化量 ΔI_B 之比，称为三极管交流放大倍数，用 β 表示，即 $\beta=\Delta I_C/\Delta I_B$，$\beta \approx \overline{\beta}$。

由于 β 和 $\overline{\beta}$ 相当接近，以后一般不再对它们加以区分。三极管的 β 值一般为几十倍，特殊的可达上千，所以三极管在共射接法时，有较大的电流放大作用。

三、三极管的特性曲线及工作区域

三极管各电极电压和电流之间的关系如用曲线表示出来，就是三极管的特性曲线，也叫伏安特性。从使用三极管的角度来说，了解三极管的外部特性比了解它的内部结构显得更为重要，三极管的伏安特性主要有输入特性和输出特性两种。现以共发射极放大电路为例，讨论三极管的输入、输出特性。

1. 输入特性曲线

测试电路如图 6-30 所示的共射特性测试电路，逐点描绘出共射输入、输出特性曲线。

共射输入特性是指三极管输入回路中在 V_{CE} 固定的情况下，加在基极和发射极的电压 V_{BE} 与由它产生的电流 I_B 之间的关系曲线，用函数表示为

$$I_B=f(V_{BE})|_{V_{CE}=\text{常数}}$$

即在固定的 V_{CE} 下，测出 I_B 与 V_{BE} 之间的对应关系。NPN 硅管的输入特性曲线如图 6-31 所示。显然此曲线和二极管的正向伏安特性相似。

2. 输出特性曲线

输出特性是在基极电流 I_B 一定的情况下，三极管输出回路中，集电极与发射极之间的电压 V_{CE} 与集电极电流 I_C 之间的关系曲线。用函数可表示为

$$I_C=f(V_{CE})|_{I_B=\text{常数}}$$

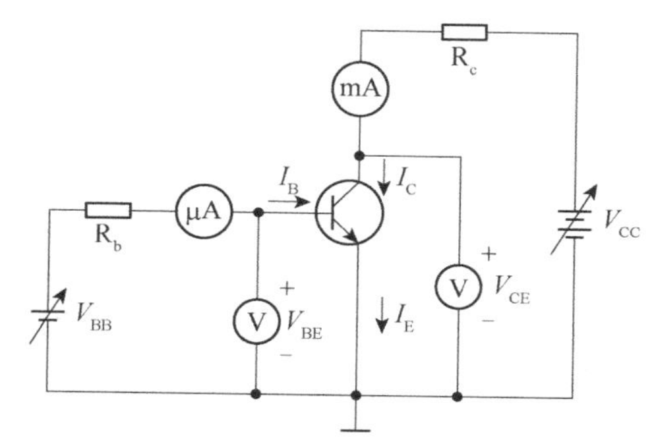

图 6-30　三极管特性测试电路

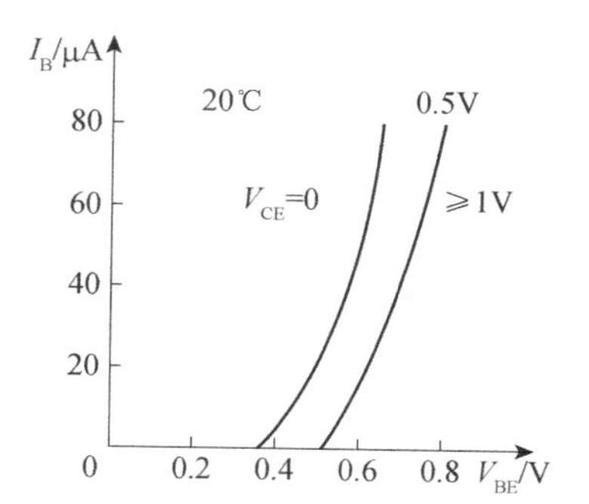

图 6-31　共射输入特性曲线

即在一定的 I_B 情况下，测出 I_C 与 V_{CE} 之间的对应关系。图 6-32 画出了 NPN 型硅三极管的输出特性曲线。

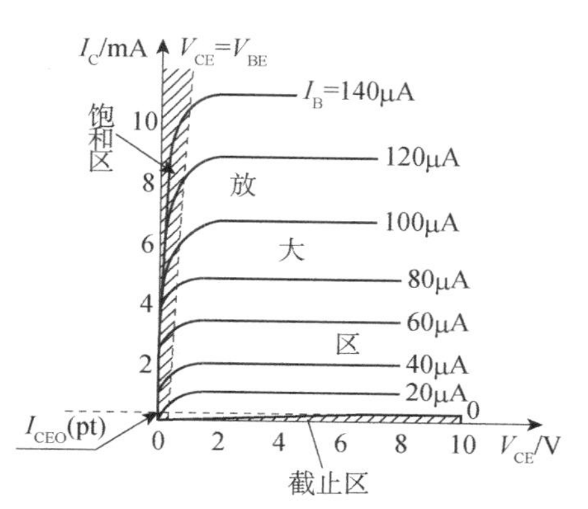

图 6-32　共射输出特性曲线

3. 三极管三个工作区域

从图 6-32 共射输出特性曲线上看，三极管的工作状态可以分成三个区域。

（1）截止区。一般习惯于把 $I_B \leqslant 0$ 以下的区域称为截止区。三极管工作在截止区时，发射结和集电结均处于反向偏置，所以，$I_B=0$，$I_C \approx 0$，$V_{CE} \approx V_{CC}$，三极管 b-e、c-e 之间均呈现高阻状态，相当于开关断开。

（2）饱和区。当三极管的集电结电流 I_C 增大到一定程度时，再增大 I_B，I_C 也不会增大，超出了放大区，进入了饱和区。饱和时，发射结和集电结均处于正向偏置。三极管没有放大作用，相当开关的闭合。

（3）放大区。三极管的发射结加正向电压（锗管约为 0.3V，硅管约为 0.7V），集电结加反向电压导通后，I_B 控制 I_C，I_C 与 I_B 近似于线性关系，在基极加上一个小信号电流，引起集电极大的信号电流输出，有 $I_C=\beta I_B$ 成立。

例 6-2　测得电路中几个三极管各极对地电压如图 6-33 所示，试判断它们各工作在什么区（放大区、饱和区、截止区）。

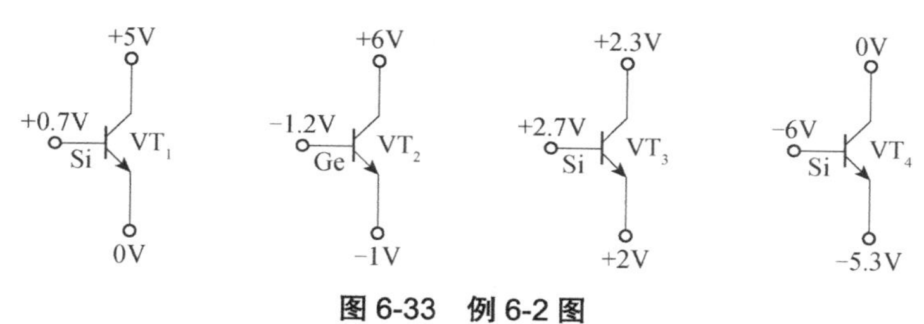

图 6-33　例 6-2 图

解：VT_1 为 NPN 型三极管，由于 $V_{BE}=0.7V>0$，发射结正偏；而 $V_{BC}=-4.3V<0$，集电结为反偏，因此 VT_1 工作在放大区。

VT_2 为 PNP 型三极管，由于 $V_{BE}=0.2\ V>0$，发射结正偏；而 $V_{BC}=4.8V>0$，集电结为反偏，因此 VT_2 工作在放大区。

VT_3 为 NPN 型三极管，由于 $V_{BE}=0.7\ V>0$ 发射结正偏；而 $V_{BC}=0.4V>0$，集电结为正偏，

因此 VT_3 工作在饱和区。

VT_4 为 NPN 型三极管，由于 $V_{BE}=-0.7V<0$，发射结反偏；而 $V_{BC}=-6V$，集电结为反偏，因此 VT_4 工作在截止区。

四、晶体三极管的主要参数

三极管的参数反映了三极管各种性能的指标，是分析三极管电路和选用三极管的依据。

1. 共发射极电流放大系数 $\bar{\beta}$

共发射极直流电流放大系数 $\bar{\beta}$，它表示三极管在共射极连接时，某工作点处直流电流 I_C 与 I_B 的比值，即 $\beta=I_C/I_B$。

管子的 β 值太小时，放大作用差；β 值太大时，工作性能不稳定。因此，一般选用 β 为 30～80 的管子。

2. 极间反向电流

（1）集电极-基极反向饱和电流 I_{CBO}。I_{CBO} 是指发射极开路，在集电极与基极之间加上一定的反向电压时，所对应的反向电流。在一定温度下，I_{CBO} 是一个常量。随着温度的升高 I_{CBO} 将增大，它是三极管工作不稳定的主要因素。在相同环境温度下，硅管的 I_{CBO} 比锗管的 I_{CBO} 小得多。

（2）穿透电流 I_{CEO}。I_{CEO} 是指基极开路，集电极与发射极之间加一定反向电压时的集电极电流。I_{CEO} 与 I_{CBO} 的关系为：$I_{CEO}=I_{CBO}+\bar{\beta}I_{CBO}=(1+\bar{\beta})I_{CBO}$

3. 最大允许集电极耗散功率 P_{CM}

P_{CM} 是指三极管集电结受热而引起晶体管参数的变化不超过所规定的允许值时，集电极耗散的最大功率。当实际功耗 P_C 大于 P_{CM} 时，不仅使管子的参数发生变化，甚至还会烧坏管子。

4. 最大允许集电极电流 I_{CM}

当 I_C 很大时，β 值逐渐下降。一般规定在 β 值下降到额定值的 2/3（或 1/2）时所对应的集电极电流为 I_{CM}，当 $I_C>I_{CM}$ 时，β 值已减小到不实用的程度，且有烧毁管子的可能。

5. 反向击穿电压 V_{CEO} 与 V_{CBO}

V_{CEO} 是指基极开路时，集电极与发射极间的反向击穿电压。

V_{CBO} 是指发射极开路时，集电极与基极间的反向击穿电压。三极管的反向工作电压应小于击穿电压的（1/3～1/2），以保证管子安全可靠地工作。

三极管的识别及检测

任务要求：正确识别三极管的引脚及使用万用表测试三极管引脚、β 值及质量好坏。

一、训练目的

1. 学习三极管的识别与检测方法。

2. 学习三极管的β值测量，理解三极管的放大作用。

二、准备器材

1. 万用表；2. 毫伏表；3. 三极管。

三、操作内容及步骤

1. 引脚识别

常用三极管的封装形式有金属封装和塑料封装两大类，引脚的排列方式具有一定的规律，如图 6-34 所示。采用底视图位置，使三个引脚构成等腰三角形的顶点上，从左向右依次为 E、B、C；对于中小功率塑料三极管，按图使其平面朝向自己，三个引脚朝下放置，则从左到右依次为 C、B、E。常用三极管外形如图 6-35 所示。

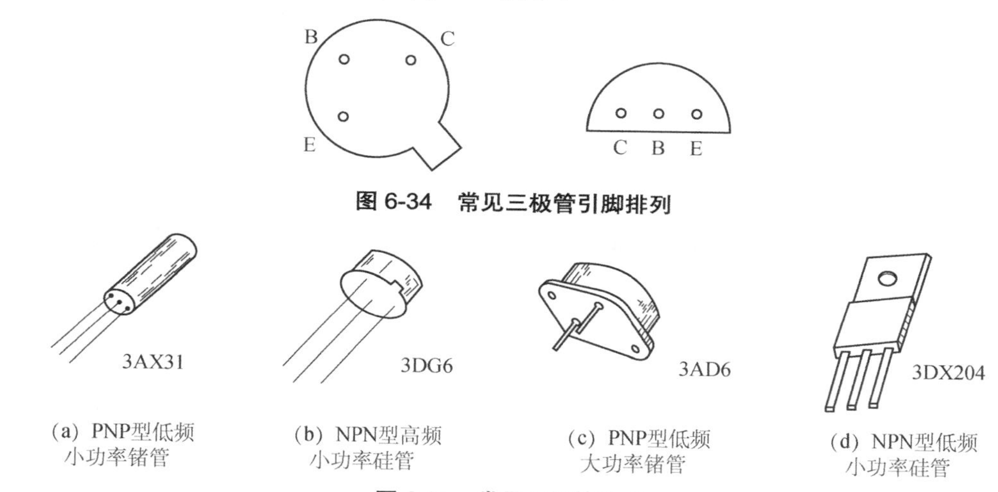

图 6-34　常见三极管引脚排列

图 6-35　常用三极管外形

2. 用万用表判断三极管的管型及材料

用指针式万用表判断三极管管型的方法：用万用表的欧姆挡×100Ω 或×1kΩ，将黑表笔接一引脚，用红表笔接触另两引脚，如出现两个阻值均小的，说明黑表笔所处的引脚为三极管的基极，且管型为 NPN；若没有上述现象出现，换成红表笔接任一电极，重复上述过程，当出现两阻值均较小的情况，则该红表笔所在电极为基极且管型为 PNP。

需要注意一点：无论是基极和发射极之间的正向电阻，还是基极与集电极之间的正向电阻，都应在几千欧姆或几十千欧姆的范围内，一般硅管的正向阻值为 6～20kΩ，锗管为 1～5kΩ，而反向电阻则应趋于无穷大。若出现无论正向还是反向电阻均为零，说明此结已经击穿；若测出电阻均为无穷大，说明此结已断。将测试结果填于表 6-3。

表 6-3　测试结果

三极管型号	导通电压	管型	材料
9011			
9012			

3. 用数字万用表的 h_{FE}（β）插孔测三极管 β 值

将万用表转换开关打到 h_{FE} 挡上，将表笔插到 NPN 或 PNP 的小孔上，插对了有示数，插错了则没有示数。基极对上面的 B 字母，读数；再把它的另两脚反转，再读数。读数较大的引脚极性就对应上表所标的字母，这时就对着字母去认三极管的 C、E 极，此次读数为三极管的直流放大倍数。将测试结果填于表 6-4。

表 6-4 测试结果

型号	万用表与观察三极管外形判断三极管的电极是否一致	管型
9011		
9012		

任务 6.3 场效应管的特性测试

会用万用表对场效应管的电极、好坏做大致的判断，了解场效应管的特性及应用，掌握场效应管的识别与检测方法。

场效应管概述

场效应管是一种利用电场效应来实现对电流控制的半导体器件。它有输入电阻高、热稳定性好、噪声低、耗电少、易集成等优点，除作分立元件外，还广泛应用于大规模集成电路中。场效应管分为结型和绝缘栅型两种，本节主要介绍绝缘栅型场效应管。

一、绝缘栅场效应管的导电类型（MOS）

绝缘栅型场效应管也是一个 3 电极电子器件，它的 3 个电极分别为栅极 G（控制极相当于三极管的 B）、源极 S（相当于三极管的 E）和漏极 D（相当于三极管的 C）。与三极管不同的是，场效应管是电压控制型器件，利用栅-源电压 U_{GS} 来控制漏极电流 I_D，由于栅极与其他电极是绝缘的，因此没有栅极电流。根据导电极性不同，场效应管又分为 N 沟道和 P 沟道两种类型，又根据各自的控制特性不同分为增强型和耗尽型，故场效应管共有四种类型。

由于绝缘栅型场效晶体管的制造材料为金属、氧化物和半导体，所以绝缘栅型场效晶体管也称为金属-氧化物-半导体场效晶体管，简称 MOS 管。

下面以 N 沟道增强型的 MOS 管为例，介绍 MOS 管的结构和特性曲线。

1. N 沟道增强型 MOS 管的结构符号

N 沟道增强型 MOS 管的简称增强型 NMOS 管，它的结构如图 6-36（a）所示。它以一块掺杂浓度较低、电阻率较高的 P 型硅半导体薄片作为衬底，利用扩散的方法在 P 型硅中形成两个高掺杂的 N 区。然后在 P 型硅表面生成二氧化硅绝缘层，并在二氧化硅的表面及 N 区的表面上分别安装三个铝电极（栅极 G、源极 S 和漏极 D），就形成了 N 沟道 MOS 管。由于栅极与源极、漏极均无电接触，故称为绝缘栅，其符号如图 6-36（b）所示。同理，利用与增强型 NMOS 管对称的结构可以得到增强型 PMOS 管，其符号如图 6-36（c）所示。

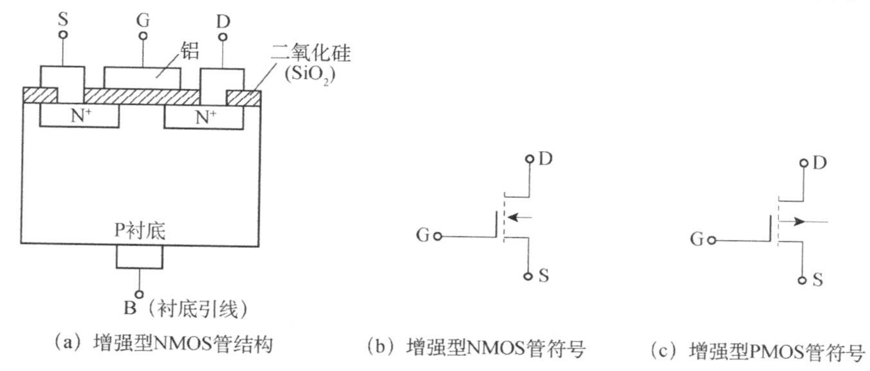

（a）增强型NMOS管结构　（b）增强型NMOS管符号　（c）增强型PMOS管符号

图 6-36　增强型绝缘栅场效应管的结构和符号

2. 增强型 NMOS 管特性曲线

如图 6-37 所示，当 U_{GS}=0，在 D、S 间加上电压 V_{DD} 时，漏极 D 和衬底之间的 PN 结处于反向偏置状态，不存在导电沟道，故 D、S 之间的电流 I_D=0。

当 U_{GS}＞0 时，在栅极和底衬间产生方向向下的电场。这个电场将 P 型硅中的一些自由电子吸引到二氧化硅绝缘层下方，当栅源电压 U_{GS} 增大到一定值时，该电场可吸引足够数量的自由电子，使 P 型衬底上表层自由电子数大于空穴数，形成一个与 P 型相反的 N 型薄层，称为反型层。反型层使两个 N^+ 型区连接起来，在源极电压 U_{DS} 作用下，自由电子漂移形成漏极电流 I_D。

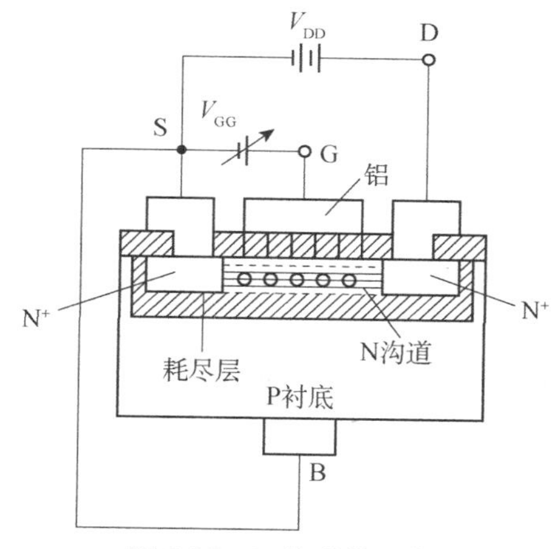

图 6-37　N 沟道的形成

这种 MOS 管只有栅源极间的电压增大到一定值时，导电沟道才能形成，所以称为 N 沟道增强型 MOS 管。导电沟道形成时的 U_{GS} 值成为开启电压，用 $U_{GS(th)}$（或 U_T）表示。

由以上分析可知，在同样的 U_{DS} 作用下，U_{GS} 愈大，N 沟道越宽，实现了栅源电压 U_{GS} 对漏极电流 I_D 的控制。

NMOS 管的转移特性曲线如图 6-38（a）所示，输出特性曲线如图 6-38（b）所示。

输出特性曲线与三极管的输出特性曲线类似，也分三个区如图 6-38（b）所示。

可变电阻区：U_{DS} 很小时，若 U_{GS} 不变，则 I_D 基本上随 U_{DS} 增加而线性上升，导电沟道基本不变。U_{GS} 越大，沟道电阻越小，MOS 管可以看成受 U_{GS} 控制的线性电阻器。

恒流区（饱和区）：只要 U_{GS} 不变，I_D 基本不随 U_{DS} 变化，趋于饱和或恒定。且 I_D 与 U_{GS}

呈线性关系，又称线性放大区。

截止区：增强型 $U_{GS}<U_{GS(th)}$，导电沟道未形成，$I_D=0$（耗尽型 $U_{GS}<U_{GS(th)}$，导电沟道被夹断，$I_D=0$。

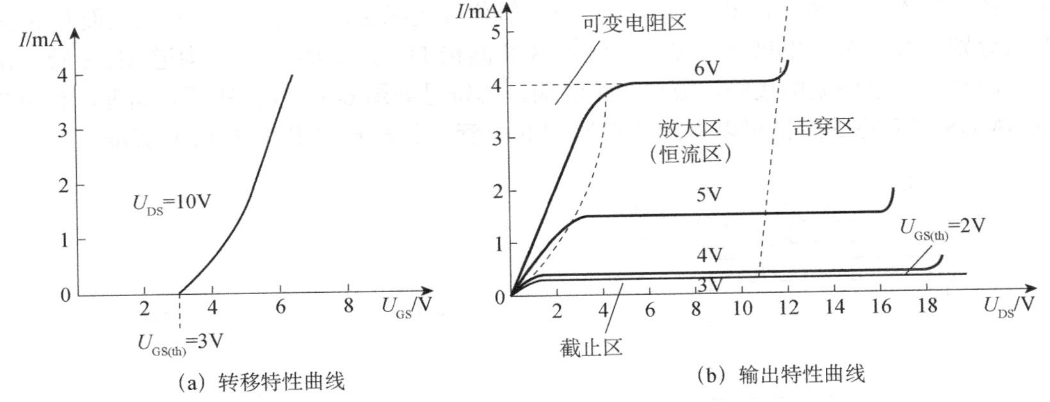

（a）转移特性曲线　　（b）输出特性曲线

图 6-38　增强型 NMOS 管的伏安特性曲线

N 沟道耗尽型 MOS 管在结构上的不同之处是其在二氧化硅绝缘层中掺入了一些正离子，使栅极下 P 型层上表面预先形成了 N 沟道。这样，N 沟道耗尽型 MOS 管的栅源电压 U_{GS} 即使为零或为负值时，也可以形成 N 沟道。只有当 U_{GS} 负到其夹断电压 $U_{GS(th)}$ 时，沟道才消失，管子截止，其耗尽型 MOS 管的符号表示如图 6-39 所示。

（a）N沟道耗尽型　　（b）P沟道耗尽型

图 6-39　耗尽型 MOS 管的符号

二、场效应管主要参数及使用注意事项

1. 主要参数

（1）开启电压 $U_{GS(th)}$。开启电压是 MOS 增强型管的参数，是指在 U_{DS} 为一常量时，使 I_D 大于零所需的最小 U_{GS} 值。

（2）低频跨导 g_m。当 U_{DS} 为定值时，漏极电流 I_D 的变化量 ΔI_D，与引起这个变化量的栅源电压 U_{GS} 的变化量 ΔU_{GS} 的比值称为低频跨导，用 g_m 表示。低频跨导反映了栅源电压对漏极电流的控制作用。g_m 可以在转移特性曲线上求得，单位是 mS（毫西门子）。即：

$$g_m=\frac{\Delta I_D}{\Delta U_{GS}}$$

2. 场效应管使用注意事项

场效应管具有输入电阻高、噪声系数小、便于集成等优点，但它不足之处是使用、保管不当容易造成损坏，使用时应注意以下事项。

（1）场效应管在使用中要特别注意对栅极的保护，因为栅极处于绝缘状态，其上的感应电荷很不容易放掉，当积累到一定程度时，可产生很高的电压，容易将管子内部的 SiO_2 膜击穿，所以在使用这种类型的场效应管时，应注意以下问题：

① 运输和储藏时必须将引脚短路或采用金属屏蔽包装，以防外来感应电势将漏极击穿。

② 要求测试仪器、工作台有良好的接地。

③ 焊接用的电烙铁外壳要接地，或者利用烙铁断电后的余热焊接。焊接绝缘栅场效应管的顺序是：先焊源栅极，后焊漏极。

④ 要采取防静电措施。

（2）场效应管的漏极和源极互换时，其伏安特性没有明显变化，但有些产品出厂时已经将源极和衬底连在一起，其漏极和源极就不能互换。

（3）场效应管属于电压控制型器件，有极高的输入阻抗，为保证管子的高输入特性，焊接后应对电路板进行清洗。

（4）在安装场效应管时，要尽量避开发热元件，对于功率型场效应管，要有良好的散热条件，必要时要加装散热器，以保证其能在高负荷条件下可靠工作。

场效应管的识别及检测

任务要求：正确使用万用表检测场效应管的电极及质量好坏。

一、训练目的

1. 学习用万用表检测场效应管电极及质量好坏的方法。
2. 理解场效应管的结构、特性。

二、准备器材

1. 万用表；2. 毫安表；3. MOS 场效应管；4. 导线若干。

三、操作内容及步骤

1. 用测电阻法判别 MOS 场效应管的电极

用万用表的欧姆挡 R×1kΩ 上，任选两个电极，分别测出其正、反向电阻值，当某两个电极的正、反向电阻值相等，且为几千欧姆时，则该两个电极分别是漏极 D 和源极 S。因为对场效应管而言，漏极和源极可互换，剩下的电极肯定是栅极 G。也可以将万用表的黑表笔（红表笔也行）任意接触一个电极，另一只表笔依次去接触其余的两个电极，测其电阻值。当出现两次测得的电阻值近似相等时，则黑表笔所接触的电极为栅极，其余两电极分别为漏极和源极；若两次测出的电阻值均很大，说明是 PN 结的反向，即都是反向电阻，可以判定是 N沟道场效应管，且黑表笔接的是栅极；若两次测出的电阻值均很小，说明是正向 PN 结，即是正向电阻，判定为 P 沟道场效应管，黑表笔接的也是栅极。若不出现上述情况，可以调换黑、红表笔按上述方法进行测试，直到判别出栅极为止。

2. 用测电阻法判别场效应管的好坏

首先将万用表置于 R×10Ω 或 R×100Ω 挡，测量源极 S 与漏极 D 之间的电阻，通常在几十欧到几千欧范围（在手册中可知，各种不同型号的管，其电阻值是各不相同的），如果测得阻值大于正常值，可能是由于内部接触不良；如果测得阻值是无穷大，可能是内部断极。然后把万用表置于 R×10kΩ 挡，再测栅极与源极、栅极与漏极之间的电阻值，当测得其各项电阻值均为无穷大，则说明管是正常的；若测得上述各阻值太小或为通路，则说明管是坏的。

四、思考题

1. 测试场效应管的好坏应将万用表的挡位放在什么位置上？如何判断其好坏？
2. 如何用万用表判断场效应管的电极。

五、注意事项

注意场效应管各电极之间的静电感应，任务完成后做一下除尘和去静电处理。

【项目六　知识训练】

一、填空题

1. 物质按导电能力的强弱可分为________、________和________三大类。

2. 二极管 P 区接电位________端，N 区接电位________端，称正向偏置，二极管导通；反之，称反向偏置，二极管截止，所以二极管具有________性。

3. 在本征半导体中掺入________价元素得 N 型半导体，掺入________价元素则得 P 型半导体。

4. 纯净的具有晶体结构的半导体称为________，采用一定的工艺掺杂后的半导体称为________。

5. 半导体二极管导通后，硅管的管压降约为________ V，锗管约为________ V。

6. 发光二极管将________信号转换为________信号，它工作时需加________偏置电压。

7. 半导体中有________和________两种载流子参与导电，其中________带正电，而________带负电。

8. 稳压二极管正常工作在________区。

9. 晶体三极管的________区与________区由同一类型材料组成，________区掺杂浓度高，________区掺杂浓度低。

10. 三极管具有电流放大作用的外部条件是必须使________结正向偏置，________结反向偏置。

11. 三极管电流放大系数 β 反映了放大电路中________极电流对________极电流的控制能力。

12. 三极管饱和时，它的发射结是________偏置，集电结是________偏置。

13. 正常工作的 NPN 型三极管各电极电位关系是 $V_C>V_B>V_E$，该管工作在________状态。

14. 双极型半导体三极管按结构可分为________型和________型两种，符号分别是

________和________。

15. 场效应管是利用________电压来控制________电流大小的半导体器件。

16. 图 6-40 所示为各型号三极管的各电极实测对地电压数据，试判断各管是 NPN 型还是 PNP 型，是硅管还是锗管，并工作在何种状态。(a)是________型________，工作在________状态。(b) 是________型________，工作在________状态。(c) 是________型________，工作在________状态。(d) 是________型________，工作在________状态。

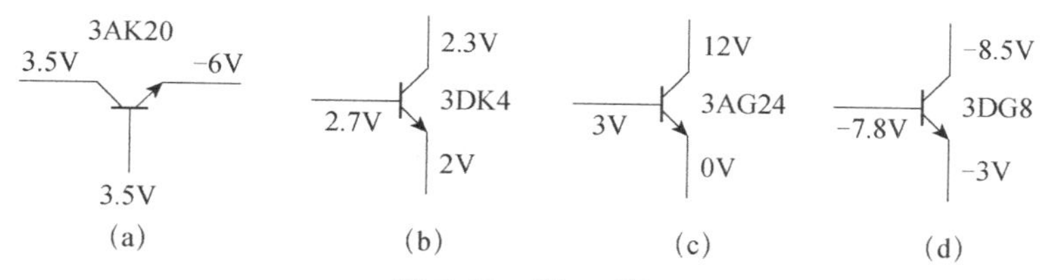

图 6-40　题 16 图

17. 在某放大电路中，三极管三个电极的电流如图 6-41 所示。已知 I_1=−1.2mA，I_2=−0.03mA，I_3=−1.23mA。由此可知：

（1）电极①是________极，电极②是________极，电极③是________极。

（2）此三极管的电流放大系数约为________。

（3）此三极管的类型是________型。

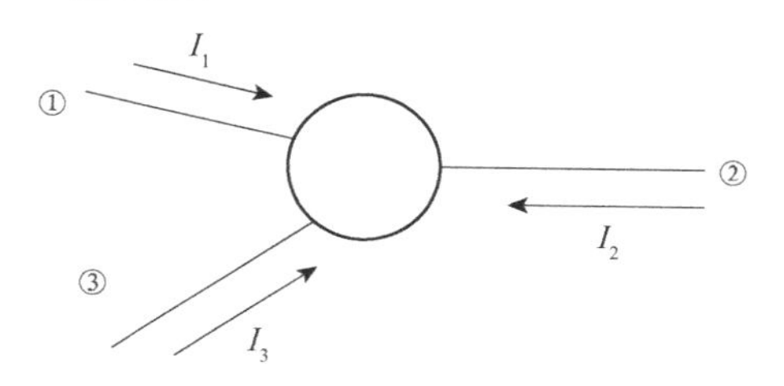

图 6-41　题 17 图

二、判断题

1.（　　）硅稳压二极管内部也有一个 PN 结，但其正向特性同普通二极管一样。

2.（　　）与晶体三极管相比较，场效应晶体管中电流只经过一个相同导电类型的半导体区域，所以场效应管也称为单极型晶体管。

3.（　　）场效应管和晶体管相比，栅极相当于基极，漏极相当于发射极，源极相当于集电极。

4.（　　）凡是普通三极管可以使用的场合，原则上也可使用场效应器件。

5.（　　）场效应管的放大能力不像晶体管一样，用电流放大系数表示，而是用动态跨导 g_m 表示的。

6.（　　）晶体二极管的反向电压上升到一定值时，反向电流剧增，二极管被击穿，就不能再使用了。

7.（　　）两种载流子都参加导电的半导体器件称为双极型器件。

8.（　　）晶体三极管具有两个 PN 结，二极管只有一个 PN 结，因此可以把两个二极管反向连接起来当作一只晶体三极管使用。

9.（　　）晶体三极管相当于两个反向连接的二极管，则基极断开后还可以作为二极管使用。

三、选择题

1. 下列符号中表示发光二极管的为（　　）。

A. B. C. D.

2. 硅管正向导通时，其管压降约为（　　）。

A. 0.1V　　B. 0.2V　　C. 0.5V　　D. 0.7V

3. 当温度升高时，二极管导通电压（　　）。

A. 下降　　B. 上升　　C. 不变　　D. 不定

4. N 型半导体中多数载流子是（　　），P 型半导体中多数载流子是（　　）。

A. 少子　　B. 多子　　C. 杂质离子　　D. 空穴

5. 稳压管的正常工作区为（　　）。

A. 反向击穿区　　B. 正向导通区　　C. 反向截止区　　D. 正向截止区

6. 当温度升高时，二极管的反向饱和电流将（　　）。

A. 增大　　B. 不变　　C. 减小

7. 光电管正常工作是在（　　）。

A. 正向导通区　　B. 反向截止区　　C. 反向击穿区

8. 发光二极管的正常工作状态是（　　）。

A. 正向导通电压 0.7V

B. 正向导通电压 1.3V 以上

C. 反向击穿状态

9. 指针式万用表的两表笔分别接触一个整流二极管的两端，当测得的电阻值较小时，红表笔所接触的是（　　）。

A. 正极　　B. 负极　　C. 无法判断

10. 用直流电压表测得放大电路中某晶体管电极 1、2、3 的电位各为 U_1=2V、U_2=6V、U_3=2.7V，则（　　）。

A. 1 为 E　2 为 B　3 为 C　　B. 1 为 E　2 为 C　3 为 B

C. 1 为 B　2 为 E　3 为 C　　D. 1 为 B　2 为 C　3 为 E

11. 工作在放大区的某三极管，如果当 I_B 从 20μA 增大到 40μA 时，I_C 从 1mA 变为 2mA，那么它的 β 约为（　　）。

A. 50　　B. 100　　C. 200

12. 已知放大电路中处于正常放大状态的某晶体管的三个电极对地电位分别为 U_E=6V，U_B=5.3V，U_C=0V，则该管为（　　）。

A. PNP 型锗管　　B. NPN 型锗管

C. PNP 型硅管　　D. NPN 型硅管

【能力拓展六】安装调试二极管彩灯电路

任务要求：正确完成二极管彩灯电路的设计、组装和检测。

一、训练目的

1. 学习使用方法；
2. 加深对半导体器件基本特性及优劣的认识。

二、准备器材

1. 电子技术试验台；2. 万用表；3. 电烙铁；4. 100～200Ω 电阻；5. 发光二极管；6. 稳压管；7. 导线。

三、操作内容及步骤

1. 完成电路图的设计

如图 6-42 所示为发光二极管交替闪烁器电路，仅用了 4 只元件就构成了有趣的两管交替闪烁电路。

VD_1：闪烁发光二极管，电流 100mA 左右。

VD_2：普通发光管，电流不大，一般在 20mA 左右。

VD_3：稳压管。用来对 9V 电源降压。白色发光管的电压在 3V 左右，故 VD_3 的稳压值应在 5～6V，电流同发光管。

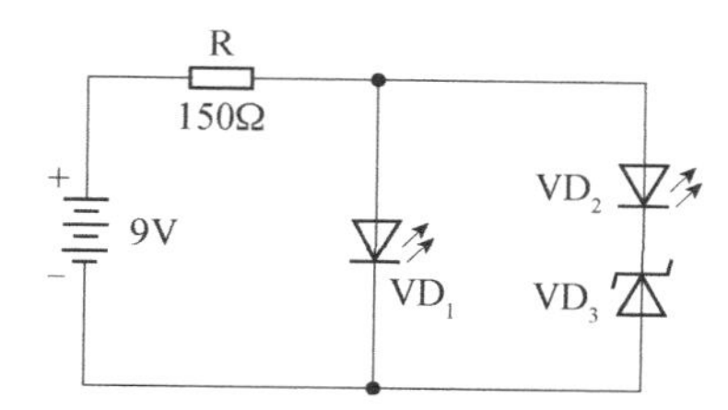

图 6-42　双发光二极管交替闪烁器电路

2. 完成电路的组装及检测

按原理图图 6-42 进行电路的组装，可用电路板焊接组装，也可用面包板插接组装。组装结束后按要求进行检测。

四、注意事项

1. 必须要保证电路正确连接，才能打开电源，以防元器件烧坏。
2. 电烙铁一定要放在烙铁架上，用后断电。
3. 发光二极管正常工作必须有一定的正向偏压，交流电 220V 要经过降压、整流、滤波、稳压之后才可以接入发光二极管使用。

项目七　组装与测试直流稳压电路

本项目通过完成直流稳压电源的制作与调试，使学生了解直流稳压电源的基本概念及电路组成；掌握整流、滤波、稳压的电路功能及应用方法；掌握直流稳压电源的电路分析与设计方法；熟悉电子产品从电路设计、电路组装到功能调试的制作工序；具备电路分析、设计，元器件选择、检测，电路焊接、电路组装，电路功能检测、调试、维修等专业技能；能够正确使用常用仪器仪表及工具书。

任务 7.1　组装与测试硅稳压管稳压电路

通过简单直流稳压电源的测试使学生掌握直流稳压电路的电路连接方法；掌握单相桥式整流、滤波、稳压电路的工作原理和输入、输出电压之间的关系；加深理解桥式整流电路、电容滤波的作用；掌握硅稳压管的作用及使用方法；能够利用示波器观察桥式整流电路、滤波电路及稳压电路的输入、输出波形及使用万用表测量相关数据。

7.1.1　单相整流电路

整流电路的作用是将电网提供的交流电压变换成单向脉动的直流电压。既简单方便又经济实用的整流电路是利用半导体二极管的单向导电性所组成的整流电路，包括半波整流、全波整流和桥式整流等。

一、单相半波整流电路

1. 电路组成及工作原理

单相半波整流电路如图 7-1 所示。图中 Tr 为电源变压器，假设变压器二次绕组电压 $u_2=\sqrt{2}U_2\sin\omega t$，$U_2$ 为有效值，波形如图 7-2（a）所示。当 u_2 为正半周时，A 端为正，B 端为负，即 $V_A>V_B$，则二极管 VD 正向偏置而导通；而当 u_2 为负半周时，A 端为负，B 端为正，即 $V_A<V_B$，则二极管 VD 反向偏置而截止。所以在一个周期内，只是正半周导通，在负载上得到的是半个正弦波，如图 7-2（b）所示，图 7-2（c）为 u_2 为负半周时二极管 VD 上得到的电压。

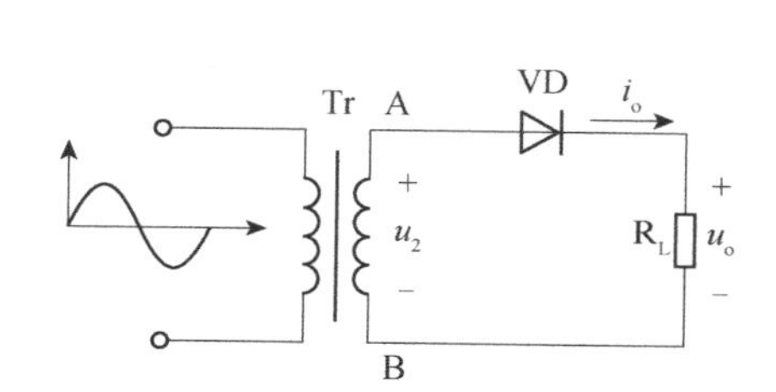

图 7-1　单相半波整流电路

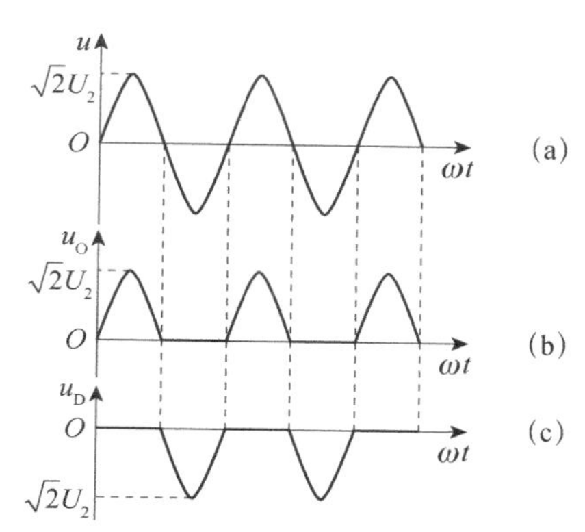

图 7-2　单相半波整流电路的电压波形

2. 参数计算

由图 7-2 可知，单相半波整流电路的输出电压在一个周期内，只是正半周导通，在负载上得到的是半个正弦波。

（1）负载上得到的平均电压为：

$$U_O=\frac{1}{2\pi}\int_0^{\pi}\sqrt{2}U_2\sin\omega t\mathrm{d}(\omega t)=0.45U_2 \tag{7-1}$$

（2）流过负载的平均电流为：

$$I_O=\frac{U_O}{R_L}=0.45\frac{U_2}{R_L} \tag{7-2}$$

（3）流过二极管的电流平均值为：

$$I_D=I_O \tag{7-3}$$

（4）二极管承受的最大反向电压为：

$$U_{DRM}=\sqrt{2}U_2 \tag{7-4}$$

平均电流 I_D 与最高反向电压 U_{DRM} 是选择整流二极管的主要依据。在实际选择二极管时，一般根据流过二极管的平均电流 I_D 和它承受的最高反向电压 U_{DRM} 来选择二极管的型号，但考虑到电网电压会有一定的波动，所以选择二极管时 I_D 和 U_{DRM} 要大于实际工作值，一般可取 1.5～3 倍的 I_D 和 U_{DRM}。

单相半波整流电路虽然具有结构简单、方便的优点，但缺点是只利用了电源的半个周期，输出的整流电压脉动较大，输出直流电压低，变压器利用率低，一般只应用于对输出电压要求不高的场合。

二、单相桥式全波整流电路

单相桥式全波整流电路，简称单相桥式整流电路，克服了单相半波整流电路的缺点，是工程上最常用的单相整流电路。

1. 电路组成及工作原理

单相桥式整流电路如图 7-3（a）所示，图 7-3（b）是其简便画法。

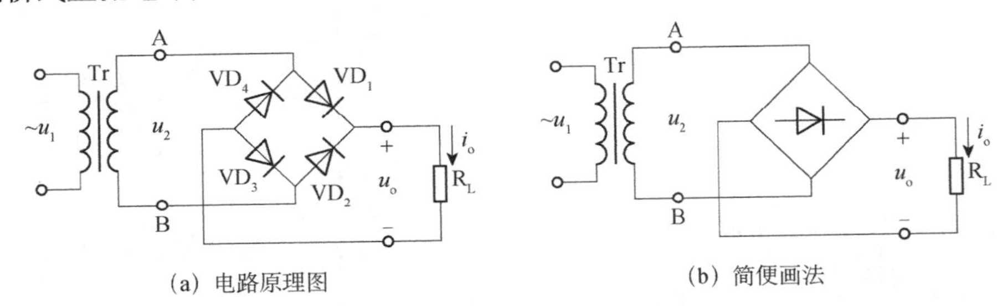

（a）电路原理图　（b）简便画法

图 7-3　单相桥式整流电路

假设变压器二次绕组电压为 $u_2=\sqrt{2}\,U_2\sin\omega t$，$U_2$ 为有效值，波形如图 7-4（a）所示。电流由 A 端流出如图 7-4（a）所示，经过 VD_1、R_L、VD_3 回到 B 端，此时电流波形如图 7-5（b）所示，负载 R_L 得到上正下负的电压。

当电流由 B 端流出时如图 7-4（b）所示，经过 VD_2、R_L、VD_4 回到 A 端，此时电流如图 7-5（c）所示，负载 R_L 仍得到上正下负的电压。

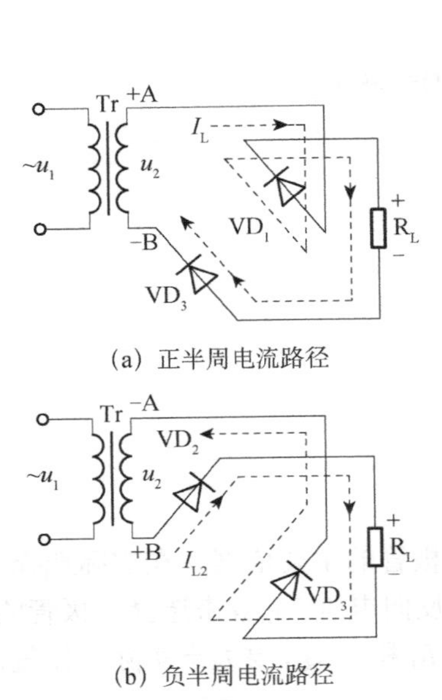

（a）正半周电流路径

（b）负半周电流路径

图 7-4　单相桥式整流电路工作原理

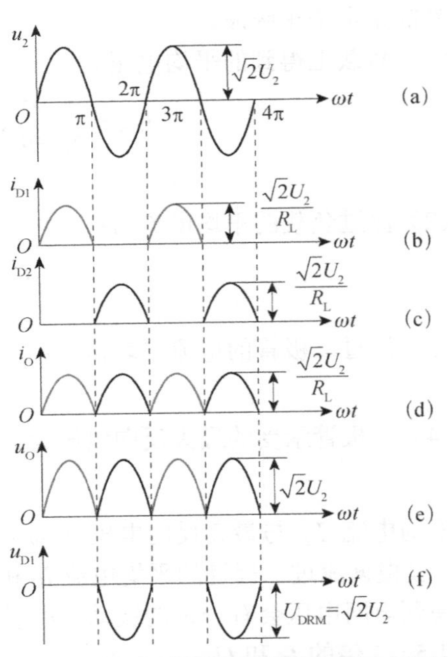

图 7-5　单相桥式整流电路的电压与电流波形

可见，在 u_2 的整个周期内，由于 VD_1、VD_3 和 VD_2、VD_4 两组二极管轮流导通，各工作半周，这样不断重复，在负载上得到单一方向的全波脉动的电流和电压，波形如图 7-5（d）和（e）所示。图 7-5（f）为每个二极管的反向电压波形。

2. **参数计算**

由图 7-5 中可以看出，桥式整流电路在一个周期内，负载上得到的是两个半个正弦波。可见负载上得到的输出电压或电流的平均值是半波整流电路的两倍。

（1）负载上得到的直流平均电压为：

$$U_o = \frac{\sqrt{2}}{\pi}U_2 = 0.9U_2 \tag{7-5}$$

（2）流过负载的平均电流为：

$$I_o = \frac{U_o}{R_L} = \frac{2\sqrt{2}U_2}{\pi R_L} = \frac{0.9U_2}{R_L} \tag{7-6}$$

（3）流过二极管的平均电流为：

$$I_D = \frac{I_o}{2} = \frac{0.9U_2}{2R_L} \tag{7-7}$$

（4）二极管所承受的最大反向电压为：

$$U_{DRM} = \sqrt{2}U_2 \tag{7-8}$$

7.1.2　滤波电路

整流电路输出的脉动直流电中，仍含有较多的交流成分，只适用于对电压平滑性要求不高的场合，如电解、电镀、充电等，不能满足大多数电子设备对电压平滑性的要求。因此需要在整流电路后加入滤波电路。具体方法是将电容与负载并联，或将电感与负载串联。常见的滤波电路有电感滤波电路、电容滤波电路和复式滤波电路。

一、电容滤波电路

1. **电路组成及工作原理**

以单相桥式整流电容滤波电路为例，电路如图 7-6 所示。该电路在负载电阻两端并联了一个电解电容 C。这个电容就是滤波电容。

单相桥式整流电容滤波电路的工作原理如下：

在 u_2 正半周，A 端为“+”，B 端为“−”，假设通电开始时 u_2 按正弦规律上升，此时 u_2 的数值大于电容两端电压 u_C，二极管 VD_1、VD_3 导通，VD_2、VD_4 截止，整流电流分为两路，一路通过负载 R_L，另一路对电容 C 进行充电，使 u_C 随着 u_2 增长并达到峰值，充电结束。随后 u_2 开始按正弦规律下降，这时电容就会通过负载电阻 R_L 开始放电，u_C 也开始下降，但放电时间常数较大，使 u_C 下降速度小于 u_2 的下降速度，VD_1 和 VD_3 由正向偏置变为反向偏置而截止，电容 C 继续对 R_L 放电，使 R_L 两端电压 u_O 缓慢下降。

同理在 u_2 的负半周，重复正半轴的过程。不断地重复进行，在负载上就得到了一个比没有滤波时的整流电路平滑的直流电压。桥式整流电容滤波电路的波形如图 7-7 所示。当电容

对 R_L 放电时，R_L 两端电压 u_O 不再按正弦规律下降而是按指数规律下降，与电容器的放电时间常数有关。电容器的放电时间常数为：

$$\tau = R_L C \tag{7-9}$$

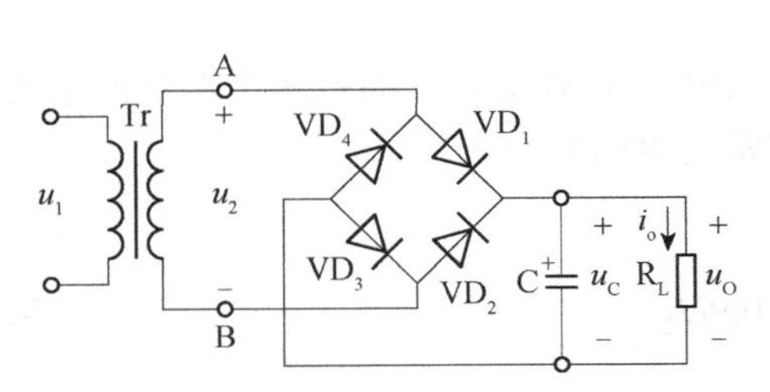

图 7-6　单相桥式整流电容滤波电路

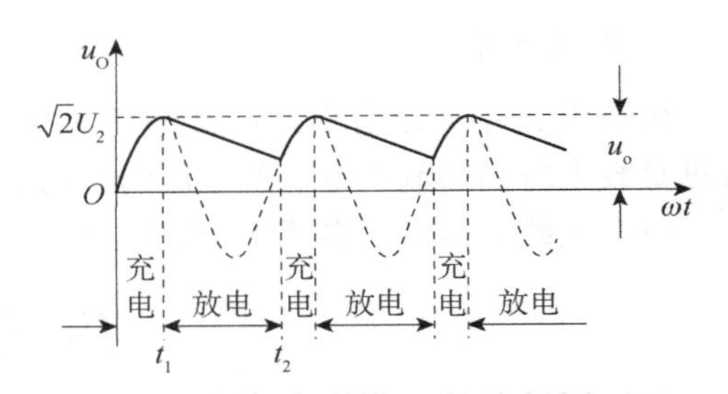

图 7-7　单相桥式整流电容滤波电路波形

2. **参数计算**

（1）输出电压。一般采用估算法，取近似值：

$$U_O \approx 1.2U_2 \tag{7-10}$$

（2）滤波电容容量的选择。滤波电容容量越大，滤波效果越好，为了得到理想的直流电压，电容 C 一般应满足：

$$CR_L \geqslant (3\sim5)\,T/2 \tag{7-11}$$

即：

$$C \geqslant (3\sim5)\,T/2R_L \tag{7-12}$$

其中，T 为交流电的周期。

选择电容时，除需考虑它的容量外，耐压也不容忽略，电容两端最大电压为：

$$U_{CM} = \sqrt{2}U_2 \tag{7-13}$$

例 7-1　有一单相桥式整流电容滤波电路，负载电阻 R_L 为 130Ω，负载通过的电流为 0.2A，试选择合适的滤波电容。

解：$U_O = I_O \times R_L = 0.2\times130 = 26\text{V}$

$\because U_O = 1.2U_2$

$\therefore U_2 = U_O/1.2 = 26/1.2 = 21.7\text{V}$

$C \geqslant (3\sim5)\,T/2R_L = (3\sim5)\,0.02/(2\times130) = 231\sim385\mu\text{F}$

$U_C = \sqrt{2}U_2 = \sqrt{2}\times26 = 36.76\text{V}$

因此，查阅电子元器件手册，滤波电容可选取电容量为 330μF、耐压为 50V 的电解电容。

二、电感滤波电路

在大电流的情况下，由于负载电阻 R_L 很小。如果采用电容滤波电路，则电容容量势必很大，而且整流二极管的冲击电流也非常大，影响二极管的使用寿命，在此情况下应采用电感滤波较好。

1. **电路组成及工作原理**

桥式整流电感滤波电路如图 7-8 所示，滤波元件电感 L 串接在了整流输出与负载 R_L 之间。这是因为电感 L 对直流电的阻抗小，对交流电的阻抗大，所以应与负载串联。

电感滤波电路工作原理如下：电感是一个电抗元件，如果忽略它的内阻，那么整流输出的直流成分全部通过电感 L 降在负载 R_L 上，而交流成分大部分降在电感 L 上。当电感中通过交变电流时，电感两端便产生一个感生电动势将阻碍电流的变化。当通过电感 L 的电流增大时，电感 L 产生的自感电动势与电流方向相反，阻碍电流的增加，同时将一部分电能转化成磁场能存储于电感之中；当通过电感 L 的电流减小时，自感电动势与电流方向相同，阻碍电流的减小，同时释放出存储的能量，以补偿电流的减小。这就大大减小了输出电流的变化，使输出电压变得平滑，达到了滤波的目的。电感滤波电路的波形如图 7-9 所示。

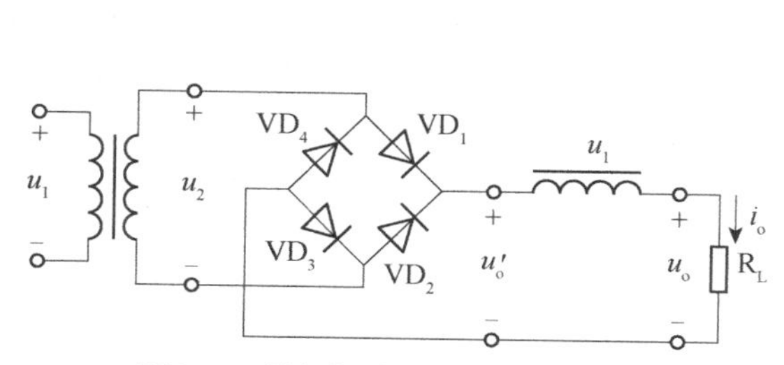

图 7-8　单相桥式整流电感滤波电路

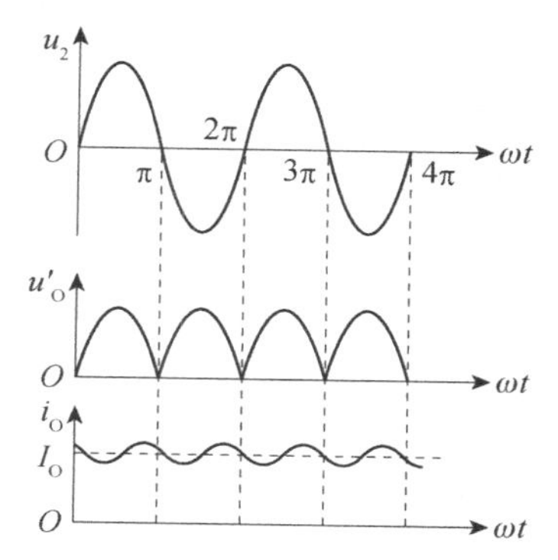

图 7-9　单相桥式整流电感滤波电路

2. **参数计算**

当忽略电感 L 的直流电阻时，R_L 上的直流电压 U_O 与不加滤波时负载上的电压相同，即 $U_O=0.9U_2$。

与电容滤波相比，电感滤波电路输出的电压比电容滤波电路低、峰值电流小，在使输出特性较平滑的同时延长了二极管的使用寿命。不过在电感 L 不变的情况下，负载电阻愈小，输出电压的交流分量愈小，所以只有在负载电阻远远大于电感感抗时才能获得较好的滤波效果。即 L 愈大，滤波效果愈好。这样势必增加电感滤波电路中的铁芯体积，笨重、不经济，同时还容易引起电磁干扰。所以电感滤波电路一般只适用于输出电压不高、输出电流较大的场合。

三、常用复式滤波电路

复式滤波电路常用的有电感电容滤波器（LC 滤波电路）和 π 形滤波器两种形式。

1. LC **滤波电路**

LC 滤波电路是在电感滤波的基础上，在负载 R_L 两端并联一个电容 C。如图 7-10 所示电路为单相桥式整流电感电容滤波电路。电感 L 的作用是限制交流电流成分，由 $X_L=2\pi fL$ 可知，电感的感抗 X_L 与频率 f 成正比，所以电感对交流成分呈现出很高的阻抗，对直流的阻抗非常小，把它串接在电路中，整流电路输出的脉动电压中的交流成分大部分降落在电感 L 上，而直流成分通过电感；同时，电容 C 的作用是旁路交流电流成分，电容的容抗与频率成反比，对交流的成分阻抗小，对直流的阻抗大，所以把它并联在负载两端，就可以旁路掉大部分剩下的交流成分，使被其隔开的直流成分通过负载电阻 R_L。这样就使输出电压的平滑性更好。

LC 滤波电路的特点是在负载电流较大或较小时，都能获得较好的滤波效果，对负载的适应性较强，适用于输出电流较大、输出电压脉动小的场合。

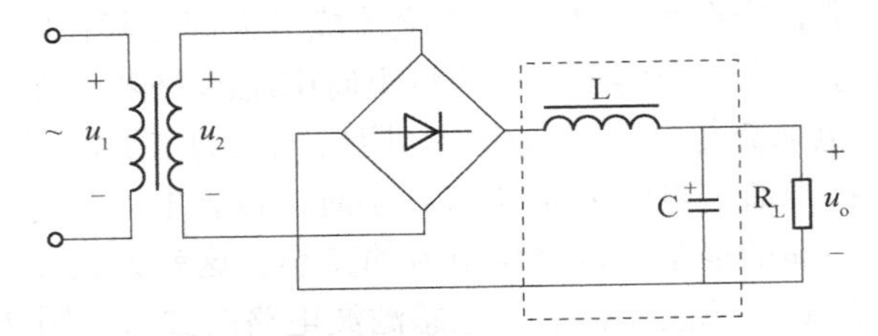

图 7-10　单相桥式整流 LC 滤波电路

2. π 形滤波电路

常用的 π 形滤波电路有 LC-π 形滤波电路和 RC-π 形滤波电路。图 7-11 为 LC -π 形滤波电路，是在 LC 滤波电路的输入端并联了一个电容，这样整流后的输出电压先经过电容 C_1 滤波后，已经比较平滑，再经过 L、C 滤波，就更加平滑了，滤波效果更好了。该电路用于要求输出电压较小的场合。图 7-12 为 RC-π 形滤波电路，是用电阻 R 取代 LC-π 形滤波电路中电感 L，这样做能可以缩小体积、降低成本。但电阻 R 上会产生直流电压降落，所以一般取 R 远小于 R_L，这种滤波电路适用于负载电流较小而又要求输出电压脉动小的场合。

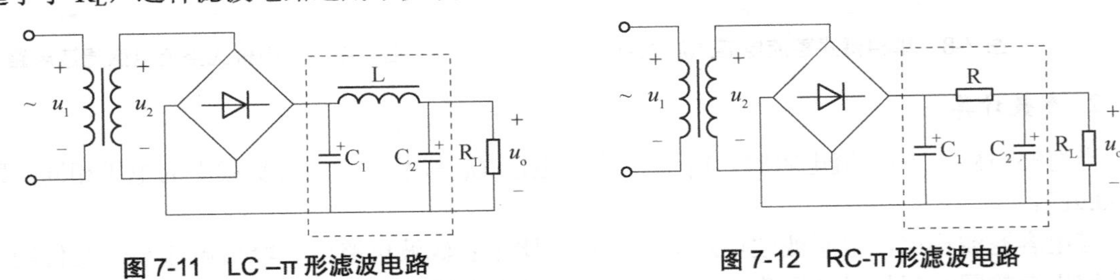

图 7-11　LC –π 形滤波电路　　　　图 7-12　RC-π 形滤波电路

7.1.3　硅稳压管稳压电路

由交流电经过整流滤波后转变成的直流电，其输出电压是不稳定的。在输入电压、负载、环境温度、电路参数等发生变化时都能引起其输出电压的变化。要想获得稳定不变的直流电压，还必须要在整流滤波后加上稳压电路。常用的直流稳压电路主要有稳压管稳压电路、线性稳压电路和开关稳压电路等。这里先介绍稳压管稳压电路的电路组成及工作原理。

一、稳压管稳压电路的组成

最简单的硅稳压管稳压电路如图 7-13 所示。因为稳压管 VD_Z 与负载 R_L 并联，故称为并联型稳压电路，R 为稳压管的限流电阻。

二、稳压管稳压电路的工作原理

由图 7-13 所示电路可知，稳压管稳压电路的输出电压和输出电流分别为：

$$U_O=U_Z=U_I-U_R;\qquad I_L=I_R-I_Z$$

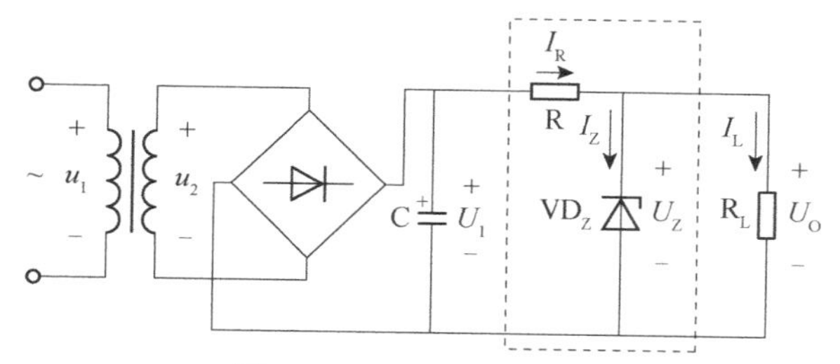

图 7-13 稳压管稳压电路

则该电路的工作原理可分以下两种情况讨论。

1. 假定负载电流 I_L 不变而输入电压 U_I 变化时

根据 $U_O=U_I-U_R=U_I-I_RR$，当输入电压 U_I 升高时，则输出电压 U_O 将会增加。还因为 $U_O=U_Z$，所以 U_Z 也会增加。由硅稳压管的伏安特性可知，U_Z 增加将使 I_Z 也增大，而 $I_R=I_L+I_Z$，所以 I_R 随之增大，于是限流电阻两端电压 U_R 就会增大，此时 U_O 又会下降，与先前的增加相抵消，可见 U_I 增加的部分基本都降落在限流电阻上，这样输出电压 U_O 就会基本保持不变。这一过程可概括如下：

$U_I\uparrow \rightarrow U_Z\uparrow \rightarrow I_Z\uparrow \rightarrow I_R\uparrow \rightarrow U_R\uparrow$

$\rightarrow U_O\uparrow \quad U_O\downarrow \leftarrow$

U_O基本不变

当输入电压 U_I 减小时，其稳压过程正好相反。

2. 假定输入电压 U_I 不变而负载电流 I_L 变化时

根据 $I_R=I_L+I_Z$，当负载电流 I_L 增加时，流过限流电阻 R 的电流 I_R 将增加，那么 U_R 必然增大，再根据 $U_O=U_I-U_R$，所以 U_O 将会变小。由于 $U_O=U_Z$，则加在硅稳压二极管上的电压 U_Z 也会变小。根据硅稳压二极管的伏安特性，U_Z 减小将使 I_Z 大幅减小，所以 I_R 又会随之减小，于是限流电阻两端电压 U_R 也会减小，从而又会使输出电压 U_O 增加，与先前的减小相抵消，这样就又使输出电压 U_O 基本保持不变。这一过程可概括如下：

$I_L\uparrow \rightarrow I_R\uparrow \rightarrow U_R\uparrow \rightarrow U_Z\downarrow \rightarrow I_Z\downarrow \rightarrow I_R\downarrow \rightarrow U_R\downarrow$

$\rightarrow U_O\downarrow \quad U_O\uparrow \leftarrow$

U_O基本不变

当负载电流 I_L 减小时，其稳压过程正好相反。

综上所述，通过稳压管和限流电阻的共同作用，可达到稳定电压的目的。

三、稳压管和限流电阻的选用

1. 稳压管的选用

稳压管一般用在稳压电源中作为基准电压源或用在过电压保护电路中作为保护二极管。

选用稳压管时，要根据具体电子电路来考虑，应满足应用电路中主要参数的要求。一般按以下关系选取：

$$U_Z=U_O \qquad (7\text{-}14)$$

$I_{ZM} \geqslant I_{LMAX}+I_{ZMIN}$（式中 I_{LMAX} 负载通过的最大电流） （7-15）

$U_I=（2\sim3）U_O$ （7-16）

稳压管的稳压值离散性很大，即使同一厂家同一型号产品其稳定电压值也不完全一样，这一点在选用时应加注意。

2. 限流电阻的选用

稳压管有一个最小稳定电流 I_{ZMIN} 和最大稳定电流 I_{ZM}。如果稳压管的工作电流 I_Z 小于最小稳定电流 I_{ZMIN}，稳压管就根本不起稳压作用；如果工作电流 I_Z 大于最大稳定电流 I_{ZM}，稳压管就会因过流而损坏。因此稳压管稳压电路中必须要串联一个限流电阻。为了保证稳压管正常工作，选择限流电阻的数值时，必须使稳压管工作在允许的电流范围之内。

假设电源最大整流输出电压为 U_{IMAX}，最小整流输出电压 U_{IMIN}；负载通过的最大电流为 I_{LMAX}，最小电流为 I_{LMIN}，稳压管的工作电压为 U_Z。要使稳压管正常工作，必须满足以下关系。

（1）为了保证不烧坏稳压管，限流电阻应满足

$$R \geqslant \frac{U_{IMAX}-U_Z}{I_{ZMAX}+I_{LMIN}} \tag{7-17}$$

（2）为了保证稳压管工作在反向击穿区，限流电阻应满足

$$R \leqslant \frac{U_{IMIN}-U_Z}{I_{ZMIN}+I_{LMAX}} \tag{7-18}$$

例 7-2 有一单相桥式整流滤波稳压电路，U_O=8V，I_{LMAX}=10mA，U_I 的波动范围为±10%。

（1）确定输入电压 U_I 并选择合适的硅稳压管；

（2）确定限流电阻 R 的取值范围。

解：（1）根据 $U_I=（2\sim3）U_O$，取 U_I=24V

依据 $I_{ZM} \geqslant I_{LMAX}+I_{ZMIN}$

查电子产品手册可知 I_{ZM}=27mA　I_{ZMIN}=5mA，则可选择型号为 2CZ56 的稳压管。

（2）$U_{IMAX}=U_I+U_I\times10\%=26.4V$

$U_{IMIN}=U_I-U_I\times10\%=21.6V$

$$R \geqslant \frac{U_{IMAX}-U_Z}{I_{ZMAX}+I_{LMIN}} = \frac{26.4-8}{27\times10^{-3}} = 681\Omega$$

$$R \leqslant \frac{U_{IMIN}-U_Z}{I_{ZMIN}+I_{LMAX}} = \frac{21.6-8}{(5+10)\times10^{-3}} = 907\Omega$$

则限流电阻 R 的取值范围为（681～907）Ω。

技能训练　组装与测试整流、滤波及硅稳压管稳压电路

任务要求：正确连接电路，并能准确使用示波器、万用表完成简单直流稳压电源的测试。

一、训练目的

1. 掌握直流稳压电路的连接方法。

2. 掌握单相桥式整流、滤波、稳压电路的工作原理和输入、输出电压之间的关系。

二、准备器材

1. 电子实验台；2. 万用表；3. 双踪示波器；4. 整流二极管 IN4007；5. 电解电容 100～470μF；6. 稳压管 2CW53；7. 限流电阻 100Ω；8. 负载电阻 3kΩ。

三、操作内容及步骤

按照图 7-14 连接电路，分别按照表 7-1 中给定的测量条件进行测试。首先使用示波器观察几种情况下的 U_O 波形，并记录下来，填入表 7-1 中，然后用万用表把上述各种情况下的 U_1、U_O 测量出来（也可利用示波器在波形上直接读取），也填入表 7-1 中。将稳压后的输出电压 U_O 与输入电压 U_2、整流及滤波后的输出电压 U_1 的波形、数值进行较比，讨论稳压后 U_O 与 U_2、U_1 的关系，研究电路的滤波特性。

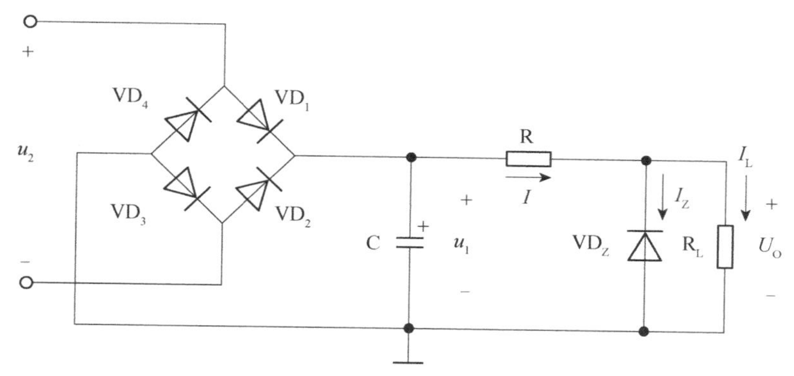

图 7-14　单相桥式整流、滤波及稳压电路

表 7-1　单相桥式整流、滤波及稳压电路测试

电路	测量条件			测量结果		
	C	U_2	R_L	U_1/V	U_O/V	U_O 波形图
单相桥式整流、滤波及硅稳压管稳压电路	470μF	6V	3kΩ			
			330kΩ			
		9V	3kΩ			
			330kΩ			
		12V	3kΩ			
			330kΩ			

四、注意事项

1. 整流二极管、电解电容的极性不能接反，注意稳压管的正确接法。

2. 电路接好后需经教师检查，确定无误后方可通电测试。

3. 每次改接电路时，必须切断电源。

4. 在观察波形时，示波器“Y 轴灵敏度”旋钮位置调好后，不要再变动，否则将不方便比较各个波形情况。

五、思考

1. 直流稳压电源由哪几部分组成？并说明各部分所起的作用。

2. 整流电路中，如果一个整流二极管极性接反将会产生什么后果？如果一个整流二极管短路会产生什么后果？如果一个整流二极管断路则会产生什么后果？

3. 说明空载和接有负载时，对整流滤波电路输出电压的影响；说明滤波电容和负载电阻的大小对输出电压的影响。

任务 7.2　组装与测试集成稳压器稳压电路

通过对常用的三端固定输出集成稳压器 CW78 系列、CW79 系列及其稳压电路的测试，使学生掌握三端固定输出集成稳压器 CW78 系列、CW79 系列的引脚功能及使用方法；能够利用示波器对输入、输出波形及使用万用表测量相关数据。

集成稳压器概述

电子产品中常见到的三端固定式集成稳压器有正电压输出的 CW7800 系列和负电压输出的 7900 系列。用 CW78/79 系列三端稳压器来组成稳压电源所需的外围元件极少，电路内部还有过流、过热及调整管的保护电路，使用起来可靠、方便，而且价格便宜。

一、固定正电压输出集成稳压器

常用的三端固定正电压输出稳压器 7800 系列，型号中的“00”两位数表示输出电压的稳定值，分别有 5V、6V、9V、12V、15V、18V 和 24V。例如，7812 的输出电压为 12V。按输出电流大小不同，又分为 CW7800 系列（最大输出电流为 1～1.5A）、CW78M00 系列（最大输出电流为 0.5A）和 CW78L00 系列（最大输出电流为 100mA 左右）。

CW7800 系列三端稳压器的外部引脚如图 7-15（a）所示，1 脚为输入端，2 脚为输出端，3 脚为公共端。

二、固定负电压输出集成稳压器

常用的三端固定负电压稳压器 7900 系列，型号中的“00”两位数表示输出电压的稳定值，与 7800 系列相对应，分别有-5V、-6V、-9V、-12V、-15V、-18V 和-24V。与 7800 系列一样，按输出电流不同，也分为 CW7900 系列、CW79M00 系列和 CW79L00 系列。CW7900 系列三端稳压器的外部引脚如图 7-15（b）所示，1 脚为公共端，2 脚为输出端，3 脚为输入端。

图 7-15 中的集成稳压器引脚号的标注方法是按照引脚电位从高到低的顺序标注的，引脚 1 为最高电位，3 脚为最低电位，2 脚居中。

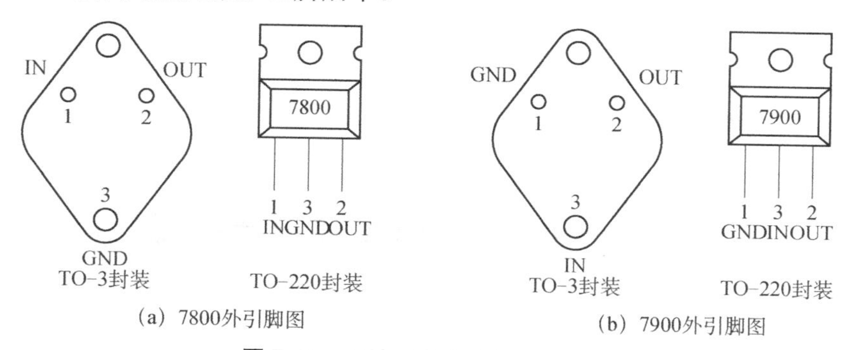

图 7-15　三端固定输出集成稳压器

三、三端固定式集成稳压器的应用

1. 固定正电压输出集成稳压器的基本应用电路

固定正电压输出集成稳压器的基本应用电路如图 7-16 所示。图中输入端电容 C_1 用以抵消输入端较长接线的电感效应，防止产生自激振荡，接线不长时也可不用。输出电容 C_0 用以改善负载的瞬态响应，减少高频噪声。

2. 固定正、负电压对称输出的稳压电路

当需要固定正、负两组电源对称输出时，可以采用 CW78 系列正电压输出稳压器和 CW79 系列负电压输出稳压器各一块，参照图 7-17 所示接线，就可以构成固定正、负电压对称输出的两组稳压电源。

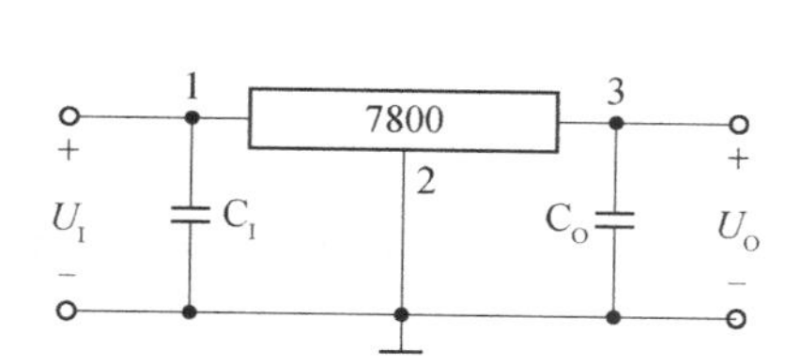

图 7-16　固定正电压输出的稳压电路

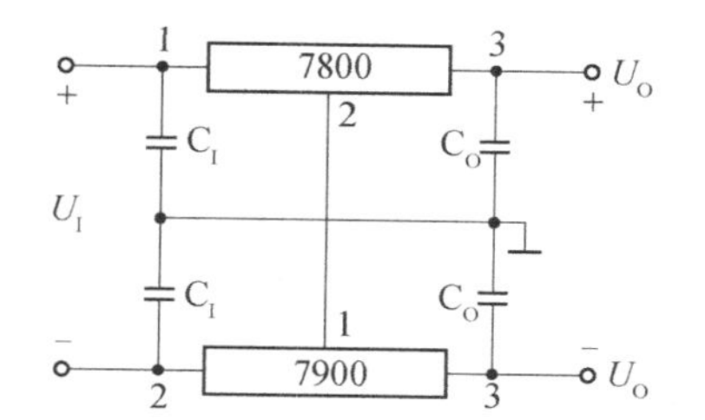

图 7-17　固定正、负电压对称输出的稳压电路

3. 提高输出电压的稳压电路

图 7-18 所示电路中的 U_X 为 CW78 系列稳压器的输出电压，则由图可知，该电路的输出电压为：$U_O=U_X+U_Z$，显然提高了。

4. 实现输出电压可调的稳压电路

用三端固定式稳压器还可以实现输出电压可调。如图 7-19 所示电路，是用 CW7805 组成的 7～30V 可调式稳压电源，通过适当调节 R_1 和 R_2 的值即可实现。

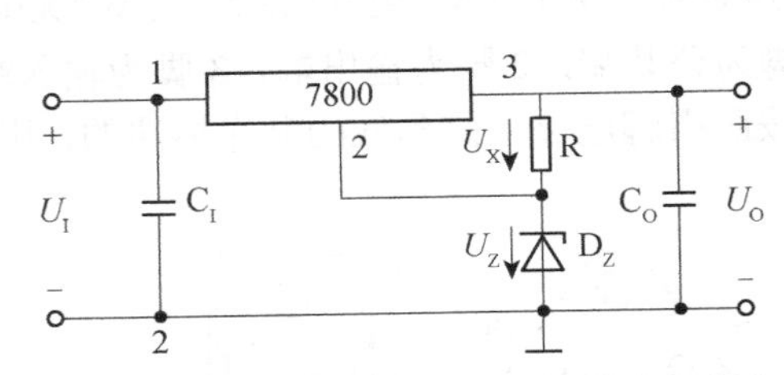

图 7-18　固定式稳压器提高输出电压的稳压电路

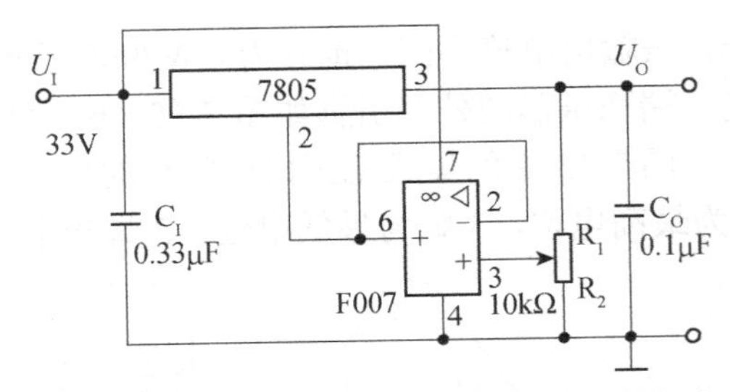

图 7-19　固定式稳压器输出电压可调的稳压电路

组装与测试集成稳压器稳压电路

任务要求：正确组装电路，并能准确使用示波器、万用表完成简单直流稳压电源的测试。

一、训练目的

1. 掌握三端固定输出集成稳压电源电路的接线与调试方法。
2. 学习利用示波器对输入、输出波形及使用万用表测量输入、输出电压的方法。

二、准备器材

1. 电子实验台；2. 万用表；3. 双踪示波器；4. 整流二极管 IN4007；5. 电解电容 1000μF 两个；6. 电解电容 0.33μF；7. 负载电阻 120Ω；8. 集成稳压器 CW7812。

三、操作内容及步骤

1. 引脚识别

固定式三端集成稳压器 CW78、CW79 系列的引脚标注如图 7-20 所示。将管的正面（有字的一面）对着自己，从左至右：对于 CW78 系列的引脚分别是①为输入端（IN），②为公共地（GND），③为输出端（OUT）；对于 CW79 系列引脚则分别是①为公共地（GND），②为输入端（IN），③为输出端（OUT）。

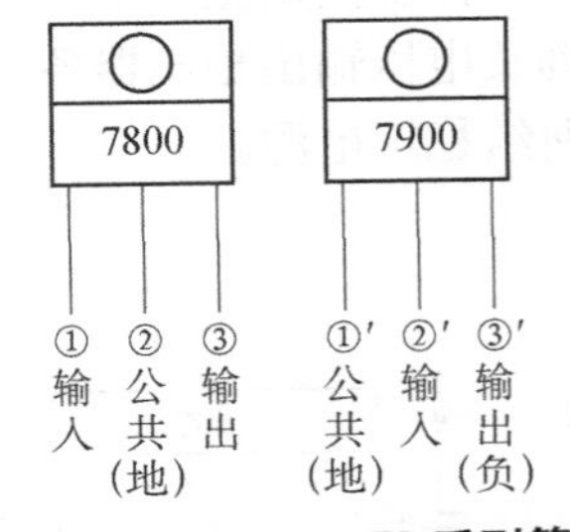

图 7-20　CW78、79 系列管脚

2. 三端固定正电压输出稳压电路测试

初测：按图 7-21 连接电路，接通工频 15V 电源，测量出 U_2、U_I、U_O，它们的数值应与理论值大致相符，否则说明电路出了故障，应设法查找并加以排除。

集成稳压器各性能测试：在电路经初测正常后，进行各项性能指标测试。

3. 输出电压 U_O 和最大输出电流 I_{MAX} 测试

在输出端接入负载电阻 R_L=120Ω，因 CW7812 的输出电压 U_O=12V，则 I_{LMAX}=12/120=100mA，此时 U_O 应该基本保持不变，如果变化较大则说明集成块性能不良。

分别测出当 R_L=240Ω 和不接入 R_L（空载）时的输出电压 U_O，并按表 7-2 中相应公式进行计算。

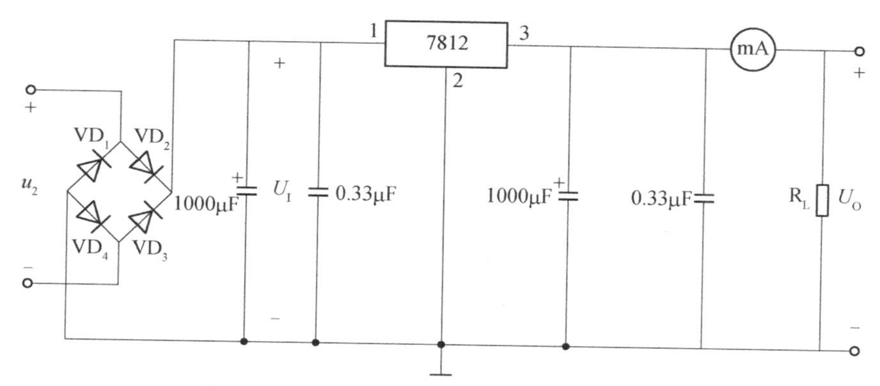

图 7-21　三端固定正电压输出集成稳压电路

研究电路的稳压特性：按表 7-2 中给定测量条件进行测试稳压电路，用示波器观察输入、输出电压波形，将以上各测量结果及计算结果填入表 7-2 中。根据测试结果研究固定正电压输出直流稳压电路的稳压特性。

表 7-2　三端固定正电压输出集成稳压电路测试

测量条件		测量结果				计算结果	
U_2/V	R_L/Ω	U_I/V	U_O/V	U_O波形图	I_L/mA	$S=\dfrac{\Delta U_O/U_O}{\Delta U_I/U_I}$	$R_O=\dfrac{\Delta U_O}{\Delta I_L}$
9	空载						
	120						
	240						
15	空载						
	120						
	240						

【项目七　知识训练】

一、填空题

1. 把工频交流电变成直流电的直流稳压电源一般有________、________、________和________ 4 个环节。

2. 整流是利用________的把交流电变换成单向脉动的直流电。

3. 整流电路一般有________、________和________。

4. 单相半波整流电路的输出电压 U_O 与输入电压 U_I 的关系为________，单相桥式整流电路的输出电压 U_O 与输入电压 U_I 的关系为________。

5. 单相桥式整流电路中，二极管两端的最大反向电压 U_{DRM}=________U_2，每个二极管中的电流 I_D=________I_L。

6. 常用的滤流电路有________、________和________。

7. 电容滤流电路是把滤波电容与负载________联，电感滤流电路是把滤波电感与负载________联。

8. 单相桥式整流电容滤波电路中，一般近似取 U_O=__________U_I，滤波电容应满足 C________（3～5）$T/2R_L$，U_{DRM}=________U_I。

9. 稳压电路的作用是使输出电压保持________，不受电网电压和________变化的影响。

10. 稳压管稳压电路中，稳压管________向连接的，为了避免稳压管工作电流过大，导致发热损坏，需要串联________。

11. 三端固定式集成稳压器的三个引脚分别是________端、________端和________端。

12. 三端可调式集成稳压器的三个引脚分别是________端、________端和________端。

13. CW7805 表示输出电压为________ V、CW7905 表示输出电压为________ V。

二、选择题

1. 在桥式整流电路中，如果有一只二极管接反了，则输出为（　　）。

A. 半波波形　　B. 全波波形

C. 无波形且可能会烧坏电源或整流管　　D. 不能确定

2. 在桥式整流电路中，如果有一只二极管短路了，则输出为（　　）。

A. 半波波形　　B. 全波波形

C. 无波形且可能会烧坏电源或整流管　　D. 不能确定

3. 在桥式整流电路中，如果有一只二极管断路了，则输出为（　　）。

A. 半波波形　　B. 全波波形

C. 无波形且可能会烧坏电源或整流管　　D. 不能确定

4. 在单相桥式整流电路中，如果输入电压 U_2=10V，则输出电压 U_O 为（　　）V。

A. 4.5　　B. 9　　C. 10　　D. 12

5. 如果单相桥式整流电路的输入电压 U_2=10V，则硅整流二极管两端的最大反向电压 U_{DRM} 为（　　）V。

A. 0.7　　B. 9　　C. 10　　D. 14.1

6. 单相桥式整流电容滤波电路，输入电压 U_2=10V，则在负载开路时输出电压 U_O 为（　　）V。

A. 4.5　　B. 10　　C. 12　　D. 14.1

7. 稳压管稳压电路中，稳压管与限流电阻（　　），与负载（　　）。

A. 串联　并联　　B. 串联　串联　　C. 并联　并联　　D. 并联　串联

三、分析计算题

1. 在单相桥式整流电路中，变压器副绕组电压 U_2=15V，负载 R_L=1kΩ，求输出直流电压 U_O 和输出负载电流 I_L，应选用多大反向工作电压的二极管？如果有一只二极管开路，则输出直流电压和电流分别为多大？

2. 桥式整流电容滤波电路，在输出电压 U_O=9V，负载电流 I_L=20mA 时，则输入电压（即变压器二次电压）应多大？若电网频率为 50Hz，则滤波电容应选多大？

3. 有一桥式整流电容滤波电路，已知交流电压源电压为 220V，R_L=50Ω，要求输出直流电为12V。试求：（1）每只二极管的电流和最大反向电压；（2）选择滤波电容的容量和耐压值。

4. 桥式整流电容滤波电路，变压器副边电压有效值 U_2=20V，电容足够大，设二极管为理想二极管，如果用直流电压表测得输出电压值出现五种情况：①28V；②24V；③20V；④18V；⑤9V。试讨论：（1）五种情况中哪些是正常工作情况？哪几种已发生故障？（2）故障形成原因。

5. 桥式整流电容滤波电路，已知 U_2=10V，R_L=50Ω，C=1000μF，试求下列情况时输出电压 U_O 的大小。

（1）电路正常；（2）R_L 断开；（3）C 断开；（4）U_2 断开；（5）U_2 与 C 同时断开。

【能力拓展七】电子元件手工焊接练习

任务要求：正确使用电烙铁等焊接工具，完成电子元件焊接及焊接质量检测。

一、训练目的

1. 了解焊接技术，学习电烙铁等焊接工具的使用方法。
2. 学习电子元件手工焊接的方法及工艺要求。

二、准备器材

1. 电子实验台；2. 万用表；3. 电烙铁及电烙铁架；4. 焊锡；5. 印制电路板；6. 电阻、二极管、三极管、电解电容、集成块等常用电子元器件；7. 吸锡器、偏口钳等辅助工具。

三、操作内容及步骤

（一）焊接工具的认识及使用

1. 电烙铁

一般分为内热式、外热式和速热式，功率由20W、25W，大至几百瓦。购买和选用时要注意，外热式电烙铁制造工艺复杂、效率低、价格高；速热式的由于大变压器需拿在手上，操作困难；内热式电烙铁结构简单、热效率高、轻巧灵活，当为首选。用作装修晶体管、IC类收录音机、电视机及普通电路实验，一般以20W为宜；修理真空管类机器，如胆机、旧式仪器，以35W为宜，外热式的则为45W；焊大变压器的接线、金属底板上的接地干线，则采用内热式50W、外热式75W。

烙铁头的形状有多种多样，选择的要点是，能经常保持一定的焊锡，能快速有效地熔化接头上的焊锡，不产生虚焊、搭锡、挂锡，焊点无毛刺，不烫坏板子和元件。

2. 吸锡器

吸锡器的作用是把多余的锡除去，常见的有自带热源的和不带热源的。

3. 焊锡

焊锡就是把电子元件焊接在线路板上用的低熔点合金。焊锡的种类主要有有铅焊锡，由锡（熔点232度）和铅（熔点327度）组成的合金，其中由锡63%和铅37%组成的焊锡被称为共晶焊锡，这种焊锡的熔点是 183 度；无铅焊锡，为适应欧盟环保要求提出的 ROHS 标准。焊锡由锡铜合金做成。焊接电子元件时，一般采用有松香芯的焊锡丝。这种焊锡丝，熔点较低，而且内含松香助焊剂，使用极为方便。

4. 助焊剂

常用的助焊剂是松香或松香水（将松香溶于酒精中）。使用助焊剂，可以帮助清除金属表面的氧化物，利于焊接，又可保护烙铁头。焊接较大元件或导线时，也可采用焊锡膏。但它有一定腐蚀性，焊接后应及时清除残留物。

5. 辅助工具

为了方便焊接操作常采用尖嘴钳、偏口钳、镊子和小刀等做辅助工具。

（二）熟悉焊接工艺及焊接练习

1. 焊接准备工作

（1）正确选用电烙铁、焊料和焊剂，同时对被焊物进行清洁和镀锡。另外还要准备一些辅助工具。

（2）处理元器件引脚：根据需用长度剪脚，然后用刀具或砂纸将元件引脚和印制电路板需焊接处进行刮净或打毛，即使金属看来光亮崭新，其表面也有氧化薄层，这一步是必须进行的，目前很多集成电路和晶体管等器件，已经经过镀锡处理。

2. 焊接的姿式和手法

一般应坐着焊接。焊接时，要把桌椅的高度调整合适，应使操作者的鼻尖距离烙铁头为 30cm 以上。焊接时应选用恰当的握烙铁的方法，一般采用握笔式和拳握式。烙铁头是直型的，应采用前者的握法，它比较适合焊接小型电子设备和印制电路板；烙铁头是弯型，且功率比较大的，要采用后者的握法，它适合于对大型电子设备的焊接。

3. 焊接时间要合适

焊接时间既不能过长也不能过短，为 2～5 秒。最终应能保证焊点的质量和被焊物的安全。

4. 焊锡与焊剂使用要适量

焊料的多少以包着引脚灌满焊盘为宜，印制电路板上的焊盘一般都带有助焊剂，如果再多用焊剂，则会造成焊剂在焊接过程中不能充分发挥，从而影响质量，使清洗焊剂残留物的工作量增加。

5. 掌握焊点形成的火候

将烙铁头搪锡且紧贴焊点，焊锡全部熔化并因表面张力紧缩而使表面光滑后，轻轻转动烙铁头带去多余的焊锡，从斜上方 45°角的方向迅速脱开，便可留下了一个光亮、圆滑的焊点。

6. 焊接时被焊物要扶稳

焊点形成后，焊盘的焊锡不会立即凝固，所以此时要注意不能移动被焊元件，否则焊锡会凝成砂粒状，使被焊物件造成虚焊，另外也不能向焊点吹气散热，应让它自然冷却凝固，若烙铁离开后，焊点带上锡，则说明焊接时间过长，是焊剂汽化引起的，这时应重新焊接。

7. 焊后清洁

焊接后必须要用工业酒精把残留焊剂清洗干净。

（三）焊接质量检查

焊点的质量要求达到电接触性能良好，机械强度牢固，清洁美观。其中最关键的一点就是避免虚焊、假焊。假焊会使电路完全不通，虚焊易使焊点成为有接触电阻的连接状态，从而使电路在工作时噪声增加，产生不稳定状态。有些焊点在电路开始工作一段较长时间内，保持接触良好，电路工作正常，但在温度、湿度较大和震动等环境下工作一段时间后，接触面逐步被氧化，接触电阻渐渐变大，最后导致电路工作不正常。检查这种问题时，是十分困难的，往往要用许多时间，会降低工作效率。所以在进行手工焊接时，一定要按操作步骤及规定进行。

1. 目测检查法

该方法就是从外观上检查焊接质量是否合格，也就是从外观上评价焊点有何缺陷，检查的主要内容有：①是否有漏焊，即应该焊的焊点是否没有焊上。②焊点的光泽是否好，是否光滑（应无凸凹不平现象）。③焊点的焊料是否足够。④焊点周围是否有残留焊剂。⑤有无连焊、桥接，即焊接时把不应该连接的焊点或铜箔导线连接。⑥焊点是否有虚焊现象。

2. 指触检查法

指触检查法主要是指用手指触摸元器件时，有无松动、焊得不够牢的地方，用手摇动元件时有无焊点松动或焊点脱落现象，用手适当的用力拉元件有无拉动的现象，有无电路板铜箔跟着翘起现象等。

四、注意事项

1. 注意用电安全。

2. 使用电烙铁时应注意：使用前，认真检查电源插头、电源线有无损坏，并检查烙铁头是否松动；电烙铁使用中，不能用力敲击，要防止跌落，烙铁头上焊锡过多时，可用布擦掉，不可乱甩，以防烫伤他人，焊接过程中，烙铁不能到处乱放，不焊时，应放在烙铁架上，注意电源线不可搭在烙铁头上，以防烫坏绝缘层而发生事故；使用结束后，应及时切断电源，拔下电源插头，冷却后，再将电烙铁收回工具箱。

【知识拓展】晶闸管及晶闸管可控整流电路

晶闸管是晶体闸流管的简称，旧称可控硅。是一种大功率开关型半导体器件，按其关断、导通及控制方式可分为普通晶闸管、双向晶闸管、逆导晶闸管、门极关断晶闸管、光控晶闸管等。其中普通晶闸管应用最广泛。几种晶闸管的外形如图 7-22 所示。

晶闸管是具有可控的单向导电，可以对导通电流进行控制。晶闸管具有以小电流（电压）控制大电流（电压）作用，并体积小、轻、功耗低、效率高、开关迅速等优点，广泛用于无触点开关、可控整流、逆变、调光、调压、调速等方面。

一、普通晶闸管 SCR

1. 结构

普通晶闸管有三个电极，分别是阳极 A、阴极 K 和门极（可控极）G，是一个具有四层半导体和 3 个 PN 结的电子器件，其结构示意图和电路符号如图 7-23 所示。

2. 工作特性

普通晶闸管为触发导通器件，在工作过程中，它的阳极（A）和阴极（K）与电源和负载连接，组成晶闸管的主电路，晶闸管的门极 G 和阴极 K 与控制晶闸管的装置连接，组成晶闸管的控制电路。图 7-24 所示为晶闸管等效及测试电路，其特性曲线如图 7-25 所示。

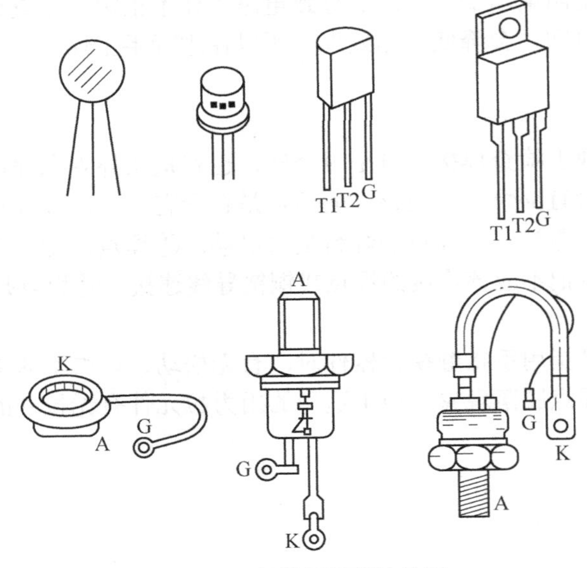

图 7-22　几种晶闸管的外形

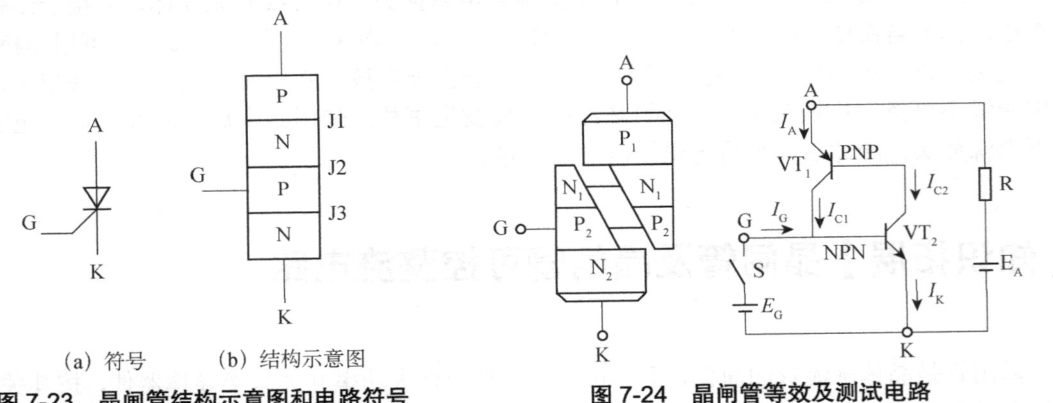

图 7-23　晶闸管结构示意图和电路符号

图 7-24　晶闸管等效及测试电路

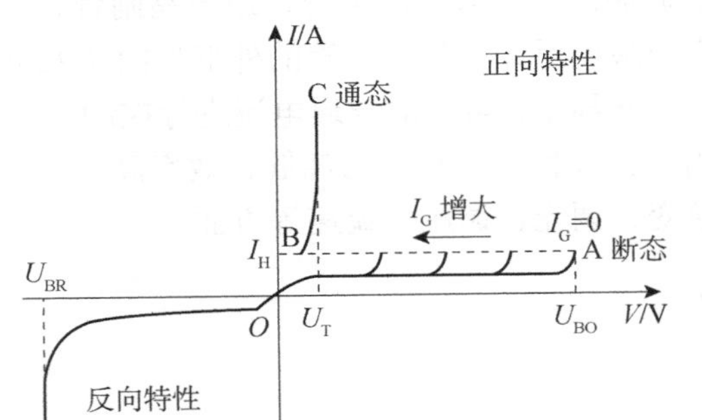

图 7-25　晶闸管特性曲线

晶闸管的阳极与阴极间加上正向电压时，在晶闸管控制极开路（I_G=0）情况下，开始元件中有很小的电流（正向漏电流）流过，晶闸管阳极与阴极间表现出很大的电阻，处于截止状态（正向阻断状态），简称断态。当阳极电压上升到某一数值时，晶闸管突然由阻断状态转化为导通状态，简称通态。阳极这时的电压称为断态不重复峰值电压（U_{DSM}），或称正向转折电压（U_{BO}）。导通后，元件中流过较大的电流，其值主要由限流电阻（使用时由负载）决定。在减小阳极电源电压或增加负载电阻时，阳极电流随之减小，当阳极电流 I_A 小于维持电流 I_H 时，晶闸管便从通态转化为断态。当晶闸管控制极流过正向电流 I_G 时，晶闸管的正向转折电压降低，I_G 越大，转折电压越小，当 I_G 足够大时，晶闸管正向转折电压很小，一加上正向阳极电压，晶闸管就导通。实际规定，当晶闸管器件阳极与阴极之间加上 6V 直流电压时，能使器件导通的控制极最小电流（电压）称为触发电流（电压）。

在晶闸管阳极与阴极间加上反向电压时，开始晶闸管处于反向阻断状态，只有很小的反向漏电流流过。当反向电压增大到某一数值时，反向漏电流急剧增大，这时，所对应的电压称为反向不重复峰值电压（U_{RSM}），或称反向转折（击穿）电压（U_{BR}）。

由以上分析可知：

（1）晶闸管承受反向阳极电压时，不管门极承受何种电压，晶闸管都处于反向阻断状态。

（2）晶闸管承受正向阳极电压时，仅在门极承受正向电压的情况下晶闸管才导通。这时晶闸管处于正向导通状态，这就是晶闸管的闸流特性，即可控特性。

（3）晶闸管在导通情况下，只要有一定的正向阳极电压，不论门极电压如何，晶闸管保持导通，即晶闸管导通后，门极失去作用。

（4）要想使晶闸管关断，必须除去阳极电压或使阳极电压降为反向，由于普通晶闸管的门极只能控制其导通而不能控制其关断，所以称为半可控型晶闸管。既能控制导通又能控制关断的晶闸管，称为全可控型晶闸管。

3. 主要参数

（1）额定电压 U_N：允许重复加在晶闸管上的最大正反向电压。在选择时，通常使额定电压为使用电压的 2～3 倍。

（2）额定正向平均电流 I_F：晶闸管允许连续通过的工频正弦半波电流的平均值，在选用时，一般使额定电流为实际平均电流的 1.5～2 倍。

（3）维持电流 I_H：晶闸管触发导通后，维持其继续导通的最小阳极电流，当晶闸管的正向电流小于这个电流时，晶闸管将自动关断。

4. 单向晶闸管的检测

（1）判别各电极：用万用表 R×100 或 R×1kΩ 挡测量普通晶闸管各引脚之间的电阻值，即可确定晶闸管的 3 个极。将万用表黑表笔任接晶闸管某一极，红表笔依次去触碰另外两个电极。若测量结果有一次阻值为几千欧姆（kΩ），而另一次阻值为几百欧姆（Ω），则可判定黑表笔接的是门极 G。在阻值为几百欧姆的测量中，红表笔接的是阴极 K，而在阻值为几千欧姆的那次测量中，红表笔接的是阳极 A，若两次测出的阻值均很大，则说明黑表笔接的不是门极 G，应用同样方法改测其他电极，直到找出三个电极为止。也可以测任两脚之间的正、反向电阻，若正、反向电阻均接近无穷大，则两极即为阳极 A 和阴极 K，而另一脚即为门极 G。普通晶闸管也可以根据其封装形式来判断出各电极。螺旋形普通晶闸管的螺旋一端为阳极 A，较细的引线端为门极 G，较粗的引线端为阴极 K。平板形普通晶闸管的引出线端为门极 G，平面端为阳极 A，另一端为阴极 K。

（2）触发能力检测：对于小功率（工作电流为 5A 以下）的普通晶闸管，可用万用表 R×1 挡测量。测量时黑表笔接阳极 A，红表笔接阴极 K，此时表针不动，显示阻值为无穷大（∞）。

用镊子或导线将晶闸管的阳极 A 与门极短路，相当于给 G 极加上正向触发电压，此时若电阻值为几欧姆至几十欧姆（具体阻值根据晶闸管的型号不同会有所差异），则表明晶闸管因正向触发而导通。再断开 A 极与 G 极的连接（A、K 极上的表笔不动，只将 G 极的触发电压断掉）。若表针示值仍保持在几欧姆至几十欧姆的位置不动，则说明此晶闸管的触发性能良好。

二、特殊的晶闸管

1. 双向晶闸管 TRIAC

从外表上看，双向晶闸管和普通晶闸管很相似，也有三个电极。不过除了其中控制极 G 外，另外两个电极不再叫阳极和阴极，而统称为主电极 T_1 和 T_2。从内部结构来看，双向晶闸管是一个 N-P-N-P-N 型五层结构的半导体器件，它的结构、等效电路及电路符号如图 7-26 所示。

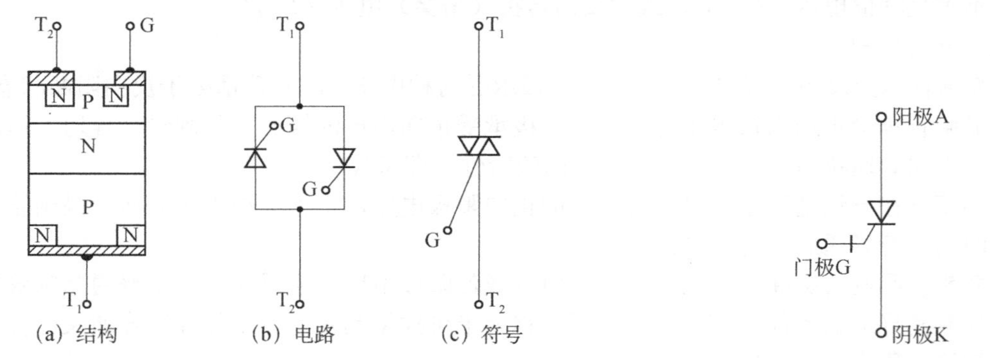

图 7-26　双向晶闸管的结构、等效电路及符号

图 7-27　可关断晶闸管的符号

双向晶闸管不像普通晶闸管那样，必须在阳极和阴极之间加上正向电压，管子才能导通。双向晶闸管无论主电极加正向电压或反向电压，它都能被触发导通。此外，双向晶闸管不管触发信号的极性如何，也就是不管所加的触发信号电压 U_G 对 T_1 是正向还是反向，双向晶闸管都能被触发导通，这个特点是普通晶闸管所没有的。

2. 可关断晶闸管 GTO

可关断晶闸管也称门控晶闸管。其主要特点为：当门极加负向触发信号时晶闸管能自行关断，它既保留了普通晶闸管耐压高、电流大等优点，还具有自关断能力、使用方便等特点，是理想的高压、大电流开关器件。可关断晶闸管的结构及等效电路与普通晶闸管相同，符号如图 7-27 所示。大功率 GTO 大都制成模块形式。尽管 GTO 与 SCR 的触发导通原理相同，但二者的关断原理及关断方式截然不同。这是由于普通晶闸管在导通之后即处于深度饱和状态，而 GTO 在导通后只能达到临界饱和，所以 GTO 门极上加负向触发信号即可关断。GTO 的一个重要参数就是关断增益 β_{off}，它等于阳极最大可关断电流 I_{ATM} 与门极最大负向电流 I_{GM} 之比，一般为几倍至几十倍，β_{off} 值愈大，说明门极电流对阳极电流的控制能力愈强。目前，GTO 已达到 3000A、4500V 的容量，大功率可关断晶闸管已广泛用于斩波调速、变频调速、逆变电源等领域。

三、晶闸管可控整流电路

普通晶闸管最基本的用途就是可控整流。最简单的单相半波可控整流电路如图 7-28 所示，它与前面介绍的单相半波整流电路基本相同，只是把二极管换成了晶闸管。

1. 工作原理

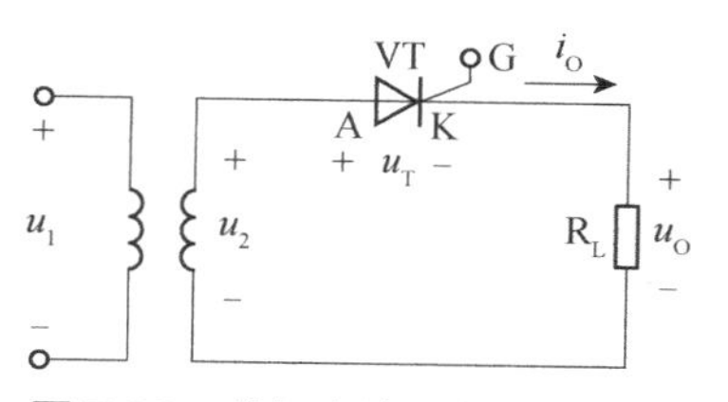

图 7-28　单相半波可控整流电路

当正弦电压 u_2 为正半周时，晶闸管 VT 的阳极 A 为正，阴极 K 为负，在控制极 G 没加触发信号 U_G 时，晶闸管 VT 正向阻断；在控制极 G 加触发信号 U_G 时，晶闸管触发导通，电压 u_2 加在负载 R_L 上，晶闸管的两端只有 1V 左右的正向压降。当正弦电压 u_2 为负半周时，晶闸管反向阻断。u_2、i_0、u_0、u_G、u_T 波形如图 7-29 所示。由此图可见，通过改变控制极上触发信号 U_G 到来的时间，就可以调节负载电压的大小。图中 α 称为控制角；θ 称为导通角。导通角 $\theta=180-\alpha$，控制角 α 的调整范围为 0°～180°，通过改变控制角 α 或导通角 θ，可改变负载上电压的大小。

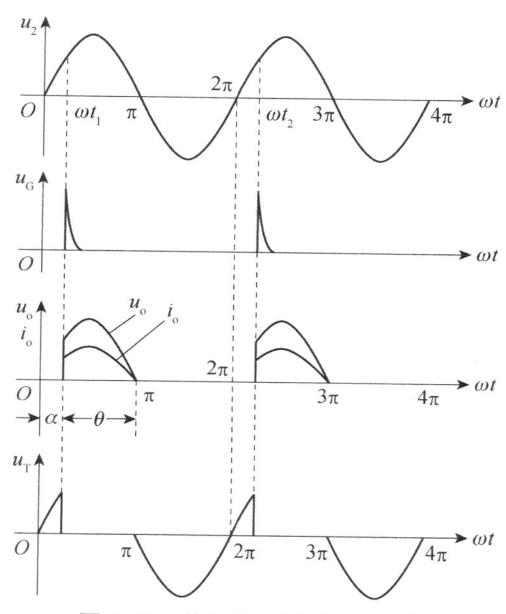

图 7-29　单相半波可控整流波形

2. 电压和电流

输出电压的平均值为：$U_O = 0.45U_2\dfrac{1+\cos\alpha}{2}$

输出电流的平均值为：$I_O = \dfrac{U_O}{R_L} = 0.45\dfrac{U_2}{R_L}\dfrac{1+\cos\alpha}{2}$

晶闸管承受的最高正向电压为：$U_{FM} = \sqrt{2}U_2$

晶闸管承受的最高反向电压为：$U_{RM} = \sqrt{2}U_2$

晶闸管中电流的平均值为：$I_T=I_O$

变压器副边电流的有效值为：$I_2 = \dfrac{U_2}{R_L}\sqrt{\dfrac{1}{4\pi}\sin 2\alpha + \dfrac{\pi-\alpha}{2\pi}}$

项目八 组装与检测放大电路

通过对共射极基本放大电路的组装与测试，了解共射极基本放大电路的组成、工作原理及放大作用，掌握放大电路的静态和动态分析方法，掌握放大电路的静态工作点、输入输出电阻、电压放大倍数等主要性能指标的测试方法，了解静态工作点对输出波的影响及改善措施。

任务 8.1 组装与检测基本放大电路

完成共射极基本放大电路的组装与测试，掌握放大电路的静态和动态分析方法，掌握放大电路的静态工作点、输入输出电阻、电压放大倍数等主要性能指标的测试方法，了解静态工作点对输出波的影响及改善措施。

8.1.1 共射极放大电路的组成及电路分析

一、共射极放大电路组成的基本原则

① 保证三极管工作在放大区，即发射结正向偏置，集电结反向偏置。

② 电路中应保证输入信号能够从放大电路的输入端加到三极管上，即有交流信号输入回路；经过放大的交流信号能从输出端输出，即有交流信号输出回路。

③ 元件参数的选择要合适，尽量使信号能不失真地放大，并能满足放大电路的性能指标。

如图 8-1（a）所示为基本电压放大电路，图 8-1（b）是图（a）的简化电路，图（c）是以 NPN 型三极管为核心的共射极基本放大电路，该放大电路由直流电源 V_{CC}、三极管 VT、电阻 R_C、R_B 和电容 C_1、C_2 组成。

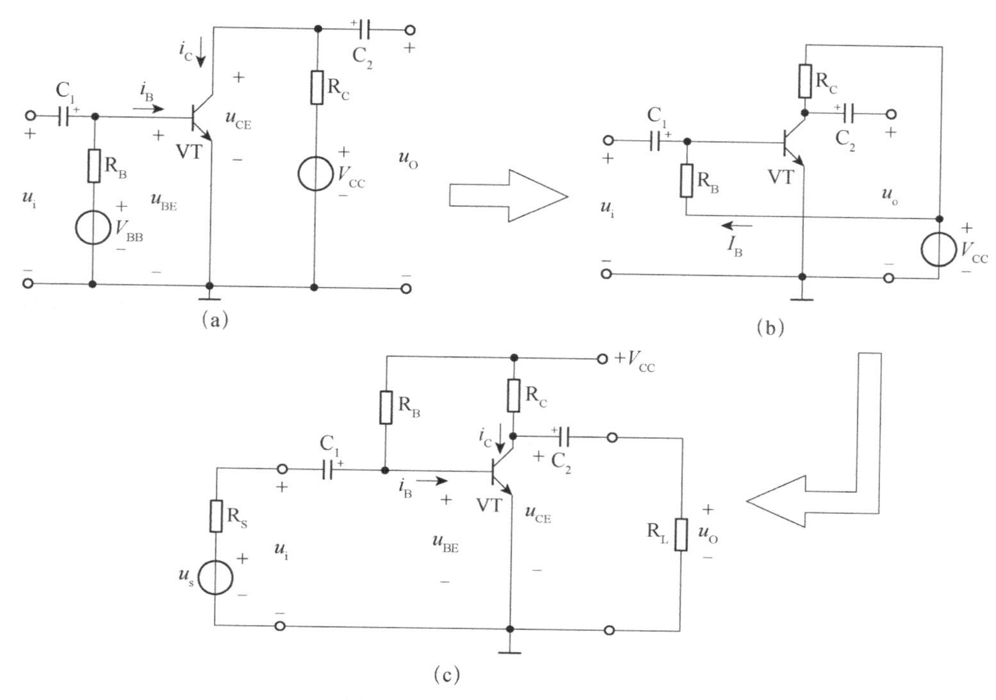

图 8-1　共射极基本放大电路

二、各个元器件的作用

① 三极管是放大电路的核心器件，在放大电路中起“放大”作用，即起到能量转换的作用。

② 直流电源一方面为放大电路提供能量，又能和电阻 R_B、R_C 共同作用，保证三极管工作在放大区，其电压一般为几伏到几十伏。

③ 集电极电阻 R_C 的作用是将集电极电流的变化转化为输出电压的变化，使放大电路实现对交流电压的放大，其阻值一般为几千欧姆到几十千欧姆。

④ 基极偏置电阻 R_B 和直流电源一起提供大小合适的基极偏置电流，阻值一般为几十千欧姆到几兆欧姆。

⑤ 耦合电容 C_1、C_2 起到隔离直流、传送交流的作用，使直流电源对交流信号源和负载无影响，一般低频放大电路通常采用有极性的电解电容。

三、放大电路的静态分析和静态工作点

当放大电路在没有输入信号时的工作状态，称为放大电路的静态。此时电路中只有直流电流，所以静态分析又称为直流分析。在进行静态分析时，主要分析放大电路的静态工作点，即根据 I_{BQ}、I_{CQ}、U_{CEQ} 值，来判断三极管的工作状态。

因此，在分析具体放大电路的工作状态之前，应先学会确定放大电路的直流通路，在进行静态分析的过程中，绘制直流通路时，电容可视为开路，电感视为短路。

1. 放大电路的直流通路及静态工作点的估算

对于图 8-1（c）所示放大电路，在输入信号为零时，若电容对直流电压为开路，可绘制出其直流通路，如图 8-2 所示，可采用下面式子估算出静态时的基极电流（又称为偏置电流）。

$$I_{BQ}=\frac{V_{CC}-U_{BEQ}}{R_B}\approx\frac{V_{CC}}{R_B} \tag{8-1}$$

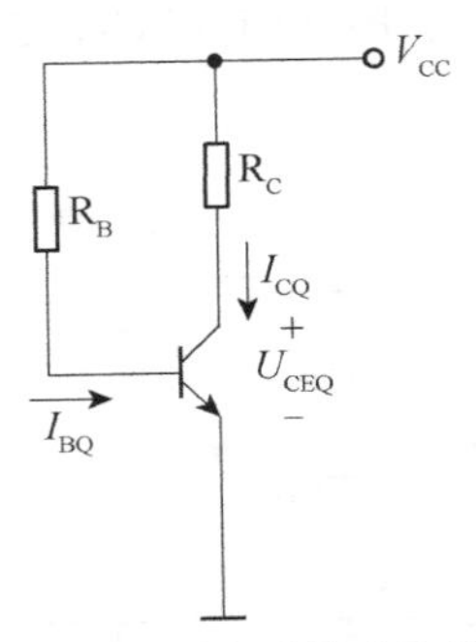

图 8-2　放大电路的直流通路

在忽略 I_{CEO}，根据三极管的电流分配，可得集电极静态电流为

$$I_{CQ}=\beta I_{BQ} \tag{8-2}$$

由 KVL，可得出

$$U_{CEQ}=V_{CC}+I_{CQ}R_C \tag{8-3}$$

2. 静态工作点对输出波形的影响

由晶体管输出特性曲线可知，当 I_B（I_C）较小时，管子就接近截止区；当 U_{CE} 电压较低时，管子就接近饱和区。若给放大器加入一定幅度的交流信号，为了使放大器不进入饱和区或截止区，静态工作点必须有一个适当的值。一般将 U_{CEQ} 设置为 $\frac{1}{2}V_{CC}$，这样静态工作点离饱和区和截止区均较远。下面仍以图 8-1（c）所示的放大电路为例，可利用图 8-3 所示的三组波形图来分析静态工作点对输出波形的影响。

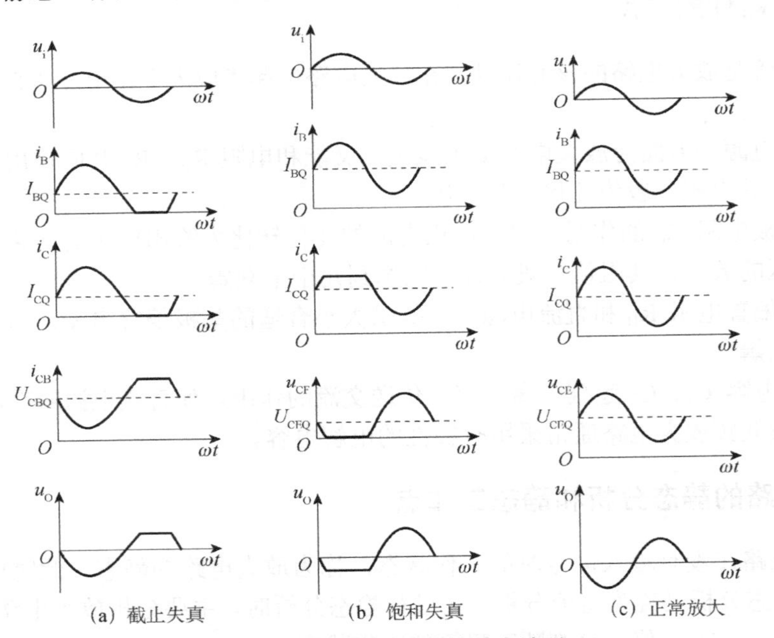

图 8-3　工作点三种状态的放大波形

在这三组波形图中，设输入信号为同一数值。由图 8-3（a）可以看出，由于静态的 I_{BQ} 设置较小，i_B 负半周时管子进入截止区，i_C 负半周的部分波形被削去，放大器产生了截止失真；在图 8-3（b）中，由于 I_{BQ} 设置比较大，I_{CQ} 亦较大，U_{CEQ} 较低，当输入信号为正半周时，i_B 增加，i_C 增加，u_{CE} 下降到饱和电压时，i_B 即失去了对 i_C 的控制能力，i_C 波形正半周的一部分被削去，放大器产生了饱和失真。图 8-3（c）为静态工作点设置适当时的放大波形，此时既不产生截止失真，也不产生饱和失真。

四、共射极放大电路的动态分析和主要性能指标

动态则是指有输入信号的工作状态，动态分析又称为交流分析，是指加入交流信号时，计算放大电路的放大倍数、输入电阻和输出电阻等性能指标。

1. 微变等效电路分析法

对交流放大电路进行定量分析时，必须要知道放大器的一些具体参数指标。由于晶体管是一个非线性器件，若要采用线性电路的计算方法来计算放大电路的参数值，就必须先对晶体管进行线性化等效。常采用小信号等效电路的方法进行分析。

（1）晶体管的输入端等效电路。晶体管的输入特性是一曲线，输入电流不同，管子的等效输入电阻不同。在交流放大电路中，由于输入的电压信号幅度较小，只在静态工作点附近作微小的变化，因此在静态工作点附近将输入特性曲线进行了线性化等效，如图 8-4（a）所示。晶体管在此点的输入电阻可用一个线性电阻来代替，即：

$$r_{be}=\frac{\Delta u_{BE}}{\Delta i_B}=\frac{U_{be}}{I_b} \tag{8-4}$$

式中，U_{be}、I_b 是输入交流信号的有效值，并非静态工作点 U_{BEQ} 和 I_{BQ}；r_{be} 称为晶体管的输入电阻，静态工作点设置不同，r_{be} 不同。实际使用中，r_{be} 一般用下式进行估算

$$r_{be}=300\Omega+（1+\beta）\frac{26\text{mV}}{I_{EQ}} \tag{8-5}$$

式中，β 为晶体管的电流放大系数；I_{EQ} 为晶体管的静态发射极电流。

等效电路如图 8-4（b）所示。

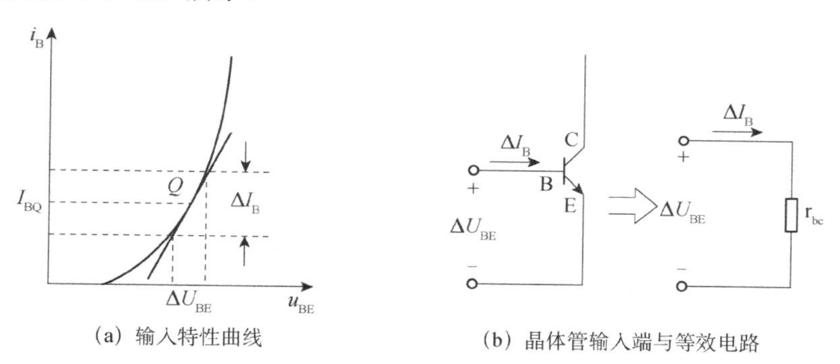

（a）输入特性曲线　　（b）晶体管输入端与等效电路

图 8-4　输入端微变等效电路

（2）晶体管输出端等效电路。由图 8-5（a）可以看出，晶体管在放大区时，输出特性曲线与横轴基本平行，若忽略了 u_{CE} 对 i_C 的影响，则晶体管的输出端可用一个受控电流源来等

效，如图 8-5（b）所示。

综上所述，可以画出晶体管的小信号微变等效电路，如图 8-6 所示。即一个非线性的晶体管器件，当工作在小信号状态时，可用一个线性电路来等效，这样就将非线性电路的计算简化为线性电路的计算。

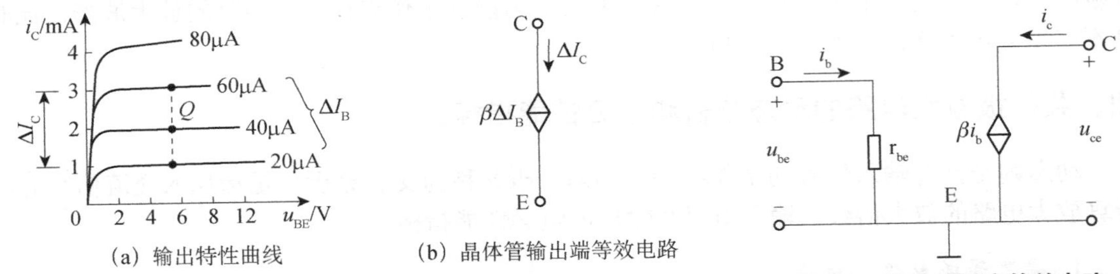

（a）输出特性曲线　（b）晶体管输出端等效电路

图 8-5　晶体管输出端等效为受控电流源

图 8-6　晶体管微变等效电路

（3）共射极基本放大电路的交流通路及微变等效电路。放大电路交流信号能够通过的路径，称为放大电路的交流通路。在放大电路中，耦合电容由于容量比较大，在工作的频率范围内容抗可以忽略不计，即在交流通路中按短路处理；电感则按照开路处理；电路中的直流电压源，由于其两端电压固定不变，对交流信号不产生影响，也按照短路处理。因此画出共射极放大电路的交流通路如图 8-7（a）所示。在交流通路中，如将晶体管用它的微变等效电路代替，即为放大电路的微变等效电路，如图 8-7（b）所示。

通过以上的微变等效变换，电路简化为一个非常简单的线性电路，就可以用线性电路的分析方法对放大电路进行定量分析。

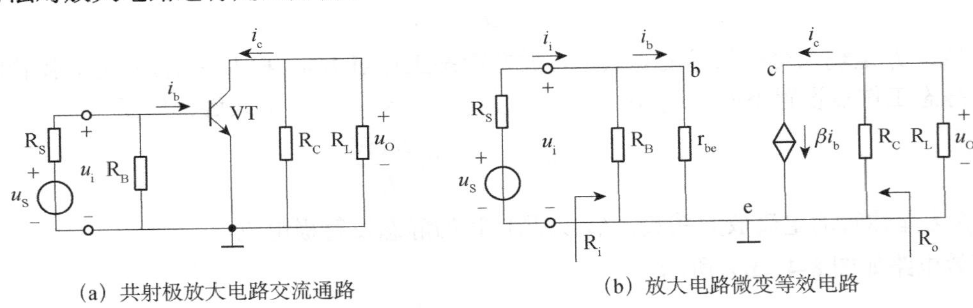

（a）共射极放大电路交流通路　（b）放大电路微变等效电路

图 8-7　共射极放大电路等效电路

2. 共射极基本放大电路的主要性能指标

放大电路的主要性能指标有电压放大倍数、输入电阻、输出电阻等，现根据图 8-7 分别说明如下。

（1）电压放大倍数 A_u。电压放大倍数定义为放大电路的输出电压与输入电压的比值，又称为电压增益，是衡量放大电路对信号放大能力的主要指标，计算公式为

$$\dot{A}_u=\frac{\dot{U}_o}{\dot{U}_i} \tag{8-6}$$

由于实际放大倍数往往很大，所以还常用分贝（dB）来表示

$$\dot{A}_u = 20\lg\left|\frac{\dot{U}_o}{\dot{U}_i}\right| \tag{8-7}$$

共发射极放大电路的电压放大倍数可参照其微变等效电路图 8-7（b）导出：

$$u_i = i_b r_{be}$$

$$u_o = \beta i_b R_L' \quad （R_L' = R_C // R_L）$$

$$A_u = -\frac{\beta i_b R_L'}{i_i r_{be}} = -\beta \frac{R'}{r_{be}} \tag{8-8}$$

式中，u_i、u_o分别为放大电路的输入、输出电压，负号表示输出电压与输入电压相位相反。由此可看出，共发射极放大电路对电压信号具有反向放大作用。

（2）输入电阻 R_i。对于信号源而言，放大电路的输入端可以用一个等效电阻来表示，称之为放大电路的输入电阻，等效为信号源的负载，它等于放大电路输出端接实际负载后，输入电压与输入电流的比值，即

$$R_i = \frac{u_i}{i_i} = \frac{\dot{U}_i}{\dot{I}_i} \tag{8-9}$$

$$\dot{U}_i = \dot{U}_S \frac{R_i}{R_i + R_S}$$

由式（8-9）可见，R_i的大小反映了放大电路对信号源的影响程度，R_i越大，放大电路从信号源汲取的电流就越小，信号源内阻 R_S 上的压降就越小，若 $R_i \gg R_S$，其实际输入电压 u_i 就越接近信号源电压 u_s，通常称为恒压输入。反之，则为恒流输入。若要获得最大功率输入，则要求 $R_i=R_S$。

由图 8-7（b）微变等效电路可见，共发射极放大器的输入电阻为 $R_i = R_B // r_{be}$。

输入电阻 R_i作为信号电压源 u_s（或前级电路）的负载，其值越大，与信号源内阻 R_S 分压时所分得的电压，即电路输入电压 u_i 越大，并可减轻信号源的负担。显然，该电路输入电阻 $R_i \approx r_{be}$ 不够大。

（3）输出电阻 R_o。对负载 R_L 而言，放大电路的输出端可等效为一个信号源，信号源的内阻即为放大电路的输出电阻 R_o，它是在放大电路的输入信号源电压短路（即 $u_s=0$），同时令负载开路后，从输出端看进去的等效电阻。R_o越小，输出电压 u_o 受 R_L 的影响越小，若 $R_o=0$，则输出电压将不受 R_L 的影响，放大电路对于负载而言，相当于恒压源。当 $R_o \gg R_L$ 时，放大电路对负载而言，可视为恒流源。因此，R_o 的大小反映了放大电路带负载的能力，该值越小，带负载能力越强，反之，带负载能力越弱。

由图 8-7（b）微变等效电路可见，R_C 电阻与受控电流源并联，根据电流源和电压源的基本知识，R_C 就是信号源的内阻，也就是放大器的输出电阻 R_o。由此可知，共发射极放大器的输出电阻 R_o 就是与受控电流源并联的电阻 R_C。显然，该电路输出电阻 $R_o \approx R_C$，该阻值一般为几百欧姆到几千欧姆，不够小，输出电压受负载的影响较大，因而带交流负载能力较差。

五、分压式固定偏置放大器

最常用的静态工作点稳定电路是分压式固定偏置放大电路，如图 8-8（a）所示。图 8-8（b）为其直流通路。其工作原理是当温度或 β 值在一定范围内变化时，其静态工作点基本不变。即可认为基极电位 V_B 由 R_{B1}、R_{B2} 分压取得。当 V_B 电位给定后，发射极电位 V_E 即给定

（V_E=V_B-0.7V），随之 I_E（I_C）电流即给定（I_E=V_E/R_E），由于 I_E 电流给定，U_{CE}≈V_{CC}-I_C（R_C+R_E）即给定。

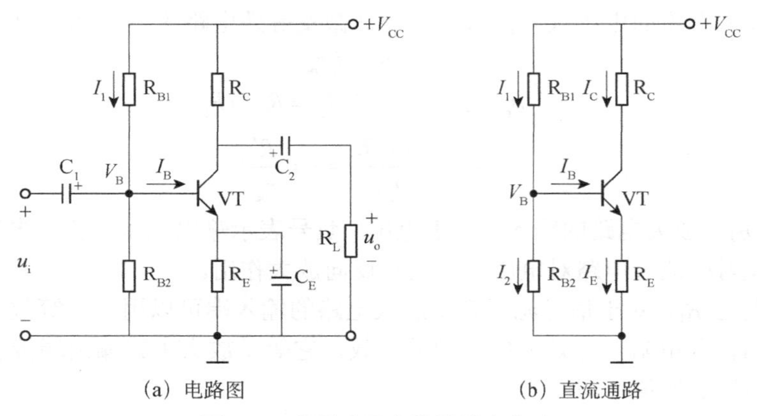

图 8-8　分压式固定偏置放大电路

设由于温度变化或 β 值变化时，分压式固定偏置放大电路稳定静态工作点的原理也可有如下描述过程：

温度升高→I_C↑→V_E（I_ER_E）↑→U_{BE}（V_B-V_E）↓→I_B↓→I_C（βI_B）↓。

即当温度升高时，电路具有自动调节静态工作点稳定的作用，因此可以应用在温度环境差或对电路稳定性要求较高的场合。

R_E 两端并联的电容 C_E 对交流信号起旁路作用，是为了消除 R_E 电阻上的交流信号损失。

从以上分析可知，电阻 R_{B1} 和 R_{B2} 可近似为串联关系，则分压式固定偏置放大电路的静态工作点为：

$$V_B \approx \frac{R_{B2}}{R_{B1}+R_{B2}}V_C \tag{8-10}$$

$$I_{CQ} \approx I_{EQ} = \frac{V_B - U_{BE}}{R_E} \approx \frac{V_B}{R_E} \tag{8-11}$$

$$U_{CE} = V_{CC} - I_C R_C - I_E R_E \approx V_{CC} - I_C(R_C + R_E) \tag{8-12}$$

$$I_{BQ} = \frac{I_{CQ}}{\beta}$$

分压式固定偏置放大电路的微变等效电路如图 8-9 所示。

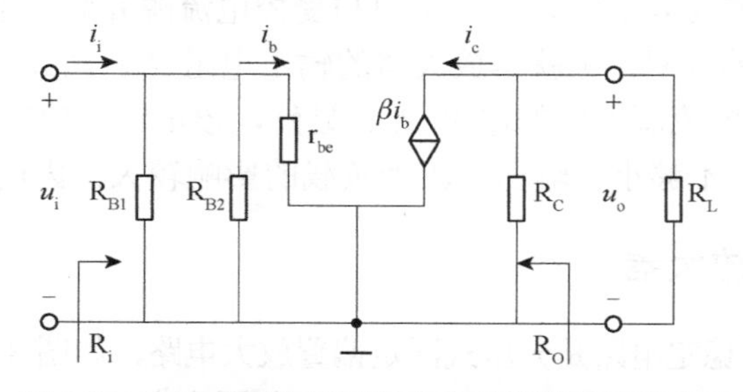

图 8-9　分压式固定偏置放大电路的微变等效电路

$$A_u=\frac{u_o}{u_i}=-\frac{\beta R_C//R_L}{r_{be}}$$

由图可知，

电压放大倍数：
$$A_u=\frac{u_o}{u_i}=-\beta\frac{R'_L}{r_{be}}=-\beta\frac{R_C//R_L}{r_{be}} \tag{8-13}$$

输入电阻：
$$R_i=R_{B1}//R_{B2}//r_{be} \tag{8-14}$$

输出电阻：
$$R_O=R_C \tag{8-15}$$

从以上分析中可知，分压式偏置放大电路虽然可以稳定静态工作点，但是对动态参数并没有明显的影响。

8.1.2　射极输出器的组成及电路分析

共集电极放大电路的输入信号和输出信号都以集电极为公共端，且以发射极为输出端，故称为射极输出器，其电路原理图如图 8-10 所示。

一、共集电极放大电路的静态分析及静态工作点

共集电极放大电路的直流通路如图 8-11 所示，因为$V_{CC}=I_{BQ}R_B+(1+\beta)I_{BQ}R_E+U_{BEQ}$
则基极直流电流：

$$I_{BQ}=\frac{V_{CC}-U_{BEQ}}{R_B+(1+\beta)R_E}\approx\frac{V_{CC}}{R_B+(1+\beta)R_E} \tag{8-16}$$

集电极直流电流：$I_{CQ}=\beta I_{BQ}$

C、E 间直流电压：

$$U_{CEQ}=V_{CC}-I_{BQ}R_E\approx V_{CC}-I_{CQ}R_E \tag{8-17}$$

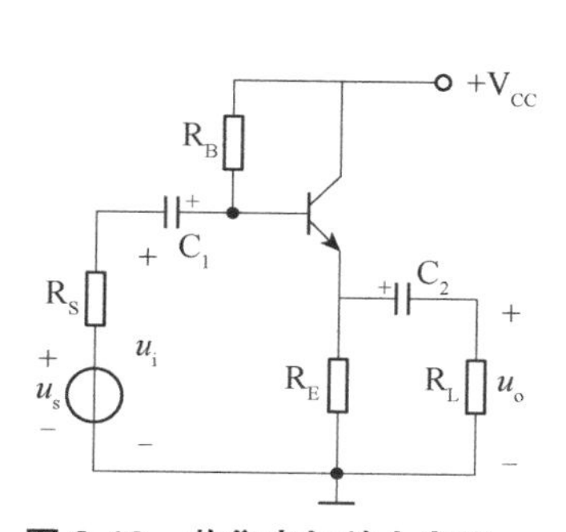

图 8-10　共集电极放大电路

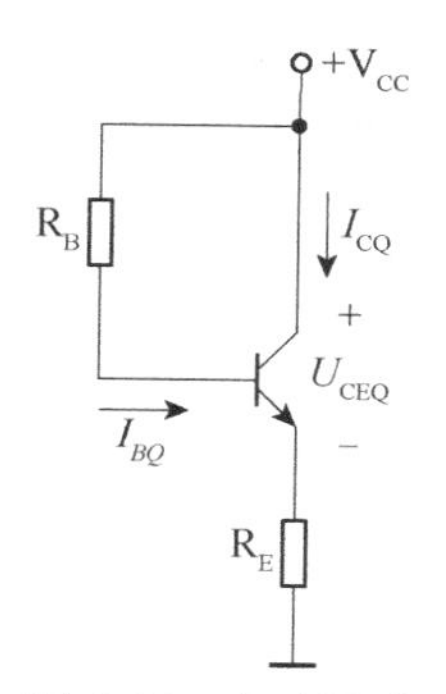

图 8-11　直路通路

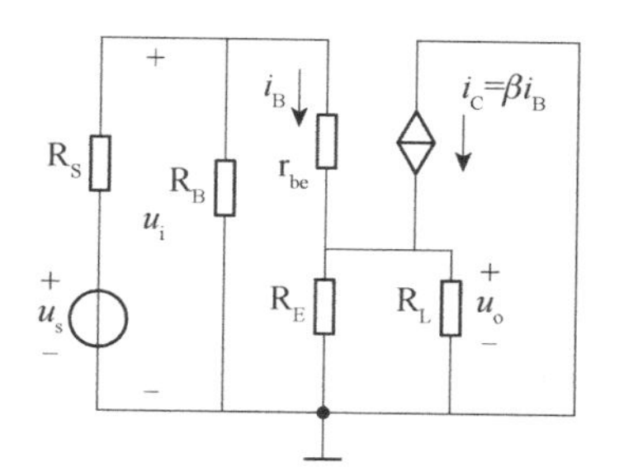

图 8-12　微变等效电路

二、共集电极放大电路的动态分析

由图 8-12 所示的共集电极放大电路的微变等效电路电路可以看出，射极输出器的输出电压取自发射极电阻 R_E 两端的交流电压 u_e，它与输入电压 u_i 仅差 BE 结的交流压降 u_{be}（不是 BE 结的静态电压 0.7V），即输出电压略低于输入电压。下面根据微变等效电路进行性能指标分析。

1. 电压放大倍数 A_u

电压放大倍数 A_u 计算公式为：$A_u = \dfrac{u_o}{u_i}$

式中，u_o、u_i 分别为：

$$u_o = I_e R_L' = (1+\beta)_b R_L' \qquad (R_L' = R_L // R_E)$$

$$u_i = U_{be} + U_O = I_b r_{be} + (1+\beta) I_b R_L'$$

代入关系式有 $A_u = \dfrac{(1+\beta) I_b R_L'}{I_b r_{be} + (1+\beta) I_b R_L'} = \dfrac{(1+\beta) R_L'}{r_{be} + (1+\beta) R_L'}$

由于 $(1+\beta) R_L' \gg r_{be}$，所以

$$A_u \approx \frac{(1+\beta) R_L'}{(1+\beta) R_L'} = 1 \tag{8-18}$$

电压放大倍数为正值，说明放大器的输出电压与输入电压同相位；放大倍数为 1，说明放大器输出电压与输入电压近似相等，即放大器的输出电压波形与输入电压波形相似，输出电压跟随输入电压，所以电路又称电压跟随器或称为射极输出器。

2. 输入电阻 R_i

由图 8-12 微变等效电路可知，输入电阻为：

$$R_i = R_B // \left(r_{be} + (1+\beta) R_E\right) \approx R_B // (1+\beta) R_E \tag{8-19}$$

式中，$(1+\beta)R_E$ 是将发射极电阻 R_E 折算到输入回路的等效电阻。由于 R_E 一般都较大，R_B 亦很大，因此，射极输出器具有很高的输入电阻。

3. 输出电阻 R_o

射极输出器的输出电压紧紧跟随输入电压，当负载变化时，输出电压也很稳定。由电工学理论可知，电源的内阻越小，负载两端的电压越稳定。射极输出器的输出电压很稳定，所以射极输出器的输出电阻很小。根据分析，如果忽略了射极输出器所接信号源的内阻，则输出电阻为：

$$R_O \approx \frac{r_{be}}{\beta} \tag{8-20}$$

则此输出电阻比三极管共射极放大电路的输出电阻小得多，故具有较强的带负载能力。

三、射极输出器的应用场合

由以上分析可知，射极输出器虽不能对输入电压进行放大，但能对输入电流进行放大，故射极输出器具有功率放大能力。根据射极输出器输入电阻高（从信号源取用的电流小，对信号源的影响小）、输出电阻低（输出电阻低，带负载的能力强）的特点，一般应用在多级放大器的前级、中间级和输出级。例如，用在电子毫伏表的第一级，因其输入电阻很高，对被测信号源的影响小，可提高测量精度；当用在中间级时，因为输入电阻高对前级的影响小，输出电阻低又可以给后级提供较大的推动电流，相当于在放大器的中间起一个缓冲作用；当用在放大器的输出级时，可提高其带负载能力。

8.1.3　场效应管基本单管放大电路

和三极管一样，场效应管也具有放大作用，因此在有些场合可以取代三极管组成的放大电路。场效应管放大电路也存在三种组态，即共源、共漏和共栅组态，分别对应于三极管放大电路的共射、共集、共基组态。

一、场效应管放大电路的静态分析

与三极管放大电路一样，场效应管放大电路也需要有合适的静态工作点，以保证管子工作在恒流区。不过由于场效应管是电压控制型器件，栅极电流为零，因此只需要合适的栅极电压。下面以 N 沟道 JFET（也为耗尽型）为例，介绍两种常用的偏置电路及其静态工作点计算。

典型的自偏压电路如图 8-13 所示。由于 N 沟道 JFET 的栅源电压不能为正，因此由正电源 V_{DD} 引入栅极偏置是行不通的。当然可以考虑再引入一组负电源，但电路复杂且成本高。因此采用自偏压电路是最为简便有效的方法。静态工作时，耗尽型 FET 无栅极电源但有漏极电流 I_D，当 I_D 流过源极电阻 R_S 时，在它两端产生电压降 $U_S=I_DR_S$。由于栅极电流 $I_G\approx0$，栅极电阻 R_G 上的电压降 $U_G\approx0$，因此有

$$U_{GS}=U_G-U_S=-I_DR_S \tag{8-21}$$

可见，栅源极之间的直流偏压 U_{GS} 是由场效应管自身的电流 I_D 流过 R_S 产生的，故称为自偏压电路。

电路中，大电容 C 对 R_S 起旁路作用，称为源极旁路电容。

通过简单计算可确定自偏压电路的静态工作点。静态时 I_D 的表达式为

$$I_D=I_{DSS}\left(1-\frac{U_{GS}}{U_{GS,off}}\right)^2 \tag{8-22}$$

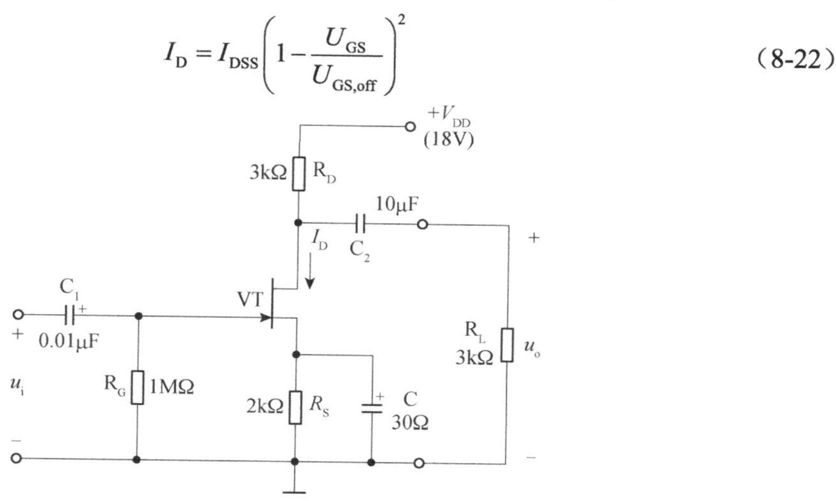

图 8-13　场效应管放大器的自偏压电路

式（8-21）和式（8-22）可构成二元二次方程组，联立求解可得到两组根，即有两组 I_D 和 U_{GS} 值，可根据管子工作在恒流区的条件，舍弃无用根，保留合理的 I_D 和 U_{GS} 值。

从图 8-13 所示电路，还可求得

$$U_{DS}=V_{DD}-I_D(R_D+R_S) \tag{8-23}$$

二、场效应管放大电路的动态分析

共源放大电路如图 8-14（a）所示，其微变等效电路如图 8-14（b）所示（漏极输出电阻 r_{ds} 被忽略）。

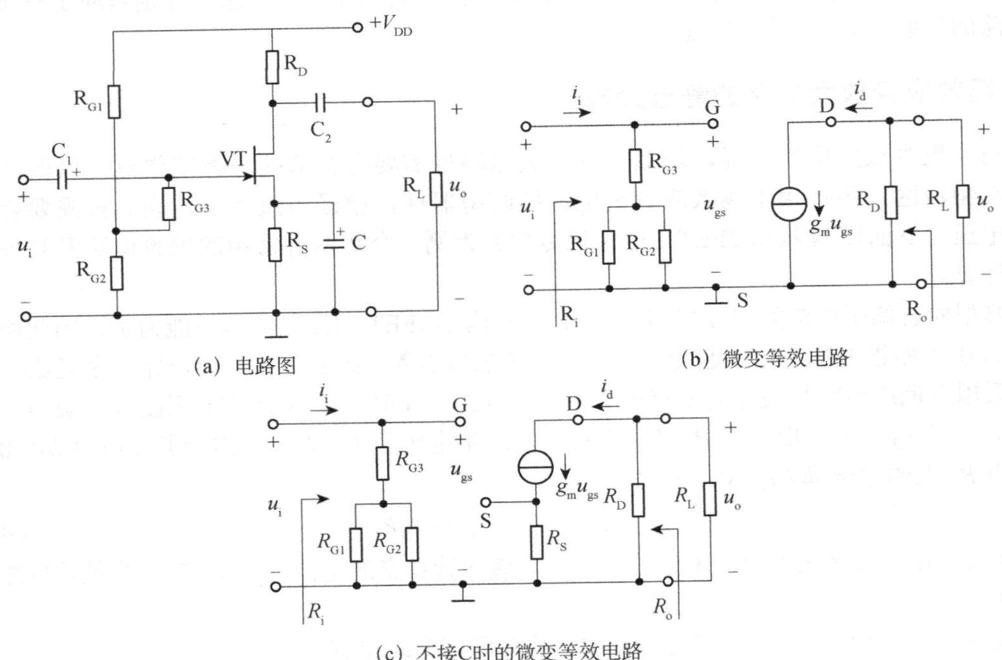

图 8-14　共源放大电路

设 $R'_L=R_D // R_L$，由图 8-14（c）所示电路可得

$$i_d=g_m u_{gs}=g_m u_i$$

$$u_o=-i_d R'_L=-g_m R'_L u_i$$

则电压放大倍数

$$A_u=\frac{u_o}{u_i}=-g_m R'_L \tag{8-24}$$

输入电阻

$$R_i=R_{G3}+(R_{G1} // R_{G2}) \tag{8-25}$$

输出电阻

$$R_o \approx R_D \tag{8-26}$$

当源极电阻 R_S 两端不并联旁路电容 C 时，共源放大电路的微变等效电路如图 8-14（c）所示。由图可得

$$i_d=g_m u_{gs}$$

$$u_i=u_{gs}+i_d R_S=u_{gs}+g_m R_S u_{gs}=(1+g_m R_S)u_{gs}$$

$$u_o=-i_d R'_L=-g_m R'_L u_{gs}$$

此时电压放大倍数

$$A_u = \frac{u_o}{u_i} = -\frac{g_m R_L'}{1+g_m R_S} \tag{8-27}$$

显然，当源极电阻 R_S 两端不并联旁路电容 C 时，电压放大倍数变小了。

8.1.4　多级放大器

多级放大电路是指两级或两级以上的基本单元电路连接起来组成的电路。单级放大器的放大倍数是有限的，当需要将一个微弱的小信号放大到足够强时，就应采用多级放大器。多级放大器能对信号进行逐级连续的放大，以便获得足够的输出功率来推动负载工作。其中接收信号的为第一级，接着是第二级，直至末级。前级是后级的信号源，后级是前级的负载。

一、多级放大电路的耦合方式

多级放大器级与级之间的连接称为耦合，常用的耦合方式有以下几种。

1. 阻容耦合

阻容耦合是最简单也是应用最多的一种耦合方式，电路如图 8-15 所示。通过电容 C_2 将前后级的直流隔开，使前后级的静态工作点互不影响，而交流信号可以通过电容耦合到下一级。

阻容耦合的优点：结构简单、体积小、成本低、频率特性好，特别是电容有隔直通交的作用，可以防止级间直流工作点的互相影响，各级可以独自进行分析计算，所以阻容耦合得到广泛应用。但它也有局限性，由于 R、C 有一定的交流损耗，影响了传输效率，特别对缓慢变化的信号几乎不能进行耦合。另外在集成电路中难于制造大容量的电容，因此阻容耦合方式在集成电路中几乎无法应用。

2. 变压器耦合

电路如图 8-16 所示。变压器耦合是利用变压器的一次绕组和二次绕组通过磁耦合，将前后级的直流工作点隔开，使它们互不影响。图中 T_1 变压器将第一级的输出信号耦合到第二级，T_2 变压器将输出信号耦合到负载。T_1 称为输入变压器，T_2 称为输出变压器。

变压器耦合可通过选择合适的匝数比取得最佳耦合效果，故变压器耦合效率高。变压器还能改变电压和改变阻抗，这对放大电路特别有意义。如在功率放大器中，为了得到最大功

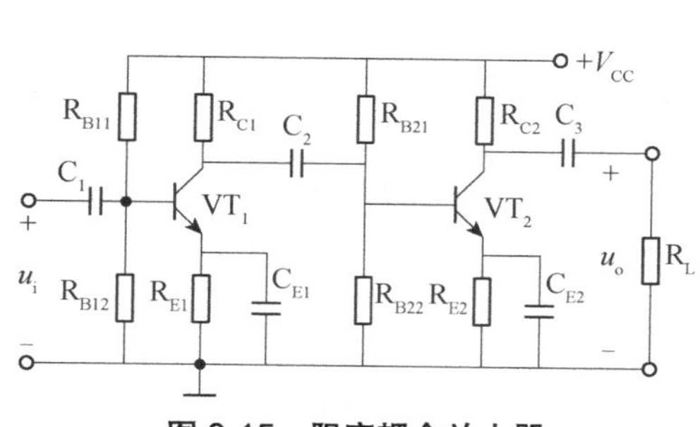

图 8-15　阻容耦合放大器

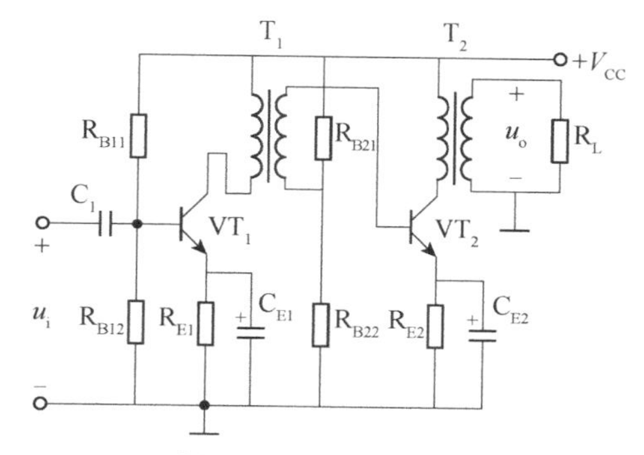

图 8-16　变压器耦合放大器

率输出，要求放大器的输出阻抗等于最佳负载阻抗，即阻抗匹配，如果用变压器输出就能得到满意的效果。变压器耦合的缺点：体积大、成本较高、波形失真大、频率范围窄，在功率输出电路中已逐步被无变压器的输出电路所代替。但在高频放大，特别是选频放大电路中，变压器耦合仍具有特殊的地位，不过耦合的频率不同，变压器的结构有所不同。如收音机利用接收天线和耦合线圈得到接收信号，中频放大器中用中频变压器，耦合中频信号，达到选频放大的目的。

3. **直接耦合**

前面讨论过的阻容耦合和变压器耦合都有隔直流的重要一面，但对低频传输效率低，特别是对缓慢变化的信号几乎不能通过。在实际的生产和科研活动中，常常要对缓慢变化信号进行放大。因此需要把前一级的输出端直接接到下一级的输入端，如图 8-17 所示电路，这种耦合方式被称为直接耦合。

直接耦合具有电路结构简单、成本低、便于集成化等优点。但直接耦合的静态工作点互相依存，给电路的调试带来不便。

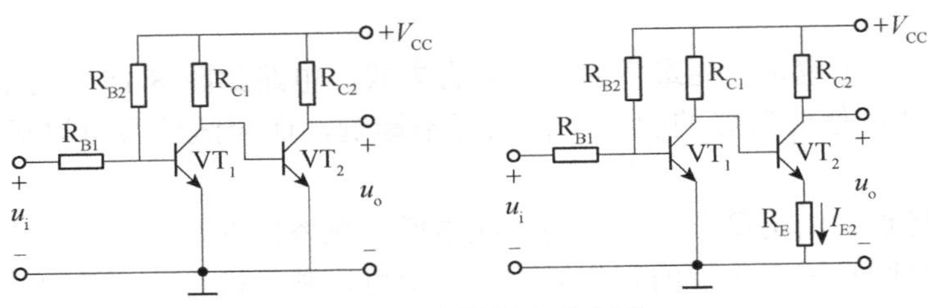

图 8-17　直接耦合放大器

二、多级放大器的性能参数

1. **电压放大倍数 A_u**

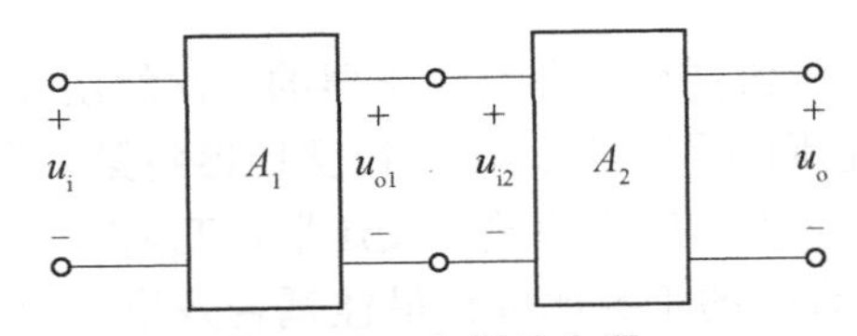

图 8-18　多级放大器

如图 8-18 所示，一个两级放大器，输入电压为 u_i，输出电压为 u_o，第一级的输出电压 u_{o1} 就是第二级的输入电压 u_{i2}，根据放大倍数的定义有：

$$A_u = \frac{u_o}{u_i} = A_1 A_2 \tag{8-28}$$

即总电压放大倍数等于各级放大倍数的连乘积。由于总放大倍数是各级放大倍数的连乘积，因此，多级放大器的级数不必很多，一般 2～4 级就可满足所需的电压放大要求。

2. **输入电阻 R_i 和输出电阻 R_o**

输入电阻就是第一级的输入电阻。第一级如采用共射极放大器，则 $R_i \approx r_{be}$。

输出电阻是最后一级的输出电阻，如果是共射极放大器，则 $R_o=R_C$。

8.1.5　差分放大器

为了放大变化缓慢的非周期性信号，不能采用阻容耦合或变压器耦合方式，因为电容和变压器都不能传递变化缓慢的直流信号，而只能采用直接耦合方式。但是与阻容耦合方式相比，直接耦合方式有许多问题需要解决：前级与后级静态工作点相互影响问题；电平移动问题；零点漂移问题。

一、零点漂移

直接耦合放大器在未加入输入信号时，输出端电压出现偏离原来设定的起始电压而上下漂动，这种现象就称为零点漂移。零点漂移所产生的漂移电压实际上是一个虚假信号，它与真实信号共存于电路中，因而真假混淆，使放大器无法正常工作。特别是如果放大器第一级产生比较严重的漂移，它与输入真信号以同样的放大倍数传递到输出端，其漂移量完全掩盖了真信号。

引起零点漂移的原因很多，如电源电压波动，电路元件参数和晶体管特性变化，温度变化等，其中温度变化的影响更为严重。当温度升高时，管子的穿透电流 I_{CEO} 和放大倍数 β 将会增大，此时即使没有输入信号，也会引起集电极电流的增大，因而引起输出电压偏离零点而产生漂移。实际上交流放大器也存在零点漂移，由于耦合电容或耦合变压器不能传递变化缓慢的直流信号，故前级的零点漂移量不会经过各级逐级放大。在多级直接耦合放大器中，输出级的零点漂移主要由输入级的零点漂移决定。放大器的总电压放大倍数愈高，输出电压的漂移就愈严重。

为了减少放大器的零点漂移，可以采用很多措施，其中最重要的就是输入级采用差分放大器。

二、差分放大器

1. *差分放大器抑制零点漂移的原理*

差分放大器由两个完全对称的单管放大电路组成，如图 8-19 所示。所谓完全对称，就是电路中的对称电阻的阻值相等，两管的参数相同。信号从两管的基极输入，从两管的集电极输出，两个单管放大电路的静态工作点和电压增益等均相同。

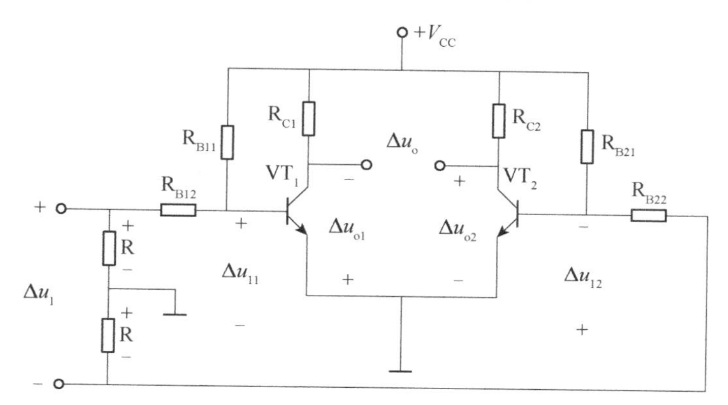

图 8-19　基本差分放大电路

静态时，两管的输入信号均为零。直流工作点 $U_{C1}=U_{C2}$，此时电路的输出 $U_o=U_{C1}-U_{C2}=0$。当温度变化引起管子参数变化时，每一单管放大器的工作点必然随之改变（零漂现象），但由于电路的对称性，U_{C1} 和 U_{C2} 同时增大或减小，并保持 $U_{C1}=U_{C2}$，即始终有输出电压 $U_o=0$，或者说零点漂移被抑制了，这就是差分放大电路抑制零点漂移的原理。

2. 差模信号和共模信号

差分放大器的输入信号可分为共模信号和差模信号两种。两管各自的输入电压分别用 u_{i1} 和 u_{i2} 表示。若两输入信号为大小相等、极性相同的信号，即 $u_{i1}=u_{i2}$，这种输入方式称为共模输入，这种信号称为共模信号。共模输入信号常用 u_{ic} 表示，即 $u_{ic}=u_{i1}=u_{i2}$。

在共模输入情况下，因电路对称，两管集电极电位变化相同，因而输出电压 u_{OC} 恒为零。这和输入信号为零（静态）的输出结果一样。这说明，差分放大器对共模信号没有放大作用，或者说对共模信号有抑制能力。在电路完全对称的情况下，差分放大器的共模放大倍数 $A_{uc}=0$。其实，差分放大器对零漂的抑制作用就是抑制共模信号零漂，相当于在两管输入端加上了大小相等、极性相同的共模信号。

在放大器两输入端分别输入大小相等、极性相反的信号，即 $u_{i1}=-u_{i2}$，这种输入方式称为差模输入，这种信号称为差模信号。差模信号常用 u_{id} 表示，即

$$u_{i1}=u_{id}/2$$
$$u_{i2}=-u_{id}/2$$

在差模输入情况下，因电路对称、参数相等，两管集电极电位的变化必定大小相等、极性相反。若某个管集电极电位升高 Δu_c，则另一个必然降低 Δu_c。

设两管电压放大倍数分别为 A_1、A_2，集电极输出电压分别为 u_{o1}、u_{o2}，则

$$u_{o1}=A_1u_{i1}=A_1u_{id}/2$$
$$u_{o2}=A_2u_{i2}=-A_2u_{id}/2$$

总电路的输出为 $u_{od}=u_{o1}-u_{o2}=(A_1+A_2)u_{id}/2$

因电路对称，$A_1=A_2=A$，故

$$u_{od}=2Au_{id}/2=Au_{id}$$

差模电压放大倍数为

$$A_{ud}=\frac{u_{od}}{u_{id}}$$

3. 共模抑制比

差分放大器实际工作时，总是既存在共模信号，也存在差模信号。若电路基本对称，则对输出起主要作用的是差模信号，而共模信号对输出的作用要尽可能被抑制。为定量反映放大器放大差模信号和抑制共模信号的能力，通常引入参数共模抑制比，用 K_{CMR} 表示，其定义为：

$$K_{CMR}=\left|\frac{A_{ud}}{A_{uc}}\right| \tag{8-29}$$

共模抑制比用分贝表示则为

$$K_{CMR}=20\lg\left|\frac{A_{ud}}{A_{uc}}\right| \tag{8-30}$$

显然，K_{CMR} 越大，输出信号中的共模成分相对越少，电路对共模信号的抑制能力就越强。

8.1.6　功率放大器

功率放大器和电压放大器并无本质的区别，只是各有侧重，电压放大器主要目的是放大信号电压，而功率放大器的任务是提供足够的功率。

一、双电源互补对称式功率放大电器（OCL）

电路如图 8-20 所示，电路采用两个大小相等，极性相反的正、负直流电源供电，因此该电路又称为双电源互补对称功率放大电路。

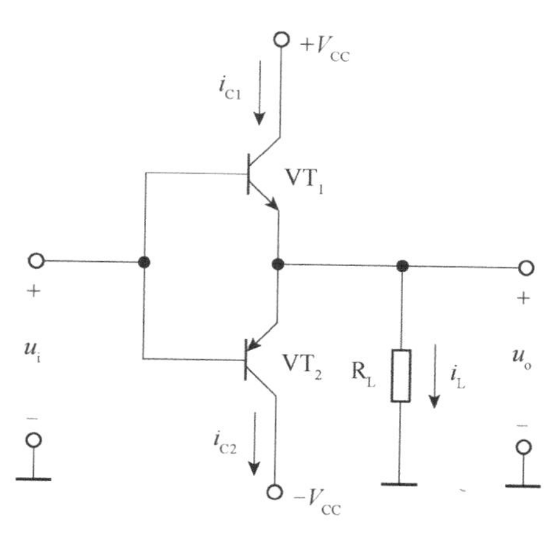

图 8-20　互补对称功率放大器

二、电路特点

① 由于电路是由两个射极输出器组成，电压放大倍数为 1，但具有电流放大倍数和功率放大倍数。

② 电路未设置静态工作点，静态功率损耗为零，因此具有较高的效率，而高效率是对功率放大器的基本要求。

由于放大器未设置静态工作点，当输入信号小于晶体管死区电压时，晶体管处于截止状态，使放大信号在过零时产生交越失真，如图 8-21 所示。为了克服交越失真，可给电路设置一个很低的工作点，是晶体管脱离死区即可。消除交越失真的电路如图 8-22 所示。电路在静态时，电流 I_1 流过 R_1、VD_1、VD_2，在 B_1 与 B_2 之间产生一个电压降，其值稍大于两管的死去电压，使两管处于微导通状态，即可消除交越失真。

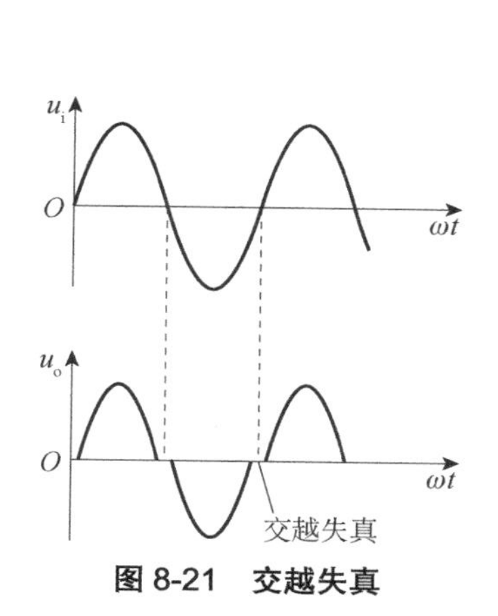

图 8-21　交越失真

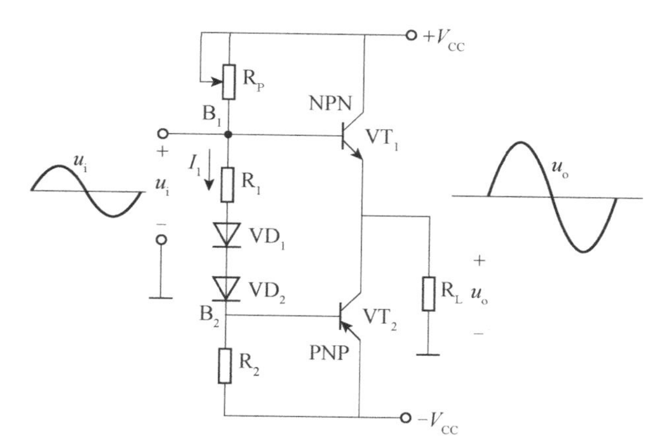

图 8-22　消除交越失真的互补电路

三、电路性能分析

为分析方便，设晶体管是理想的，两管完全对称，其导通电压 $U_{BE}=0$，饱和压降 $U_{CEO}=0$

则放大器的最大输出电压振幅为 V_{CC}，最大输出电流振幅为 V_{CC}/R_L，且在输出不失真时始终有 $u_i=u_o$。

1. 输出功率 P_o

设输出电压的幅值为 U_{om}，有效值为 U_o；输出电流的幅值为 I_{om}，有效值为 I_o。则输出功率为

$$P_o = U_o I_o = \frac{U_{om}}{\sqrt{2}} \times \frac{I_{om}}{\sqrt{2}R_L} = \frac{1}{2} I^2{}_{om} R_L = \frac{U^2{}_{om}}{2R_L} \tag{8-31}$$

当输入信号足够大，使 $U_{om} = U_{im} = V_{CC} - U_{CES} \approx V_{CC}$ 时，可得最大输出功率为

$$P_o = P_{om} = \frac{U_{om}}{2R_L} \approx \frac{V_{CC}^2}{2R_L} \tag{8-32}$$

2. 直流电源供给的功率 P_V

由于 VT_1 和 VT_2 在一个信号周期内均为半周导通，因此直流电源 V_{CC} 供给的功率为

$$\begin{aligned} P_{V1} &= \frac{1}{2\pi}\int_0^{\pi} V_{CC} \times i_{C1} \mathrm{d}(\omega t) = \frac{1}{2\pi}\int_0^{\pi} V_{CC} \times I_{cm} \sin\omega t \mathrm{d}(\omega t) \\ &= \frac{1}{2\pi}\int_0^{\pi} V_{CC} \times \frac{U_{om}}{R_L} \sin\omega t \mathrm{d}(\omega t) = \frac{V_{CC} U_{om}}{\pi R_L} \end{aligned}$$

因为有正负两组电源供电，所以总的直流电源供给的功率为

$$P_V = \frac{2V_{CC} U_{om}}{\pi R_L} \tag{8-33}$$

当输出电压幅值达到最大，即 $U_{om} \approx V_{CC}$ 时，得电源供给的最大功率为

$$P_{Vm} = \frac{2V_{CC}^2}{\pi R_L} \approx 1.27 P_{om} \tag{8-34}$$

3. 效率 η

效率的计算公式为：

$$\eta = \frac{P_o}{P_V} = \frac{\pi}{4} \times \frac{U_{om}}{V_{CC}} \tag{8-35}$$

当输出电压幅值达到最大，即 $U_{om} \approx V_{CC}$ 时，得最高效率为

$$\eta = \frac{P_{om}}{P_{Vm}} = \frac{\pi}{4} \approx 78.5\% \tag{8-36}$$

4. 管耗 P_{VT}

两管的总管耗为直流电源供给的功率 P_V 与输出功率 P_o 之差，即

$$P_{VT} = P_V - P_o = \frac{2V_{CC} U_{om}}{\pi R_L} - \frac{U^2{}_{om}}{2R_L} = \frac{2}{R_L}\left(\frac{V_{CC} U_{om}}{\pi} - \frac{U^2{}_{om}}{4}\right) \tag{8-37}$$

显然，当 $u_i=0$ 时，即无输入信号时，$U_{om}=0$，$P_o=0$，管耗 P_{VT} 和直流电源供给的功率 P_V 均为 0。需要指出的是，上面的计算是在理想情况下进行的，实际上在选管子的额定功耗时，还要留有充分的余地。

四、OTL 乙类互补对称式功率放大器

OCL 乙类互补对称功率放大电路的特点：双电源供电，由于电路无须输出电容，所以电路可以放大变化缓慢的信号，频率特性较好。但由于负载电阻直接连在两个晶体管的发射极上，假如静态工作点失调或电路内元器件损坏，负载上有可能因获得较大的电流而损坏，实际电路中可以在负载回路中接入熔丝。

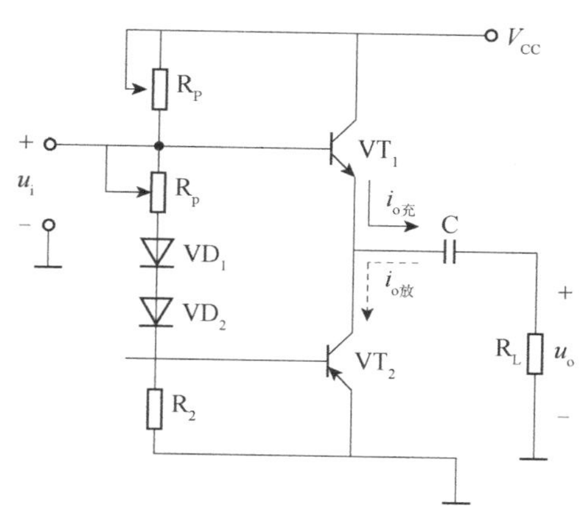

图 8-23 单电源互补功率放大器路

双电源功率放大器由于使用正负两组电源，有时不大方便，可以利用电容器的充放电原理取代电路中的负电源，构成单电源互补对称式功率放大器，即 OTL 乙类互补对称功率放大电路。如图 8-23 所示。电路的工作原理为：

R_1、R_2 两电阻的阻值相等，使两管的极电位为（1/2）V_{CC}，R_P、VD_1、VD_2 是为克服两管的死区电压而设置的偏置元件，使 VT_1 和 VT_2 处于微导通状态。电路在静态时两管发射极电位为（1/2）V_{CC}，电容 C_2 上充得（1/2）V_{CC} 电压，R_L 两端电压为零。

当给放大器加入输入信号时，信号的正半周 VT_2 截止、VT_1 导通，电容器充电，充电电流通过负载电阻 R_L，R_L 两端得到正半周输出电压；信号的负半周 VT_1 截止、VT_2 导通，电容通过 VT_2 放电，放电电流通过负载电阻 R_L，R_L 两端得到负半周输出电压。即在一个周期内，仍为 VT_1、VT_2 轮流导通，在 R_L 上叠加出一个完整的正弦波。由于电容 C 的容量取得较大，在正半周充电或负半周放电时，电容两端的电压可保持基本不变，即可等效为 VT_2 的供电电源。

五、集成功率放大器

随着集成技术的发展，集成功率放大器的应用越来越普遍。集成功率放大器具有内部元件参数一致性好、性能优越、工作可靠、调试方便、失真小、安装方便、适应大批量生产等特点，因此得到了广泛应用。在电视机的伴音、录音机的功放等电路中均无例外的采用了集成功率放大器。集成功率放大器的输出功率从大到小，有多种规格系列的产品供应，可根据不同的用途任意选用。集成功率放大器的内部电路都是采用直接耦合，输入级为了克服零点漂移多采用差分电路，输出级多采用互补对称式电路。由于集成电路制造工艺上的原因，还采用了很多特殊电路。作为使用者，只要掌握了电路的外部功能和使用方法就可以了。下面介绍集成功率放大器 LM386 的外部结构及应用特点。

小功率音频功率放大集成电路 LM386 的外围电路比较简单，双列直插式封装，8 个引脚，单电源供电，电源电压范围广（4～12V 或 5～18V）；功耗低，在 6V 电源电压下的静态功耗仅为 24mW；输入端以地为参考，同时输出端被自动偏置到电源电压的一半；频带较宽（300kHz）输出功率为 0.3～0.7W，最大可达 2W。LM386 主要应用于低电压类产品中，特别适用于电池供电的场合。

图 8-24 所示为 LM386 集成功率放大器外形，图 8-25 所示为 LM386 集成功率放大器的引脚图。②脚为反相输入端，③脚为同相输入端，⑤脚为输出端，⑥脚接电源＋V_{CC}，④脚接地，⑦脚接一个旁路电容，一般取 10μF，①脚和⑧脚之间增加一只外接电阻和电容，便可使电压

增益调为任意值（LM386 电压增益可调范围为 20～200），最大可调至 200。若①脚和⑧脚之间开路，则电压放大倍数为内置值 20；若①脚和⑧脚之间接一个 10μF 的电容，则电压放大倍数可达 200。

如图 8-26 所示为 LM386 集成功率放大器的典型应用电路，若 R=1.2kΩ，C=10μF，电压放大倍数可达 50；使用时，可通过调节 R 的大小来调节电压放大倍数的大小。

LM386 在和其他电路结合使用时有可能产生自激，对于高频自激，可在输入端和地之间，引脚⑧与地之间加接一个小电容；对于低频自激，可在输入端与地之间加接一电阻，同时加大电源脚（⑥脚）的滤波电容。

图 8-24　LM386 外形图

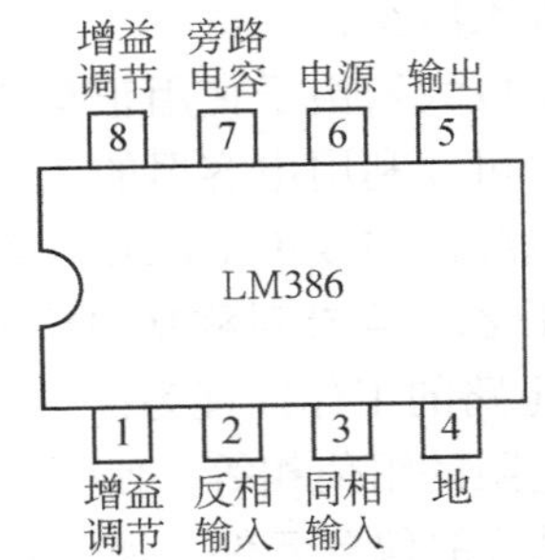

图 8-25　LM386 集成功率放引脚图

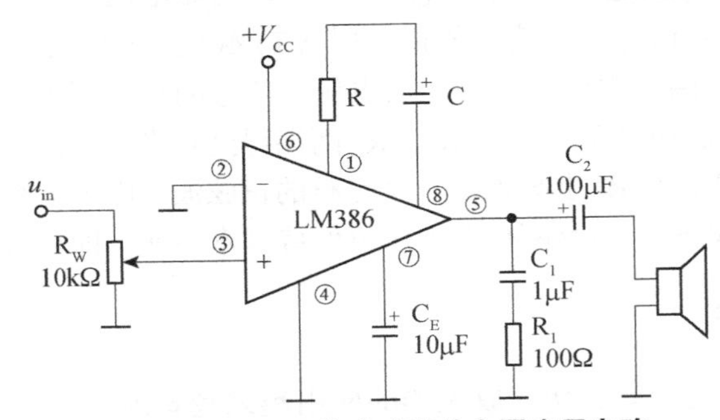

图 8-26　LM386 集成功率放大器应用电路

LM386 功放属于最简单的功放，但音质还可以，接上直流 5~24V 电源，在输入端接入电脑或影碟机、录音机输出的音频信号，在输出端接上喇叭即可，操作简单成功率很高。

组装与测试共射极放大电路

任务要求：正确完成共射极基本放大电路的组装与测试。

一、训练目的

1. 理解共射极基本放大电路的组成及各部分元件的作用。

2. 学习放大电路的静态和动态分析方法及放大电路的静态工作点、输入输出电阻、电压放大倍数等主要性能指标的测试方法。

3. 理解静态工作点对输出波的影响及改善措施。

二、准备器材

1. 直流稳压电源；2. 信号发生器；3. 万用表；4. 交流毫伏表；5. 毫安表；6. 电阻、电容及晶体三极管等。各元器件具体参数和型号如图 8-27 所示。

三、操作内容及步骤

1. 在测试前用万用表检测各元器件质量的好坏，尤其是三极管的好坏。

2. 晶体管共射极放大电路的放大作用测试。

（1）按照图 8-27 接好电路，并在基极回路串联微安表，在集电极回路串联毫安表。

（2）接入电源电压 V_{CC}=20V。

（3）不接 u_i，以 u_{BE} 的变化量 Δu_{BE} 代替输入电压的作用。

（4）接入并调节电源电压 V_{BB}，使 i_B 为表 8-1 中所给的数值，并测出此时相应的 i_C、u_{BE} 和 u_o 值，求出相应的 Δi_B、Δi_C、$\Delta i_B/\Delta i_C$、Δu_{BE}、Δu_o、$\Delta u_o/\Delta u_{BE}$。

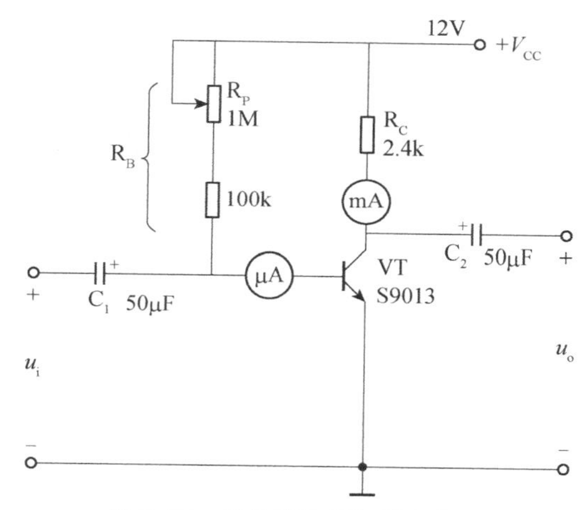

图 8-27　晶体管共射极放大电路

表 8-1　共射极放大电路的放大作用测试

i_B/μA	15	20	Δi_B/μA		$\Delta i_C/\Delta i_B$	
i_C/μA			i_C/μA			
u_{BE}/V			Δu_{BE}/V		$\Delta u_o/\Delta u_{BE}$	
u_o/V			Δu_o/V			

3. 晶体管共射极单管放大电路的主要性能指标测试。

（1）调试静态工作点。从信号发生器输出 f=1kHz，u_i=10mV（幅值）的正弦波电压接到放大电路的输入端，将放大电路的输出电压接到示波器 Y 轴输入端，调整电位器 R_P，使示波器上显示的 U_o 波形达到最大不失真，然后关闭信号发生器，即 u_i=0mV，测量此时表 8-2 中的各静态工作点并记录。

表 8-2　共射极放大电路的静态工作点测试

	U_B/V	U_C/V	U_E/V	U_{BE}/V	U_{CE}/V	I_B/mA	I_C/mA
测量值							
计算值							

（2）测量放大电路的电压放大倍数。在放大电路输入端加入频率为 1kHz、幅值为 20mV 的正弦波信号，用示波器观察放大电路的输出电压 u_o 波形及其与输入电压 u_i 的相位关系，在波形不失真的情况下，按表 8-3 要求用交流毫伏表测量放大电路的输入电压 u_i 和输出电压 u_o，计算电压放大倍数 A_u，并与理论值进行对比，将结果填入表 8-3 中。

表 8-3　共射极放大电路的电压放大倍数测试

U_i/mV	R/kΩ	U_C/V	A_u	观察记录一组 u_o 和 u_i 波形
20	∞			u_i — t；u_o — t
	1.2			
	2.4			

（3）观察静态工作点对放大电路的影响。在放大电路输入端加入频率为 1kHz、幅值为 10mV 的正弦波信号，用示波器观察放大电路的输出电压 u_o 波形，并逐渐增大输入信号的幅值，得到最大不失真波形，然后保持输入信号不变，使 R_L=2kΩ，分别增大和减小 R_P，即改变静态工作点，使输出波形出现失真，并用示波器观察，将结果填入表 8-4 中。

表 8-4　观察静态工作点对放大电路的影响

R_W 的值	u_o 波形	失真情况	管子工作状态	原因与解决办法
合适值	u_o — t			
增大	u_o — t			
减小	u_o — t			

（4）测量放大电路的输入电阻 R_i 和输出电阻 R_o。在放大电路的输出端接入负载 R_L=2.4kΩ，在放大电路输入端加入频率为 1kHz 的正弦波信号，用示波器观察放大电路的输出电压 u_o 波形，调节调整电位器 R_P 使输出波形不失真，此时用交流毫伏表测量信号发生器的输出电压 U_S、放大电路的输入 u_i、负载电压 U_L。然后保持 U_S 不变，断开 R_L，再测出放大电路的输出电压 u_o，计算放大电路的输入电阻 R_i 和输出电阻 R_o，并与理论值进行对比，将结果填入表 8-5 中。

表 8-5　共射极放大电路的输入、输出电阻测试

U_S/mv	u_i/mv	R_i/kΩ		U_L/V	U_C/V	R_o/kΩ	
		测量值	计算值			测量值	计算值

四、思考

1. 共射极放大电路由哪几部分组成，各元器件有什么作用？

2. 根据测试数据分析共射极放大电路：________（有/没有）电流放大作用，________（有/没有）电压放大作用，________（有/没有）功率放大作用。

3. 共射极放大电路，在调试好静态工作点后，可调电阻阻值增加时会产生________（截止/饱和）失真；当可调电阻阻值较小时会产生________（截止/饱和）失真。输入输出信号的相位相差________（180°/0°）。

五、注意事项

1. 组装电路图时注意电容、晶体管的极性不要接错。
2. 每次测量静态工作点时都要将信号源的输出旋钮旋至零。
3. 电路接好后需经教师检查，确定无误后方可通电测试。
4. 负载 R_L 及静态工作点的变化对放大器电压放大倍数有什么影响。
5. 静态工作点对放大电路的输出波形有什么影响。

任务 8.2　认识与检测集成运算放大器

通过对反相比例放大器、同相比例放大器、反相加法器、减法器和积分电路等典型线性应用电路的组装与测试，来学习集成运放的基本分析方法，掌握集成运算放大器组成运算电路的方法及各种典型运算电路的性能。

8.2.1　运算放大器简介

在半导体制造工艺的基础上，将整个电路中的元器件制作在一块硅基片上，构成具有特定功能的电子电路，称为集成电路。集成电路按功能不同分为数字集成电路和模拟集成电路，集成运算放大器（简称集成运放）是模拟集成电路中应用极为广泛的一种，也是其他集成电路应用的基础。

一、集成运放符号及内部组成

常见的集成运放的封装形式有双列直插式和贴片式两种，如图 8-28 所示为集成运放的外形图和电路符号。集成运放有两个输入端，分别称为同相输入端 u_+和反相输入端 u_-，一个输出端 u_o。

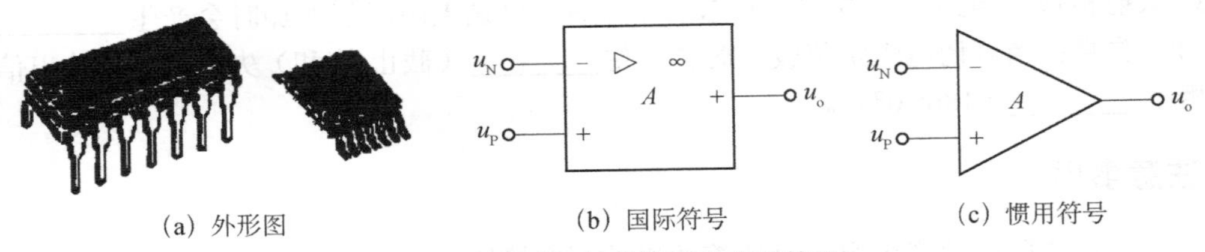

图 8-28　集成运放的外观和电路符号

集成运放电路符号中的“-”表示反相输入端，“+”表示同相输入端。当输入信号从反相端输入时，输出信号 u_o 和输入信号 u_- 相位相反；当输入信号从同相端输入时，输出信号 u_o 和输入信号 u_+相位相同。

集成运算放大器实质上是一种双端输入、单端输出，具有高增益、高输入阻抗、低输出阻抗的多级直接耦合放大电路。其内部结构主要由输入级、中间级、输出级和偏置电路四部分组成，其电路结构图如图 8-29 所示。

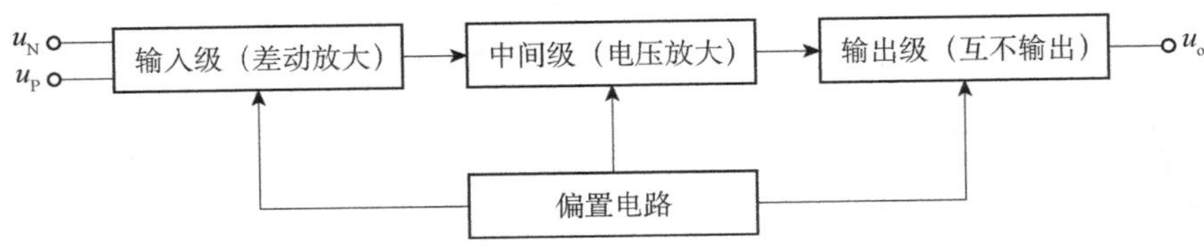

图 8-29　集成运放的组成框图

（1）输入级：输入级是接收微弱电信号、抑制零漂的关键一级，决定整个电路性能指标的优劣。

输入级均采用带恒流源的差分放大器，能有效抑制零漂、具有较高的输入阻抗及可观的电压增益。

（2）中间级：主要提供足够的电压增益，又称放大级。

采用恒流源负载的共发射极等类型放大电路。往往还有射极跟随器，用以隔离中间级与输出级的相互影响，兼做点位移动。

（3）输出级：降低输出电阻，提高带负载能力。采用射极（源极）输出器或互补对称电路组成，输入阻抗高、输出阻抗低、电压跟随性好，以减小或隔离与中间级的相互影响，有一定功率放大能力。

（4）偏置电路：为集成运放各级提供合适的偏置电流。

二、集成运放的特点

集成运放与分立元件放大电路相比较主要有如下特点：

① 集成运放内部各元件同在一小块半导体芯片上，由于距离近，相邻元件对称性好，受环境影响也相同，所以运放中差动放大电路很多。

② 集成运放中的电阻值有一定局限性，若需要高阻值的电阻时，多采用有源元件来代替，或用外接高阻值电阻的方法。

③ 集成工艺中，制作晶体管比较容易，因此，往往把晶体管的集电极与基极连在一起作为二极管应用。

④ 目前集成工艺还不能做大容量电容，因此集成运放均采用直接耦合方式。

三、集成运放的主要技术指标

集成运放的性能要通过一些参数来描述。集成运放的主要技术指标是合理选择和正确使用集成运放的依据，所以要很好地理解其含义。

1. 开环差模电压放大倍数 A_{ud}

集成运放没有外加反馈时的差模电压放大倍数，称为开环差模电压放大倍数，用 A_{ud} 表示，目前集成运放的 A_{ud} 可高达 10^7（140dB）。

2. 差模输入电阻 R_{id}

R_{id} 越大，集成运放从信号源索取的电流越小。

3. 输出电阻 R_o

它是反映小信号情况下带负载能力大小的参数。

4. 共模抑制比 K_{CMR}

共模抑制比反映集成运放对共模信号的抑制能力，K_{CMR} 越大越好。

5. 输入失调电压 U_{io}

理想情况下的集成运放输入为零时，输出 $u_o=0$。但实际上，当输入信号为零时，输出电压 $u_o\neq0$。这时，为了使输出 $u_o=0$，在集成运放输入端应加上补偿电压称为输入失调电压 U_{io}。它的大小反映了集成运放输入级差分放大器中 U_{BE} 的失调程度。可以通过调解调零电位器使输入为零时输出也为零。U_{io} 越小，集成运放的质量越好。

6. 输入失调电流 I_{io}

I_{io} 放映集成运放输入级差放管输入电流的不对称程度，I_{io} 越小越好。

7. 最大输出电压 U_{OPP}

在额定电压下，输出不失真时的最大输出电压峰-峰值称为最大输出电压 U_{OPP}。

8. 开环带宽 f_h

f_h 是指 A_{ud} 随信号频率的增大下降 3dB 时所对应的频率，故又称为−3dB 带宽。但是，集成运放外部接成负反馈后，可展宽带宽。

在实际应用和分析集成运放电路时，可将实际运放视为理想运放，可化简分析。集成运放的理想特性主要有以下几点：

① 开环差模电压放大倍数 $A_{ud}\to\infty$。

② 差模输入电阻 $R_{id}\to\infty$。

③ 输出电阻 $R_o \to 0$。

④ 共模抑制比 $K_{CMR} \to \infty$。

⑤ 开环通频带宽 $f_h \to \infty$。

尽管真正的理想运算放大器并不存在，然而实际集成运放的各项技术指标与理想运放的指标非常接近，特别是随着集成电路制造水平的提高，两者之间差距已很小。因此，在实际操作中将集成运放理想化，按理想运放进行分析计算，其结果十分符合实际情况，对一般工程计算来说都可满足要求。

对理想运放来说，工作在线性区时，可有以下两条结论：

第一，同相输入端电位等于反相输入端电位。这是由于理想运放的 $A_{od}=\infty$，而 u_o 为有限数值，根据 $u_o=A_{od}(u_+-u_-)$ 可得

$$u_+=u_- \tag{8-38}$$

我们把集成运放两个输入端电位相等称之为“虚短”，两输入端相当于短路，但并非真正的短路。

第二，由理想运放的 $R_{id}=\infty$，可知其输入电流等于零，即

$$i_+=i_-=0 \tag{8-39}$$

这个结论也称为“虚断”。“虚断”只是指输入端电流趋近于零，而不是输入端真的断开。利用“虚短”和“虚断”再加上其他电路条件，就可以较方便地分析计算各种工作在线性区的集成运放电路。

对于理想运放工作在非线性区时，“虚断”仍然成立，而“虚短”则不成立。

综上所述，若集成运放外部电路引入负反馈，则运放工作在线性区；若集成运放开环或引入正反馈，则运放工作在非线性区。

8.2.2 放大器中的负反馈

在晶体管放大电路中，由于温度的变化、晶体管产值变化、电路参数的变化及电源电压的波动等原因，都会影响到放大器的静态工作点及放大性能，使放大器工作不稳定。为了改善放大器的放大性能，可在放大器中引入负反馈。

一、负反馈的基本概念

将放大器输出信号（电压或电流）的一部分或全部送回输入端，与输入信号（输入电压或输入电流）相叠加，称为反馈，如图 8-30 所示。如果反馈信号与输入信号的相位相反，叠加后使加到放大器的净输入信号减小，称为负反馈；反之则为正反馈。负反馈除了使放大器的电压放大倍数减小外，其他各项性能指标均可得到提高，因此，实际应用的电压放大电路几乎全都应用负反馈技术。正反馈可使放大器的放大倍数增大，但电路工作不稳定，只是在振荡器中才采用。

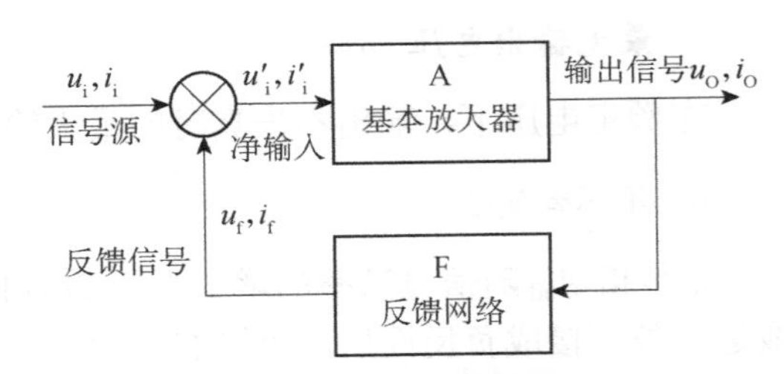

图 8-30　反馈放大器方框图

二、负反馈的分类

根据反馈信号在输出端的取样方式不同，负反馈可分为电压反馈和电流反馈；根据反馈信号在输入端的连接方式不同，负反馈又分为串联反馈和并连反馈，如图 8-31 分别给出了负反馈的 4 种类型。图 8-31（a）中的反馈信号取自输出电压，反馈信号与输入信号串联，称为电压串联负反馈；图 8-31（b）中的反馈信号取自输出电流，反馈信号也与输入信号串联，称为电流串联负反馈；图 8-31（c）和图 8-31（d）中的反馈信号均与输入信号并联，分别称为电压并联负反馈和电流并联负反馈。

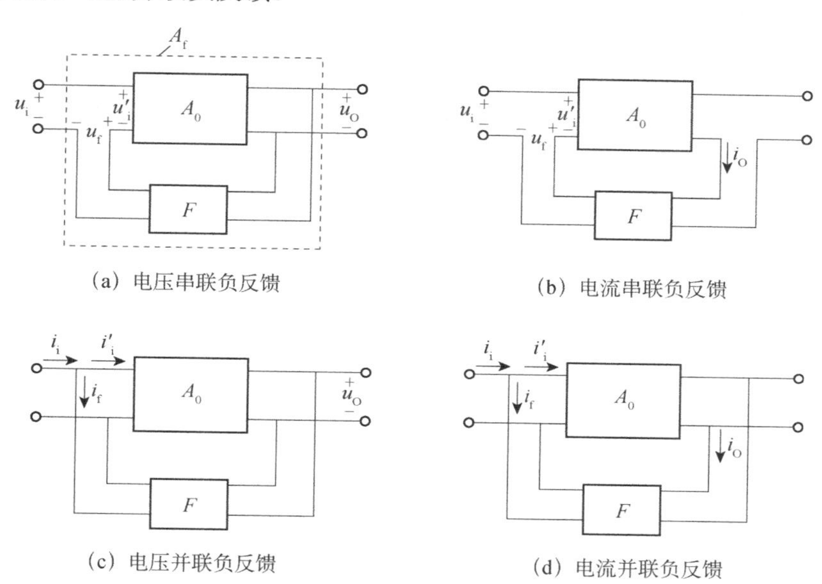

（a）电压串联负反馈　（b）电流串联负反馈

（c）电压并联负反馈　（d）电流并联负反馈

图 8-31　负反馈的四种类型

三、负反馈对放大器性能指标的影响

1. 降低了电压放大倍数

在负反馈放大器中，反馈信号从输出端回传给输入端，反馈电路与基本放大电路一起构成一个闭合电路，称为闭环电路，闭环电路的电压放大倍数用 A_f 表示。不包含反馈的基本放大电路称为开环电路，开环电路的电压放大倍数用 A_0 表示。

以图 8-31（a）电压串联负反馈方框图为例进行分析。根据电压放大倍数的定义有

$$A_f=\frac{u_o}{u_i} \tag{8-40}$$

$$A_0=\frac{u_o}{u_i} \tag{8-41}$$

在负反馈电路中 u_f 与 u_i 的相位相反，即净输入电压 u_i' 为

$$u_i'=u_i-u_f \tag{8-42}$$

再看反馈电路，输入电压为 u_o（即放大器的输出电压），输出电压为 u_f（即反馈电压）。输出电压 u_f 与输入电压 u_o 之比，称为反馈系数，用 F 表示，即

$$F=\frac{u_{\mathrm{f}}}{u_{\mathrm{o}}} \tag{8-43}$$

显然，$F\leqslant1$。将以上各式代入式（8-39）中，可得

$$A_{\mathrm{f}}=\frac{u_{\mathrm{o}}}{u_{\mathrm{i}}+u_{\mathrm{f}}}=\frac{u_{\mathrm{o}}}{u_{\mathrm{i}}+Fu_{\mathrm{o}}}=\frac{u_{\mathrm{o}}/u_{\mathrm{i}}}{1+F\,u_{\mathrm{o}}/u_{\mathrm{i}}}=\frac{A_0}{1+FA_0} \tag{8-44}$$

A_{f}的计算公式反映了闭环放大倍数A_{f}与开环放大倍数A_0及反馈系数F之间的相互关系。因为$1+FA_0>1$，所以$A_{\mathrm{f}}<A_0$，即引入负反馈后电压放大倍数降低了。

2. 提高了放大倍数的稳定性

以电流串联负反馈电路为例。如图 8-32（a）所示，此电路是以稳定静态工作点提出的，在 R_E 上产生的直流反馈电压可以稳定静态工作点。如将原图中 C_E 电容去掉，R_E 电阻不但起直流负反馈作用，同时还起交流负反馈作用，其微变等效电路如图 8-32（b）所示。

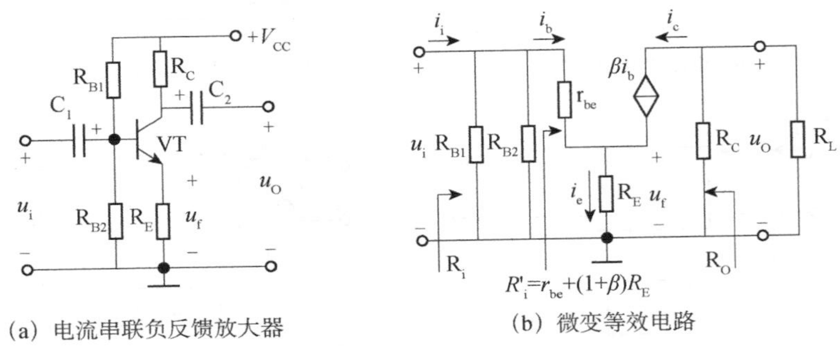

（a）电流串联负反馈放大器　　（b）微变等效电路

图 8-32　负反馈放大器及微变等效电路

放大器的闭环放大倍数为：

$$A_{\mathrm{f}}=\frac{A_0}{1+FA_0}$$

其中

$$F=\frac{u_{\mathrm{f}}}{u_{\mathrm{o}}}=\frac{i_{\mathrm{e}}R_{\mathrm{E}}}{\beta i_{\mathrm{b}}R_{\mathrm{C}}}=\frac{(1+\beta)i_{\mathrm{b}}R_{\mathrm{E}}}{\beta i_{\mathrm{b}}R_{\mathrm{C}}}\approx\frac{R_{\mathrm{E}}}{R_{\mathrm{B}}}$$

由于$FA_0\gg1$，$1+FA_0\approx FA_0$，则：

$$A_{\mathrm{f}}=\frac{A_0}{FA_0}=\frac{1}{F}=\frac{R_{\mathrm{E}}}{R_{\mathrm{C}}} \tag{8-45}$$

由式（8-45）可见，闭环放大倍数等于两个电阻的比值，与放大器的其他参数无关，因此，放大倍数是相当稳定的。

3. 改变了放大器的输入、输出电阻

负反馈对放大器输入电阻的影响，与其反馈类型有关。串联负反馈使放大器的输入电阻增大；并联负反馈使放大器的输入电阻减小；电压负反馈稳定输出电压，具有恒压特性，故使输出电阻减小；电流负反馈可稳定输出电流，具有恒流特性，因此使输出电阻增大。

4. **减小非线性失真**

由于晶体管是一个非线性器件，当给放大器的输入端加入一个正弦信号时，它的输出信号要产生波形失真，如图 8-33（a）所示。

当给放大器引入负反馈后，负反馈信号正比于输出信号，如输出信号的正半周较大，则负反馈信号的正半周也较大。因为是负反馈，反馈信号的相位与输入信号相位相反，净输入信号 $u_i' = u_i - u_f$，输入信号的正半周减去反馈信号略大的正半周使净输入信号的正半周略小；输入信号的负半周减去反馈信号略小的负半周使净输入信号的负半周略大，从而补偿由于基本放大器产生的失真，使输出波形得到改善，如图 8-33（b）所示。

5. **拓展了放大器的通频带**

放大器放大的交流信号并非单一频率，而是一个频率范围，称为通频带。通频带的定义为：放大器的电压放大倍数下降为 $0.707A_O$ 时所对应的高低两个频率，分别称为上限频率 f_H 和下限频率 f_L，f_H 和 f_L 之间的频率范围，称为放大器的通频带，如图 8-34 所示。

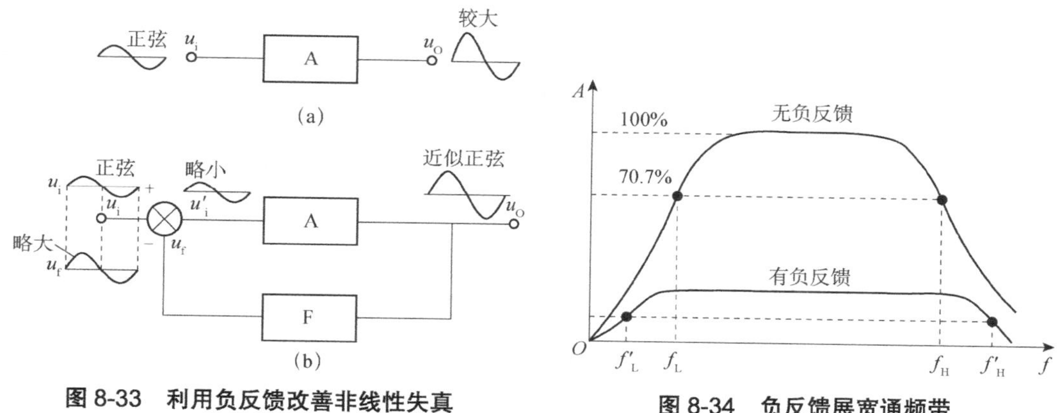

图 8-33　利用负反馈改善非线性失真

图 8-34　负反馈展宽通频带

放大器在没有引入负反馈时的通频带 $f_L \sim f_H$，当引入负反馈后，放大倍数由 A_0 下降为 A_f，通频带展宽为 $f_L' \sim f_H'$。

8.2.3　集成运算放大器的线性应用

在分析集成运放组成的各种电路时，将实际集成运放作为理想运放来处理，并分清它的工作状态是线性区还是非线性区，是十分重要的。

一、比例运算电路

1. **反相比例运算**

反相比例运算电路如图 8-35 所示。输入信号 u_i 加在反相输入端，同相输入端接地。图中 R_F 是反馈电阻，构成负反馈放大器，R_1 是输入端的外接电阻，R_2 是使输入电路平衡的电阻，其值应为 $R_2=R_1//R_F$，u_o 为输出电压。根据反相输入端“虚断”$i_-=0$，有 $i_1 = i_f$，此式可表达为：$\dfrac{u_i - u_-}{R_1} = \dfrac{u_- - u_o}{R_F}$，因为 R_2 接地，$i_+ = 0$，所以 $u_+ = 0$，又根据“虚短”$u_-=u_+$，故 $u_-=0$，代入上

式可得

$$u_o = -\frac{R_F}{R_1}u_i \tag{8-46}$$

因此，运放的闭环电压放大倍数为：$A_f = -\frac{R_F}{R_1}$

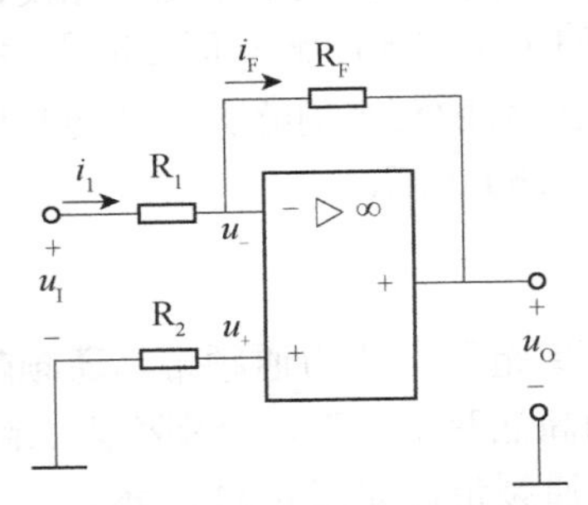

图 8-35　反相比例运算电路图

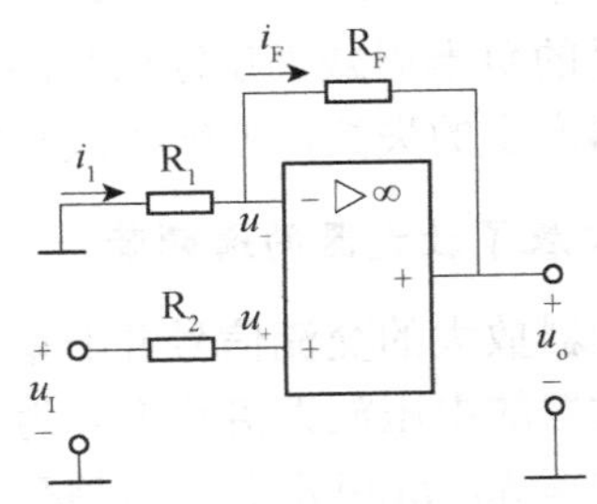

图 8-36　同相比例运算电路

由式可知，运算放大器的闭环电压放大倍数只取决于电阻的比值，与运算放大器内部电路参数无关。因此，通过选择电阻参数就会获得所需要的电压放大倍数，又因为电阻的精度和稳定性可以做得很高，所以闭环放大倍数很稳定。

A_f式中的负号表示输出和输入信号相位相差 180°，故称此电路为反相比例运算放大器。

2. 同相比例运算电路

理想运算放大器组成的同相比例运算电路如图 8-36 所示。根据“虚断”，因输入回路没有电流，得 $i_1 = i_F$，此式可表达

$$\frac{0-u_-}{R_1} = \frac{u_- - u_o}{R_F}$$

又因 i_+=0，u_+=u_I，根据“虚短”　u_-=u_+，得 u_-=u_I，

将其代入上式得：

$$u_o = \left(1+\frac{R_F}{R_1}\right)u_i \tag{8-47}$$

所以，闭环电压放大倍数为：

$$A_f = 1+\frac{R_F}{R_1} \tag{8-48}$$

式（8-48）表明，同相输入放大电路的输出电压与输入电压同相，电压放大倍数大于或等于 1，仍与运算放大器本身的参数无关，而由外部电路参数决定。

比例运算电路除了应用于数学运算外，还作为交、直流放大器广泛应用于信号的放大和控制电路中。

二、加法、减法运算电路

1. 反相加法运算电路

如图 8-37 所示 $i_- = 0$，有 $i_1 + i_2 + i_3 = i_F$，此式可表达为

$$\frac{u_{I1}-u_-}{R_1}+\frac{u_{I2}-u_-}{R_2}+\frac{u_{I3}-u_-}{R_3}=\frac{u_- - u_O}{R_F}$$

又根据 $i_+=0$， $u_-=u_+=0$，

代入上式整理为

$$u_O=-\left(\frac{R_F}{R_1}u_{I1}+\frac{R_F}{R_2}u_{I2}+\frac{R_F}{R_3}u_{I3}\right) \tag{8-49}$$

如电阻取值为 $R_1=R_2=R_3=R_F$，则

$$u_O=-(u_{I1}+u_{I2}+u_{I3})$$

可见，输出信号为各输入信号之和，电路具有加法运算功能。

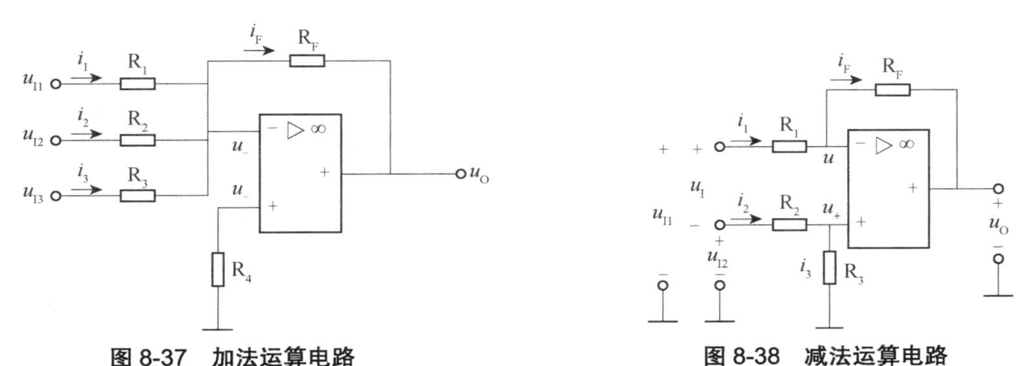

图 8-37　加法运算电路　　　　图 8-38　减法运算电路

2. **减法运算电路**

图 8-38 所示为减法运算电路，输入信号加在反相输入端和同相输入端之间，负反馈电阻接在反相输入端。为了使输入电路对称，取 $R_1=R_2$、$R_3=R_F$。

输入信号作双端输入也称为差分输入，u_I 因为相当于反相输入信号 u_{i1} 和同相输入信号 u_{i2} 之差，即 $u_I=u_{i1}-u_{i2}$。

根据“虚断”可得 $i_1=i_F$ 和 $i_2=i_3$，这两个公式可表达为

$$\frac{u_{I1}-u_-}{R_1}=\frac{u_- - u_O}{R_F} \text{ 和 } \frac{u_{I2}-u_+}{R_2}=\frac{u_+ - 0}{R_3}$$

又根据“虚短”，$u_-=u_+$，条件 $R_1=R_2$、$R_3=R_F$，代入以上两式并将两式相减，整理可得减法运算电路中输出电压 u_O 和输入电压 u_I 的关系为

$$u_O=-\frac{R_F}{R_1}(u_{I1}-u_{I2})=-\frac{R_F}{R_1}u_I$$

此式表明，输出电压与双端输入电压 u_I 成正比，R_F/R_1 表明电路的电压放大能力，所以电路的电压放大倍数为

$$A_f=-\frac{R_F}{R_1} \tag{8-50}$$

若 $R_F=R_1$，则 u_O 为两输入电压之差，即

$$u_O=u_{I2}-u_{I1} \tag{8-51}$$

8.2.4 集成运算放大器的非线性应用

在集成运放的非线性应用电路中，运放一般工作在开环或正反馈状态。由于运放的放大倍数很高，在非负反馈状态下，其线性区的工作状态是极不稳定的，因此主要工作在非线性区。

一、电压比较器

电压比较器是将输入电压接入运放的一个输入端而将另一个输入端接参考电压，将两个电压进行幅度比较，由输出状态反映所比较的结果。所以，它能够鉴别输入电平的相对大小，常用于超限报警、模数转换及非正弦波产生等电路。

集成运放用作比较器时，常工作于开环状态，所以只要有差分输入（哪怕是微小的差模信号），输出值就立即饱和，不是正饱和就是负饱和，也就是说，输出电压不是接近于正电源电压，就是接近负电源电压。为了使输入、输出特性在转换时更加陡直，常在电路中引入正反馈。

过零比较器是参考电压为0V的比较器。如图8-39（a）即为一个过零比较器。同相端接地，输入信号经电阻R_1接至反相端。图中VZ是双向稳压管。它由一对反相串联的稳压管组成，设双向稳压管对称，故其在两个方向的稳压值U_Z相等，都等于一个稳压管的稳压值加上另一个稳压管的导通压降。若未接VZ只要输入电压不为零，则输出必为正、负饱和值，超过双向稳压管的稳压值U_Z。因而，接入VZ后，当运放输入不为零时，本应达到正、负饱和值的输出必使VZ中一个稳压管反向击穿，另一个正向导通，从而为运放引入了深度负反馈，使反相端成为虚地，VZ两端电压即为输出电压u_O。这样，运放的输出电压就被VZ钳位于U_Z值。

当$u_I>0$时，$u_->0$，$u_O=-U_Z$

当$u_I<0$时，$u_-<0$，$u_O=+U_Z$

可见，$u_I=0$处（即$u_-=u_+$处）是输出电压的转折点。其传输特性如图8-39（b）所示。显然，若输入正弦波，则输出为正、负极性的矩形波，如图8-39（c）所示。

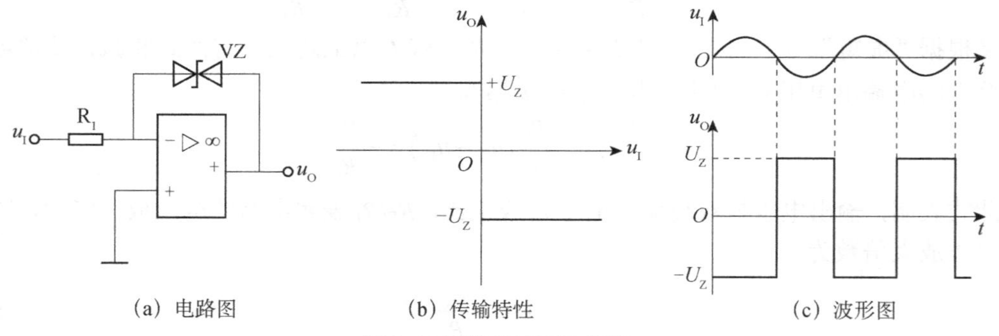

图8-39 简单过零比较器

在运放同相端另接一个固定的电压U_{REF}就成了图8-40（a）所示的电平检测比较器。

当$u_I>U_{REF}$时，$u_->0$，$u_o=-V_{CC}$

当$u_I<U_{REF}$时，$u_-<0$，$u_o=+V_{CC}$

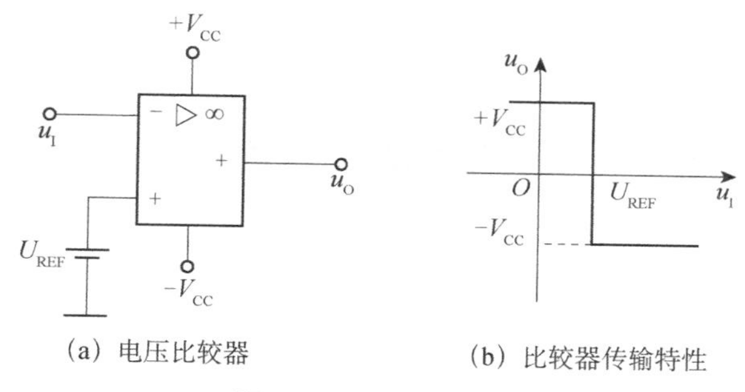

（a）电压比较器　　（b）比较器传输特性

图 8-40　电压比较器

U_{REF} 为参考电压，其传输特性如图 8-40（b）所示，该电路可以用来检测输入信号的电平。

过零比较器非常灵敏，但其抗干扰能力较差。特别是当输入电压处于参考电压附近时，由于零漂或干扰，输出电压会在正、负最大值之间来回变化，甚至会造成检测装置的误动作。为此，引入下面的迟滞比较器。

二、迟滞比较器

迟滞比较器如图 8-41（a）所示，它是从输出端引出一个反馈电阻到同相输入端，使同相输入端电位随输出电压变化而变化，达到移动过零点的目的。

当输出电压为正最大 U_{OM} 时，同相端电压为

$$u_+ = \frac{R_2}{R_2 + R_f} U_{OM}$$

只要 $u_I < u_+$，输出总是 U_{OM}。一旦 u_i 从小于 u_+ 加大到大于 u_+，输出电压立即从 U_{OM} 变为 $-U_{OM}$。

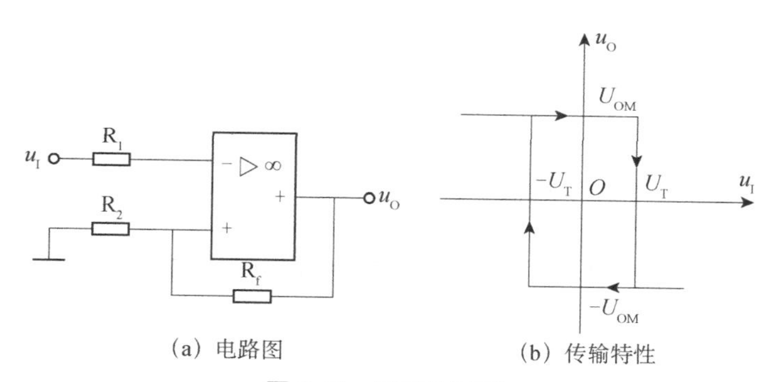

（a）电路图　　（b）传输特性

图 8-41　迟滞比较器

此后，当输出为 $-U_{OM}$ 时，同相端电压为

$$u_+ = \frac{R_2}{R_2 + R_f}(-U_{OM})$$

只要 $u_I > -u_+$，输出总是 $-U_{OM}$。一旦 u_i 从大于 $-u_+$ 减小到小于 $-u_+$，输出电压立即从 $-U_{OM}$ 变为 $+U_{OM}$。

可见，输出电压从正变负，又从负变正，其参考电压 u_+ 和 $-u_+$ 是不同的两个值。这就使比较器具有迟滞特性，传输特性具有迟滞回线的形状，如图 8-41（b）所示。两个参考电压之差 $u_+-(-u_+)$ 称为“回差”。

集成运算放大电路的组装与测试

任务要求：正确组装及测试反相比例放大器、同相比例放大器、反相加法器、减法器等典型线性应用电路。

一、训练目的

1. 学习反相比例放大器、同相比例放大器、反相加法器、减法器等典型线性应用电路的组装与测试方法。

2. 掌握集成运算放大器组成运算电路的方法及各种典型运算电路的性能。

二、准备器材

1. 直流稳压电源；2. 示波器；3. 信号源；4. 毫伏表；5. 万用表；6. 电阻、集成块等。各元器件的参数和型号详见各测试电路。集成运放 LM358 引脚排列及功能如图 8-42 所示。

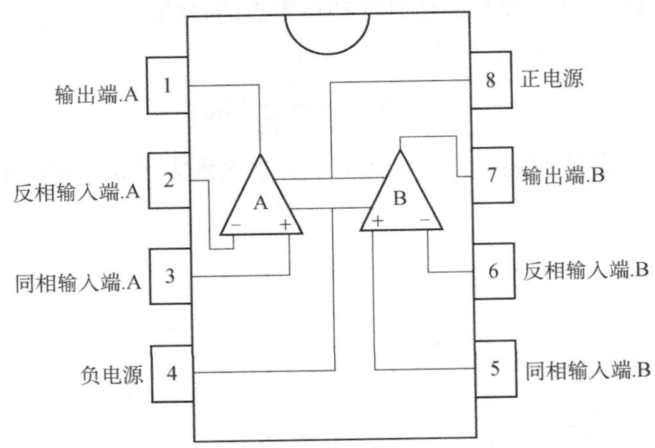

图 8-42　集成运放 LM358 引脚排列及功能

三、操作内容及步骤

在测试前用万用表检测各元器件质量的好坏。

1. 反相比例放大器的组装与测试

（1）按图 8-43 连接电路，接通±12V 电源，将输入端对地短路，进行调零和消振。

（2）输入正弦信号：f=1kHz、U_i=500mV，测量 R_L=∞时的输出电压 U_O，并用示波器观察 u_O 和 u_i 的大小及相位关系。将测试结果填入表 8-6 中。

2. 同相比例放大器的组装与测试

按图 8-44 连接电路，重复 1 的步骤，完成电路测量，将测试结果填入表 8-6 中。

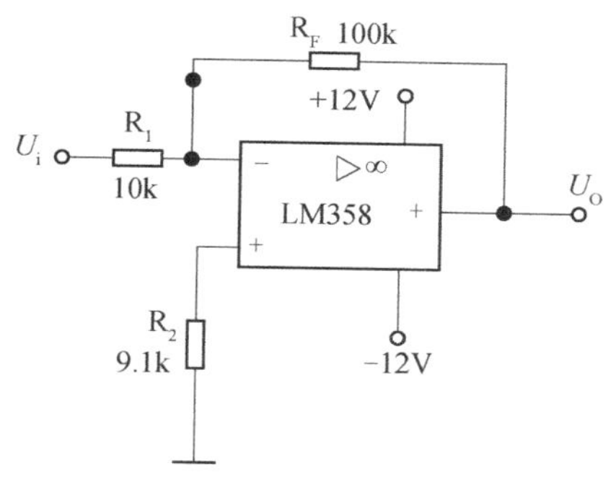

图 8-43　反相比例放大器

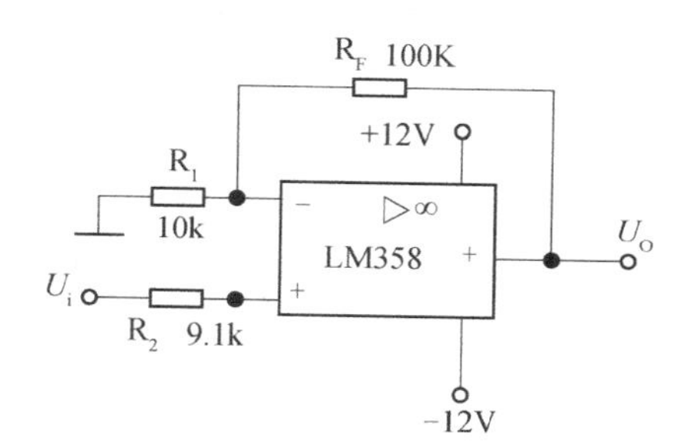

图 8-44　同相比例放大器

表 8-6　反相与同相比例放大器测试

电路	U_L/V	U_O/V	u_i波形	u_o波形	A_i	
反相比例放大器					实测值	计算值
同相比例放大器					实测值	计算值

3. 反相加法器的组装与测试

（1）按图 8-45 连接电路，接通±12V 电源，将输入端对地短路，进行调零和消振。

（2）输入正弦信号：f =1kHz、u_{i1}=50mV，u_{i2}=100mV，并注意调节输入的直流信号幅度以保证集成运放工作在线性区，用示波器观察输入、输出电压的相位关系，测量出输入、输出电压的数值，将测试结果填入表 8-7 中。

4. 减法器的组装与测试

按图 8-46 连接电路，重复 1 的步骤，完成电路测量，将测试结果填入表 8-7 中。

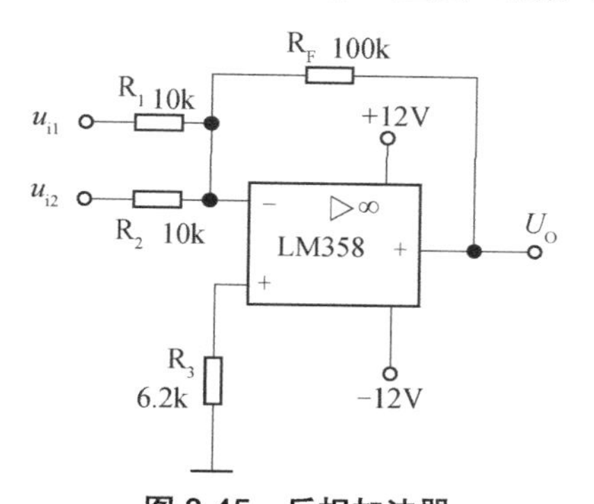

图 8-45　反相加法器

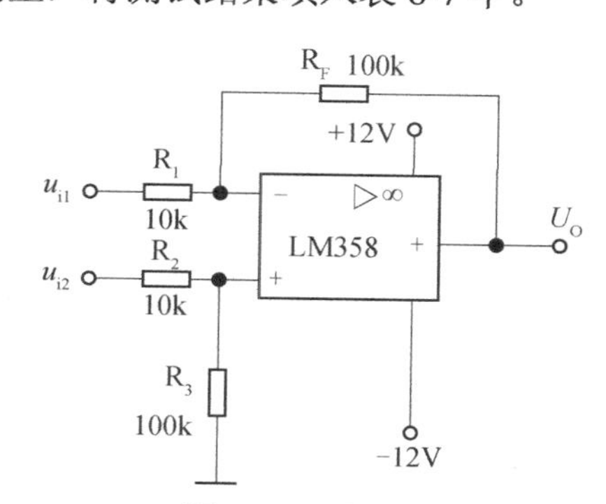

图 8-46　减法器

表 8-7　加法器与减法器测试

数据＼电路		加法器		减法器	
输入 u_{i1}/V					
输入 u_{i2}/V					
输出 U_O/V	理论值				
	实测值				

【项目八　知识训练】

一、选择题

1. 引入（　　）反馈，可稳定电路的增益。
   A. 电压　　B. 电流　　C. 负　　D. 正
2. 为了稳定静态工作点，应引入（　　）负反馈。
   A. 直流　　B. 交流　　C. 串联　　D. 并联
3. 为了增大放大电路的输入电阻，应引入（　　）负反馈。
   A. 直流　　B. 交流电流　　C. 交流串联　　D. 交流并联
4. 为了减小放大电路的输出电阻，应引入（　　）负反馈。
   A. 直流　　B. 交流电流　　C. 交流电压　　D. 交流并联
5. 直接耦合放大电路（　　）信号。
   A. 只能放大交流信号
   B. 只能放大直流信号
   C. 既能放大交流信号，也能放大直流信号
   D. 既不能放大交流信号，也不能放大直流信号
6. 对于放大电路，所谓开环是指（　　）。
   A. 无信号源　　B. 无反馈通路　　C. 无电源　　D. 无负载
7. 为了减小温度漂移，集成放大电路输入级大多采用（　　）。
   A. 共基极放大电路　　B. 互补对称放大电路
   C. 差分放大电路　　D. 电容耦合放大电路

二、判断题

1.（　　）凡是集成运放构成的电路都可利用“虚短”和“虚断”的概念加以分析。

2.（　　）运算电路中一般应引入正反馈。

3.（　　）负反馈放大电路的闭环增益可以利用虚短和虚断的概念求出。

4.（　　）单限电压比较器中的集成运放工作在非线性状态，迟滞比较器中的集成运放工作在线性状态。

5.（　　）某学生做放大电路实验时发现输出波形有非线性失真，后引入负反馈，发现失真被消除了，这是因为负反馈能消除非线性失真。

6.（　　）直接耦合放大电路存在零点漂移主要是由于晶体管参数受温度影响。

7.（　　）引入负反馈可以消除输入信号中的失真。

8.（　　）差分放大电路中单端输出与双端输出相比，差模输出电压减小，共模输出电压增大，共模抑制比下降。

9.（　　）集成运放调零时，应将运放应用电路输入端开路，调节调零电位器，使运放输出电压等于零。

10.（　　）集成运放是采用直接耦合的多级放大电路，所以其下限频率趋于零。

三、计算分析题

1. 图 8-47 所示射极跟随器中，R_B=75kΩ，R_E=R_S=R_L=1kΩ，三极管 β=50，r_{be}=600Ω，求输入电阻 R_i 和输出电阻 R_o、电压放大倍数 A_u。

2. 设图 8-48 中各运放均为理想器件，试写出各电路的电压放大倍数 A_u 表达式。

3. 求图 8-49 中运放的输出电压 u_{21}。

4. 在图 8-50 中，已知 R_f=5R_1，u_i=10mV，求 u_o 的值。

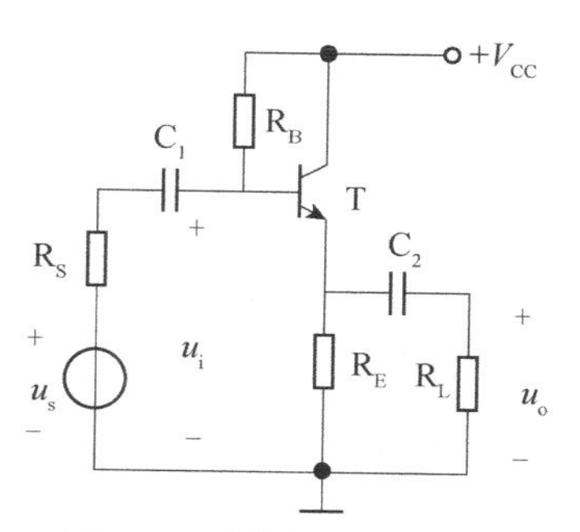

图 8-47　计算分析题 1 图

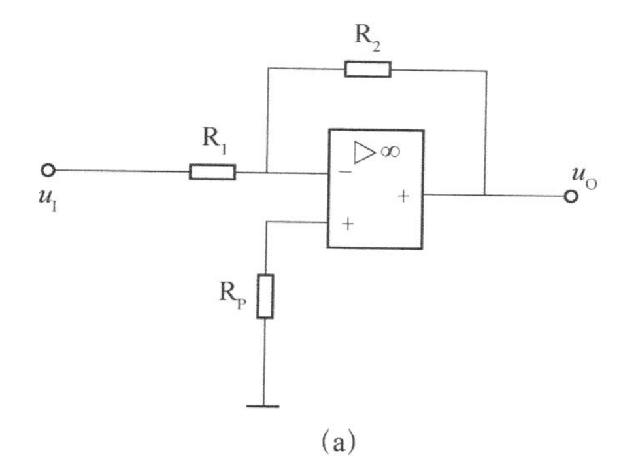

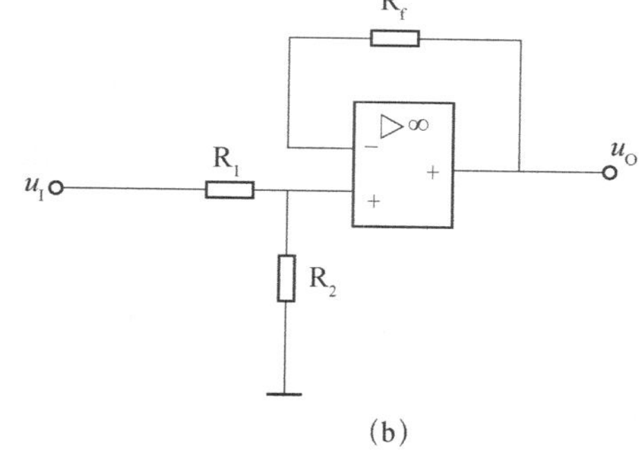

图 8-48　计算分析题 2 图

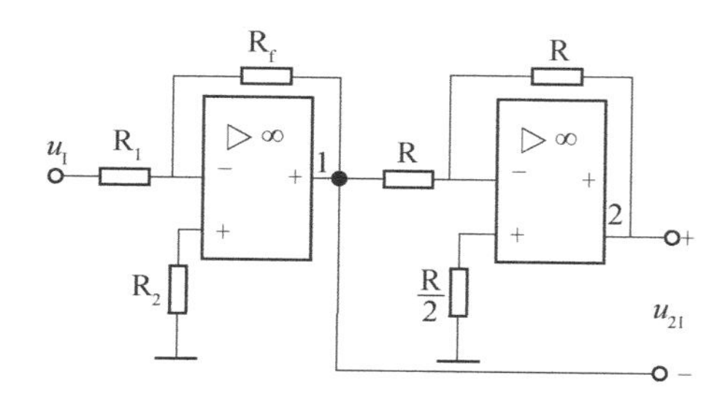

图 8-49　计算分析题 3 图

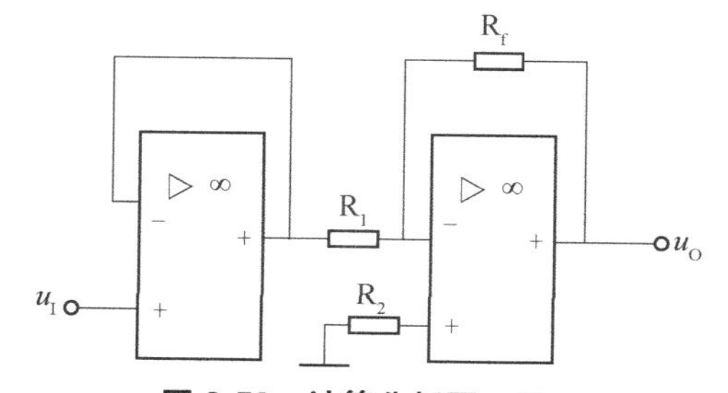

图 8-50　计算分析题 4 图

5. 在图 8-51 中，已知 R_1=2kΩ，R_f=10kΩ，R_2=2kΩ，R_3=18kΩ，u_i =1V，求 u_o 的值。

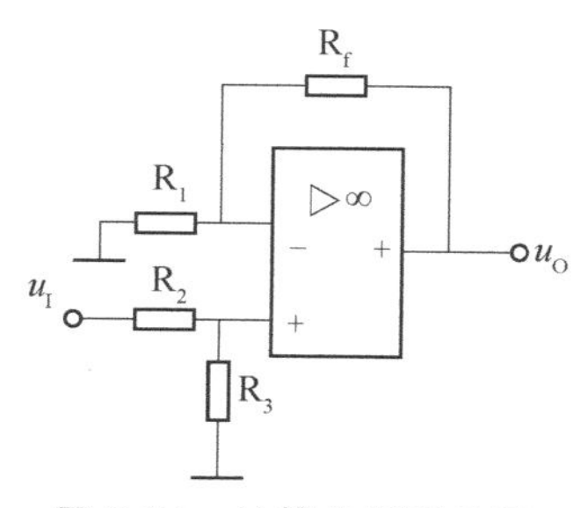

图 8-51　计算分析题 5 图

【能力拓展八】功率放大器的组装及测试

任务要求：正确识别检测各电子元件，按图连接电路并进行测试。

一、训练目的

1. 理解电压放大电路及功率放大电路的工作原理；
2. 掌握放大电路的调试方法。

二、准备器材

1. 直流稳压电源；2. 万用表；3. 信号发生器；4. 双踪示波器；5. 电烙铁（25W）；6. 万能板；7. 集成运放（LM741）、8 脚插座；8. 场效应管；9. 二极管；10. 稳压管；11. 电容；12. 电阻、电位器；13. 散热片；14. 导线若干。

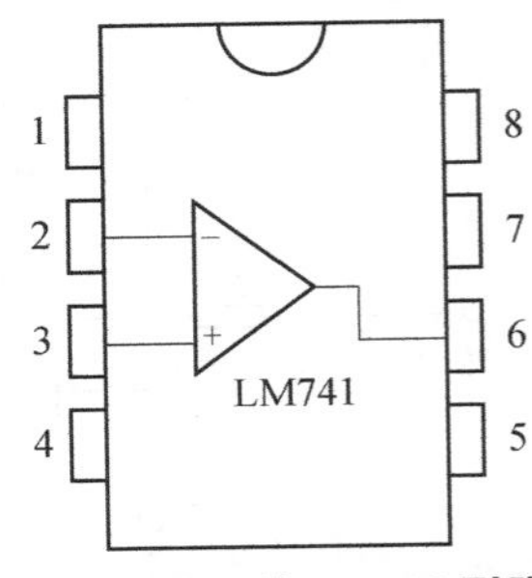

图 8-52　集成运放 LM741 引脚排列

各元器件的参数和型号详见图 8-52，其中集成运放 LM741 引脚排列如图 8-53 所示：1 和 5 为偏置（调零端）、2 为相输入端、3 为同相输入端、4 接负电源、6 为输出端、7 接正电源、8 为空脚。

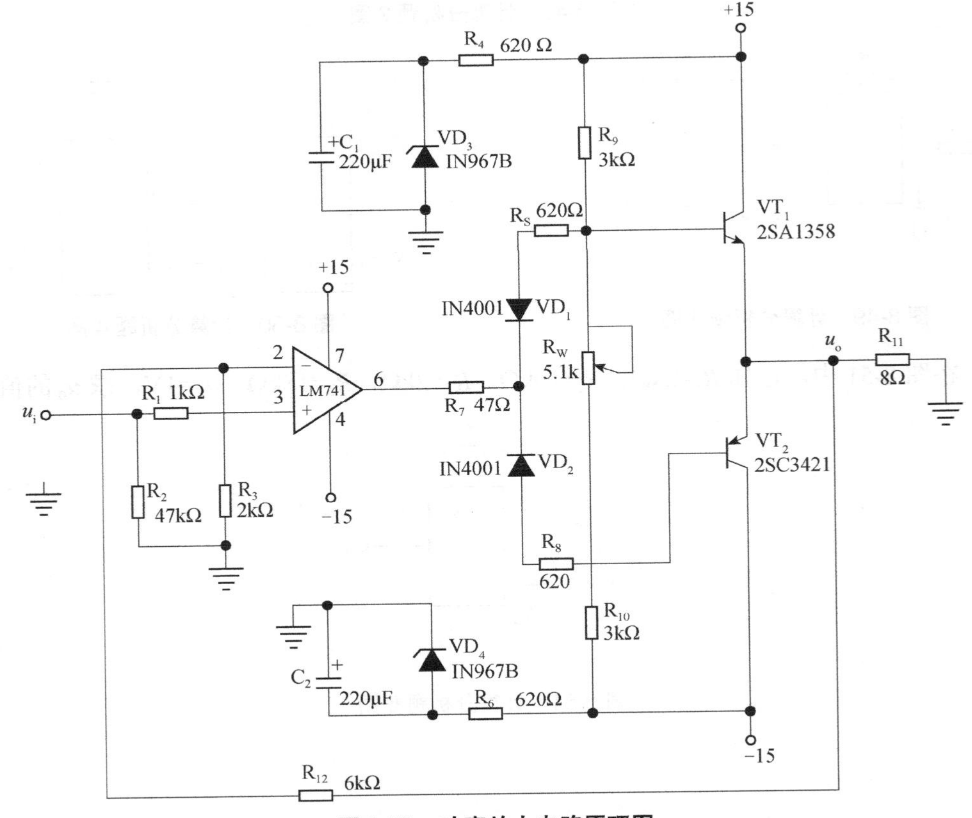

图 8-53　功率放大电路原理图

三、操作内容及步骤

1. 用万用表检测上述各元件的质量好坏，识别集成电路引脚。
2. 认真分析电路原理图，理解各部分电路工作原理及作用。
3. 在万能板上合理布局，插接各器件，并按要求焊接。
4. 测量输出端静态电位，调节电位器使之为零。
5. 在输入端接幅度为1V的交流电压，用示波器观察输出波形，调节电位器，改善失真。

四、注意事项

1. 注意用电安全及电烙铁的使用。
2. 注意各元件不能接错，尤其是有极性元件的正负极不能接反。

项目九　组装与调试数字电路

本项目完成数字电路的学习，即研究电路的输出与输入的逻辑关系。通过此项目的学习，使学生知道数字信号的表示方法及特点，掌握基本逻辑关系及基本逻辑运算规律，学会分析设计组合逻辑电路；掌握时序逻辑电路的核心器件触发器的逻辑功能及应用，了解寄存器、计数器的特点及应用。

任务 9.1　组装与测试基本逻辑门电路

通过组装与测试基本逻辑门电路，掌握数字电路表示方法、基本逻辑运算规律，掌握基本逻辑门电路的表示方法及逻辑功能，了解数制、码制及相互关系，具有分析设计组合逻辑电路的能力。

9.1.1　数字电路基础

一般把电子电路分成两大类：一类叫模拟电路；另一类叫数字电路。它们是以处理信号的不同来区分的。数字信号与模拟信号之所以不同，在于数字信号反映的是电路的状态，它与电平高低的变化有关，而与电平的具体大小值关系不大，传递的信号经常是“有”或“无”，“开”或“关”等，这种关系被称为“二值逻辑”，通常用“1”、“0”两个基本的数字符号表示这两种工作状态。反映的是输出与输入的逻辑关系，因此，数字电路又称为逻辑电路。由于数字电路处理的是状态变换，所以对元件精度要求不高，易于集成，成本低廉，抗干扰能力强，在各个领域应用很广。

一、模拟电路和数字电路

在数字电路中，我们将关注的是输出与输入之间的逻辑关系，也就是因果关系。

1. 模拟电路

模拟电路研究的是输出与输入之间信号的大小、相位变化；如广播电视中传送的各种语音信号和图像信号、温度、压力、速度等电信号都是模拟信号。其特点是在任一个时刻都有一个确定的值与相应物理量的特征所对应。一般来说，这种信号都是连续变化的，不会产生突变，如图 9-1（a）所示。能够处理模拟信号的电路称为模拟电路。

2. 数字电路

数字电路研究的是输出与输入之间信号的逻辑关系；如单个的开关信号、多路并行的开关信号以及频率信号统称为数字量或数字信号，如图 9-1（b）所示。数字信号是指那些在时间和数值上均是离散的、不连续的信号。数字信号只有两种状态：高电平、低电平；或者有、无信号，用“1”和“0”表示。能够处理数字信号的电路称为数字电路。

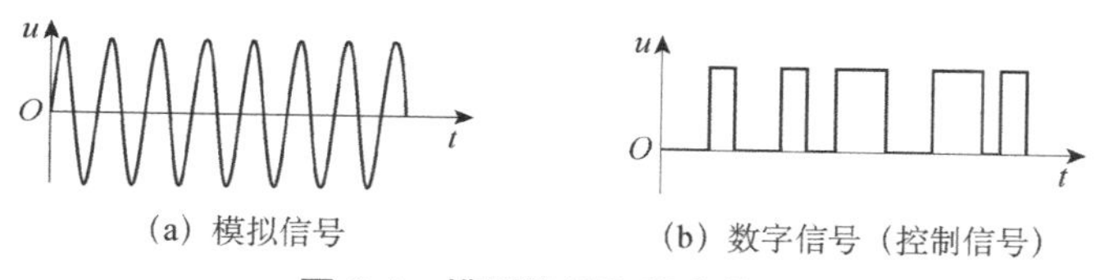

（a）模拟信号　　（b）数字信号（控制信号）

图 9-1　模拟信号和数字信号

二、数制与码制

1. 数制

数制就是一种计数的方法。数制也称为计数制，是指用一组相对固定的数字符号和统一的规则来表示数值大小的方法。在不同的数制中，数的进位方式和计数方法各不相同。人们常用十进制数，而在数字电路中则更多采用二进制数、八进制数、十六进制数等。一种数制所具有的数码个数称为该数制的基数，该数制中不同位置上数码的单位数值称为该数制的位权或权。

（1）十进制。十进制是我们日常生活中最常用的计数体制，它是以 10 为基数，用 0、1、2、3、4、5、6、7、8、9 十个不同的符号构成基本数码，十进制整数中从个位起各位的权分别为 10^0、10^1、10^2、…，小数起分别为 10^{-1}、10^{-2}、…。任何一个十进制数都可以用上述十个数码按一定规律排列起来表示，遵循“逢十进一”的原则，其数值就是把各位的位权乘以该位的系数相加之和。例如：$(86.34)_{10}=8\times10^1+6\times10^0+3\times10^{-1}+4\times10^{-2}$

（2）二进制。在二进制中，数码有两个数 0 和 1，基数为 2，运算规则是“逢二进一”，即 1+1=10。二进制整数中从个位起各位的权分别为 2^0、2^1、2^2、…。把二进制数按位权展开式展开，求出各项的和，即转换为十进制数。如给定一个二进制数 1101，其表示的数值的大小为：（1101）$_2$=$1\times2^3+1\times2^2+0\times2^1+1\times2^0$。

（3）八进制和十六进制。用二进制表示数时，数码串很长，书写和显示都不方便，在计算机中常用八进制和十六进制。

八进制是以 8 为基数的计数体制，有 0～7 共 8 个数码，“逢八进一”，各位的权都是 8 的幂。如（456）$_8$=$4\times8^2+5\times8^1+6\times8^0$。

十六进制是以 16 为基数的计数体制，有 0～9、A、B、C、D、E、F 共 16 个数码（其中 A 代表 10，B 代表 11，…，F 代表 15），“逢十六进一”，各位的权都是 16 的幂。如（7F）$_{16}$=$7\times16^1+15\times16^0$。

（4）十进制转换成二进制。将十进制整数转换为二进制数可采用除 2 取余法。其方法是将十进制整数连续除以 2，求得各次的余数，直到商为 0 止，然后先得到的余数列在低位，最后得到的余数列在高位，就得二进制数。

例 9-1 将十进制数 19 转换为二进制数。

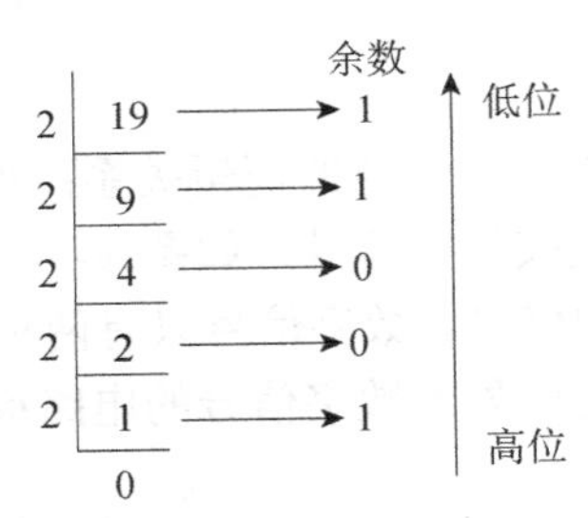

所以，（19）$_{10}$=（10011）$_2$。

2. 码制

码制即编码的方式，也称为代码。编码就是用按一定规则组成的二进制码去表示文字、数字、符号等信息称为编码。

对数字系统而言，使用最方便的是用二进制数码编写代码，较常用的是二-十进制代码（BCD 码）。

用 4 位二进制代码来表示一个十进制的数，这种编码方法称为二-十进制编码，即 BCD 码。

由于十进制数有十个不同的数码，因此，需要用四位二进制数码来表示一位十进制数。而四位二进制代码有十六种不同的组合，从中取出 10 种来表示 0～9 十个数字符号，可有多种方案。常用的 BCD 码有 8421 码、5421 码、2421 码等编码方式。

（1）8421BCD 码。这种代码取了四位自然二进制数码的前十种组合，即 0000～1001，去掉后六种组合 1010～1111。它每一位的位权值是固定不变的，从高位到低位分别为 8、4、2、1，所以称为 8421BCD 码，为恒权码。每组二进制代码按位权展开求和就是它所代表的十进制数。

例 9-2 8421 码与十进制数之间的转换（只要直接按位转换即可）。

（729）$_{10}$=（0111 0010 1001）$_{8421}$　　　　（0110 0101 0011）$_{8421}$=（653）$_{10}$

（2）2421BCD 码和 5421BCD 码。它们也是恒权码，从高位到低位的位权值分别为 2、4、2、1 和 5、4、2、1。每组代码按位权展开求和就是它所代表的十进制数。

（3）余 3 码。它没有固定的位权，为无权码，它比 8421BCD 码多余 3（0011），所以称余 3 码。

（4）格雷码。格雷码也是一种无权码。它的特点是任意两组相邻代码之间只有一位不同，这个特性使它在形成和传输过程中引起的错误较少。例如，当将代码 0100 误传为 1100 时，格雷码只不过是十进制数 7 和 8 之差，二进制数码则是十进制数 4 和 12 之差。格雷码的缺点是与十进制数之间不存在规律性的对应关系，不够直观。常用的 BCD 码列于表 9-1 中。

表 9-1　常用 BCD 码

十进制数	8421 码	2421 码	5421 码	余 3 码	格雷码
0	0000	0000	0000	0011	0000
1	0001	0001	0001	0100	0001
2	0010	0010	0010	0101	0011
3	0011	0011	0011	0110	0010
4	0100	0100	0100	0111	0110
5	0101	1011	1000	1000	0111
6	0110	1100	1001	1001	0101
7	0111	1101	1010	1010	0100
8	1000	1110	1011	1011	1100
9	1001	1111	1100	1100	1101
权	8421	2421	5421		

三、逻辑代数的基本知识

逻辑代数又称布尔代数，是分析和研究数字电路的基本工具。它与普通代数的相似之处是都用字母表示变量，用代数式描述客观事物间的关系；不同的是逻辑代数用大写字母（A、B、C、…、Y）表示变量，描述的是客观事物间的逻辑关系，故其变量称为逻辑。其中逻辑自变量和逻辑函数的取值只有两种，0 和 1，且这两个值不是表示数值，而是表示客观事物的两种互相对立的状态，如电位的高低、灯的亮与灭等。因此逻辑代数有其独立的运算规律。

1. 基本逻辑运算

在逻辑电路中，基本的逻辑关系有三种：与逻辑、或逻辑、非逻辑。那么，在逻辑代数中，也就有相应地三种基本运算：与运算、或运算和非运算。

（1）与逻辑及与运算。当决定事件（F）发生的全部条件（A，B，C，…）同时满足时，事件（F）才能发生。这种因果关系称为与逻辑。如图 9-2 所示电路中，开关闭合是条件，灯亮是结果，只有三个开关都闭合灯才会亮，否则灯就不会亮，这种关系符合与逻辑。

如果规定开关闭合和灯亮为逻辑 1 状态，开关断开和灯不亮为逻辑 0 状态，则开关 A、B、C 的状态与灯 F 的状态之间的对应关系可用表 9-2 描述。这种反应条件与结果之间的对应关系的表格，称为真值表。

由真值表可见，与逻辑的逻辑功能是：有 0 出 0，全 1 出 1。

与逻辑表达式为：F=A • B • C。

式中小圆点“ • ”表示 A、B、C 等的与运算，也表示逻辑乘。其真值表如表 9-2 所示。

与逻辑的运算规则：0 • 0=0，0 • 1=0，1 • 0=0，1 • 1=1。

（2）或逻辑与或运算。当决定事件（F）发生的各种条件（A，B，C，…）中，只要有一个或多个条件具备，事件（F）就发生。这种因果关系称为或逻辑。如图 9-3 所示的开关并联电路中，只要有一个开关闭合，灯就会亮，只有三个开关都断开，灯才不亮。由此可得出或逻辑真值表如表 9-3 所示。

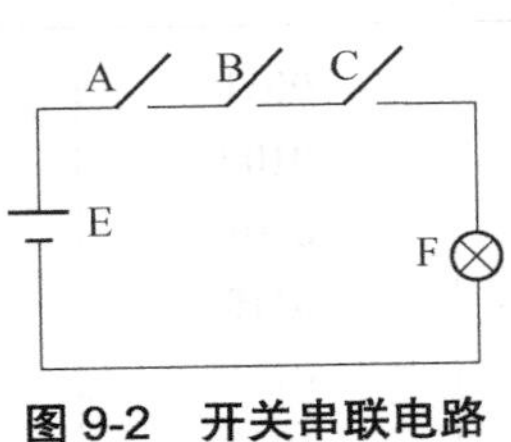

图 9-2　开关串联电路

表 9-2　与逻辑真值表

A	B	C	F
0	0	0	0
0	0	1	0
0	1	0	0
0	1	1	0
1	0	0	0
1	0	1	0
1	1	0	0
1	1	1	1

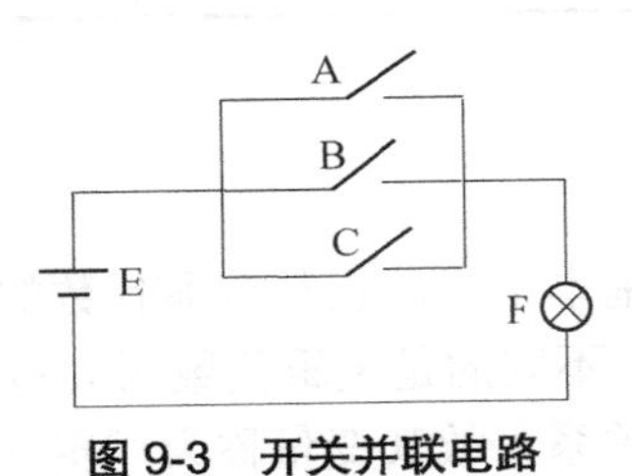

图 9-3　开关并联电路

表 9-3　或逻辑真值表

A	B	C	F
0	0	0	0
0	0	1	1
0	1	0	1
0	1	1	1
1	0	0	1
1	0	1	1
1	1	0	1
1	1	1	1

由真值表可得或逻辑的逻辑功能是：有 1 出 1，全 0 出 0。

其或逻辑的表达式为：$F=A+B+C$。

式中，“+”表示 A、B、C 等的或运算，也表示逻辑加。

或逻辑的运算规则：$0+0=0$，$0+1=1$，$1+0=1$，$1+1=1$。

（3）非逻辑与非运算。非逻辑与非运算是指的逻辑的否定。当决定事件（F）发生的条件（A）满足时，事件不发生；条件不满足，事件反而发生。如图 9-4 所示电路，当开关闭合时，灯 F 不亮，当开关断开时，灯 F 亮，开关断开灯亮为 1，开关闭合灯不亮为 0，得出非逻辑的真值表如表 9-4 所示。

由真值表可见非逻辑的逻辑功能是：有 0 出 1，有 1 出 0。

非逻辑表达式为：$F=\overline{A}$。

式中字母 A 上方的短划“_”表示非运算，也称“逻辑求反”。

非逻辑的运算规则：$\overline{0}=1$，$\overline{1}=0$。

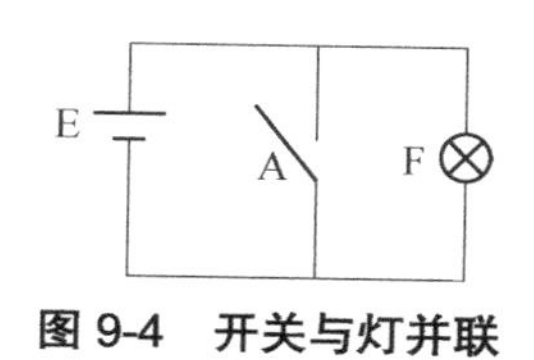

图 9-4　开关与灯并联

表 9-4　非逻辑真值表

输入	输出
0	1
1	0

2. 复合逻辑

复合逻辑是指由基本逻辑复合而成的逻辑关系。

（1）与非逻辑。与非逻辑是“与”和“非”的复合逻辑，先进行与运算，再进行非运算。若自变量为 A、B、C，函数为 F，则与非的逻辑表达式为：$F=\overline{ABC}$

与非的逻辑功能是：有 0 出 1，全 1 出 0。

（2）或非逻辑。或非逻辑是“或”和“非”的复合逻辑，先进行或运算，再进行非运算。若自变量为 A、B、C，函数为 F，则或非的逻辑表达式为：$F=\overline{A+B+C}$

或非的逻辑功能是：有 1 出 0，全 0 出 1。

（3）异或逻辑。异或逻辑是对两个逻辑变量进行比较相同或不同时的逻辑描述。若自变量为 A、B，函数为 F，则异或的逻辑表达式为：$F=A\overline{B}+\overline{A}B=A\oplus B$。

异或逻辑的逻辑功能是：两个逻辑变量相同时，逻辑函数为 0；当两个逻辑变量相异时，逻辑函数为 1。

（4）同或逻辑。同或逻辑的自变量也是两个，是异或逻辑的非逻辑。若自变量为 A、B，函数为 F，则异或的逻辑表达式为：$F=\overline{A}\overline{B}+AB=\overline{A\oplus B}=A\odot B$。

同或的逻辑功能是：两个逻辑变量相同时，逻辑函数为 1，两个逻辑变量相异时，逻辑函数为 0。

四、逻辑代数

逻辑代数也称布尔代数，是分析和设计数字系统的经典数学工具。

逻辑是指事物的因果关系，或者说是条件与结果的关系，这些因果关系可用逻辑代数来描述。逻辑代数具有 3 种基本运算：与运算（逻辑乘）、或运算（逻辑加）和非运算（逻辑非）。利用逻辑代数，可以把实际问题抽象为逻辑函数来描述，并且可以运用逻辑运算方法，解决逻辑电路的分析和设计问题。

虽然它和普通代数有相同的表示方法，用字母表示变量，但变量的取值只有“0”和“1”两种。不代表数量的大小，只表示两种相互对立的逻辑状态，我们称为逻辑“0”和逻辑“1”。这是它与普通代数的区别。

在逻辑代数中，输出变量和输入变量的关系，叫逻辑函数。

1. 基本公式

（1）$0\cdot A=0$　　（2）$1+A=1$

（3）$A\cdot A=A$　　（4）$A+A=A$

（5）$0+A=A$　　（6）$1\cdot A=A$

（7）$A\cdot\overline{A}=0$　　（8）$A+\overline{A}=1$

（9）$\overline{\overline{A}}=A$

2. 基本定律

(1) 交换律　AB=BA　　　　　　　　A+B=B+A

(2) 结合律　ABC=(AB)C=A(BC)　　　A+B+C=A+(B+C)=(A+B)+C

(3) 分配律　A(B+C)=AB+AC　　　　　A+BC=(A+B)(A+C)

(4) 反演律(摩根定理):

$$\overline{A\cdot B}=\overline{A}+\overline{B}$$

$$\overline{A+B}=\overline{A}\cdot\overline{B}$$

(5) 吸收律　A($\overline{A}$+B)=AB　　　　　A+$\overline{A}$B=A+B

9.1.2 逻辑门电路

门电路是一种具有一定的逻辑关系的开关电路，可以按一定逻辑关系传送信号，实现一定的逻辑关系，这种能够实现一定逻辑关系的电路，称为逻辑门电路，简称逻辑门。它是构成数字电路的基本单元。

一、基本逻辑门

基本逻辑门是指能够实现与、或、非等基本逻辑关系的与门、或门和非门电路。它们的共同特点是有一个或多个输入端，但只有一个输出端。

1. 二极管与门电路

输入变量和输出变量之间满足与逻辑关系的电路叫做与门电路，简称为与门。如图 9-5 所示为二极管与门电路，其中 A、B 为输入信号，设低电平$u_{IL}=0$，高电平为$u_{IH}=5V$，Y为输出信号。以下分析电路的工作原理：当$U_A=0$，$U_B=0$ 时，二极管 VD_1、VD_2均导通，由于二极管的钳位作用，输出电压$U_O=0.7V$；当$U_A=0$，$U_B=3V$时，二极管 VD_1优先导通，输出电压钳位在 0.7V 上，即$U_O=0.7V$，因$U_B=3V$，故 VD_2反偏截止；当$U_A=3V$，$U_B=0$时，将是 VD_2导通，VD_1截止。输出仍为低电平，即$U_O=0.7V$；只有当$U_B=3V$，$U_A=3V$时，VD_1、VD_2均导通，由于二极管的钳位作用，输出电压被钳在 5.7V 上，即$U_O=5.7V$。若将上述输入、输出关系列成表格，如表 9-5 所示，即为与门电路输入与输出电平关系表。

在数字电路中，为了研究电路的逻辑功能，往往只注意输入与输出之间的逻辑关系。如果用 1 表示高电平(这里设 3V 以上为高电平)，用 0 表示低电平(这里设 1V 以下为低电平)，则可以把与逻辑电平关系转换为真值表，如表 9-5 所示。其中输入变量用 A、B 表示，输出变量用 Y 表示。表 9-6 表明只有 A 与 B 都是 1 时，输出 Y 才是 1，只要 A、B 中有一个是 0，输出 Y 就是 0，它表达了图 9-5 所示电路的输出变量与输入变量之间的与的逻辑关系。与门的逻辑符号与逻辑表达式如图 9-6 所示，与门信号输入输出波形如图 9-7 所示。

其逻辑功能为：有 0 出 0，全 1 出 1。

2. 二极管或门电路

输入变量和输出变量之间满足或逻辑关系的电路，叫做或门电路，简称为或门。图 9-8 所示，是二极管或门电路。

工作原理分析：先讨论输出、输入之间电压关系。当$U_A=0$，$U_B=0$时，二极管VD_1、

表 9-5　与门电路输入与输出电平关系

V_A/V	V_B/V	V_Y/V
0	0	0.7
0	3	0.7
3	0	0.7
3	3	5.7

表 9-6　与逻辑真值表

A	B	Y
0	0	0
0	1	1
1	0	1
1	1	1

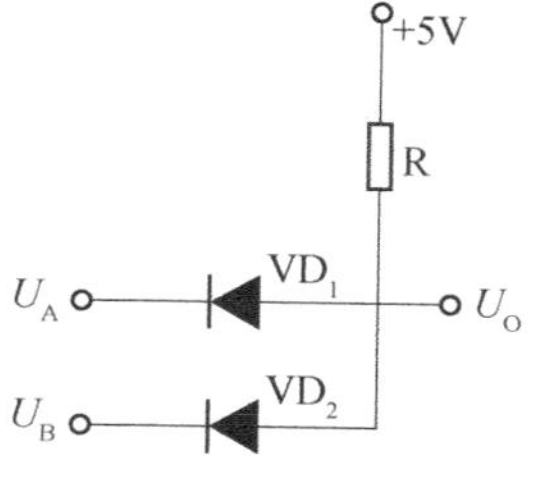

图 9-5　二极管与门电路

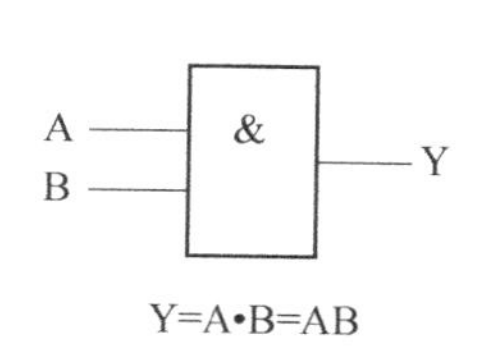

图 9-6　与门符号与表达式

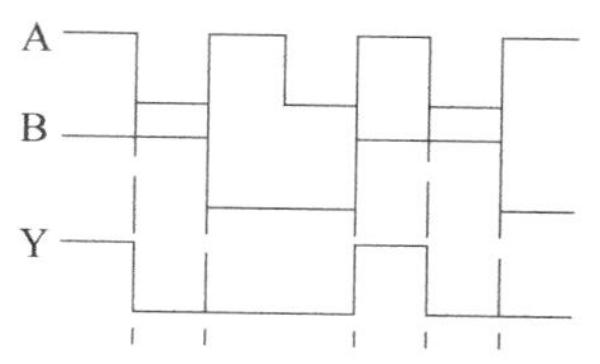

图 9-7　与门输入输出信号波形图

VD_2均导通，由于二极管的钳位作用，输出电压比输出电压低 0.7，即$U_O=-0.7V$；当$U_A=0$，$U_B=5V$时，VD_2导通，VD_1截止；当$U_A=5V$，$U_B=0$时，VD_1导通，VD_2截止，输出电压钳位在 4.3V 上，即$U_O=4.3V$；只有当$U_B=5V$，$U_A=5V$时，VD_1、VD_2均导通，$U_O=4.3V$。

根据以上关系，可列出或门电路的电平关系表，如表 9-7 所示。表 9-8 为根据表 9-7 转换的真值表。或门的逻辑符号及逻辑表达式如图 9-9 所示。或门信号输入输出波形如图 9-10 所示。

其逻辑功能为：有 1 出 1，全 0 出 0。

表 9-7　或门电路输入与输出电平关系表

V_A/V	V_B/V	V_Y/V
0	0	−0.7
0	5	4.3
5	0	4.3
5	5	4.3

表 9-8　或逻辑真值表

A	B	Y
0	0	0
0	1	1
1	0	1
1	1	1

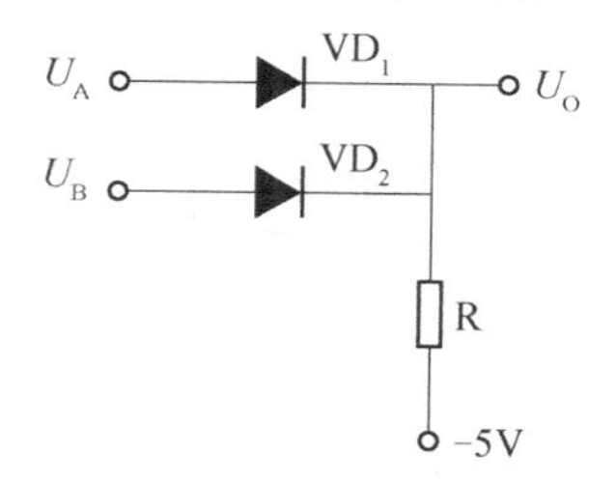

图 9-8　二极管或门电路

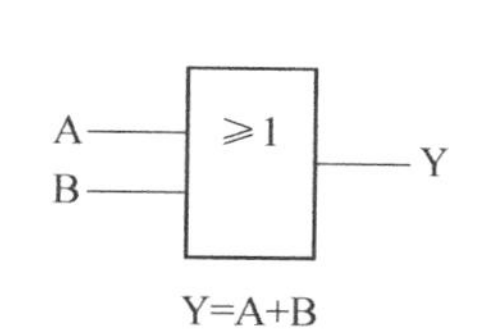

图 9-9　或门符号与表达式

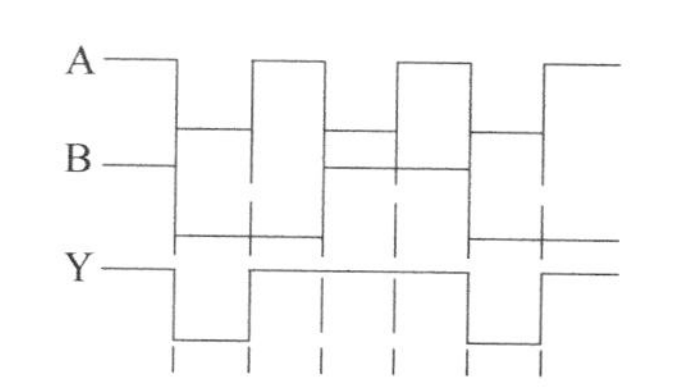

图 9-10　或门输入输出信号波形图

3. 三极管非门电路

能实现非逻辑关系的单元电路，叫做非门（或叫反相器），如图 9-11 所示。当输入为高

电平，即 U_A=5V 时，三极管饱和导通，输出 Y 为低电平，U_O=0.3V；当输入为低电平即 U_A=0.3V 时，三极管截止，输出 Y 为高电平，U_O=5V。表 9-9 是非门电平关系表，表 9-10 为非门真值表，非门的逻辑符号及逻辑表达式如图 9-12 所示，逻辑符号中输出端画有“—”表示“反”或“非”的意思。非门信号输入输出波形如图 9-13 所示。

其逻辑功能为：有 1 出 0，有 0 出 1。

表 9-9　非门电路输入与输出电平关系表

V_A/V	V_Y/V
0.3	5
5	0.3

表 9-10　非逻辑真值表

A	Y
0	1
1	0

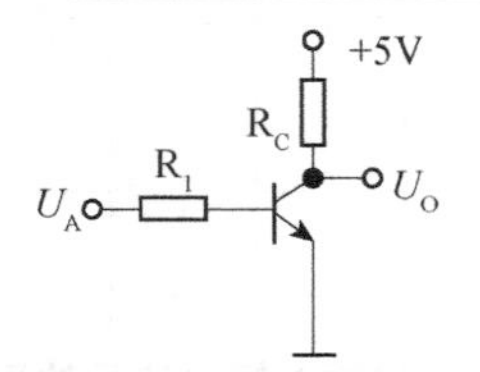

图 9-11　三极管非门电路

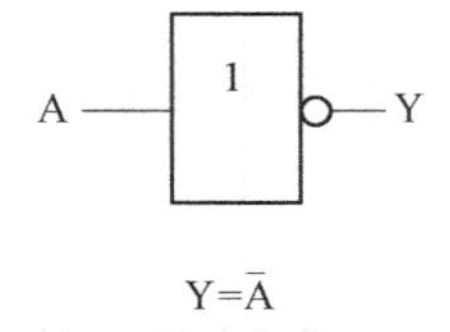

图 9-12　非门符号及表达

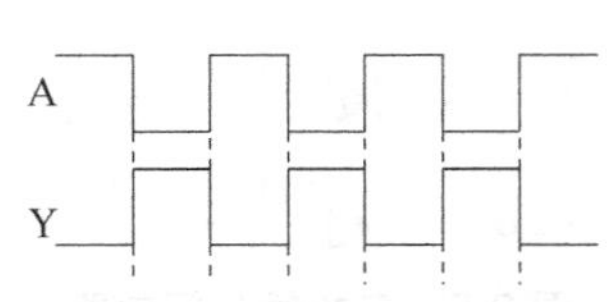

图 9-13　非门输入输出信号

以上就是逻辑代数中三种基本的逻辑关系和三种基本的逻辑运算以及与之相对应的三种基本的分立元件逻辑门电路。从这些问题的讨论中，也验证了三种基本的逻辑运算规律的正确性。

二、复合逻辑门

由与、或、非三种基本逻辑函数的组合，可以得到复合逻辑函数。

1. 与非门

与非门是由一个与门和一个非门直接相连构成，其逻辑符号及表达式如图 9-14 所示，其逻辑真值表如表 9-11 所示。逻辑功能为：有 0 出 1，全 1 出 0。

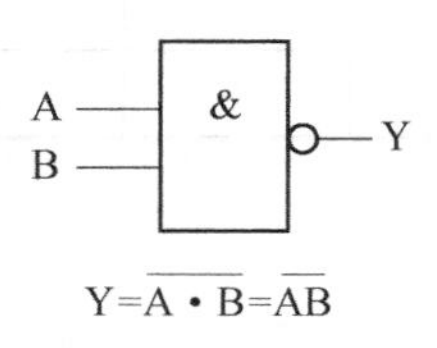

图 9-14　与非门符号及表达式

表 9-11　与非逻辑真值表

A	B	Y
0	0	1
0	1	1
1	0	1
1	1	0

2. 或非门

或非门是由一个或门和一个非门直接相连构成，其逻辑符号及表达式如图 9-15 所示，其逻辑真值表如表 9-12 所示。

逻辑功能为：有 1 出 0，全 0 出 1。

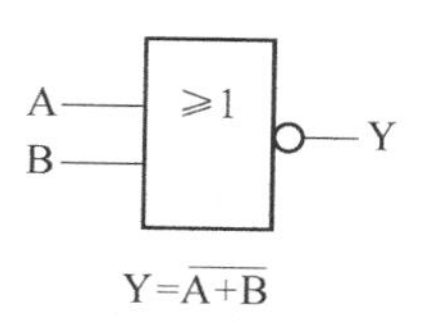

图 9-15　或非门符号及表达式

表 9-12　或非逻辑真值表

A	B	Y
0	0	1
0	1	0
1	0	0
1	1	0

3. 与或非门

与或非门的逻辑符号及表达式如图 9-16 所示，其逻辑真值表如表 9-13 所示。

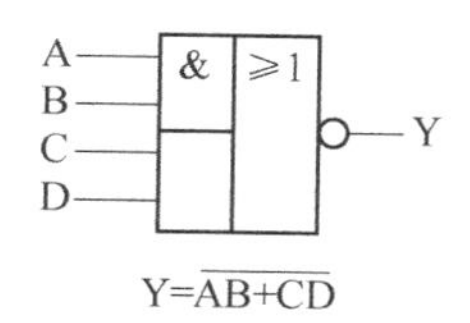

图 9-16　与或非门符号及表达式

表 9-13　与或非逻辑运算真值表

A	B	C	D	Y	A	B	C	D	Y
0	0	0	0	1	1	0	0	0	1
0	0	0	1	1	1	0	0	1	1
0	0	1	0	1	1	0	1	0	1
0	0	1	1	0	1	0	1	1	0
0	1	0	0	1	1	1	0	0	0
0	1	0	1	1	1	1	0	1	0
0	1	1	0	1	1	1	1	0	0
0	1	1	1	0	1	1	1	1	0

4. 异或门

异或门是由非门、与门和或门通过一定连接构成的，是具有两个输入端的电路。其逻辑符号及表达式如图 9-17 所示，其逻辑真值表如表 9-14 所示。

逻辑功能为：输入相同，输出为 0；输入不同，输出为 1。

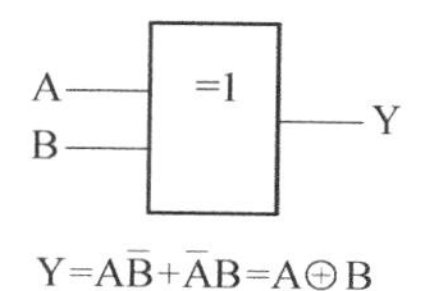

图 9-17　异或门符号及表达式

图 9-14　逻辑运算真值表

A	B	Y
0	0	0
0	1	1
1	0	1
1	1	0

5. **同或门**

同或门实现“输入相同，输出为1；输入不同，输出为0”的逻辑功能，其逻辑符号及表达式如图9-18示，其逻辑真值表如表9-15所示。

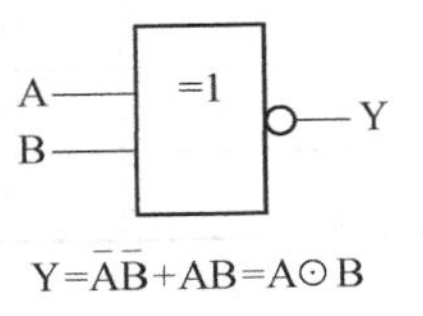

$Y=\overline{A}\overline{B}+AB=A\odot B$

图9-18 同或门符号及表达式

表9-15 或逻辑运算真值表

A	B	Y
0	0	1
0	1	0
1	0	0
1	1	1

三、集成逻辑门电路

集成门电路主要有TTL集成门电路和CMOS集成门电路两大类。

1. TTL **与非集成门电路**

TTL 集成门电路是输入端和输出端都用双极型三极管构成的逻辑电路称为三极管-三极管逻辑门电路，简称TTL门电路。

（1）TTL与非集成门电路组成。如图9-19（a）所示为TTL集成与非门电路，图9-19（b）所示为对应的逻辑符号，其中VT_1是多发射极晶体管，每一个发射极对应一个输入端，输出是Y。

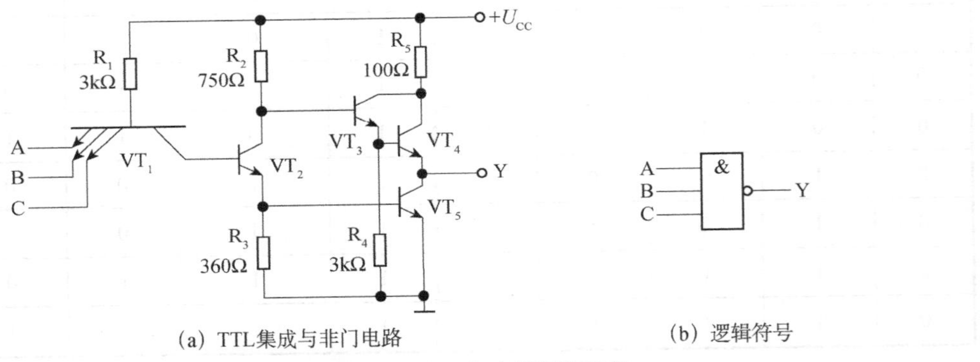

图9-19 TTL集成与非门电路及逻辑符号

（2）TTL与非集成门结构与主要参数。如图9-20所示为常用两种集成门电路，即四个2输入端的与非门74LS00和CD4011，电源线及地线公用，其外形为双列直插式。

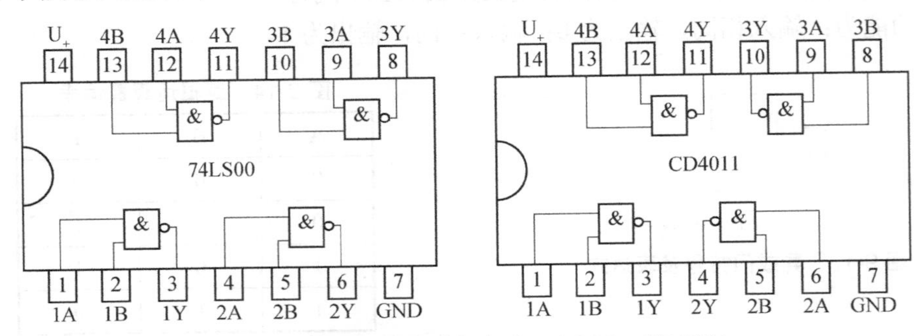

图9-20 常用两种集成门电路74LS00、CD4011

TTL 与非门的主要参数包括以下几个。

① 阈值电压 U_{TH}：又称门槛电压，是指与非门输入信号高电平与低电平的分界点压值。一般认为，$U_I \geq U_{TH}$ 时，U_I 为高电平 1；$U_I < U_{TH}$ 时，U_I 为低电平 0。U_{TH} 的典型值为 1.4V。

② 输出高电平 U_{OH}：指与非门输出端为高电平 1 时的电压值。一般规定 $U_{OH} \geq 2.7V$。

③ 输出低电平 U_{OL}：指与非门输出端为低电平 0 时的电压值。一般规定 $U_{OL} \leq 0.4V$。

④ 扇出系数 N：指一个与非门能够驱动同类与非门正常工作的最大数目。它反映了与非门带负载的能力，一般情况下 $N \geq 8$。

⑤ 平均传输延迟时间 t_{pd}：与非门从输入信号改变到输出信号所需的时间。它反映了与非门电路的开关速度。TTL 与非门的平均传输延迟时间为 3～30ns。

（3）TTL 集成门电路使用注意事项。

① TTL 集成门电路的电源电压为 V_{CC}=+5V。电源的正极和地线不能接错。

② 电源接入电路时需进行滤波，以防止外来干扰通过电源线进入电路。通常是在电路板的电源线上，并接 10～100μF 的电容进行低频滤波；并接 0.01～0.047μF 的电容进行高频滤波。

③ 多余或暂时不用的输入端可按下述方法处理：

- 外界干扰较小时，与门、与非门的闲置输入端可剪断或悬空；或门、或非门的闲置输入端可接地。
- 外界干扰较大时，与门、与非门的闲置输入端可直接接电源+V_{CC}。
- 如前级驱动能力较强时，可将闲置端与同一门的有用输入端并联使用。
- 输出端不允许直接接电源+V_{CC}，不允许直接接地，不允许并联使用。

2. CMOS 门电路

（1）CMOS 门电路的功能及特点。CMOS 门电路就逻辑功能而言，与 TTL 门电路没有任何区别，但是它的工作速度低于 TTL 门电路，优点是静态功耗低、抗干扰能力强、工作稳定性好、电源电压范围宽，同时制造工艺简单、体积小、便于集成，因此特别适用于中、大规模集成电路。

CMOS 数字集成电路主要有 CC4000 和高速两个系列，高速 CMOS 又包含两个子系列，74HC 系列和 74HCT 系列，它们与 TTL 门电路兼容。

（2）CMOS 门电路使用注意事项

① CMOS 门电路的电源电压可在某一范围内选择。4000 系列电源电压为 3～18V，HC 系列电源电压为 2～6V，HCT 系列电源电压为 4.5～5.5V。

② 使用时应先接电源，后接输入信号。

③ CMOS 门电路的多余输入端不能悬空。对于与门、与非门，将多余输入端直接接电源+V_{DD}，对于或门、或非门将多余输入端直接接地。

④ CMOS 门电路输出端不能直接接电源，不能直接接地，也不能并联使用。

⑤ CMOS 集成电路在存放和运输时，应放在导电容器或金属容器内，以避免静电感应损坏 CMOS 集成电路。

⑥ 当 CMOS 电路的负载为容性时，应在输出端与容性负载间串接限流电阻。

四、特殊门电路

1. OC 门

OC 门，即集电极开路与非门，它可以实现与非逻辑功能，即 $Y = \overline{AB}$。其逻辑符号如图

9-21 所示。在使用 OC 门时，必须要在电源 U_{CC} 和输出端之间接一个上拉电阻 R_L，接线电路如图 9-22 所示。OC 门的电路输出端可以并联使用，这种功能称为线与功能，如图 9-23 所示，其逻辑表达式为：$Y = Y_1 \cdot Y_2 = \overline{AB} \cdot \overline{CD}$。

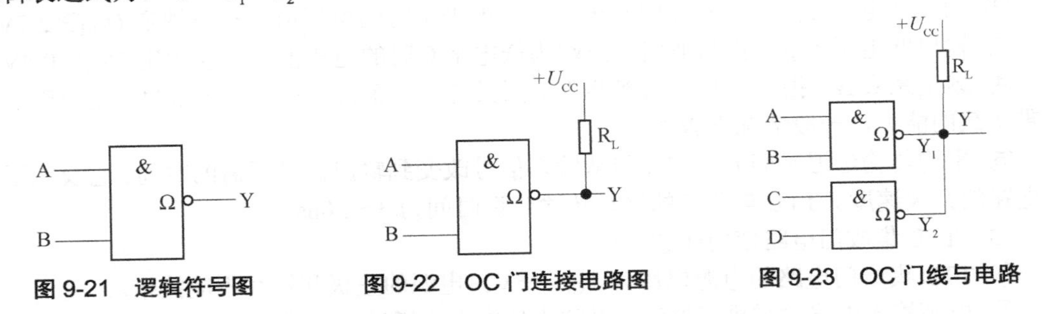

图 9-21　逻辑符号图　　图 9-22　OC 门连接电路图　　图 9-23　OC 门线与电路

2. **传输门**

传输门是一种传输信号的可控开关电路，COMS 传输门的电路符号如图 9-24 所示。当控制端 C=1，$\overline{C} = 0$ 时，传输门开通，相当于开关闭合，输入信号被传到输出端，即 $u_o = u_I$；而 C=0，$\overline{C} = 1$ 时，传输门关闭，相当于开关断开，输入信号不能被传到输出端。

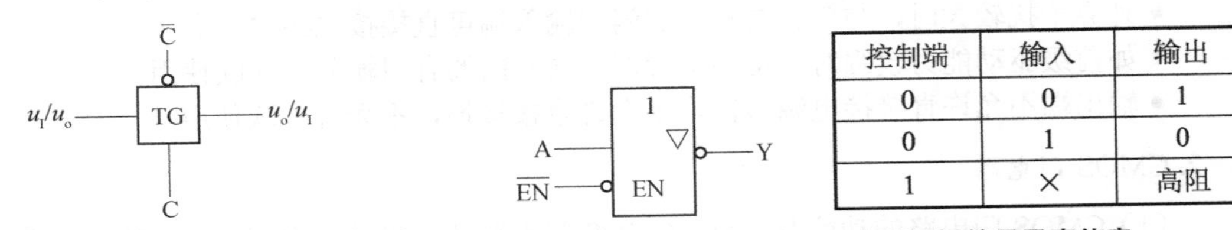

控制端	输入	输出
0	0	1
0	1	0
1	×	高阻

图 9-24　CMOS 传输门的逻辑符号　　图 9-25　三态门逻辑符号及真值表

3. **三态门**

三态门（TSL 门），是一种受控与非门，其输出有三个状态：高电平、低电平和高阻状态。三态门具有推拉输出和集电极开路输出电路的优点，还可以扩大其应用范围。三态门的逻辑符号及真值表如图 9-25 所示。

测试基本逻辑门功能

任务要求：正确识别 74LS00 与非门，会用其组成常用门电路，并测试逻辑功能。

一、训练目的

1. 熟悉 TTL 与非门电路逻辑功能的测试。
2. 学会用与非门组成常用门电路，并测试逻辑功能。

二、准备器材

1. 电子实验台；2. 74LS00 与非门；3. 万用表；4. 电阻；5. LED；6. 导线。

三、操作内容及步骤

1. 认识与非门电路

74LS00 与非门引脚排列如图 9-26 所示，它是在一块集成电路中集成了 4 个与非门电路。

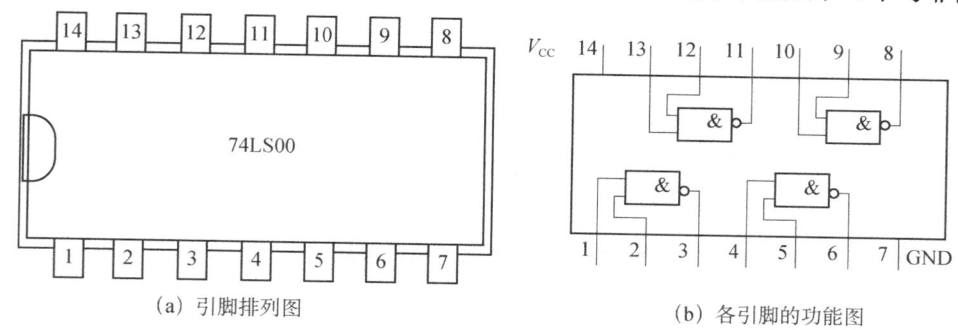

（a）引脚排列图　　（b）各引脚的功能图

图 9-26　74LS00 引脚排列及结构图

2. 与非门逻辑功能测试

测试 74LS00 与非门中的任何一个都可以，其电路的接线方式由指导老师根据所用实验装置指导进行。根据表 9-16 中给出的输入电平值测出输出电平值（可以用万用表测值，也可用 LED 来分析，LED 发光为输出高电平，不发光输出为低电平）。逻辑功能如表 9-17 所示。

表 9-16　输入电平

A	B	Y
0V	0V	
0V	3.6V	
3.6V	0V	
3.6V	3.6V	

表 9-17　逻辑功能

A_1	B_1	Y_1
0	0	
0	1	
1	0	
1	1	

表 9-18　测试逻辑功能

A	B	Y
0	0	
0	1	
1	0	
1	1	

3. 由与非门组成或非门

将 74LS00 中的 4 个与非门按图 9-27 连接，即可得到或非门电路。按表 9-18 测试其逻辑功能。

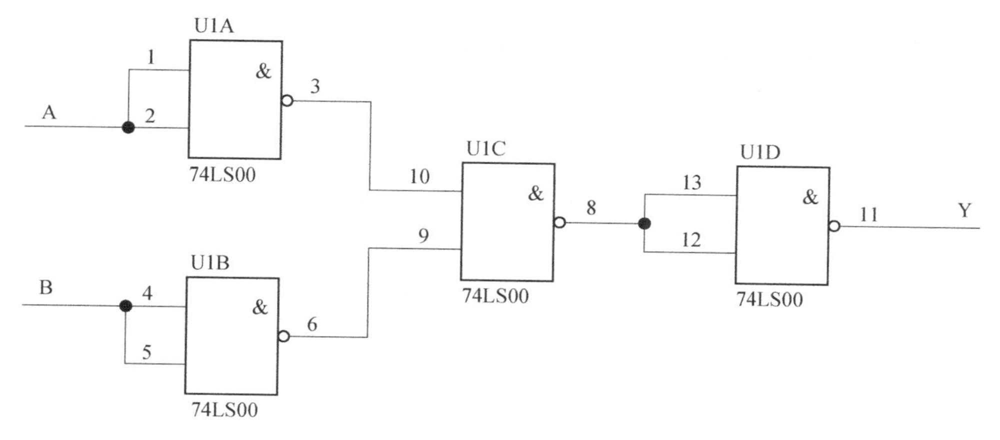

图 9-27　4 与非门组成的或非门

四、思考题

1. 在测试中对于 74LS00 中不用的引脚，应该如何处理。
2. 如果用 LED 测试逻辑功能，是否要加保护电阻。

五、注意事项

1. 集成 74LS00 在使用时，一定要正确读取各个引脚的功能。电源的正极与地不要接错。
2. 集成 74LS00 的电源一定要接直流 5V。

任务 9.2　组装与测试组合逻辑门电路

掌握组合逻辑电路的分析与设计，能正确写出已知逻辑电路的逻辑表达式并化成最简式，列出真值表、得出逻辑功能。了解几种常见组合逻辑电路：编码器、译码器、全加器、比较器等的逻辑功能特点及应用。

数字电路可分为两种类型：一类是组合逻辑电路，另一类是时序逻辑电路。组合逻辑电路是指由逻辑门电路组合而成的电路，在电路中信号的传输是单一方向的，只能由输入到输出，无反馈支路。因而任意时刻的输出只与该时刻的输入状态有关，而与先前的输出状态无关，电路无记忆功能。常见的组合逻辑电路有编码器、译码器、全加器、比较器等。

9.2.1　组合逻辑门电路分析与设计

根据逻辑功能的不同特点，我们把逻辑电路分为两大类：一类是组合逻辑电路，另一类是时序逻辑电路。

把各种门电路按照一定规律加以组合，构成具有各种逻辑功能的逻辑电路叫做组合逻辑电路，这种电路从结构和功能上看，有如下特点：

① 输出信号仅由输入信号决定，与电路当前状态无关。

② 电路结构中无反馈环路（无记忆），输出状态随着输入状态的变化而变化。

一、组合逻辑电路的分析

1. 分析内容

就是找出组合逻辑电路输入、输出之间的关系，也就是找出何种输入状态组合下电路输出为 1、何种输入状态组合下电路输出为 0。通过分析，可以了解组合逻辑电路的功能和设计思路，从而进一步对电路作出评价和改进。

通常，只要列出组合逻辑电路的真值表，就可以知道该电路的逻辑功能。因此，组合逻辑电路的分析，实质上是由逻辑函数的逻辑图形式入手，通过逻辑表达式，最终转换成函数的真值表形式的过程。

2. 分析步骤

组合逻辑电路的一般分析可按如下步骤。

第一步：根据给出的组合逻辑电路电路图，由输入端逐级向后递推，写出每个门的输出对于输入的逻辑关系，最后得到整个组合逻辑电路的输出变量对于输入变量的逻辑函数表达式。

第二步：利用逻辑代数法，对所得的逻辑函数表达式进行转换或化简，得到逻辑函数的标准表达式或最简表达式。

第三步：由逻辑函数的标准表达式或最简表达式列出对应的真值表。

第四步：由真值表判断出组合逻辑电路的逻辑功能。

例 9-3　试分析图 9-28 所示的组合逻辑电路的功能。

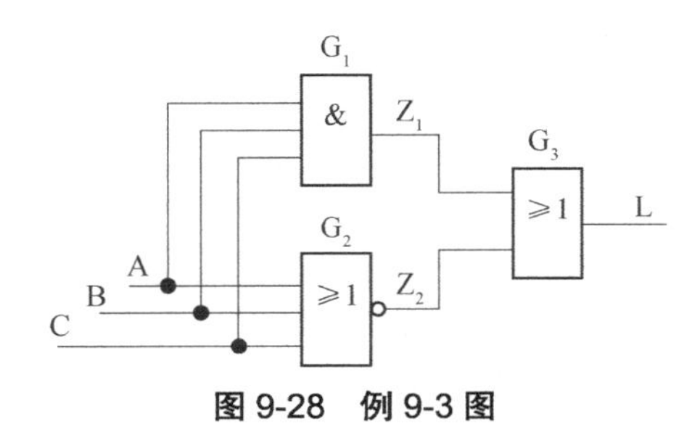

图 9-28　例 9-3 图

解：（1）由 G_1、G_2、G_3 的各个门电路的输入、输出关系，推出整个组合逻辑电路的表达式：$Z_1=ABC$，$Z_2=\overline{A+B+C}$，$L=Z_1+Z_2=ABC+\overline{A+B+C}$。

（2）对该逻辑式进行化简：$F=ABC+\overline{A+B+C}=ABC+\overline{A}\overline{B}\overline{C}$。

（3）根据化简后的函数表达式，列出如表 9-19 所示的真值表。

（4）从真值表中可以看出，当 A、B、C 三个输入一致时（或者全为 0、或全为 1），输出才为 1，否则输出为 0。所以，这个组合逻辑电路具有检测“输入不一致”的功能，也称“不一致电路”。

表 9-19　例 9-3 真值表

A	B	C	Z_1	Z_2	L
0	0	0	0	1	1
0	0	1	0	0	0
0	1	0	0	0	0

（续表）

A	B	C	Z_1	Z_2	L
0	1	1	0	0	0
1	0	0	0	0	0
1	0	1	0	0	0
1	1	0	0	0	0
1	1	1	1	0	1

二、组合逻辑电路的设计

1. 逻辑设计

就是对任何一个可描述的事件或过程，都可进行严格地逻辑设计。根据要求规定的逻辑功能，通过抽象和化简，进而求得满足功能要求的组合逻辑电路图过程，称为组合逻辑电路的设计。可见，组合逻辑电路的设计是分析的逆过程。

2. 设计步骤

一般组合逻辑电路的设计可按如下步骤。

第一步：根据所需的功能的要求和条件，弄清输入、输出变量的个数及它们之间的逻辑关系，列出满足逻辑要求的真值表。

第二步：由真值表列出逻辑函数的表达式。

第三步：进行逻辑函数化简，化简为最简表达式。

第四步：根据所选的门电路类型及实际问题的要求，将逻辑函数进行逻辑变换。

第五步：由所得到的逻辑表达式画出逻辑电路图。

以上步骤中，关键的是第一步。一个事件或过程的功能描述，最初总是以文字的形式提出的，设计者必须对这些描述有全面、正确的理解。只有先弄清哪些是输入变量、哪些是输出变量，以及输入、输出变量之间的逻辑关系，才能列出正确的真值表。正确的真值表是组合逻辑电路设计的基础。

注意事项：需要指出的是，一个最简的逻辑表达式不一定就对应一个最简的逻辑电路。当采用中、小规模集成电路（一片包括数个门至数十个门）产品，因此应根据具体情况，尽可能减少所用的器件数目和种类，这样可以使组装好的电路结构紧凑，达到工作可靠而且经济的目的。

例 9-4 三人按少数服从多数原则对某事进行表决，但其中一人有决定权（主裁判），即主要他同意，不论同意者是否达到多数，表决仍将通过。试用“与非门”设计该表决器。

解：（1）由题意可知该表决器有三个输入变量和一个输出变量。设 A、B、C 为输入变量（1 表示同意，0 表示不同意），且 A 为有决定权的变量，F 为输出变量（1 表示通过，0 表示不通过）。将表决器的逻辑功能描述为：当 A 为 1 或 B、C 均为 1 时，F 才为 1，否则 F 为 0。由此，可以列出真值表如表 9-20 所示。

（2）由真值表列出逻辑表达式：

$$F=\overline{A}BC+A\overline{B}\,\overline{C}+A\overline{B}C+AB\overline{C}+ABC$$

（3）化简此逻辑式，得到最简“与或”表达式：$F=A+BC$。

（4）将表达式转换成用“与非”逻辑实现的形式：$L = A + BC = \overline{\overline{A + BC}} = \overline{\overline{A} \cdot \overline{BC}}$。

（5）根据逻辑表达式画出如图 9-29 所示的逻辑电路。这里假设系统能提供所有的原、反变量，否则还需增加一个“非门”以实现。

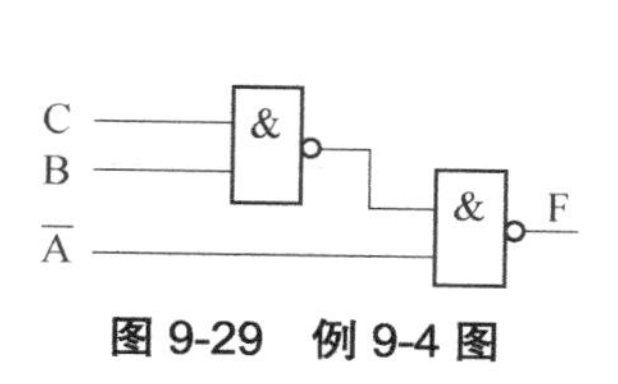

图 9-29　例 9-4 图

表 9-20　例 9-4 真值表

A	B	C	F
0	0	0	0
0	0	1	0
0	1	0	0
0	1	1	1
1	0	0	1
1	0	1	1
1	1	0	1
1	1	1	1

9.2.2　常见组合逻辑电路

常见的组合逻辑电路有编码器、译码器、全加器、比较器等。

一、编码器

在数字系统中，把某些特定意义的信息编成相应二进制代码表述的过程称为编码，能够实现编码操作的数字电路称为编码器。例如十进制数 13 在数字电路中可用编码 1101B 表示，也可用 BCD 码 00010011 表示；再如计算机键盘，上面的每一个键对应着一个编码，当按下某键时，计算机内部的编码电路就将该键的电平信号转化成对应的编码信号。

1. 二进制编码器

在数字电路中，将若干个 0 和 1 按一定规律编排在一起，组成不同的代码，并将这些代码赋予特定的含义，这就是某种二进制编码。

在编码过程中，要注意确定二进制代码的位数。1 位二进制数，只有 0 和 1 两种状态，可表示两种特定含义；2 位二进制数，有 00、01、10、11 四个状态，可表示四种特定含义；3 位二进制数，有 8 个状态，可表示 8 种特定含义。一般情况，n 位二进制数有 2^n 个状态，可表示 2^n 种特定含义。编码器一般都制成集成电路，如 74LS148 为 3 位二进制编码器，其输入共有 8 个信号，输出为 3 位二进制代码，常称为 8 线-3 线编码器，其功能真值表见表 9-21，输入为高电平有效。

表 9-21　8 线-3 线编码器真值表

输入								输出		
I_0	I_1	I_2	I_3	I_4	I_5	I_6	I_7	Y_2	Y_1	Y_0
1	0	0	0	0	0	0	0	0	0	0
0	1	0	0	0	0	0	0	0	0	1

（续表）

输入								输出		
I_0	I_1	I_2	I_3	I_4	I_5	I_6	I_7	Y_2	Y_1	Y_0
0	0	1	0	0	0	0	0	0	1	0
0	0	0	1	0	0	0	0	0	1	1
0	0	0	0	1	0	0	0	1	0	0
0	0	0	0	0	1	0	0	1	0	1
0	0	0	0	0	0	1	0	1	1	0
0	0	0	0	0	0	0	1	1	1	1

由真值表写出各输出的逻辑表达式为：

$$Y_2=\overline{\overline{I_4}\,\overline{I_5}\,\overline{I_6}\,\overline{I_7}}$$

$$Y_1=\overline{\overline{I_2}\,\overline{I_3}\,\overline{I_6}\,\overline{I_7}}$$

$$Y_0=\overline{\overline{I_1}\,\overline{I_3}\,\overline{I_5}\,\overline{I_7}}$$

用门电路实现逻辑电路如图 9-30 所示。8 个待编码的输入信号 I_0、I_1、…、I_7 任何时刻只能有一个为高电平，由编码器真值表可以看出，编码器输出的三位二进制编码 $Y_2Y_1Y_0$，可以反映不同输入信号的状态。例如输出编码为 001（十进制数 1），说明输入状态为第 1 号输入 I_1 为高电平，其余均为低电平；又如输出编码为 110（十进制 6）时，说明第 6 个输入信号 I_6 为高电平，其余均为低电平。在实际应用中，可以把 8 个按钮或开关作为 8 个输入 I_0、…、I_7，而把 3 个输出组合分别作为对应的 8 个输入状态的编码，实现 8 线-3 线的编码功能。如图 9-31 所示为 74LS148 引脚排列图，图 9-32 为 74LS148 逻辑符号。

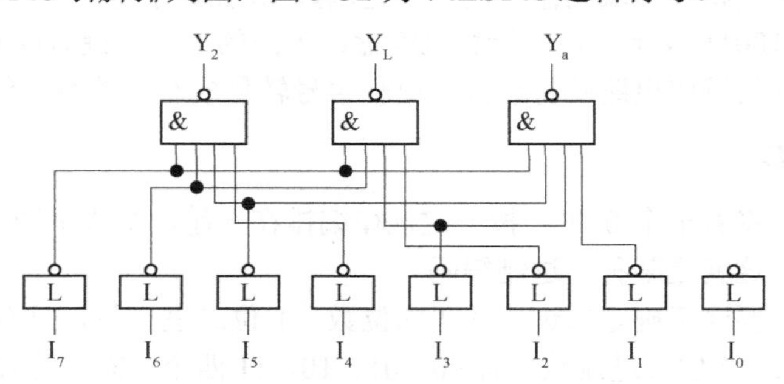

图 9-30　8 线-3 线编码器逻辑电路图

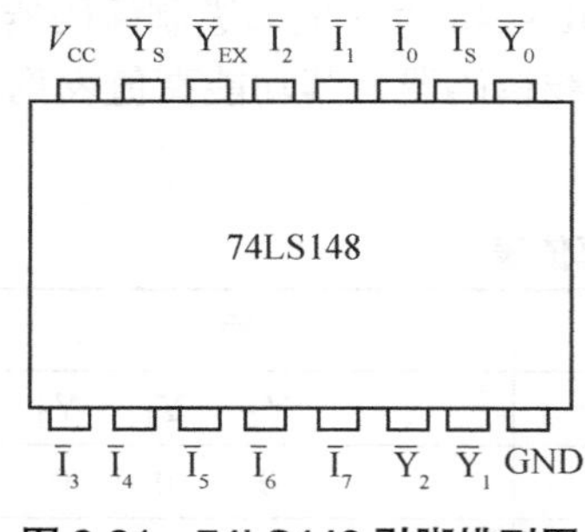

图 9-31　74LS148 引脚排列图

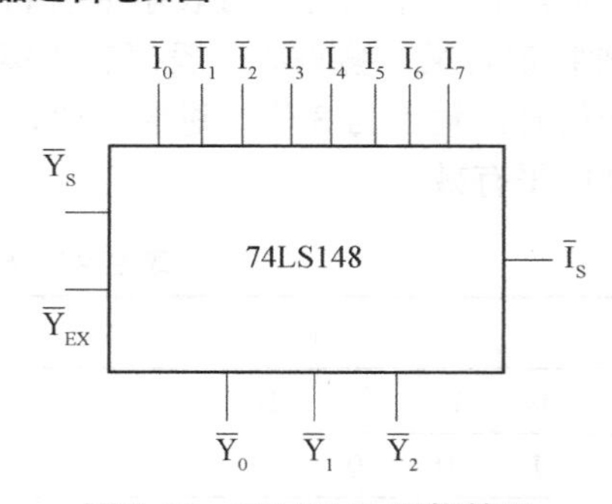

图 9-32　74LS148 逻辑符号

2. 二-十进制编码器

二-十进制代码简称 BCD 码，是以二进制代码表示十进制数，它是兼顾考虑到人们对十进制计数的习惯和数字逻辑部件易于处理二进制数的特点。如图 9-33 所示为 BCD8421 码编码器电路，其中 I_0、…、I_9 为输入端，表示 0、1、…、9 十个十进制数，Y_3、Y_2、Y_1、Y_0 为输出端，代表输入信号的 BCD 编码，图 9-34 所示为 10 线-4 线编码器逻辑符号。

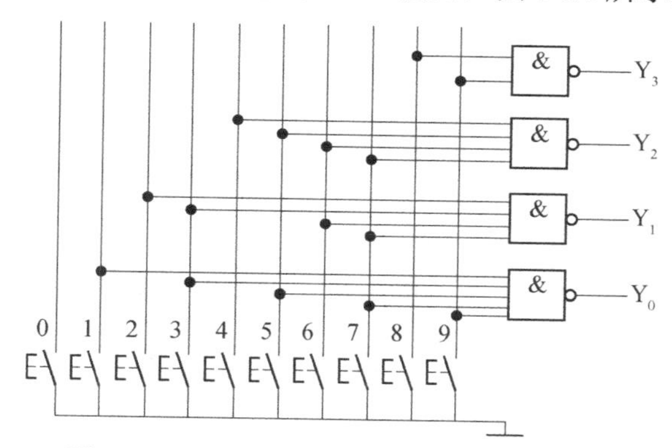

图 9-33　8421BCD 码编码器逻辑电路图

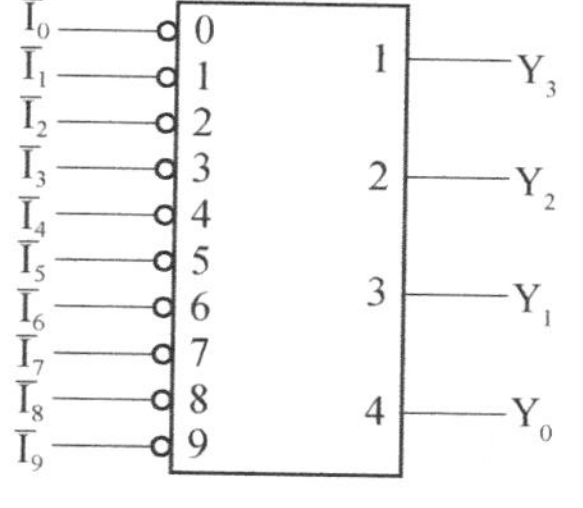

图 9-34　10 线-4 线编码器逻辑符号

电路的逻辑表达式为：

$$Y_0=I_1+I_3+I_5+I_7+I_9$$
$$Y_1=I_2+I_3+I_6+I_7$$
$$Y_2=I_4+I_5+I_6+I_7$$
$$Y_3=I_8+I_9$$

根据表达式列出真值表如表 9-22 所示。

表 9-22　8421 编码表

输入信号										对应十进制数	输　出			
I_9	I_8	I_7	I_6	I_5	I_4	I_3	I_2	I_1	I_0		Y_3	Y_2	Y_1	Y_0
0	0	0	0		0	0	0	0	0	0	0	0	0	0
0	0	0	0		0	0	0	0	1	1	0	0	0	1
0	0	0	0		0	0	0	1	0	2	0	0	1	0
0	0	0	0		0	0	1	0	0	3	0	0	1	1
0	0	0	0		0	1	0	0	0	4	0	1	0	0
0	0	0	0		1	0	0	0	0	5	0	1	0	1
0	0	0	1		0	0	0	0	0	6	0	1	1	0
0	0	1	0		0	0	0	0	0	7	0	1	1	1
0	1	0	0		0	0	0	0	0	8	1	0	0	0
1	0	0	0		0	0	0	0	0	9	1	0	0	1

由真值表可以看出，此电路的输出 Y_3、Y_2、Y_1、Y_0 只有 0000～1001 十种组合，正好反映 0～9 十个十进制数，从而实现从十进制到二进制的转换。此电路输出端不会出现 1010～1111 六种非 BCD 码的组合状态。

集成编码器有多种型号，使用时需查使用手册，尤其要注意编码器的外引线排列顺序、输入信号的有效电平、输出代码是原码还是反码。图 9-35、图 9-36 所示为 10 线-4 线编码器 74LS147 的外引线排列及其逻辑符号。

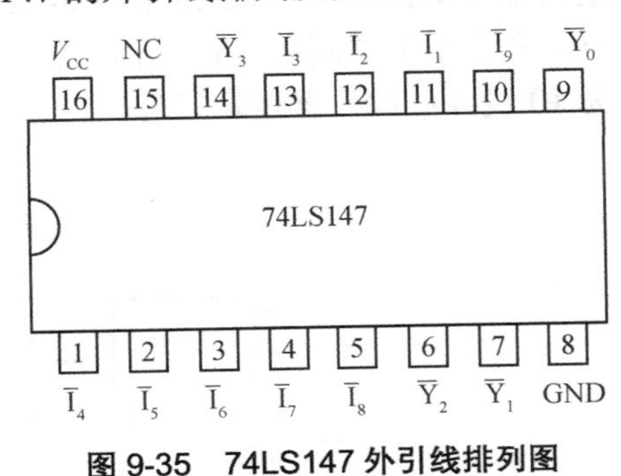

图 9-35 74LS147 外引线排列图

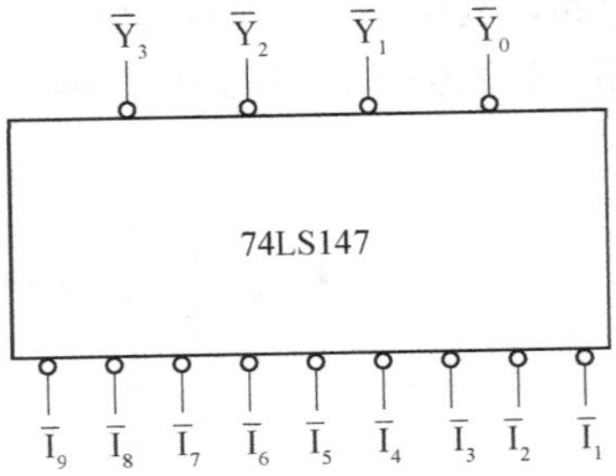

$\overline{Y_3}$ $\overline{Y_2}$ $\overline{Y_1}$ $\overline{Y_0}$

74LS147

$\overline{I_9}$ $\overline{I_8}$ $\overline{I_7}$ $\overline{I_6}$ $\overline{I_5}$ $\overline{I_4}$ $\overline{I_3}$ $\overline{I_2}$ $\overline{I_1}$

图 9-36 74LS147 逻辑符号

由图中可以看出，输入信号为低电平有效，输出信号为反码输出。例如，$\overline{I_3}=0$，$\overline{Y_3 Y_2 Y_1 Y_0}=1100$，1100 是 3 的 BCD 码 0011 的反码。

二、译码器

在数字系统中，为了便于读取数据，显示器件通常以人们所熟悉的十进制数直观地显示结果。因此，在编码器与显示器件之间还必须有一个能把二进制代码译成对应的十进制数的电路，这种翻译过程就是译码，能实现译码功能的逻辑电路称为译码器。显然，译码是编码的逆过程。译码器是一种多输入和多输出电路，而对应输入信号的任意状态，仅有一个输出状态有效，其他输出状态均无效。

下面以二进制译码器和二-十进制译码器为例说明译码器的分析方法。

1. 二进制译码器

二进制译码器是将输入的二进制代码转换成特定的输出信号。二进制译码器的逻辑特点是，若输入信号为 n 个，则输出信号有 2^n 个，所以也称这种译码器为 n 线-2^n 线译码器，对应每一组输入组合，只有一个输出端有输出信号，其余输出端没有输出信号。例如，常用的 3 位二进制译码器 74LS138，输入代码为 3 位，输出信号为 8 个，故又称为 3 线-8 线译码器。图 9-37 所示为外引线排列，图 9-38 所示为 74LS138 的逻辑符号，图 9-39 所示为内部原理图。

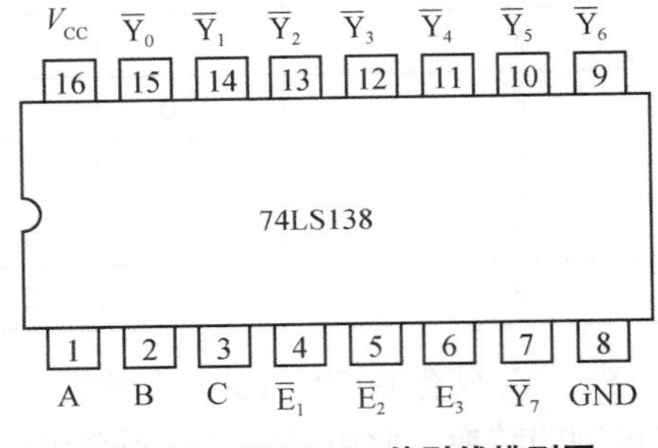

图 9-37 74LS138 外引线排列图

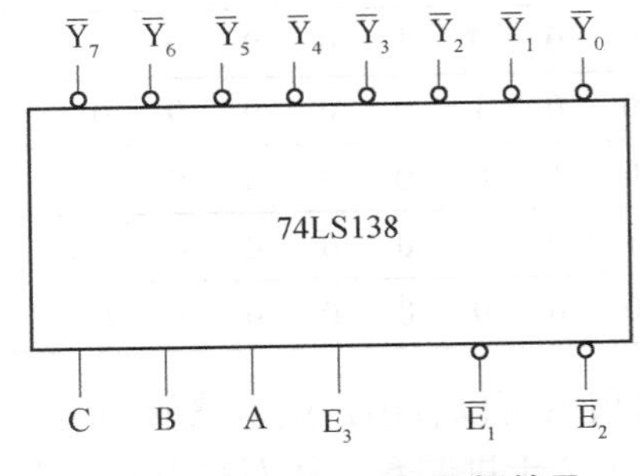

图 9-38 74LS138 逻辑符号

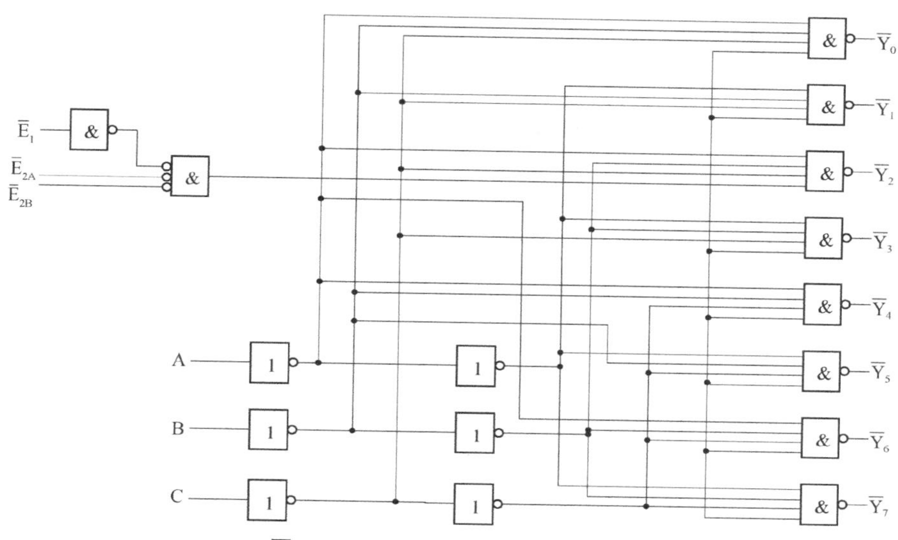

图 9-39　74LS138 译码器原理图

74LS138 有三个输入端 C、B、A，8 个输出端 $\overline{Y}_0 \sim \overline{Y}_7$。C、B、A 三个输入端的八种不同的组合对应 $\overline{Y}_0 \sim \overline{Y}_7$ 的每一路输出，例如 C、B、A 为 000 时，$\overline{Y}_0$=0，$\overline{Y}_1 \sim \overline{Y}_7$=1。C、B、A 为 001 时，$\overline{Y}_1$=0，依次类推。74LS138 还有三个允许端 E_3、$\overline{E}_1$、$\overline{E}_2$，只有 E_3 端为高电平、$\overline{E}_2$ 和 $\overline{E}_1$ 为低电平时，该译码器才进行译码。

在微机系统中经常使用 3 线-8 线译码器作地址译码。74LS138 译码器的功能表如表 9-23 所示。

表 9-23　74LS138 译码器真值表

允许端			输入端			输出端
E_3	$\overline{E}_1$	$\overline{E}_2$	C	B	A	$\overline{Y}_0 \sim \overline{Y}_7$
1	0	0	0	0	0	$\overline{Y}_0$=0，其余为 1
			0	0	1	$\overline{Y}_1$=0，其余为 1
			0	1	0	$\overline{Y}_2$=0，其余为 1
			0	1	1	$\overline{Y}_3$=0，其余为 1
			1	0	0	$\overline{Y}_4$=0，其余为 1
			1	0	1	$\overline{Y}_5$=0，其余为 1
			1	1	0	$\overline{Y}_6$=0，其余为 1
			1	1	1	$\overline{Y}_7$=0，其余为 1
0	×	×	×	×	×	$\overline{Y}_0 \sim \overline{Y}_7$，全 1
×	1	×				
×	×	1				

2. 二-十进制译码器

将二-十进制代码翻译成 0~9 十个十进制数信号的电路称为二-十进制译码器。二-十进制译码器的示意图如图 9-40 所示。

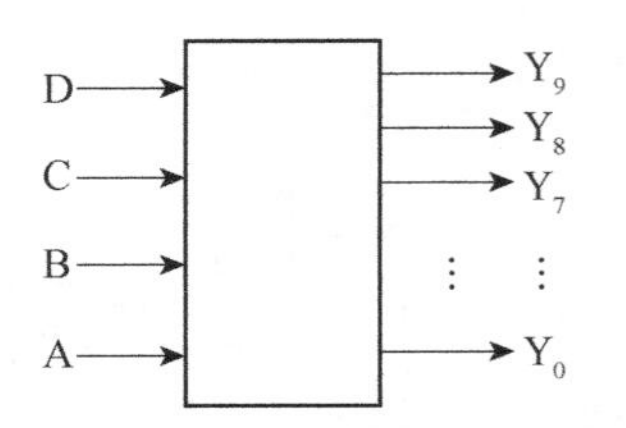

图 9-40　二-十进制译码器示意图

一个二-十进制译码器有 4 个输入端，10 个输出端，通常称为 4 线-10 线译码器。如图 9-41 所示为 8421BCD 码译码器的逻辑图，输出为低电平有效。

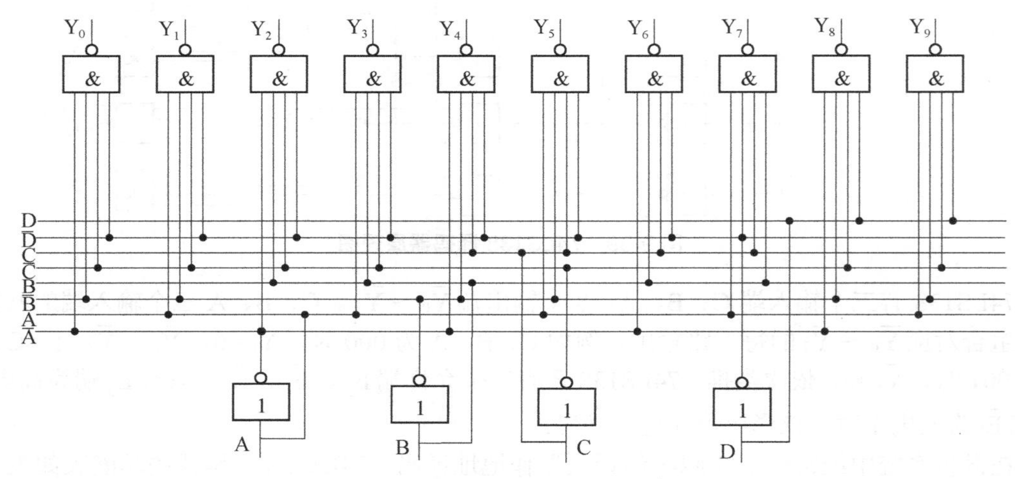

图 9-41　8421BCD 码译码器逻辑图

由电路图可以得到

$Y_0=\overline{\overline{D}\,\overline{C}\,\overline{B}\,\overline{A}}$　$Y_1=\overline{\overline{D}\,\overline{C}\,\overline{B}A}$　$Y_2=\overline{\overline{D}\,\overline{C}B\overline{A}}$　$Y_3=\overline{\overline{D}\,\overline{C}BA}$　$Y_4=\overline{\overline{D}C\overline{B}\,\overline{A}}$　$Y_5=\overline{\overline{D}C\overline{B}A}$

$Y_6=\overline{\overline{D}CB\overline{A}}$　$Y_7=\overline{\overline{D}CBA}$　$Y_8=\overline{D\overline{C}\,\overline{B}\,\overline{A}}$　$Y_9=\overline{D\overline{C}\,\overline{B}A}$

这就是译码输出逻辑表达式。当 DCBA 分别为 0000~1001 十个 8421BCD 码时，就可以得到表 9-24 所示的译码器真值表。

表 9-24　8421BCD 译码器真值表

D	C	B	A	Y_0	Y_1	Y_2	Y_3	Y_4	Y_5	Y_6	Y_7	Y_8	Y_9
0	0	0	0	0	1	1	1	1	1	1	1	1	1
0	0	0	1	1	0	1	1	1	1	1	1	1	1
0	0	1	0	1	1	0	1	1	1	1	1	1	1
0	0	1	1	1	1	1	0	1	1	1	1	1	1
0	1	0	0	1	1	1	1	0	1	1	1	1	1
0	1	0	1	1	1	1	1	1	0	1	1	1	1
0	1	1	0	1	1	1	1	1	1	0	1	1	1
0	1	1	1	1	1	1	1	1	1	1	0	1	1
1	0	0	0	1	1	1	1	1	1	1	1	0	1
1	0	0	1	1	1	1	1	1	1	1	1	1	0

例如，DCBA=0000 时，Y_0=0，而 Y_1=Y_2=…=Y_9=1，它表示 8421BCD 码 0000 译成的十进制码为 0。由译码器的输出逻辑表达式可以看出，译码器除了能把 8421BCD 码译成相应的十进制数码之外，它还能拒绝伪码。所谓伪码，是指 1010～1111 六个码，当输入该六个码中任一个时，Y_0～Y_9 均为 1，即得不到译码输出，这就是拒绝伪码。

三、数码显示译码器

在数字电路中，常常把所测量的数据和运算结果用十进制数显示出来，这首先要对二进制进行译码，然后由译码器驱动相应的显示器件显示出来。可以说显示译码器是由译码器、驱动器组成。

1. 七段数码显示器

显示器件有半导体发光二极管（LED）、液晶显示管（LCD）和荧光数码显示器等。它们都是由 7 段可发光的字段组合而成，组字的原理相同，但发光字段的材料和发光的原理不同。下面以发光二极管（LED）数码显示器为例，说明七段数码显示器的组字原理。

LED 数码管将十进制数码分成七个字段，每段为一个发光二极管，引脚排列如图 9-42（a）所示，其字形结构如图 9-42（b）所示。选择不同字段发光，可显示出不同字形。当 a，b，c，d，e，f，g 七个字段全亮时，显示出 8；b，c 段亮时，显示出 1，a，b，g，e，d 段亮，显示出 2，依此方式类推，可得到其余数字 3～9，显示的数字如图 9-43 所示。

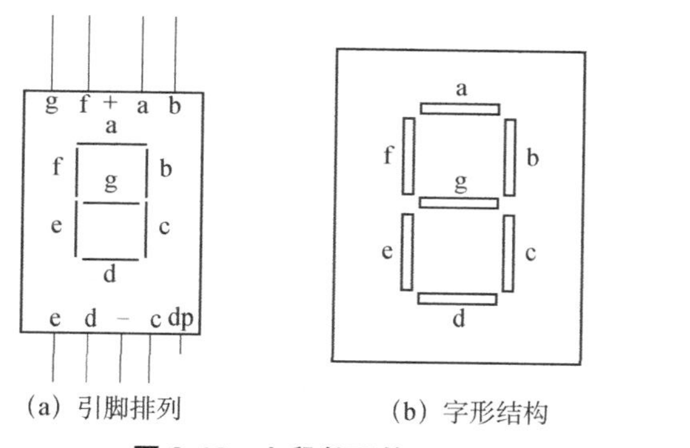

图 9-42 七段数码管

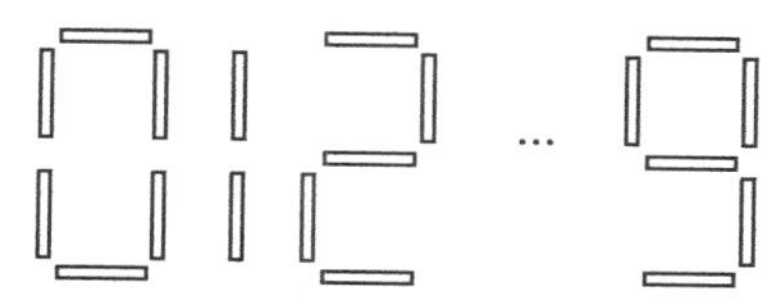

图 9-43 数码管显示的字数

半导体数码管中七个发光二极管有共阴极和共阳极两种接法，如图 9-44 所示。电路中的电阻 R 的阻值为 100Ω。对于共阳极数码管，a，b，c，d，e，f，g 接低电平 0 时，相应的发光二极管发光；接高电平 1 时，相应的发光二极管不发光。对于共阴极发光二极管 a，b，c，d，e，f，g 接高电平 1 时，相应的发光二极管发光；接低电平 0 时，相应的发光二极管不发光。例如，共阴极数码管显示数字 1，应使 abcdefg=0110000；若用共阳极数码管显示 1，应使 abcdefg=1001111。因此，驱动数码管的译码器，也分为共阴极和共阳极两种。使用时译码器应与数码管的类型相对应，共阳极译码器驱动共阳极数码管，共阴极译码器驱动共阴极数码管。否则，显示的数字就会产生错误。

2. 七段显示译码器

七段显示译码器的作用是将 4 位二进制代码（8421BCD 码）代表十进制数字，翻译成显示器输入所需要的 7 位二进制代码（abcdefg），以驱动显示器显示相应的数字。因此常把这种

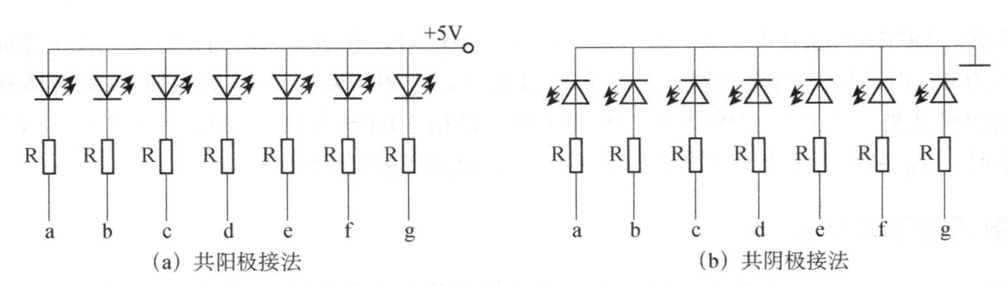

（a）共阳极接法　　（b）共阴极接法

图 9-44　半导体数码管内部电路

译码器称为“代码变换器”。

七段显示译码器，常采用集成电路。常见的有 T337 型（共阴极），T338 型（共阳极）等。如图 9-45 所示为 T337 型显示译码器的外引线排列图。表 9-25 所示为它的逻辑功能表，表中 0 指低电平，1 指高电平，×指任意电平。I_B 为消隐输入端，高电平有效，即 I_B=1 时，显示译码器可以正常工作；I_B=0 时，显示译码器熄灭，不工作。V_{CC} 通常取+5V。

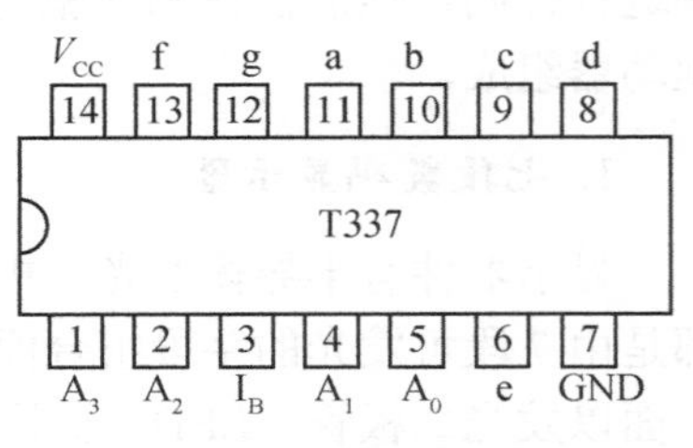

图 9-45　T337 共阴极七段显示译码器外引脚排列图

表 9-25　七段显示译码器 T337

输入					输出							数字
I_B	A_3	A_2	A_1	A_0	a	b	c	d	e	f	g	
0	×	×	×	×	0	0	0	0	0	0	0	0
1	0	0	0	0	1	1	1	1	1	1	0	0
1	0	0	0	1	0	1	1	0	0	0	0	1
1	0	0	1	0	1	1	0	1	1	0	1	2
1	0	0	1	1	1	1	1	1	0	0	1	3
1	0	1	0	0	0	1	1	0	0	1	1	4
1	0	1	0	1	1	0	1	1	0	1	1	5
1	0	1	1	0	1	0	1	1	1	1	1	6
1	0	1	1	1	1	1	1	0	0	0	0	7
1	1	0	0	0	1	1	1	1	1	1	1	8
1	1	0	0	1	1	1	1	1	0	1	1	9

四、加法器

加法器是数字系统中的一个常见逻辑部件，也是计算机运算的基本单元。加法是最基本的数值运算，实现加法运算的电路称为加法器，它主要由若干个全加器组成。

1. 半加器

半加器是用来完成两个 1 位二进制数半加运算的逻辑电路，即运算时不考虑低位送来的进位，只考虑两个本位数的相加。

设半加器的被加数为 A，加数为 B，和为 S，向高位的进位为 CO，则半加器的真值表如表 9-26 所示。由真值表可得出半加器的逻辑函数表达式为：

$$CO=AB$$

$$S=\overline{A}B+A\overline{B}=A\oplus B$$

表 9-26　半加器真值表

输　入		输　出	
A	B	CO	S
0	0	0	0
0	1	0	1
1	0	0	1
1	1	1	0

由逻辑函数表达式可画出半加器的逻辑电路图如图 9-46 所示，半加器的逻辑符号如图 9-47 所示。

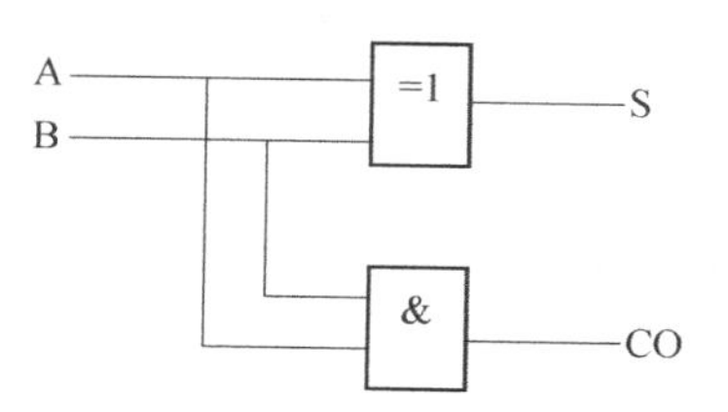

图 9-46　半加器逻辑电路

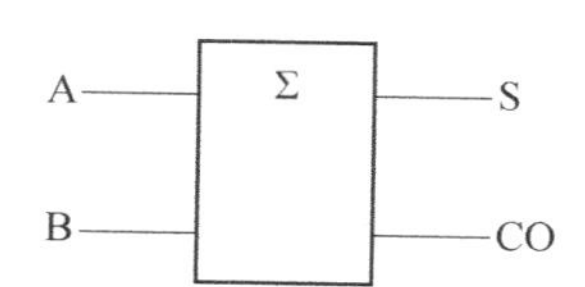

图 9-47　半加器逻辑符号

半加器只是解决了两个一位二进制数相加的问题，没有考虑来自低位的进位。而实际问题中所遇到的多位二进制数相加运算，往往又必须同时考虑低位送来的进位，显然半加器不能实现多位二进制的加法运算。

2. **全加器**

全加器是用来完成两个 1 位二进制数全加运算的逻辑电路。即运算时除了两个本位数相加外，还要考虑低位送来的进位。

设全加器的被加数为 A，加数为 B，低位送来的进位为 CI，本位和为 S，向高位的进位为 CO。则全加器的真值表如表 9-27 所示。

表 9-27　全加器真值表

输　入			输　出	
A	B	CI	CO	S
0	0	0	0	0
0	0	1	0	1
0	1	0	0	1
0	1	1	1	0
1	0	0	0	1
1	0	1	1	0
1	1	0	1	0
1	1	1	1	1

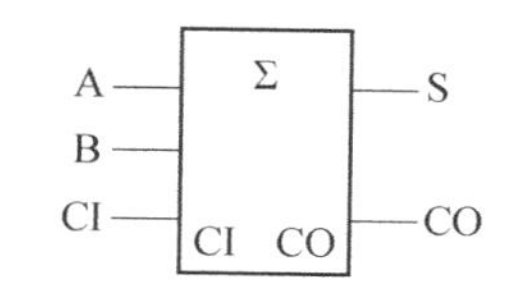

图 9-48　全加器逻辑符号

由真值表得到的逻辑表达式：

$$S=\overline{A}\overline{B}CI+\overline{A}B\overline{CI}+A\overline{BCI}+ABCI \qquad CO=AB+BCI+ACI+ABCI$$

全加器的逻辑函数表达式比较复杂，因此逻辑电路图也较复杂，这里不作描述，仅给出全加器的逻辑符号如图 9-48 所示。

五、比较器

在数字控制设备中，经常需要对两个数字量进行比较。例如，一个温控恒温机构，要求恒温于某个温度 B，若实际温度 A 低于 B，需要继续升温；当 A=B 时，维持原有温度；若实际温度 A 高于 B 时，则停止加热，即切断电源。这里需要先将温度转换成数字信号，然后进行比较，由比较结果再去控制执行机构，确定是接通还是切断电源。这种用来比较两个数字的逻辑电路称为数字比较器。只比较两个数字是否相等的数字比较器称为同比较器；不但比较两个数是否相等，而且还能比较两个数字大小的比较器称为大小比较器。

1. 同比较器

首先分析 1 位二进制数的情况。设输入两个二进制变量 A 和 B，用 Y 表示输出结果。两个数相等时，输出为 1，两个数不等时输出为 0。其真值表如表 9-28 所示。

表 9-28　一位同比较器的真值表

输　入		输　出
A	B	Y
0	0	1
0	1	0
1	0	0
1	1	1

表 9-29　一位大小比较器真值表

输　入		输　出		
A	B	E	H	L
0	0	1	0	0
0	1	0	0	1
1	0	0	1	0
1	1	1	0	0

由真值表可以看出逻辑关系为：

$$Y=AB+\overline{A}\overline{B}=A\odot B$$

可见这是同或的关系。逻辑符号前已学过，这里不再重复。

2. 大小比较器

不但比较两个数码是否相等，还比较两个数码大小的电路称为数码比较器，简称大小比较器。参与比较的两个数码可以是二进制数，也可以是 BCD 码表示的十进制数或其他类数码。

下面介绍一位二进制比较器。设 A、B 是两个 1 位二进制数，比较结果为 E、H、L。E 表示 A=B，H 表示 A>B，L 表示 A<B，E、H、L 三者只能有一个为 1，即 E 为 1 时，H、L 为 0；H 为 1 时，E、L 为 0；L 为 1 时，E、H 为 0。一位大小比较器的真值表如表 9-29 所示。如图 9-49 所示，为一位二进制大小比较器电路。

由真值表可以看出逻辑关系为：

$$E=\overline{A}\ \overline{B}+AB=\overline{\overline{\overline{A}\overline{B}}\bullet\overline{AB}}=\overline{(A+B)(\overline{A}+\overline{B})}=\overline{A\overline{B}+\overline{A}B}=\overline{A\oplus B}$$

$$H=A\overline{B} \qquad L=\overline{A}B$$

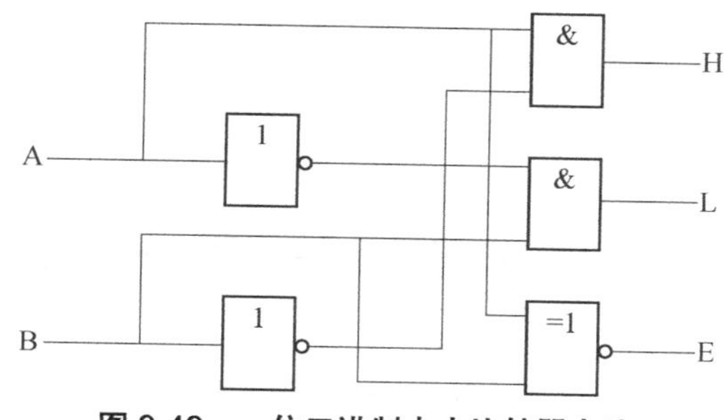

图 9-49　一位二进制大小比较器电路

六、数据选择器

在多路数据传送过程中，能够根据需要将其中任意一路挑选出来的电路，称为数据选择器。

数据选择器可实现将数据源传来的数据分配到不同通道上，因此它类似于一个单刀多掷开关，如图 9-50 所示。

集成数据选择器 74LS153 中，D_0～D_3 是输入的四路信号；A_0、A_1 是地址选择控制端；S 是选通控制端；Y 是输出端。输出端 Y 可以是四路输入数据中的任意一路，如图 9-51 所示。

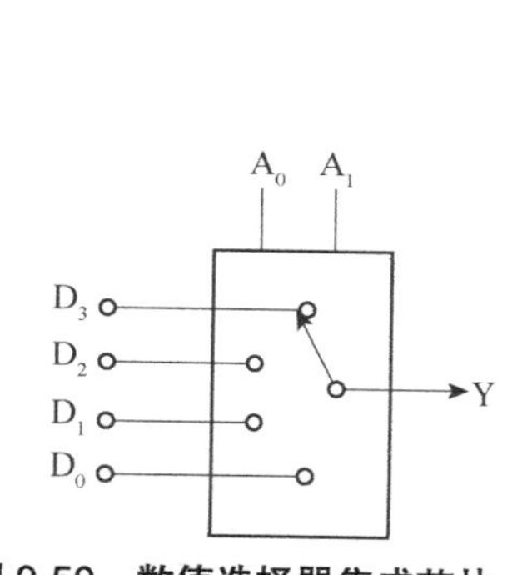

图 9-50　数值选择器集成芯片

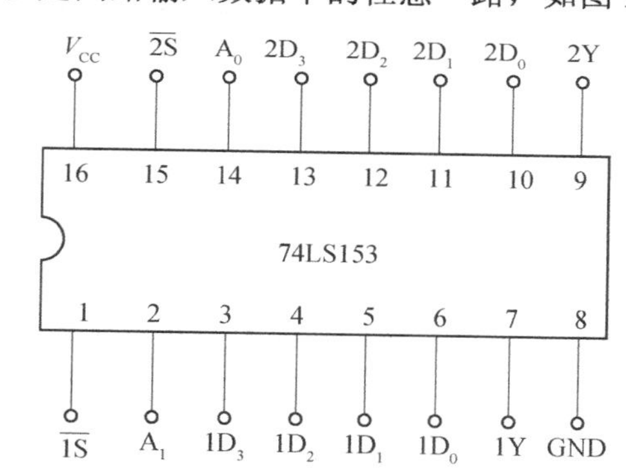

图 9-51　74LS153 数值选择器集成芯

集成数据选择器 74LS153 功能如表 9-30 所示。

表 9-30　数据选择器 74LS153 功能

输入				输出
S	D	A_1	A_0	Y
1	×	×	×	0
0	D_0	0	0	D_0
0	D_1	0	1	D_1
0	D_2	1	0	D_2
0	D_3	1	1	D_3

集成数据选择器的规格很多，常用的型号有 74LS151、CT4138 八选一选择器，74LS153、CT1153 双四选一等。

现代汽车都是通过数字仪表来显示汽车运行信息，如汽车行驶速度、行驶里程、平均油耗、燃油消耗、时间等都是数字显示的。

制作与测试键控0~9数字显示电路

任务要求：正确使用编码器、译码器、译码驱动器、数码显示器连接成用电键控制的数字显示电路并测试其电路。

一、训练目的

1. 掌握编码器、译码器的逻辑功能；
2. 掌握使用编码器、译码器合共阳极数码管LED设计优先编码、译码、显示电路的方法。
3. 掌握集成编码器、译码器的功能分析与测试方法及引脚功能查询。

二、准备器材

74LS147编码器、74LS04译码器、74LS247驱动译码器、LED数码管、实验操作台、电阻、导线。

三、操作内容及步骤

1. 设计一个键控0～9数码显示电路，画出设计原理图（如图9-52所示），确定实际接线。

2. 按原理图正确连线。连线时要注意集成芯片引脚的排列顺序，把74LS147编码器、74LS04译码器、74LS247驱动译码器、LED数码管的V_{CC}电源端都接直流+5V上，GND端都接都接直流电源的负极。

3. 电路正确连接完后，调试电路，观察LED数码管的现实情况。

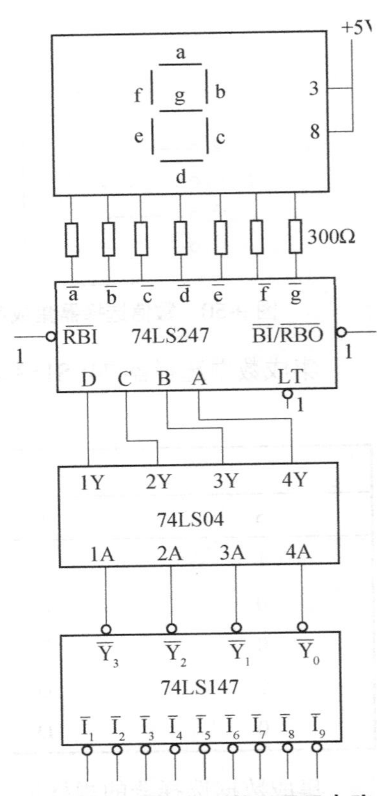

图9-52　键控0~9数码显示电路

四、思考题

1. 74LS247驱动译码器与数码管之间的电阻是否一定要有？如果没有会怎样？其电阻阻值应怎样选取。

2. 74LS247驱动译码器的作用是什么？

五、注意事项

1. 所有集成芯片的电源与接地都不要接错。电源正极接+5V直流电源。

2. 各个芯片连接时各个引脚不要接错。

任务 9.3　组装与测试时序逻辑电路

在数字系统中，常常需要存储各种数字信息，也就是有记忆功能电路，我们称为时序逻辑电路。这种电路的特点是门电路的输出状态不仅取决于当时的输入信号，还与电路原来的状态有关。通过对触发器逻辑功能的测试，掌握触发器的电路特点、功能及应用，了解寄存器、计数器的特点及应用。

9.3.1　触发器

一、RS 触发器

触发器能够记忆、存储一位二进制数字信号，是构成时序逻辑电路的基本单元。触发器的特点：①具有两个稳定的输出状态，即输出 1 态和输出 0 态，在无输入信号时其输出状态保持稳定不变；②当满足一定逻辑关系的输入时，触发器输出状态能够迅速翻转，由一种稳定状态转换到另外一种稳定状态；③输入信号消失后，所置成的 0 或 1 态能保存下来，即具有记忆功能。

触发器的种类很多，根据触发器的逻辑功能不同，可分为 RS 触发器、D 触发器、JK 触发器、T 和 T'触发器等；根据触发器电路结构的不同，可分为基本 RS 触发器、同步 RS 触发器和边沿触发器等；根据触发器工作方式的不同，可分为电平触发方式触发器、上升沿、下降沿触发方式触发器等。

（一）基本 RS 触发器

基本 RS 触发器又称为 RS 锁存器，是最简单的触发器，也是构成各种触发器的基础。常见的基本 RS 触发器有两种结构，一种是由与非门构成，另一种是由或非门构成。

1. 与非门构成的基本 RS 触发器

与非门构成的基本 RS 触发器是由两个与门 G_1 和 G_2 的输入、输出端交叉耦合构成，逻辑图及逻辑符号如图 9-53 所示。

图中 $\overline{S}$ 为置 1 输入端，$\overline{R}$ 为置 0 输入端，都是低电平有效；Q、$\overline{Q}$ 为输出端，通常情况下 Q 与 $\overline{Q}$ 的状态是相反的，一般以 Q 的状态作为触发器的状态。当 Q=1，$\overline{Q}$ =0 时，称触发器处于 1 态；当 Q=0，$\overline{Q}$=1 时，称触发器处于 0 态。

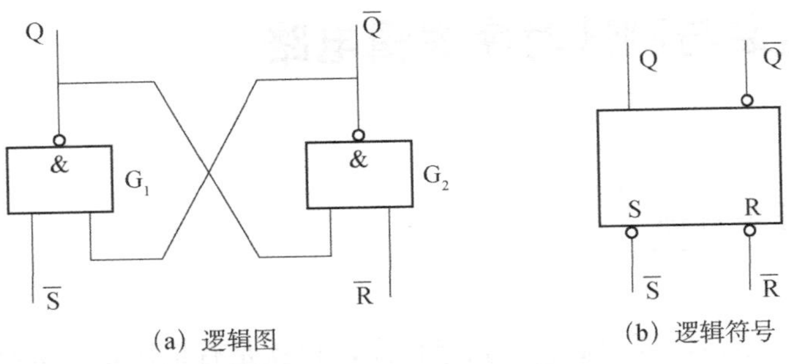

（a）逻辑图　　（b）逻辑符号

图 9-53　基本 RS 触发器

（1）工作原理。

① 当$\overline{R}$=0，$\overline{S}$=1 时　因 G_2 门有一个输入端为 0，所以 G_2 的输出端$\overline{Q}$=1，并反馈给 G_1 输入端，使 G_1 门的两个输入信号均为 1，G_1 门的输出端 Q=0，此时触发器处于 0 态。

② 当$\overline{R}$=1，$\overline{S}$=0 时　因 G_1 门有一个输入端为 0，所以 G_1 的输出端 Q=1，并反馈给 G_2 输入端，使 G_2 门的两个输入信号均为 1，G_2 门的输出端$\overline{Q}$=0，此时触发器处于 1 态。

③ 当$\overline{R}$=1，$\overline{S}$=1时　G_1 门和 G_2 门的输出状态由它们的原来状态决定。如果触发器原输出状态 Q=0，则 G_2 输出$\overline{Q}$=1，并使 G_1 的两个输入端均为 1，所以输出 Q=0，即触发器保持原来的 0 态不变；同样，当触发器原状态为 Q=1 时，则 G_2 输出$\overline{Q}$=0，并使 G_1 的一个输入为 0，其输出 Q=0，即触发器也保持原来的 1 态不变。这就是触发器的记忆功能。

④ 当$\overline{R}$=0，$\overline{S}$=0 时　G_1 门和 G_2 门均有一个输入为 0，使其输出均为 1，即 Q=$\overline{Q}$=1，这种状态不是触发器的定义状态，而且当$\overline{R}$、$\overline{S}$的信号同时去除后（即$\overline{R}$、$\overline{S}$同时由 0→1），G_1 和 G_2 的四个输入全为 1，其输出都有变为 0 的趋势，触发器的状态就由 G_1 和 G_2 两个门的传输延迟时间上的差异决定，因而具有随机性，输出状态不确定。因此，此种情况在使用中是禁止出现的，这就是基本 RS 触发器的约束条件。但是应当说明，如果$\overline{R}$、$\overline{S}$的信号不是同时去除，则触发器的状态还是可以确定的。

（2）逻辑功能。触发器的功能可以采用特性表、特性方程、波形图和状态图来描述，并规定用 Q^n 表示输入信号到来之前 Q 的状态，称为现态；用 Q^{n+1} 表示输入信号到来之后 Q 的状态，称为次态。

① 基本 RS 触发器特性表。特性表是指触发器次态与输入信号和电路原有状态之间关系的真值表。基本 RS 触发器的特性表如表 9-31 所示，简化的特性表如表 9-32 所示。

表 9-31　基本 RS 触发器特性表

输入			输出	功能说明
$\overline{R}$	$\overline{S}$	Q^n	Q^{n+1}	
0	0	0	×	不稳定状态，不允许
0	0	1	×	
0	1	0	0	置 0
0	1	1	0	
1	0	0	1	置 1
1	0	1	1	
1	1	0	0	保持原状态
1	1	1	1	

表 9-32　基本 RS 触发器特性简表

$\overline{R}$	$\overline{S}$	Q^{n+1}
0	0	不定
0	1	0
1	0	1
1	1	Q^n

② 特性方程。触发器的特性方程就是触发器次态 Q^{n+1} 与输入及现态 Q^n 之间的逻辑关系式。由基本 RS 触发器的逻辑图或者特性表，我们可以写出基本 RS 触发器的特性方程为：

$$\begin{cases} Q^{n+1}=S+\overline{R}Q^n \\ \overline{R}+\overline{S}=1 \ (\text{约束条件}) \end{cases} \tag{9-1}$$

式中，$\overline{R}+\overline{S}=1$，是因为 $\overline{R}=\overline{S}=0$ 时的输入状态是不允许的，所以输入信号必须满足 $\overline{R}+\overline{S}=1$，称它为约束条件。

③ 状态图。表示触发器的状态转换关系及转换条件的图形称为触发器的状态图。基本 RS 触发器的状态图如图 9-54 所示。图中的两个圆圈表示触发器的两个稳定状态，箭头表示触发器状态转换情况，箭头旁标注的是触发器状态转换的输入条件。

当触发器处在 0 状态，即 Q^n=0 时，若输入信号 $\overline{R}\overline{S}=01$ 或 11，触发器仍为 0 状态；若 $\overline{R}\overline{S}=10$，触发器就会翻转成为 1 状态。

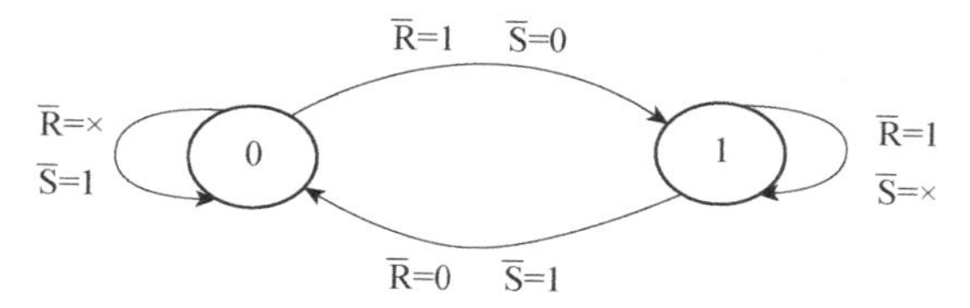

图 9-54　基本 RS 触发器的状态图

当触发器处在 1 状态，即 Q^n=1 时，若输入信号 $\overline{R}\overline{S}=10$ 或 11，触发器仍为 1 状态；若 $\overline{R}\overline{S}=01$，触发器就会翻转成为 0 状态。

④ 波形图。表示触发器输入信号取值和输出状态之间对应关系的图形称为触发器的波形图，基本 RS 触发器的波形图如图 9-55 所示。

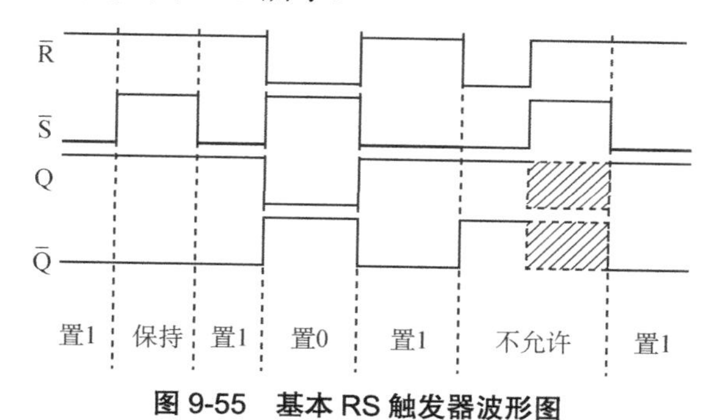

图 9-55　基本 RS 触发器波形图

2. 或非门构成的基本 RS 触发器

基本 RS 触发器也可由两个或非门构成，其逻辑图和逻辑符号如图 9-56 所示。

根据或非门的逻辑功能，可以分析出：当 R=0，S=1 时，触发器置 1；当 R=1，S=0 时，触发器置 0；当 R=S=0 时，触发器保持原状态不变；当 R=S=1 时，触发器处于不确定状态，这种情况不允许出现。由此可见，由或非门构成的基本 RS 触发器和由与非门构成的基本 RS 触发器逻辑功能相同，都具有置 0、置 1 和保持三种功能，但是由或非门构成的基本 RS 触发器的输入信号是高电平有效，其特性表如表 9-33 所示，特性方程如公式（9-2）所示。

$$\begin{cases} Q^{n+1}=S+\overline{R}Q^n \\ RS=0 \ (\text{约束条件}) \end{cases} \tag{9-2}$$

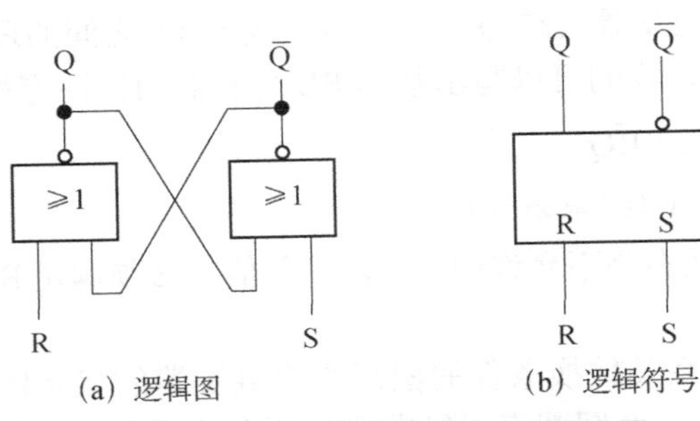

(a) 逻辑图　(b) 逻辑符号

图 9-56　或非门构成的基本 RS 触发器

表 9-33　基本 RS 触发器特性表

R	S	Q^{n+1}
0	0	Q^n
0	1	1
1	0	0
1	1	不定

（二）同步 RS 触发器

在实际数字系统中，往往希望多个触发器按照一定的节拍协调一致地工作，因此通常给触发器加入一个时钟控制端 CP，只有在 CP 端上出现时钟脉冲时，触发器的状态才能变化。具有时钟脉冲控制的触发器，其状态的改变与时钟脉冲同步，所以称为同步触发器。

1. 电路结构

同步 RS 触发器的逻辑图和逻辑符号如图 9-57 所示。它是在 G_1 和 G_2 门构成的基本 RS 触发器的基础上，增加了由 G_3 和 G_4 门构成的时钟控制电路。CP 为时钟脉冲输入端，R、S 是信号输入端。$\overline{S_D}$、$\overline{R_D}$ 是直接置 1 端和直接置 0 端，不受 CP 脉冲控制，一般用来在工作开始前给触发器预先设置给定的工作状态，通常在工作过程中不使用，使 $\overline{S_D}=\overline{R_D}=1$。

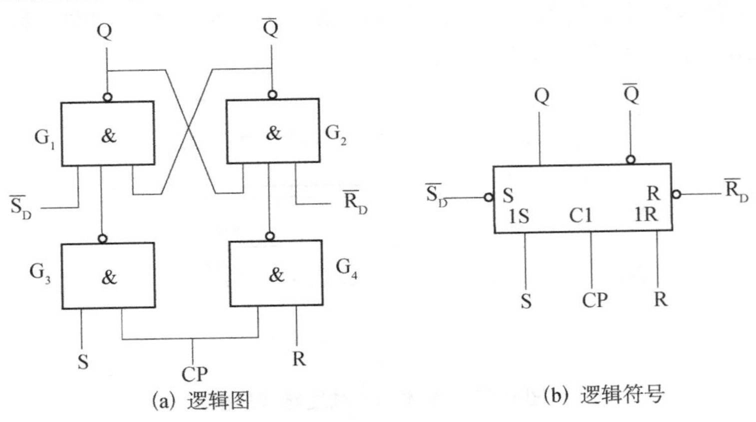

(a) 逻辑图　(b) 逻辑符号

图 9-57　同步 RS 触发器

2. 逻辑功能

由图 9-57（a）所示的逻辑图可知，当 CP=0 时，控制门 G_3、G_4 被封锁，不论输入信号 R、S 如何变化，G_3、G_4 门都输出 1，使 G_1、G_2 门构成的基本 RS 触发器保持原状态不变，即 $Q^{n+1}=Q^n$。

当 CP=1 时，控制门 G_3、G_4 打开，R、S 端的输入信号才能通过控制门送入基本 RS 触发器，使触发器的状态发生变化，其工作原理与基本 RS 触发器相同。因此可以列出同步 RS 触发器的特性表，如表 9-34 所示。

表 9-34 同步 RS 触发器特性表

CP	R	S	Q^n	Q^{n+1}	功能说明
0	×	×	×	Q^n	保持
1	0	0	0	0	保持
1	0	0	1	1	
1	0	1	0	1	置 1
1	0	1	1	1	
1	1	0	0	0	置 0
1	1	0	1	0	
1	1	1	0	不定	不允许
1	1	1	1	不定	

由表 9-34 可以得出同步 RS 触发器的特性方程，如式（9-3）所示。

$$\begin{cases} Q^{n+1} = S + \overline{R}Q^n \\ RS = 0 \ (\text{约束条件}) \quad CP=1\text{期间有效} \end{cases} \tag{9-3}$$

同步 RS 触发器的状态图如图 9-58 所示，波形图如图 9-59 所示。

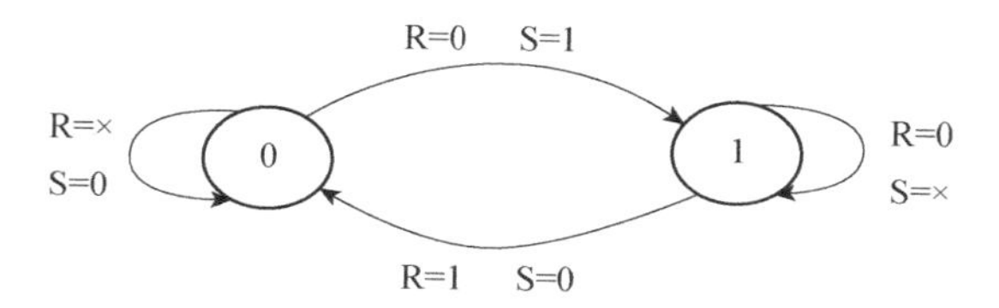

图 9-58 同步 RS 触发器状态转换图

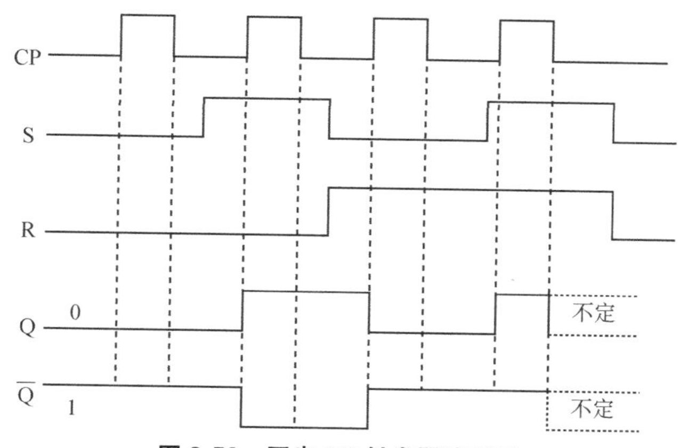

图 9-59 同步 RS 触发器波形图

由同步 RS 触发器的特性表和波形图可以看出，同步 RS 触发器为高电平触发有效，输出状态的转换分别由 CP 和 R、S 控制，其中 R、S 端输入信号决定了触发器的转换状态，而时钟脉冲 CP 则决定了触发器状态转换的时刻，即何时发生转换。

例 9-5 如图 9-57 所示的同步 RS 触发器，已知时钟脉冲 CP 和输出信号 R、S 的波形如图 9-60 所示，试画出输出 Q 端的波形。设触发器初始状态 Q=0。

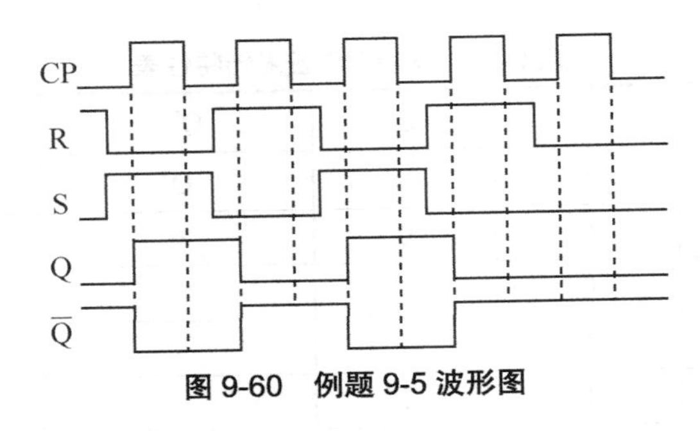

图 9-60　例题 9-5 波形图

（三）同步触发器的空翻

在一个 CP 时钟脉冲周期的整个高电平期间或整个低电平期间都能接收输入信号并改变触发器状态的触发方式称为电平触发，同步 RS 触发器就属于电平触发方式。如果在 CP 脉冲的整个高电平期间内，R、S 输入信号发生了多次变化，则触发器的输出状态也相应会发生多次变化。这种在一个时钟脉冲周期中，触发器发生多次翻转的现象叫做空翻。空翻是一种有害的现象，它使得电路不能按时钟节拍工作，会造成系统的误动作。一般通过完善触发器的电路结构来克服空翻现象。

二、JK 触发器

1. 主从 JK 触发器

JK 触发器是一种逻辑功能最全、应用较广泛的触发器。图 9-61 中所示为主从 JK 触发器的逻辑图和逻辑符号，J、K 为外加输入信号。由于 Q、$\overline{Q}$ 信号是互补的，因此主触发器的输入端就可以避免出现两个输入信号全为 1 的情况，从而解决了约束问题。

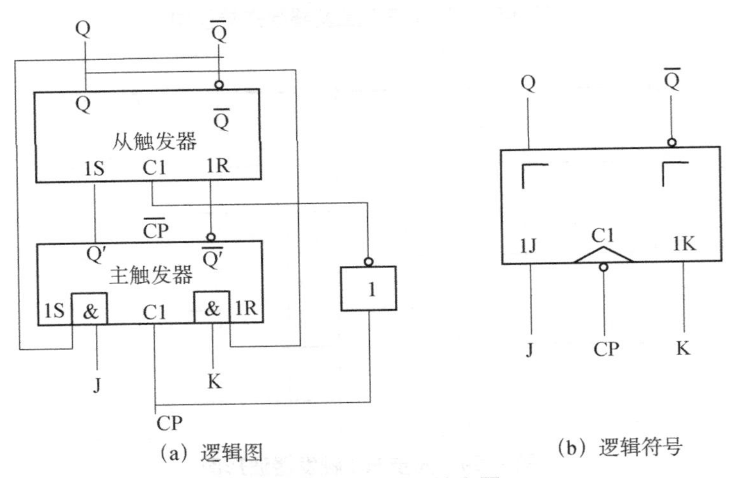

图 9-61　主从 JK 触发器

（1）工作原理。当 CP=1，$\overline{CP}=0$ 时，从触发器被封锁，保持原状态不变，而主触发器打开，其输出状态由 J、K 信号和从触发器的状态决定。

当 CP=0，$\overline{CP}=1$ 时，主触发器被封锁，保持原状态不变，而从触发器打开，输出状态与主触发器的输出状态相同。

当 CP 从 1 变成 0 时，从触发器接收主触发器的输出端状态，并进行相应的状态翻转，即主从 JK 触发器是在 CP 下降沿到来时才使触发器状态转换的。

① J=0，K=0 时　主触发器将保持原状态不变，因此从触发器也保持原状态不变。

② J=0，K=1 时　若触发器的初始状态为 1 态，当 CP=1 时，由于主触发器的 R=1、S=0，主触发器输出为 0 态；当 CP 由 1 跳变到 0 时，即 CP 的下降沿到来时，从触发器也翻转成 0 态；若触发器的初始状态为 0 态，当 CP=1 时，由于主触发器的 R=0、S=0，主触发器保持原状态不变；当 CP 的下降沿到来时，从触发器也保持原来的 0 态不变。

即 J=0，K=1 时，不论 JK 触发器原状态是什么，都被置成 0 态。

③ J=1，K=0 时　若触发器的初始状态为 0 态，当 CP=1 时，由于主触发器的 R=0、S=1，主触发器翻转成 1 态；当 CP 的下降沿到来时，从触发器的 R=0、S=1，从触发器也被置成 1 态；若触发器的初始状态为 1 态，当 CP=1 时，由于主触发器的 R=0、S=0，主触发器保持原状态不变；当 CP 的下降沿到来时，从触发器也保持原来的 1 态不变。

即 J=1，K=0 时，不论 JK 触发器原状态是什么，都被置成 1 态。

④ J=1，K=1 时　若触发器的初始状态为 0 态，当 CP=1 时，由于主触发器的 R=0、S=1，主触发器翻转成 1 态；当 CP 的下降沿到来时，从触发器的 R=0、S=1，从触发器也翻转成 1 态；若触发器的初始状态为 1 态，当 CP=1 时，由于主触发器的 R=1、S=0，主触发器翻转成 0 态；当 CP 的下降沿到来时，从触发器的 R=1、S=0，从触发器则翻转成 0 态。

即 J=1，K=0 时，JK 触发器每来一个时钟脉冲就翻转一次。

（2）逻辑功能。通过以上分析可知，JK 触发器具有保持、置 0、置 1 和翻转四种逻辑功能。

① 特性表　JK 触发器的特性表如表 9-35 所示，简化的特性表如表 9-36 所示。

表 9-35　JK 触发器特性表

CP	J	K	Q^n	Q^{n+1}	功能说明
0	×	×	×	Q^n	保持
1	×	×	×	Q^n	
↓	0	0	0	0	保持
↓	0	0	1	1	
↓	0	1	0	0	置 0
↓	0	1	1	0	
↓	1	0	0	1	置 1
↓	1	0	1	1	
↓	1	1	0	1	翻转
↓	1	1	1	0	

表 9-36　JK 触发器特性简表

J	K	Q^{n+1}	
0	0	Q^n	CP↓有效
0	1	0	
1	0	1	
1	1	$\overline{Q^n}$	

② 特性方程　由表 9-36 可以得出 JK 触发器的特性方程，如公式（9-4）所示。

$$Q^{n+1} = J\overline{Q^n} + \overline{K}Q^n \qquad \text{CP 下降沿有效} \tag{9-4}$$

③ 状态图和波形图

JK 触发器的状态图如图 9-62 所示，波形图如 9-63 所示。

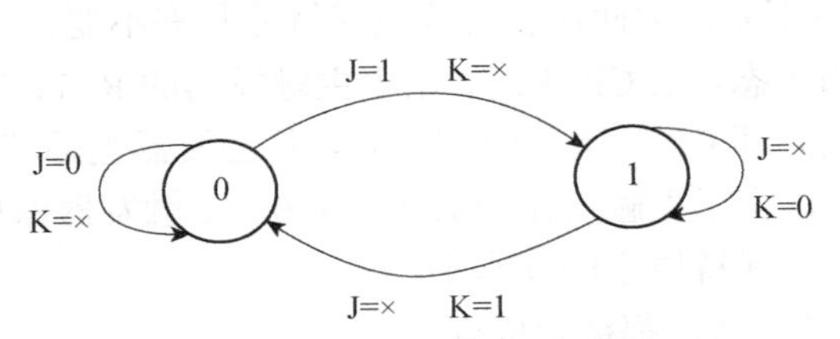

图 9-62 JK 触发器状态转换图

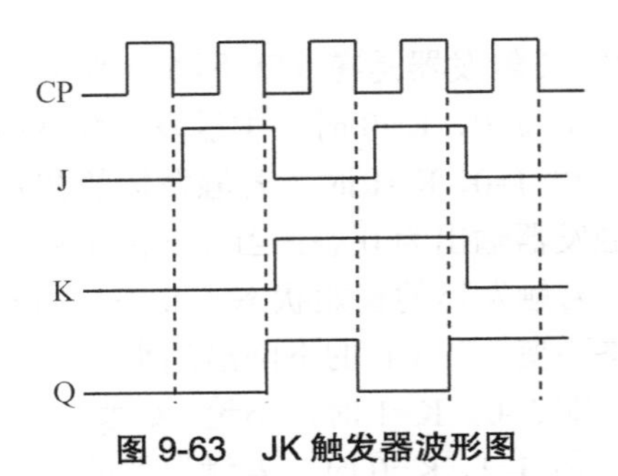

图 9-63 JK 触发器波形图

2. 主从 JK 触发器的一次变化问题

主从 JK 触发器功能完善，且输入信号 J、K 之间没有约束。但主从 JK 触发器还存在着一次变化问题，即主从 JK 触发器中的主触发器，在 CP=1 期间其状态能且只能变化一次，如果在 CP 高电平期间输入端出现干扰信号，就有可能使触发器产生与逻辑功能表不符合的错误状态，如图 9-64 所示，所以主从 JK 触发器的抗干扰能力不强。

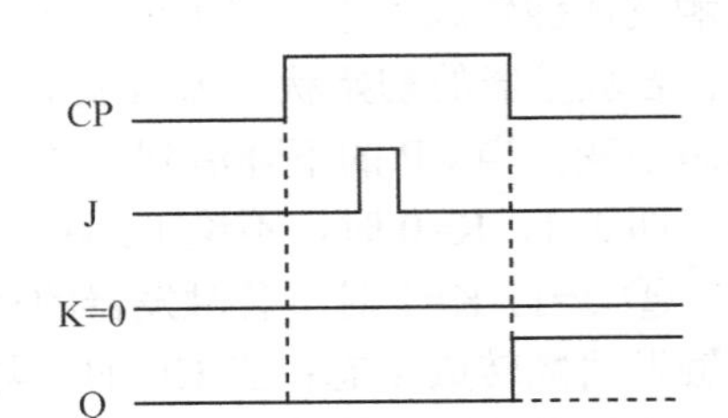

图 9-64 主从 JK 触发器的一次变化问题

这种变化可以是 J、K 变化引起的，也可以是干扰脉冲引起的，因此其抗干扰能力尚需进一步提高。

3. 边沿 JK 触发器

边沿 JK 触发器的电路结构可使触发器在 CP 脉冲有效触发沿到来前一瞬间接收信号，在有效触发沿到来后产生状态转换。即触发器的次态仅仅取决于 CP 信号的下降沿（或上升沿）到达时刻输入信号的状态，而在 CP=1 或 CP=0 期间，输入端的任何变化都不影响输出。因此，边沿触发器既没有空翻现象，也没有一次变化问题，从而大大提高了触发器工作的可靠性和抗干扰能力。边沿触发器的逻辑符号如图 9-65 所示，图中的“∧”代表是边沿触发，“○”代表下降沿。

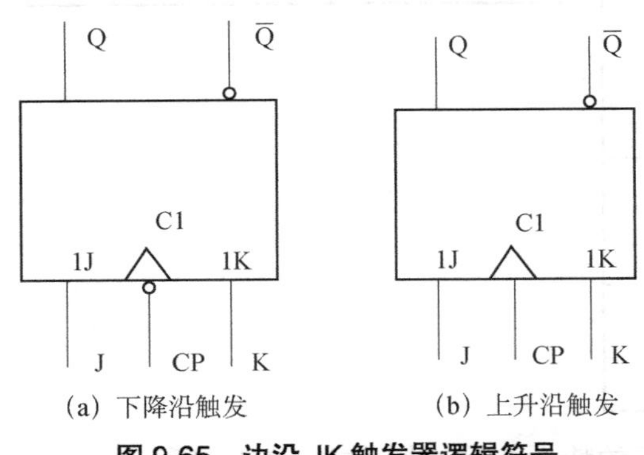

（a）下降沿触发　（b）上升沿触发

图 9-65 边沿 JK 触发器逻辑符号

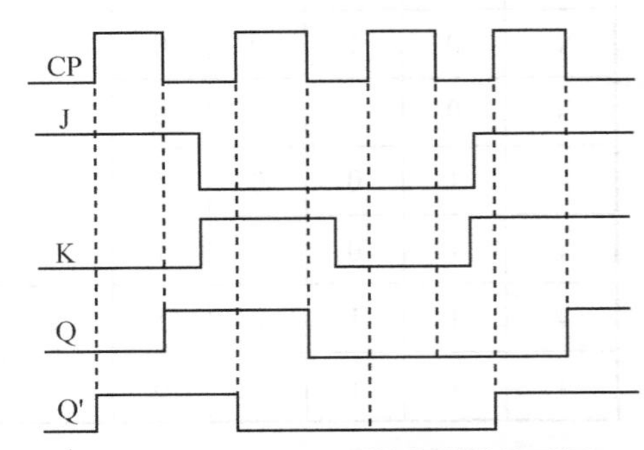

图 9-66 边沿 JK 触发器的波形图

图 9-65（a）中是下降沿触发的边沿 JK 触发器，图 9-65（b）是上升沿触发的边沿 JK 触发器。无论是上升沿触发还是下降沿触发的 JK 触发器，都具有置 0、置 1、保持和翻转四种逻辑功能，特性方程、状态转换图与主从 JK 触发器相同，只不过是触发器的状态转换的时刻

不同而已，因此它们的特性表、特性方程和状态转换图可以参考主从 JK 触发器的特性表、特性方程和状态转换图，波形图如图 9-66 所示，其中 Q 是下降沿触发的边沿 JK 触发器的输出波形，Q′ 是上升沿触发的边沿 JK 触发器的输出波形。

4. 集成边沿 JK 触发器

TTL 集成边沿 JK 触发器——74LS112。74LS112 是由 TTL 门电路构成的 CP 下降沿触发的集成边沿 JK 触发器，其内部具有两个功能相同、结构独立的边沿 JK 触发器，图 9-67 给出了 74LS112 的引脚排列图和逻辑符号，它的功能表如表 9-37 所示。

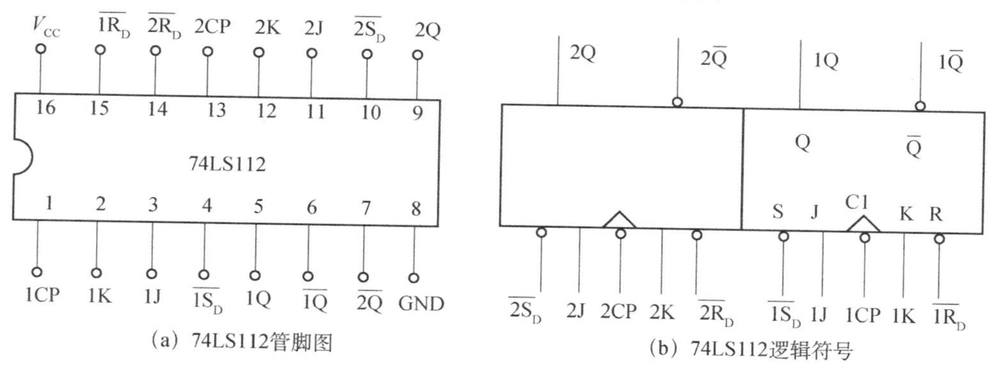

（a）74LS112管脚图　　（b）74LS112逻辑符号

图 9-67　集成边沿 JK 触发器 74LS112

表 9-37　74LS112 功能表

输入					输出	功能说明
$\overline{R_D}$	$\overline{S_D}$	CP	J	K	Q^{n+1}	
0	1	×	×	×	0	置 0
1	0	×	×	×	1	置 1
1	1	0	×	×	Q^n	保持
1	1	1	×	×	Q^n	保持
1	1	↑	×	×	Q^n	保持
1	1	↓	0	0	Q^n	保持
1	1	↓	0	1	0	置 0
1	1	↓	1	0	1	置 1
1	1	↓	1	1	$\overline{Q^n}$	翻转

从表 9-37 中可以看出 74LS112 具有以下主要功能。

- 异步置 0：当 $\overline{R_D}=0$，$\overline{S_D}=1$ 时，触发器置 0，与时钟脉冲 CP 及 J、K 的输入信号无关。
- 异步置 1：当 $\overline{R_D}=1$，$\overline{S_D}=0$ 时，触发器置 1，与时钟脉冲 CP 及 J、K 的输入信号也无关。
- 保持：若 $\overline{R_D}=1$，$\overline{S_D}=1$，在 CP=0、CP=1 期间和 CP 上升沿时刻，不论 J、K 信号是什么，触发器均不工作，输出将保持原来状态不变；在 CP 下降沿时刻，若 J=K=0，触发器也将保持原态不变。
- 置 0：若 $\overline{R_D}=1$，$\overline{S_D}=0$，J=0，K=1 时，在 CP 下降沿作用下，触发器将输出为 0 态。

● 置 1：若 $\overline{R_D}=1$，$\overline{S_D}=0$，J=1，K=0 时，在 CP 下降沿作用下，触发器将输出为 1 态。

● 翻转：若 $\overline{R_D}=1$，$\overline{S_D}=0$，J=1，K=1 时，则每输入一个 CP 的下降沿，触发器的状态就变化一次，即 $\overline{Q^{n+1}}=\overline{Q^n}$，此时只要看触发器的输出状态变化了几次，就可以计算出输入了几个 CP 脉冲，因此也把这种功能成为计数功能。

例 9-6 一片 74LS112 的连接电路如图 9-68（a）所示，其内部的两个 JK 触发器的 J、K 输入端均为 1，设 Q_1、Q_2 的初态均为 0。试画出在给定的 CP 脉冲作用下 Q_1、Q_2 的波形，并分析电路的功能。

解： 因为 J=K=1，所以触发器 1 和 2 都处于翻转状态，并且由连接电路可知，触发器 1 的输出作为触发器 2 的 CP 脉冲，因此触发器 1 在 CP 的下降沿翻转，触发器 2 在 Q_1 的下降沿翻转，由此可画出 Q_1 和 Q_2 的波形，如图 9-69（b）所示。从波形图中可以看出，Q_1 的脉冲个数是 CP 脉冲的二分之一，即 Q_1 是 CP 脉冲的二分频。同理，Q_2 是 Q_1 的二分频，也就是 CP 的四分频。因此电路就有二分频和四分频功能。

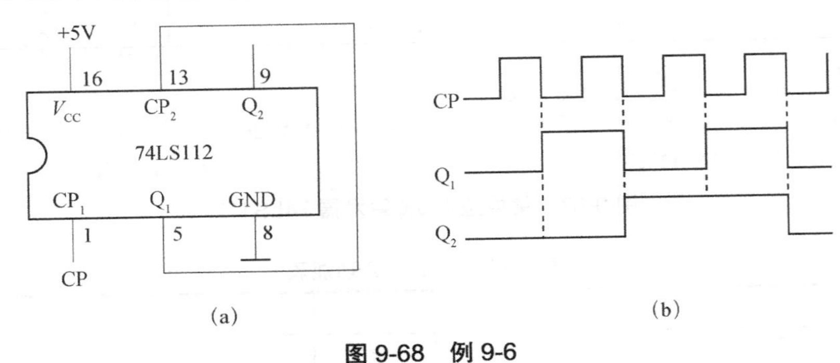

图 9-68 例 9-6

三、集成 D 触发器

D 触发器也是一种常用的触发器，目前使用的大多是维持阻塞式边沿 D 触发器，其逻辑符号如图 9-69 所示，特性表如表 9-38 所示。

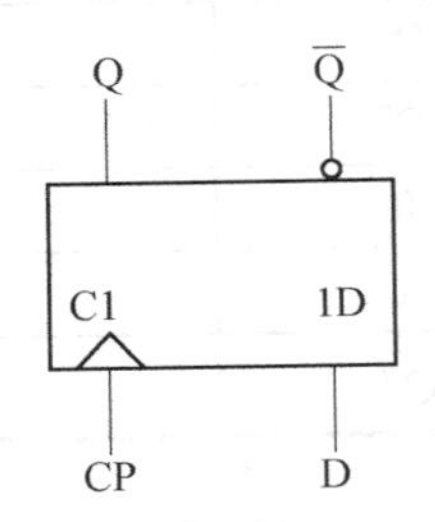

图 9-69 D 触发器逻辑符号

表 9-38 D 触发器特性表

输入		输出	功能
CP	D	Q^{n+1}	
↑	0	0	置 0
↑	1	1	置 1
0	×	Q^n	保持
1	×	Q^n	
↓	×	Q^n	

从表 9-38 中可以看出，D 触发器在 CP 脉冲的上升沿产生状态变化，触发器的次态取决于 CP 脉冲上升沿到来时刻输入端 D 的信号，而在上升沿后，输入 D 端的信号变化对触发器的输出状态没有影响，触发器将保持原态不变。如在 CP 脉冲的上升沿到来时，D=0，则在 CP 脉冲的上升沿到来后，触发器置 0；如在 CP 脉冲的上升沿到来时 D=1，则在 CP 脉冲的上升沿到来后触发器置 1，因此 D 触发器具有置 0 和置 1 两种功能，其特性方程如式（9-5），状态图如图 9-70 所示，波形图如图 9-71 所示。

$$Q^{n+1} = D \qquad \text{CP 上升沿有效} \tag{9-5}$$

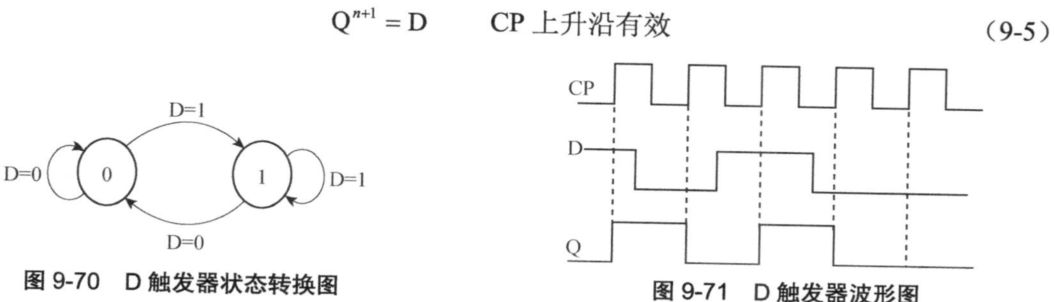

图 9-70　D 触发器状态转换图

图 9-71　D 触发器波形图

例 9-7　电路如图 9-72 所示，若 CP 的频率为 4MHz，设触发器初态为 0，试画出 Q_1、Q_2 的波形并求其频率。

解：因为 $D=\overline{Q}$，根据 D 触发器的特性方程可得，$Q=D=\overline{Q}$，并且由连接电路可知，触发器 1 的输出 Q 作为触发器 2 的 CP 脉冲，因此触发器 1 在 CP 的上升沿翻转，触发器 2 在 Q_1 的上升沿翻转，由此可画出 Q_1 和 Q_2 的波形，如图 9-73 所示。从波形图中可以看出，Q_1 的脉冲个数是 CP 脉冲的二分之一，即 Q_1 是 CP 脉冲的二分频。同理，Q_2 是 Q_1 的二分频，也就是 CP 的四分频，因此 $f_{Q1}=f_{CP}/2=2$ MHz，$f_{Q2}=f_{CP}/4=1$ MHz。

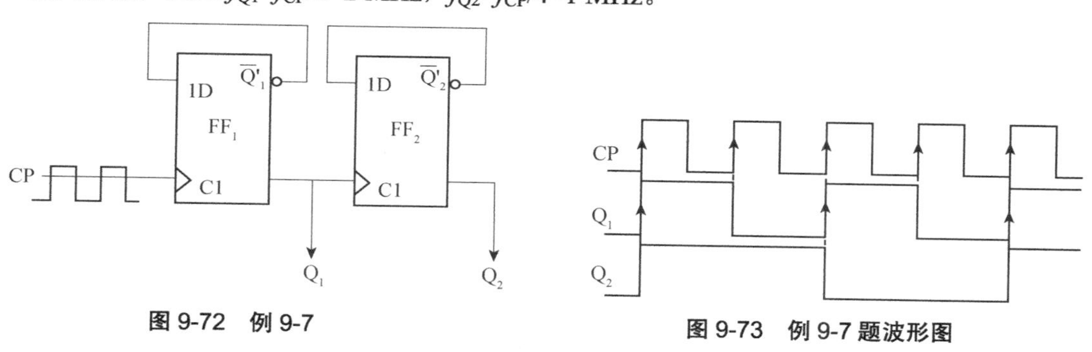

图 9-72　例 9-7

图 9-73　例 9-7 题波形图

四、集成 T 触发器

1. T 触发器

在数字电路中，凡在 CP 时钟脉冲控制下，能够根据输入信号取值的不同，具有保持和翻转功能的电路，就称为 T 触发器。通常 T 触发器可以由 JK 触发器和 D 触发器转换实现，如图 9-74（a）所示，为 T 触发器逻辑图，T 触发器的逻辑符号如图 9-74（b）所示。

由图 9-74 可知：J=K=T，根据 JK 触发器的特性方程可以得出 T 触发器的特性方程，即：

$$Q^{n+1} = J\overline{Q^n} + \overline{K}Q^n = T\overline{Q^n} + \overline{T}Q^n = T \oplus Q^n\text{，CP 下降沿有效} \tag{9-6}$$

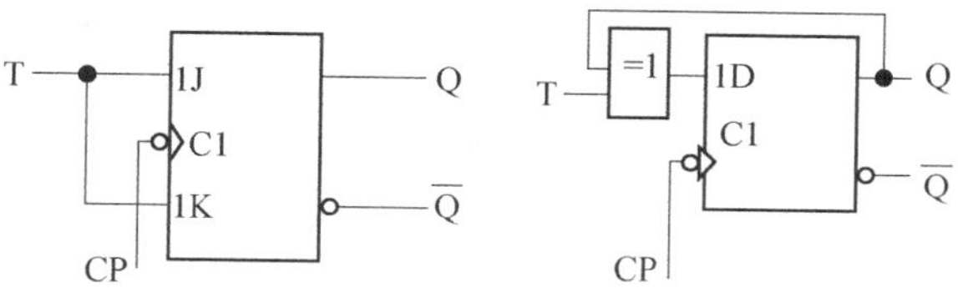

（a）T触发器逻辑图 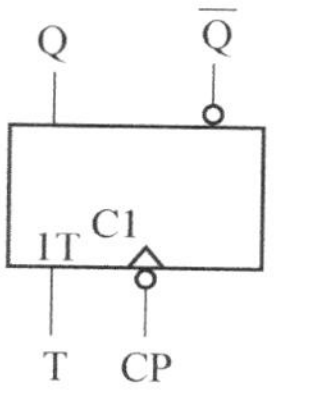　　（b）T触发器逻辑符号

图 9-74　T 触发器

并由此可以分析出 T 触发器的特性表如表 9-39 所示和状态图如图 9-75 所示。

2. T′ 触发器

如果将 T 触发器的输入端 T 固定接 1，则触发器就只具有翻转（计数）一种功能，称之为 T′ 触发器，D 触发器、JK 触发器都可以转换为 T′ 触发器， T′ 触发器的逻辑图如图 9-76 所示。

$$T' 触发器的特性方程为 Q^{n+1}=\overline{Q^n} \qquad (9\text{-}7)$$

表 9-39　T 触发器特征表

输入		输出	功能
CP	T	Q^{n+1}	
↓	0	Q^n	保持
↓	1	$\overline{Q^n}$	翻转
0	×	Q^n	保持
1	×	Q^n	
↑	×	Q^n	

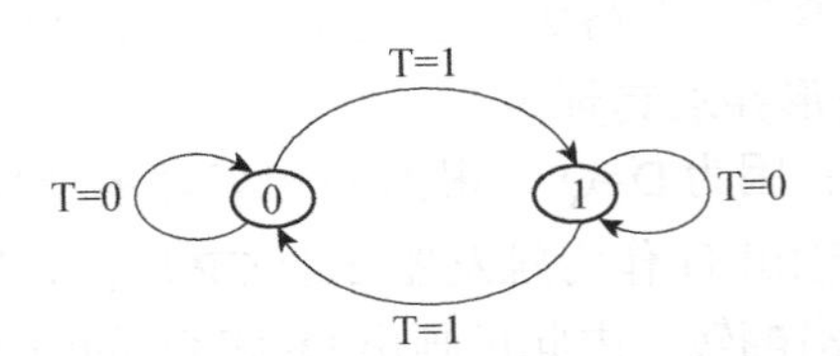

图 9-75　T 触发器状态转换图

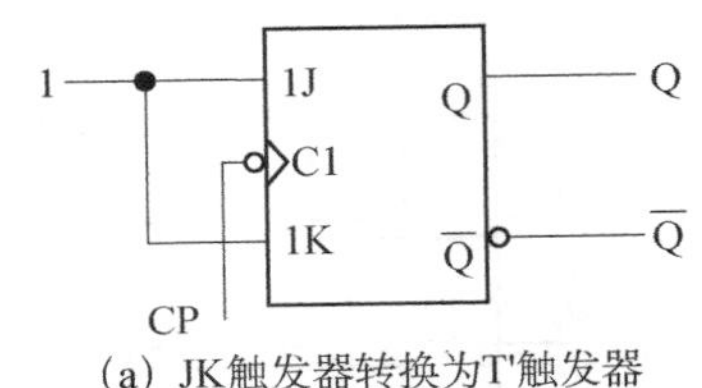

(a) JK触发器转换为T′触发器

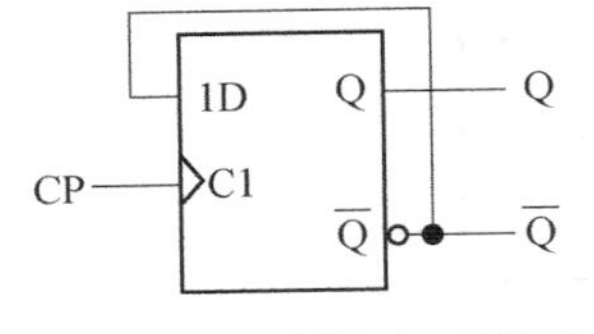

(b) D触发器转换为T′触发器

图 9-76　T′触发器逻辑图

CP 脉冲的触发沿由具体构成 T′ 触发器的 JK 触发器或者 D 触发器决定。由 T′ 触发器得特性方程可知，每来一个 CP 脉冲的触发沿， T′ 触发器的输出状态就翻转一次，因此 T′ 触发器只具有计数一种功能。

9.3.2　寄存器

寄存器是一种能够接收、暂存、传递数码和指令灯信息的逻辑部件。在电路中，这些信息都是用二进制代码来表示的。因此，寄存器的工作对象是二进制代码。一个触发器只能寄存一位二进制数码，若工作信号为 n 位二进制代码，就需要 n 个触发器构成的寄存器。常用的有四位、八位、十六位等寄存器。

寄存器存放数码的方式有并行和串行两种。并行方式就是数码各位从各对应位输入端同时输入到寄存器中；串行方式就是数码从一个输入端逐位输入到寄存器中。

按寄存器的功能不同，可将其分为两大类：数码寄存器和移位寄存器。

一、数码寄存器

数码寄存器只有接收、暂存数码和清除原有数码的功能。图 9-77 所示为 4 位数码寄存器的原理图，它由 4 各上升沿触发的 D 触发器组成。D_0～D_3 为寄存器的数码输入端，Q_0～Q_3

为数码输出端。$\overline{CR}$ 为寄存器的异步清零端。

$\overline{CR}$=0 时，$Q_0Q_1Q_2Q_3$=0000，寄存器清零。正常工作时，$\overline{CR}$=1。若要存放数码 1010，需使 $D_0D_1D_2D_3$=1010，当 CP 上升沿到达时，$Q_0Q_1Q_2Q_3$=1010，就实现了接收数码的功能。

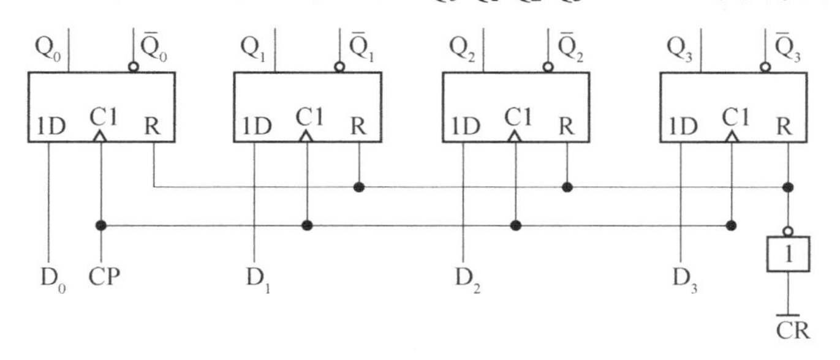

图 9-77　上升沿触发 D 触发器构成的 4 位数码寄存器

这样，就把四位二进制数码存放到了这四位数码寄存器内。上述的输入、输出方式称为并行输入、并行输出寄存器。

二、移位寄存器

移位寄存器是在数码寄存器的基础上发展而成的，除了具有数码寄存器的功能外，还具有数码移位的功能。按数码移位的方向不同，移位寄存器分为左移寄存器、右移寄存器和双向移位寄存器。

1. 左移寄存器

左移寄存器是指数码从低位到高位逐位移动的寄存器。4 位左移寄存器电路如图 9-78 所示，也由 4 个上升沿触发的 D 触发器构成。数码从低位触发器的 D 端串行输入，再从高位触发器的输出端 Q_3 串行输出。经过 4 个脉冲后并行输出 4 个所存的数码。

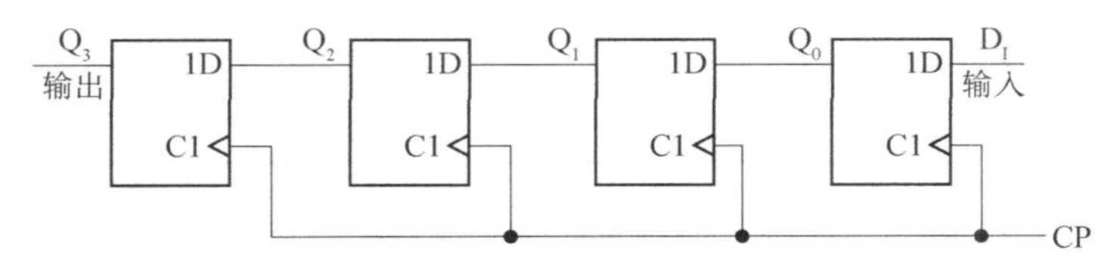

图 9-78　上升沿触发 D 触发器构成的左移寄存器

设要存入的数码为 $D_3D_2D_1D_0$=1101，根据左移寄存器的特点，首先应在串行输入端 D 端输入最高位的数码 D_3=1，然后由高位到底低位依次输入 D_2=1、D_1=0、D_0=1，经过 4 个 CP 后，$Q_3Q_2Q_1Q_0$=1101。

右移寄存器是指数码从高位到低位逐位移动的寄存器。其串行输入端在最高为触发器的输入端，串行输出端在最低为触发器的输出端。其电路结构及工作过程由读者自行分析。

2. 双向移位寄存器

双向移位寄存器既能够实现左移，又可以实现右移。如图 9-79 所示为 4 位的双向移位寄存器，其中 D_{SR} 是右移数据输入端，D_{SL} 是左移数据输入端，M 是左/右移位方式控制端，当 M=1 时，实现左移，当 M=0 时，实现右移，具体工作过程大家可以自己分析。

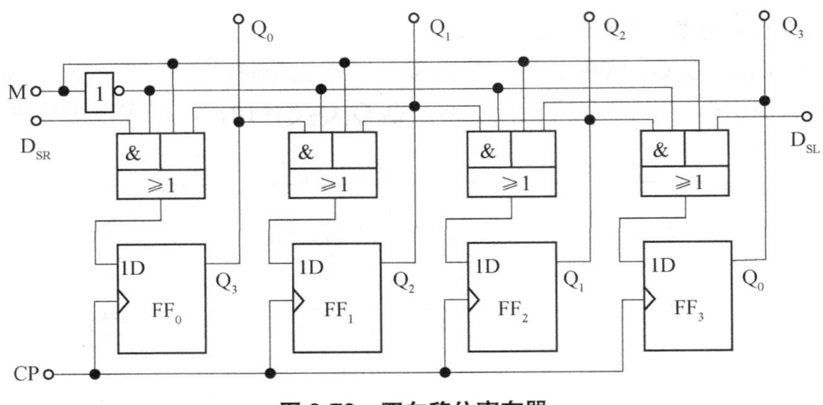

图 9-79　双向移位寄存器

典型的集成双向移位寄存器是 74LS194，其引脚排列和逻辑符号如图 9-80 所示，$\overline{CR}$ 为清零端，D_3～D_0 为并行数据输入端，D_{SR} 是右移数据输入端，D_{SL} 是左移数据输入端，M_0 和 M_1 为工作方式控制端，Q_3～Q_0 为并行数据输出端，CP 为移位脉冲输入端，74LS194 的功能如表 9-40 所示。

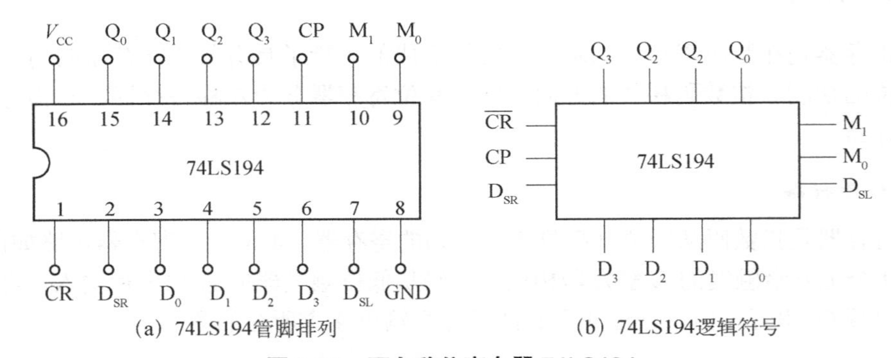

(a) 74LS194管脚排列　　(b) 74LS194逻辑符号

图 9-80　双向移位寄存器 74LS194

表 9-40　74LS194 功能表

输入										输出				功能说明
$\overline{CR}$	M_1	M_0	CP	D_{SL}	D_{SR}	D_3	D_2	D_1	D_0	Q_3	Q_2	Q_1	Q_0	
0	×	×	×	×	×	×	×	×	×	0	0	0	0	清零
1	×	×	0	×	×	×	×	×	×	Q_3	Q_2	Q_1	Q_0	保持
1	1	1	↑	×	×	d_3	d_2	d_1	d_0	d_3	d_2	d_1	d_0	并行置数
1	0	1	↑	×	0	×	×	×	×	Q_2	Q_1	Q_0	0	右移
1	0	1	↑	×	1	×	×	×	×	Q_2	Q_1	Q_0	1	
1	1	0	↑	0	×	×	×	×	×	Q_2	Q_1	Q_0	0	左移
1	1	0	↑	1	×	×	×	×	×	Q_2	Q_1	Q_0	0	
1	0	0	×	×	×	×	×	×	×	Q_3	Q_2	Q_1	Q_0	保持

3. 集成移位寄存器扩展

在实际应用时，常常碰到寄存器位数少而需要寄存的数据位数较多的情况，这时可以采用多片寄存器进行级联扩展的方法来构成所需要的多位寄存器，下面以 74LS194 为例说明寄存器级联扩展的方法。如图 9-81 所示是两片 74LS194 构成 8 位双向移位寄存器的连接图。由图可见，74LS194 进行级联的时候，只需将高位 194 的输出 Q_0 接低位 194 的右移输入 D_{SR}，低位 194 的输出 Q_3 接高位 194 的左移输入 D_{SL}，两片 194 的 CP、M_0、M_1 和 $\overline{CR}$ 端分别并联即可。

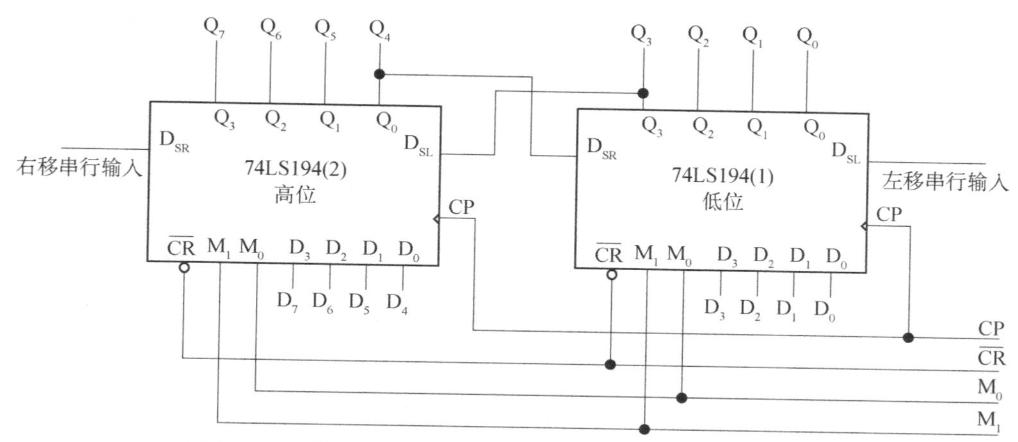

图 9-81　两片 74LS194 级连接成 8 位双向移位寄存器连接图

9.3.3　计数器

计数器是用来累计时钟脉冲个数的时序逻辑部件，在数字电路中应用极为广泛，不仅用于对时钟脉冲进行计数，还可用于对时钟脉冲分频、定时及产生数字系统的节拍脉冲等。计数器的种类很多，一般有以下几种方式：

1. 按触发方式分

按照触发方式不同计数器分为同步计数器和异步计数器。

在同步计数器中，计数脉冲 CP 同时加到所有触发器的时钟端，当计数脉冲输入时，触发器的状态同时发生变化。

在异步计数器中，计数脉冲并不引到所有触发器的时钟脉冲输入端，各个触发器不是同时被触发的。

2. 按计数的增减规律分

按计数的增减规律计数器分为加法计数器、减法计数器和可逆计数器。

加法计数器是在 CP 脉冲作用下进行累加计数，即每来一个 CP 脉冲，计数器加 1；

减法计数器是在 CP 脉冲作用下进行累减计数，即每来一个 CP 脉冲，计数器减 1；

可逆计数器在控制信号的作用下，既可按加法计数规律计数，也可按减法计数规律计数。

3. 按计数容量分

计数器所能累计时钟脉冲的个数即为计数器的容量，也称为计数器的模（用 M 表示）。N 个触发器组成的计数器所能累计的最大数目是 2^N，当 $M=2^N$ 时称为二进制计数器，当 $M<2^N$ 时称为 M 进制计数器。

一、二进制计数器

1. 同步二进制加法计数器

常用的二进制计数器有若干个触发器组成。根据计数脉冲是否同时加在各触发器的时钟脉冲输入端，二进制计数器分为异步二进制计数器和同步二进制计数器。图 9-82 所示的是 3 个下降沿触发 JK 触发器构成的 3 位同步二进制加法计数器。

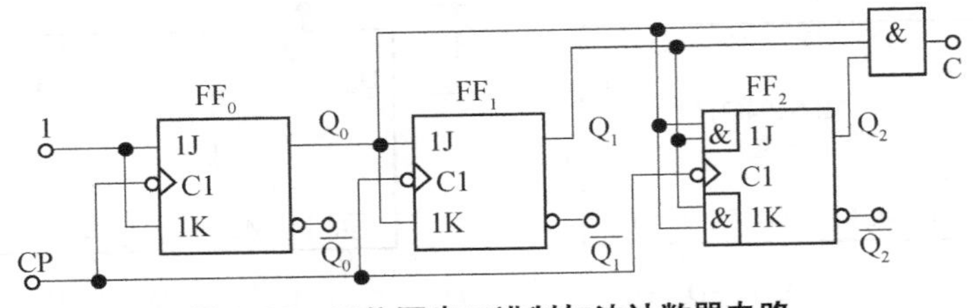

图 9-82　三位同步二进制加法计数器电路

该计数器的工作原理：每来一个计数脉冲，最低位触发器就翻转一次，而高一位触发器是在低一位的触发器的 Q 输出端从 1 变为 0 时翻转。即以低一位的输出作为高一位的计数脉冲输入。其时序图如图 9-83 所示。

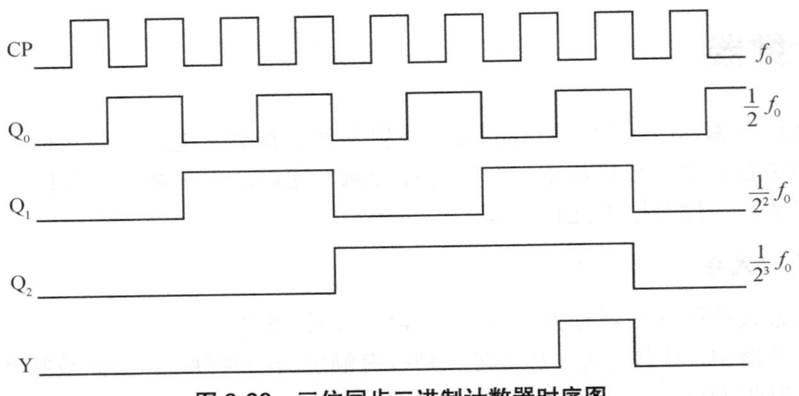

图 9-83　三位同步二进制计数器时序图

由图 9-83 可以看出，如果 CP 脉冲的频率为 f_0，那么 Q_0 的频率为 $\frac{1}{2}f_0$，Q_1 的频率为 $\frac{1}{4}f_0$，Q_2 的分率为 $\frac{1}{8}f_0$。说明计数器具有分频作用，也叫分频器。n 位二进制计数器最高位输入信号频率为 CP 脉冲频率 f_0 的 $\frac{1}{2^n}$，即 2^n 分频。

2. 集成二进制计数器

目前市场上同步二进制计数器的产品种类很多，如具有同步清零功能的 74LS163 芯片，具有可预置同步可逆的 74LS191 芯片等。下面以 74LS163、74LS161 芯片为例讲解集成同步二进制计数器的功能和使用方法。

（1）74LS163 集成芯片。图 9-84 为中规模集成的 4 位同步二进制加法计数器 74LS163 的逻辑符号。

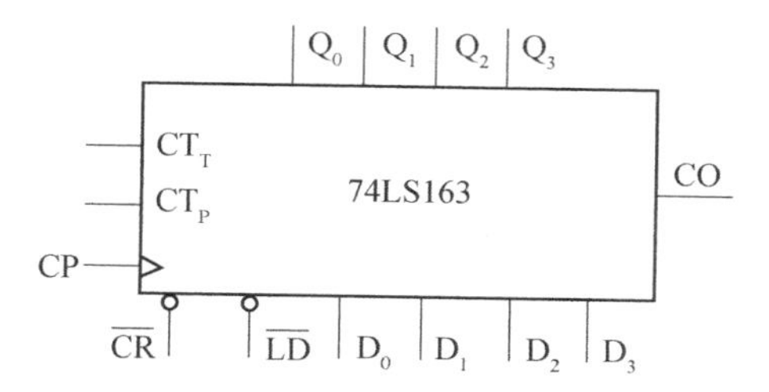

图 9-84　74LS163 的逻辑符

图中$\overline{CR}$为同步置 0 控制端，$\overline{LD}$为同步置数控制端，CT_T和 CT_P为计数控制端，D_0～D_3为并行数据输入端，Q_0～Q_3为输出端，CO 为进位输出端。其功能表如表 9-41 所示。

表 9-41　74LS163 的功能表

输入									输出				功能说明
清零	置数	使能		时钟	并行输入								
$\overline{CR}$	$\overline{LD}$	CT_P	CT_T	CP	D_3	D_2	D_1	D_0	Q_3	Q_2	Q_1	Q_0	
0	×	×	×	↑	×	×	×	×	0	0	0	0	同步清零
1	0	×	×	↑	D_3	D_2	D_1	D_0	D_3	D_2	D_1	D_0	同步置数
1	1	1	1	↑	×	×	×	×	加法计数				计数
1	1	0	×	×	×	×	×	×	Q_3	Q_2	Q_1	Q_0	保持
1	1	×	0	×	×	×	×	×	Q_3	Q_2	Q_1	Q_0	保持

由表 9-41 可知 74LS163 具有以下功能：

① 同步清零功能。当$\overline{CR}$=0 且在 CP 上升沿时，不管其他控制信号如何，计数器清零，即 $Q_3 Q_2 Q_1 Q_0$=0000，具有最高优先级别。

② 同步并行置数功能。$\overline{CR}$=1 且$\overline{LD}$=0 时，不管其他控制信号如何，在 CP 上升沿作用下，并行输入的数据 D_3～D_0 被置入计数器，即 $Q_3 Q_2 Q_1 Q_0=D_3 D_2 D_1 D_0$。

③ 同步二进制加法计数功能。当$\overline{CR}=\overline{LD}$=1 且 $CT_T=CT_P=1$ 时，计数器在 CP 脉冲上升沿触发下进行二进制加法计数。

④ 保持功能。当$\overline{CR}=\overline{LD}$=1 且 CT_T和 CT_P至少有一个为 0 时，计数器保持原来状态不变。

⑤ 实现二进制计数的位扩展。进位输出信号 $CO=CT_P\cdot Q_3^n\cdot Q_2^n\cdot Q_1^n\cdot Q_0^n$。当计数器到 $Q_3^n\cdot Q_2^n\cdot Q_1^n\cdot Q_0^n$=1111，且 CT_T=1 时，CO=1，即 CO 产生一个高电平，当再来一个脉冲上升沿（第 16 个脉冲），计数器的状态返回 0000 时，CO=0，即 CO 跳至低电平，故用 CO 的高电平作为向高 4 位级联的进位信号，以构成 8 位以上二进制计数器。

（2）74LS161 集成芯片。图 9-85 所示是集成 4 位可预置的同步二进制计数器 74LS161 的引脚排列和逻辑符号，其中$\overline{CR}$是清零端，$\overline{LD}$是预置数控制端，$D_3D_2D_1D_0$是预置数据输入端，CT_P和 CT_T是计数控制端，$Q_3Q_2Q_1Q_0$是计数输出端，RCO 是进位输出端。74LS161 的功能表如表 9-42 所示。

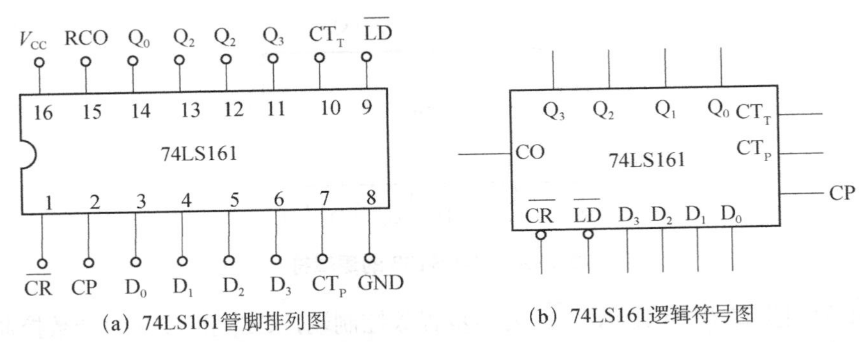

(a) 74LS161管脚排列图　　(b) 74LS161逻辑符号图

图 9-85　集成二进制计数器 74LS161

表 9-42　74LS161 功能表

输入									输出				功能说明
$\overline{CR}$	$\overline{LD}$	CT_T	CT_P	CP	D_3	D_2	D_1	D_0	Q_3	Q_2	Q_1	Q_0	
0	×	×	×	×	×	×	×	×	0	0	0	0	异步清零
1	0	×	×	↑	d_3	d_2	d_1	d_0	d_3	d_2	d_1	d_0	同步置数
1	1	0	×	×	×	×	×	×	Q_3^n	Q_2^n	Q_1^n	Q_0^n	保持
1	1	×	0	×	×	×	×	×	Q_3^n	Q_2^n	Q_1^n	Q_0^n	
1	1	1	1	↑	×	×	×	×	计数从 0000～1111，当 $Q_3Q_2Q_1Q_0$=1111 时，进位输出 CO=1				计数

由表 9-42 可知，74LS161 具有以下功能：

① 异步清零。当 $\overline{CR}$=0 时，不论其他输入端信号如何，计数器输出被直接清零，$Q_3Q_2Q_1Q_0$=0000。

② 同步并行置数。当 $\overline{CR}$=1、$\overline{LD}$=0 时，在时钟脉冲 CP 的上升沿作用时，$D_3D_2D_1D_0$ 端的数据 $d_3d_2d_1d_0$ 被并行送入输出端，$Q_3Q_2Q_1Q_0$=$d_3d_2d_1d_0$。

③ 保持。当 $\overline{CR}$=1、$\overline{LD}$=1 时，只要 $CT_P{\cdot}CT_T$=0，即 CT_P 和 CT_T 中任意一个为 0，不管有无 CP 脉冲作用，计数器都将保持原有状态不变。

④ 计数。当 $\overline{CR}$=1、$\overline{LD}$=1，且 $CT_P{\cdot}CT_T$=1 时，在 CP 脉冲上升沿作用下，计数器进行二进制加法计数，当计数到 $Q_3Q_2Q_1Q_0$=1111 时，CO=1，进位输出端输出进位脉冲信号，通常进位输出端 CO 在计数器扩展时进行级联用。

二、集成十进制计数器

1. 集成同步十进制加法计数器 74LS160 和 74LS162

74LS160 和 74LS162 是同步十进制加法计数器，它们的引脚排列和使用方法与 74LS161 相同，只是技术长度不同而已。74LS160 和 74LS162 引脚排列和逻辑符号可以参考图 9-86 所示。74LS160 与 74LS161 相同，都是异步清零，而 74LS162 则采用了同步清零方式，即当 $\overline{CR}$ = 0 时，必须在 CP 脉冲上升沿时计数器的输出才会被清零。表 9-43 为 74LS160 的功能表。

图 9-86 中，$\overline{LD}$ 为同步置数控制端，$\overline{R_d}$ 异步置 0 控制端，EP 和 ET 为计数控制端，D_0～D_3 为并行数据输入端，Q_0～Q_3 为输出端，C 为进位输出端。

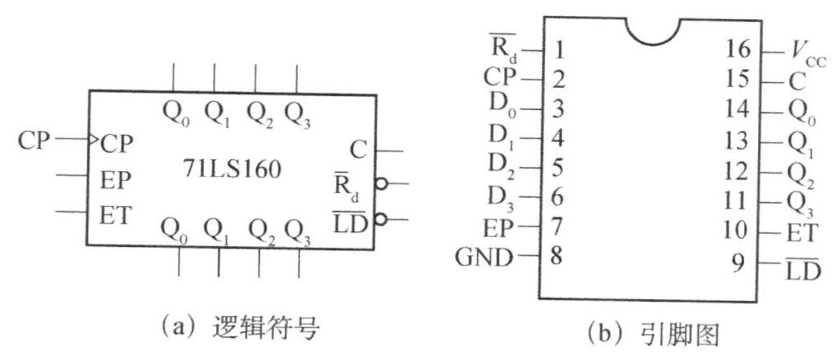

图 9-86　74LS161 的逻辑符号和外引脚排列

表 9-43　74LS160 的功能表

输入									输出				说明
$\overline{R_d}$	$\overline{LD}$	EP	ET	CP	D_3	D_2	D_1	D_0	Q_3	Q_2	Q_1	Q_0	
0	×	×	×	×	×	×	×	×	0	0	0	0	异步置 0
1	0	×	×	↑	D	C	B	A	D	C	B	A	并行置数
1	1	1	1	↑	×	×	×	×					计数
1	1	0	×	×	×	×	×	×	Q_3	Q_2	Q_1	Q_0	保持
1	1	×	0	×	×	×	×	×	Q_3	Q_2	Q_1	Q_0	保持

由表 9-43 可知 74LS160 功能：

① 异步清 0。当 $\overline{R_d}=0$ 时，输出端清 0，与 CP 无关。

② 同步并行置数。在 $\overline{R_d}=1$，当 $\overline{LD}=0$ 时，在输入端 $D_3D_2D_1D_0$ 预置某个数据，则在 CP 脉冲上升沿的作用下，就将输入端的数据置入计数器。

③ 保持。在 $\overline{R_d}=1$，当 $\overline{LD}=1$ 时，只要 EP 和 ET 中有一个为低电平，计数器就处于保持状态。在保持状态下，CP 不起作用。

④ 计数。在 $\overline{R_d}=1$，$\overline{LD}=1$，EP=ET=1 时，电路为四位十进制加法计数器。当计数到 1001 时（9），进位输出端 C 送出进位信号（高电平有效），即 C=1。

图 9-87 所示是 74LS160 的时序图。它反映了计数器从初始值 0000 开始对 CP 脉冲计数，则输出 $Q_3Q_2Q_1Q_0$ 就表示计数的个数，当第九个脉冲到来时，计数器进位输出 C=1，当第十个脉冲到来时，计数器输出端 $Q_3Q_2Q_1Q_0$ 清零。

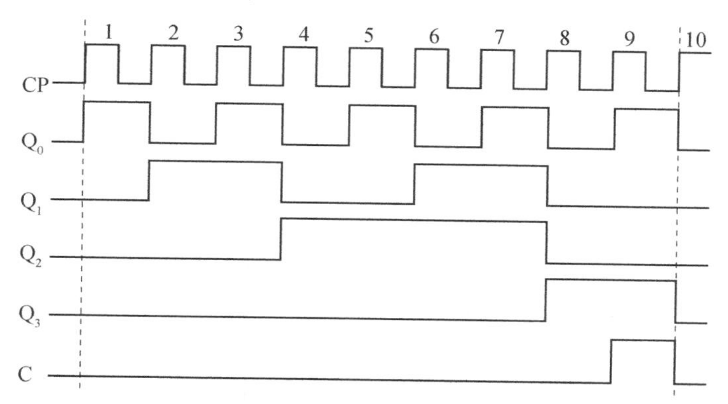

图 9-87　74LS160 的时序图

2. 集成异步二-五-十进制计数器 74LS290

74LS290 内部是由一个二进制计数器和一个五进制计数器组成，可以分别实现二进制、五进制和十进制计数，其引脚排列和逻辑符号如图 9-88 所示，其中 $S_{9(1)}$、$S_{9(2)}$ 称为置 9 端，$R_{0(1)}$、$R_{0(2)}$ 称为置 0 端，CP_0、CP_1 端为计数时钟输入端，$Q_3Q_2Q_1Q_0$ 为输出端，NC 表示空脚。74LS290 的功能如表 9-44 所示。

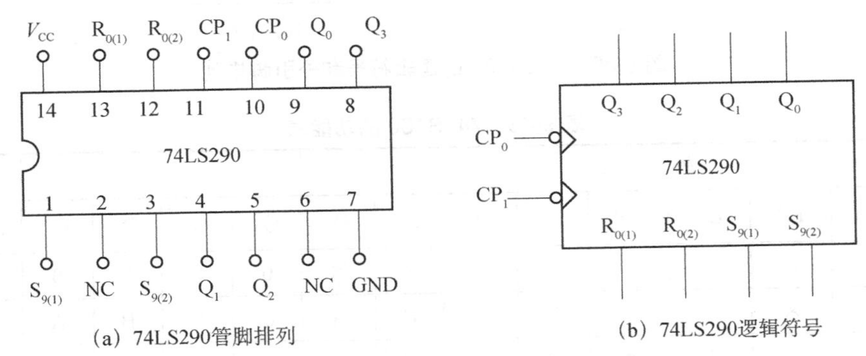

(a) 74LS290管脚排列　　(b) 74LS290逻辑符号

图 9-88　集成二–五–十进制计数器 74LS290

从表 9-44 中可知道 74LS290 具有如下功能：

① 异步置 9。当 $S_{9(1)}=S_{9(2)}=1$ 时，不论其他输入端状态如何，74LS290 的输出被直接置成 9，即 $Q_3Q_2Q_1Q_0$=1001。

表 9-44　74LS290 功能表

<table>
<tr><th colspan="2">复位输入</th><th colspan="2">置位输入</th><th colspan="2">时钟</th><th colspan="4">输出</th></tr>
<tr><th>$R_{0(1)}$</th><th>$R_{0(2)}$</th><th>$S_{9(1)}$</th><th>$S_{9(2)}$</th><th>CP_0</th><th>CP_1</th><th>Q_3</th><th>Q_2</th><th>Q_1</th><th>Q_0</th></tr>
<tr><td>1</td><td>1</td><td>0</td><td>×</td><td>×</td><td>×</td><td>0</td><td>0</td><td>0</td><td>0</td></tr>
<tr><td>1</td><td>1</td><td>×</td><td>0</td><td>×</td><td>×</td><td>0</td><td>0</td><td>0</td><td>0</td></tr>
<tr><td>×</td><td>×</td><td>1</td><td>1</td><td>×</td><td>×</td><td>1</td><td>0</td><td>0</td><td>1</td></tr>
<tr><td>0</td><td>×</td><td>0</td><td>×</td><td rowspan="2">↓</td><td rowspan="2">0</td><td colspan="4" rowspan="2">二进制计数</td></tr>
<tr><td>×</td><td>0</td><td>×</td><td>0</td></tr>
<tr><td>0</td><td>×</td><td>0</td><td>×</td><td rowspan="2">0</td><td rowspan="2">↓</td><td colspan="4" rowspan="2">五进制计数</td></tr>
<tr><td>×</td><td>0</td><td>×</td><td>0</td></tr>
<tr><td>0</td><td>×</td><td>0</td><td>×</td><td rowspan="2">↓</td><td rowspan="2">Q_0</td><td colspan="4" rowspan="2">8421 码十进制计数</td></tr>
<tr><td>×</td><td>0</td><td>×</td><td>0</td></tr>
<tr><td>0</td><td>×</td><td>0</td><td>×</td><td rowspan="2">Q_3</td><td rowspan="2">↓</td><td colspan="4" rowspan="2">5421 码十进制计数</td></tr>
<tr><td>×</td><td>0</td><td>×</td><td>0</td></tr>
</table>

② 异步清零。当 $R_{0(1)}=R_{0(2)}=1$，且置 9 端 $S_{9(1)}$、$S_{9(2)}$ 不全为 1 时，74LS290 的输出被直接置成 0，即 $Q_3Q_2Q_1Q_0$=0000。

③ 计数。只有当 $S_{9(1)}$ 和 $S_{9(2)}$ 不全为 1，并且 $R_{0(1)}$ 和 $R_{0(2)}$ 也不全为 1 时，74LS290 处于计数状态，计数方式有以下三种。

- 二进制计数：计数脉冲由 CP_0 端输入，输出由 Q_0 端引出，即为二进制计数器。
- 五进制计数：计数脉冲由 CP_1 端输入，输出由 $Q_3Q_2Q_1$ 引出，即为五进制计数器。
- 8421 码十进制计数：计数脉冲由 CP_0 输入，将 Q_0 与 CP_1 相连，输出由 $Q_3Q_2Q_1Q_0$ 引出，即为 8421 码十进制计数器。
- 5421 码十进制计数：计数脉冲由 CP_1 输入，将 Q_3 与 CP_0 相连，输出由 $Q_3Q_2Q_1Q_0$ 引出，即为 5421 码十进制计数器。

三、任意进制计数器

目前常用的计数器主要有二进制和十进制，当需要其他任意进制计数器时，可以利用二进制和十进制计数器来实现。

当使用 N 进制集成计数器构成 M 进制计数器时，如果 $N>M$，则只需一片 M 进制计数器，设法跳越过 $N\sim M$ 个状态，就可以得到 M 进制计数器了，实现跳跃的方法有反馈清零法和反馈置数法；如果 $N<M$，则要用多片 N 进制计数器级联来实现。

1. 反馈清零法

反馈清零法适用于有清零输入端的计数器。当计数器计数到 M 状态时，利用清零端和门电路进行反馈置 0，将计数器清零，跳跃过 $N\sim M$ 个状态，从而获得 M 进制计数器。

使用反馈清零法时一定要清楚计数器是异步清零还是同步清零。若为异步清零，则要在计数器输出 M 状态时将计数器清零；若为同步清零，则应该在计数器输出 M-1 状态时将计数器清零。

例 9-8 使用反馈清零法将集成同步 4 位二进制计数器 74LS161 构成一个十二进制计数器。

解： 74LS161 是采用异步清零方式的同步计数器，若要构成十二进制计数器，应选用输出 $Q_3Q_2Q_1Q_0$=1100（12）时进行反馈清零，即使 $\overline{CR}=\overline{Q_3^nQ_2^n}$，电路连接如图 9-89（a）所示。

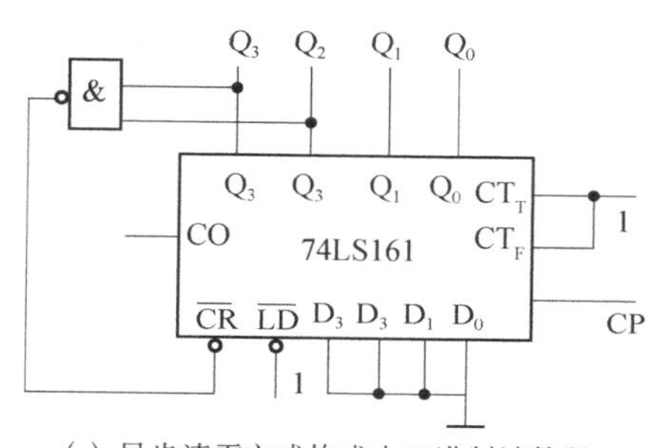

(a) 异步清零方式构成十二进制计数器

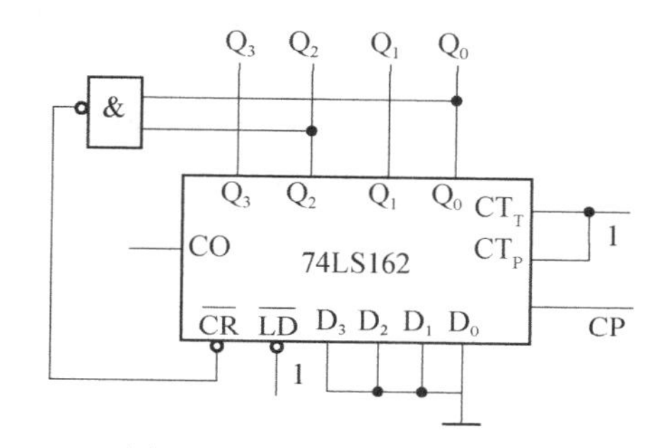

(b) 同步清零方式构成五进制计数器

图 9-89 反馈清零法构成任意进制计数器

例 9-9 使用反馈清零法将集成同步十进制计数器 74LS162 构成一个六进制计数器。

解： 集成同步十进制计数器 74LS162 采用同步清零方式，即当 $\overline{CR}$=0 时，计数器要在 CP 上升沿到来时才会清零。因此若要构成六进制计数器，应选用输出 $Q_3Q_2Q_1Q_0$=0101（十进制数为 5）时进行反馈清零，即使 $\overline{CR}=\overline{Q_2^nQ_0^n}$，电路连接如图 9-89（b）所示。

例 9-10 使用反馈清零法将集成异步计数器 74LS290 分别构成一个六进制计数器和七进

制计数器。

解：首先将 CP_1 和 Q_0 相接，构成十进制计数器，然后利用异步清零端 $R_{0(1)}$ 和 $R_{0(2)}$ 进行反馈清零。构成六进制计数器时，在 $Q_3Q_2Q_1Q_0$=0110 时，使 $R_{0(1)}$ 和 $R_{0(2)}$ 同时为 0；构成七进制计数器时，在 $Q_3Q_2Q_1Q_0$=0111 时，使 $R_{0(1)}$ 和 $R_{0(2)}$ 同时为 0，电路连接分别如图 9-90（a）和（b）所示。

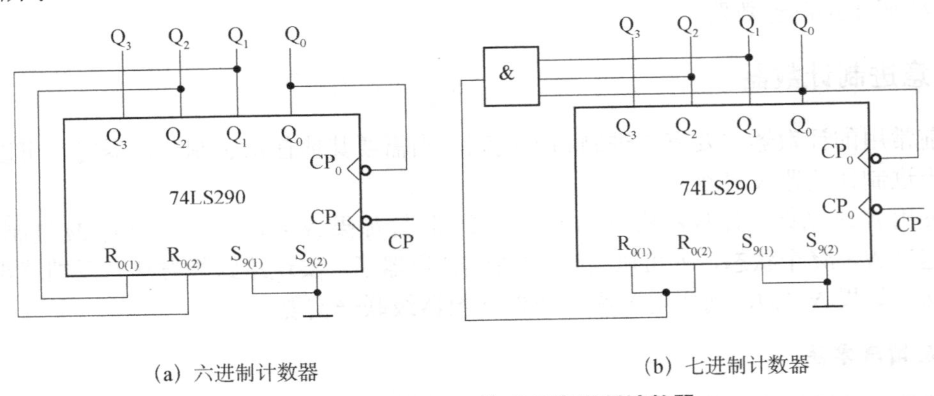

图 9-90　用 74LS290 构成任意进制计数器

2. 反馈置数法

反馈置数法适用于具有预置数功能的集成计数器。反馈置数法与反馈清零法不同，它是在计数器的并行数据输入端 D_3～D_0 输入计数的起始数据（一般采用反馈置数法构成任意进制计数器时，都是从 0 开始计数），在计数到要求时，通过控制电路产生置数控制信号加到计数器的置数端，使计数器回到初始的计数状态，从而实现所要求的计数进制。反馈置数法的电路连接方式与计数器的预置端功能有关，计数器若为同步预置，则应在 M−1 状态时进行预置数；若为异步预置，则应该在 M 状态时进行预置数。

例 9-11　使用反馈置数法将集成同步 4 位二进制计数器 74LS161 构成一个十进制计数器。

解：74LS161 采用反馈置数法方式，若要构成十进制计数器，设计数的初始状态为 $Q_3Q_2Q_1Q_0$=0000，则令 $D_3D_2D_1D_0$=0000，同时应在 $Q_3Q_2Q_1Q_0$=1001 时进行反馈置数，即 $\overline{LD}=\overline{Q_3^nQ_0^n}$，电路连接如图 9-91（a）所示。

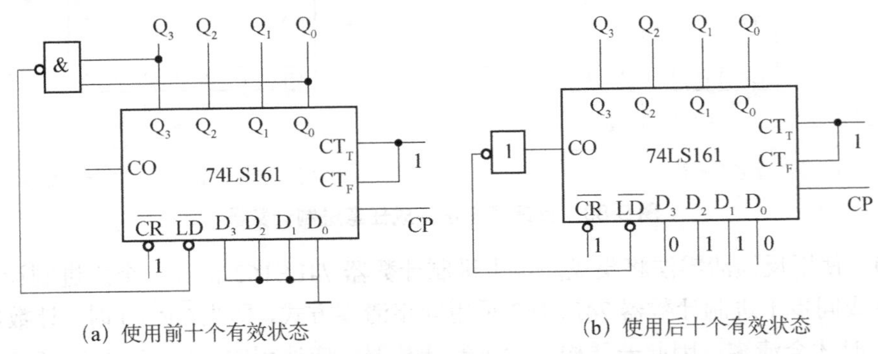

图 9-91　使用反馈置数法将 74LS161 构成十进制计数器

反馈置数法还可以利用计数到最大计数状态时产生的进位信号反馈到预置数控制端实现反馈置数。例如 74LS161 的最大计数状态为 1111，使用 74LS161 构成十进制计数器时，可以使用 0110～1111 的后十个状态进行计数，则数据输入端信号应为 $Q_3Q_2Q_1Q_0$=0110，当计数到 1111 时，进位输出信号端 CO=1，因此将 CO 信号取反后接到 $\overline{LD}$ 端即可，电路连接如图 9-91（b）所示。

3. 级联法

当使用 N 进制集成计数器构成 M 进制计数器时，如果 $N<M$，则必须将多片 N 进制计数器组合起来，才能构成 M 进制计数器。多片计数器级联的方式有两种，第一种方法是用多片 N 进制计数器串联起来使 $N_1\times N_2\times\cdots\times N_n>M$，然后使用整体清 0 或置数法，形成 M 进制计数器；第二种方法是假如 M 可分解成两个因数相乘，即 $M=N_1\times N_2$，则可采用同步或异步方式将一个 N_1 进制计数器和一个 N_2 进制计数器连接起来，构成 M 进制计数器。其中，同步连接方式又称为并行进位方式，是把各计数器的 CP 端连在一起，接统一的时钟脉冲，而低位计数器的进位输出送高位计数器的计数控制端；异步连接方式又称为串行进位方式，是指低位计数器的进位信号连接到高位计数器的时钟端，低位计数器的进位输出直接作为高位计数器的时钟脉冲。

例 9-12　分别使用 74LS161、74LS290 构成二十四进制计数器。

解：（1）先将两片 74LS161 构成二百五十六进制计数器，然后用二十四（00011000）状态整体清零，二十四进制的状态从 00000000~00010111，电路如图 9-92 所示。

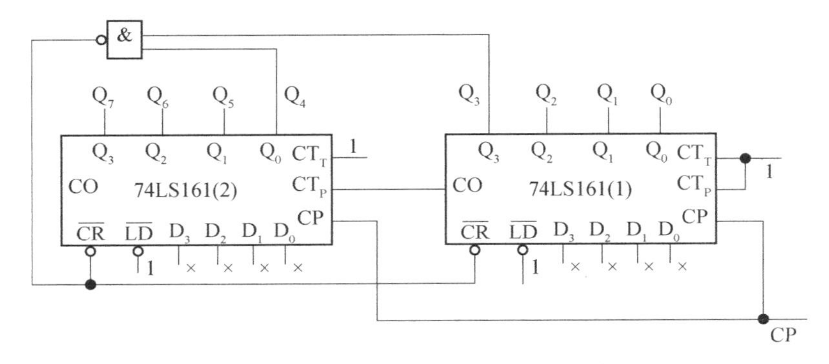

图 9-92　74LS161 构成二十四进制计数器

（2）先将 74LS290 的 Q_0 与 CP_1 相连，组成 8421 码十进制计数器，然后将两片 74LS290 构成一百进制计数器；用低位计数器 74LS290（1）的 Q_3 作为进位使用，当个位计数到 1001 向 0000 变化时，Q_3 由 1 跳变到 0，形成进位脉冲，促使高位（十位）74LS290（2）进行一次计数；再用 8421 码的二十四（00100100）状态整体清零构成二十四进制计数器，电路如图 9-93 所示。

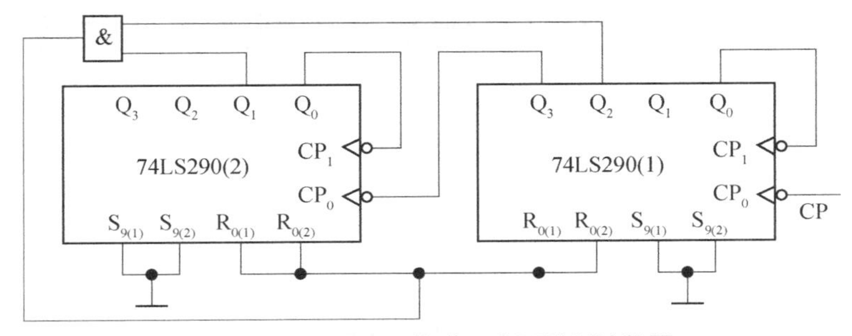

图 9-93　74LS290 构成二十四进制计数器

例 9-13 分别使用 74LS161、74LS290 构成六十进制计数器。

解：（1）六十进制可以分解为 60=6×10，即使用两片 74LS161，低位组成十进制计数器（个位），高位组成六进制计数器（十位），采用反馈置数法，电路如图 9-94 所示。

当个位计数器计数到 $Q_3Q_2Q_1Q_0$=1001 时，Q_3、Q_0经与门和非门后输出 0，送至个位 74LS161 的 $\overline{LD}$ 端，当下一个 CP 脉冲到来时，个位计数器置零，同时十位计数器在 CP 和与门输出的 1 的作用下进行加 1 计数。当十位计数器计数到 $Q_7Q_6Q_5Q_4$=0101、个位计数器计数到 $Q_3Q_2Q_1Q_0$=1001 时（即 59 状态），两个计数器的 CT_P 和 CT_T 均为 1、$\overline{LD}$ 均为 0，在下一个 CP 脉冲到来时，个位和十位计数器同时归零，完成一个计数周期。

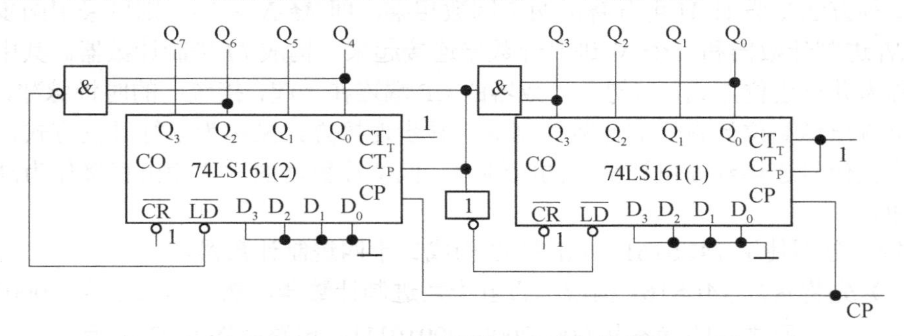

图 9-94　74LS161 构成六十进制计数器

（2）使用 74LS290 构成六十进制计数器的方法与构成二十四进制计数器的方法相同，电路如图 9-95 所示。

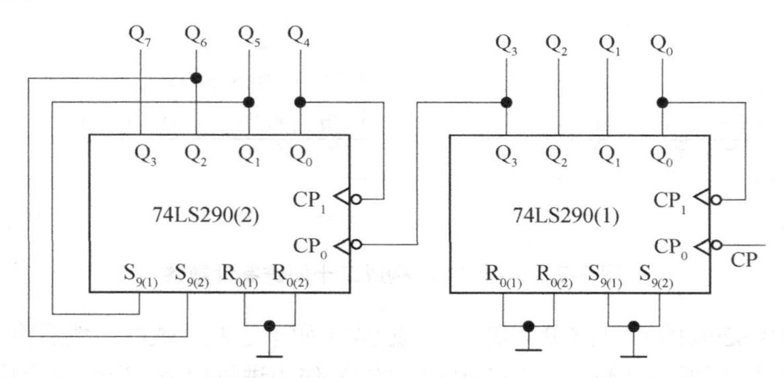

图 9-95　74LS290 构成六十进制计数器

组装与测试二进制加法计数器

任务要求：正确测试集成芯片 74LS163 的逻辑功能，并用其改成十进制计数器。

一、训练目的

1. 掌握中规模集成计数器的逻辑功能及使用方法。
2. 学习运用集成电路芯片计数器构成十进制计数器的方法。

二、准备器材

数字电子实验台、74LS163、74LS00、导线。

三、操作内容及步骤

1. 测试 74LS163 计数器的逻辑功能

74LS163 为二进制4位并行输出的计数器，它有并行装载输入和同步清零输入端。74LS163 的电源电压 V_{CC}=+5V；其功能如表 9-45 所示。根据功能表依次验证 74LS163 的逻辑功能。

表 9-45　74LS163 功能

输入									输出				
$\overline{CLR}$	$\overline{LOAD}$	ENP	ENT	CP	D_3	D_2	D_1	D_0	Q_3^{n+1}	Q_2^{n+1}	Q_1^{n+1}	Q_0^{n+1}	RCO
0	×	×	×	↑	×	×	×	×	0	0	0	0	0
1	1	×	×	↑	d_3	d_2	d_1	d_0	d_3	d_2	d_1	d_0	
1	1	1	1	↑	×	×	×	×		计	数		
1	1	0	×	×	×	×	×	×		保	持		
1	1	×	0	×	×	×	×	×		保	持		0

2. 用 74LS163 改为十进制计数器

将 74LS163 改为十进制计数器。连接线如图 9-96 所示，即用一个与非门，其两个输入取自 Q_A 和 Q_D，输出接清零端 CLR。当第九个脉冲结束时，Q_A 和 Q_D 都为“1”信号输出，则与非门输出为低电平“0”加到 CLR 端，但因 CLR 为同步清零端，此时虽已建立清零信号，并不执行清零，只有第十个时钟脉冲到来后 74LS163 才被清零，这就是同步的意义所在。验证连接好的电路是否如同一个模 10 计数器。

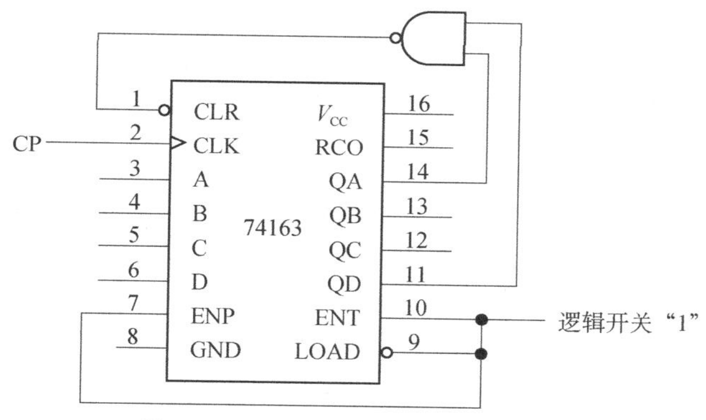

图 9-96　74LS163 改成十进制计数器

3. 用两个 74LS163 连接成一个两位十进制计数器

因为在级联同步计数器时，可用低位的计数器的进位端（RCO）加到高位计数器的片选端（ENT 或 ENP）来完成。因此，如果 K 级有一个进位输出时，表明它计数计到了最大值。下一级，即 K+1 级应该被启动，下一个时钟应使 K+1 级增加 1 同时 K 级复位为 0，进位输出被清零，电路如图 9-97 所示。

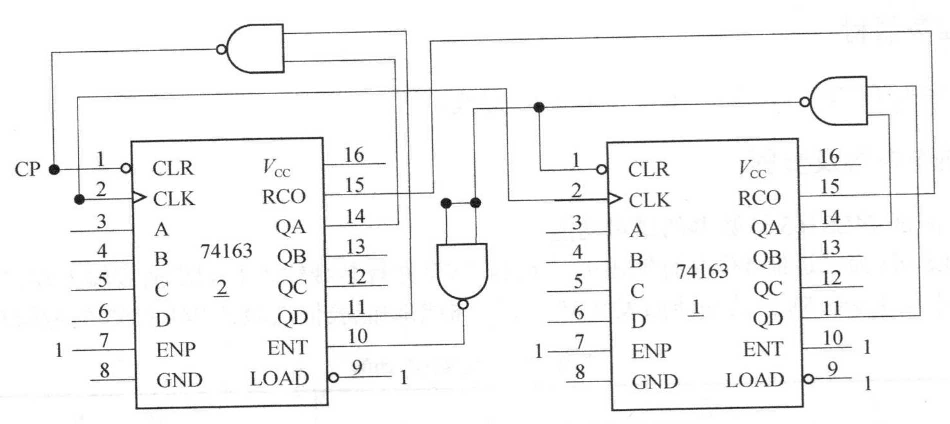

图 9-97　74LS163 改成两位十进制计数器

四、注意事项

1. 集成芯片的电源接直流+5V。
2. 集成芯片各个引脚不要接错，引脚接错导致逻辑错误，使实验失败。

【项目九　知识训练】

一、填空题

1. 电子电路的信号分为________大类，________信号的________随时间连续变化，________信号的________随时间断续变化。矩形脉冲波是最常用的________信号。

2. 数字电路主要研究的是电路输出信号与输入信号之间的________关系，故数字电路又称为________电路。

3. 数字信号的取值只有两种________和________，但它表示的不是大小，而是信号的两种________。

4. 三种基本逻辑门是________、________和________。

5. 具有“有 1 出 1，全 0 出 0”逻辑功能的逻辑门是________，它的逻辑符号是________。

6. 编码是指将________编成________的过程。

7. 数码显示译码器又称为________译码器，因为它的输入是________位代码，而输出是________位代码。

8. 数字电路分为________和________两大类。

9. 时序逻辑电路的输出取决于________状态和________状态，因此电路具有________功能。

二、判断题

1. 数字电路的抗干扰能力优于模拟电路。（　　）
2. 逻辑运算中 1+1=1。（　　）
3. 同一个逻辑关系的真值表只有一种。（　　）

4. 用4位二进制数码来表示每一位十进制数码，对应的二-十进制编码即为8421BCD码。(   )

5. 因为逻辑式A+（A+B）=B+（A+B）是成立的，所以在等式两边同时减去（A+B）得：A=B也成立的。(   )

6. 在逻辑电路中高电平就是+5V，低电平就是0V。(   )

7. 组合逻辑电路中都没有反馈环节，信号只能按单一方向传递。(   )

8. 门电路无记忆功能，但用门电路构成的触发器具有记忆功能。(   )

9. 触发器的逻辑符号中，用小圆圈表示反相。(   )

10. 每个触发器均有两个状态相反的输出端。(   )

三、选择题

1. 或非门的逻辑式为（   ）。

A. Y=A+B　　B. $Y=\overline{A \cdot B}$

C. $Y=\overline{A+B}$　　D. $Y=\overline{A}+\overline{B}$

2. 如图9-98所示，此电路输出Y与输入A、B之间的关系为（   ）。

A. Y=A+B　　B. Y=A • B

C. $Y=\overline{A}+\overline{B}$　　D. $Y=\overline{A \cdot B}$

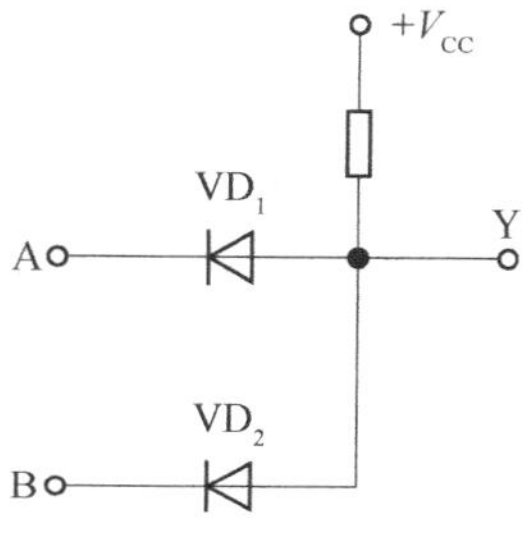

图9-98 选择题2图

3. 如图9-99所示，异或门的逻辑符号是（   ）。

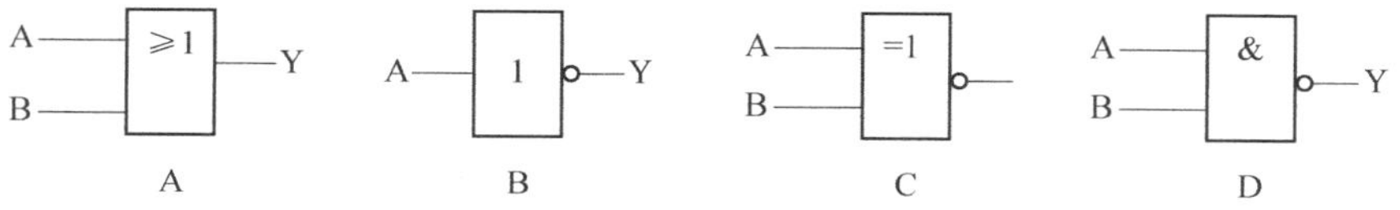

图9-99 选择3题图

4. 要是与门输出恒为0，可将与门的一个输入端始终接（   ）。

A. 0　　B. 1

C. 0、1都可以　　D. 输入端并联

5. 当利用三输入的逻辑或门实现两变量的逻辑或关系时，应将或门的第三个引脚（   ）。

A. 接高电平　　B. 接低电平

C. 悬空　　D. 接地、悬空都可以

6. 当输入变量A、B全为1时，输出为0，则输入与输出的逻辑关系有可能为（   ）。

A. 异或　　B. 同或

C. 与　　D. 或

7. 边沿触发器输出状态的变化发生在CP脉冲的（   ）。

A. 上升沿　　B. 下降沿或上升沿

C. CP=1期间　　D. CP=0期间

8. 欲寄存8位数据信息，需要触发器的个数是（   ）。

A. 8个　　B. 16个　　C. 4个　　D. 9个

9. 时序逻辑电路一般由（　　）构成。

A. 触发器和门电路　　B. 门电路

C. 运算放大器　　D. 组合电路

10. 具有保持和反转功能的触发器是（　　）。

A. D 触发器　　B. T 触发器

C. 基本 RS 触发器　　D. 同步 RS 触发器

四、分析题

1. 用公式法将下列函数化为最简的与-或表达式。

（1）$Z=\overline{A+B+C}+A\overline{BC}$。

（2）$Z=\overline{\overline{A}BC}(B+\overline{C})$。

（3）$Z=AD+A\overline{D}+\overline{A}B+\overline{A}C+BFE+CEFG$。

（4）$Z=A\overline{B}C+\overline{A}+B+\overline{C}$。

2. 在图 9-100 所示电路中，输入 A、B 输入波形图如图所示，试画出 Z_1、Z_2、Z_3 的波形。

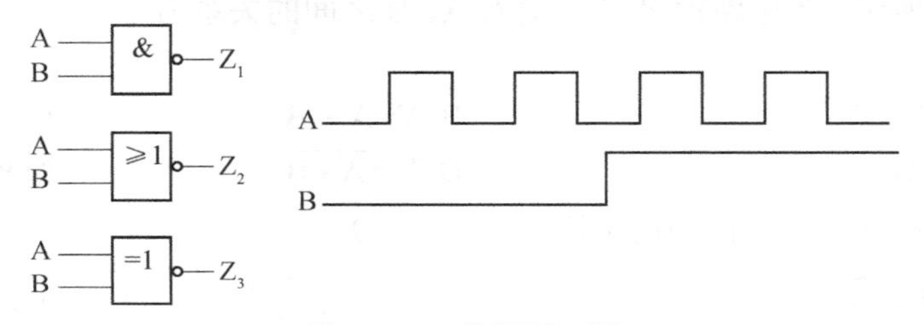

图 9-100　分析题 2 图

3. 分析图 9-101 所示电路的逻辑功能。

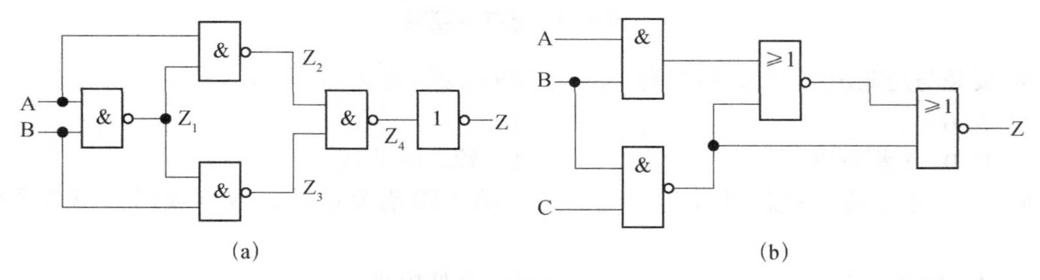

图 9-101　分析题 3 图

4. 用与非门完成组合逻辑电路的设计。

（1）三个输入变量中，1 的个数为奇数时，输出为 1。

（2）三个输入变量全部相同时，输出为 1。

5. 根据图 9-102（a）所示的逻辑符号及图 9-102（b）所示的波形图，画出输出 Q 的波形图。

6. 电路如图 9-103 所示，试画出在 CP 脉冲作用下的 Q_0、Q_1 的波形图。

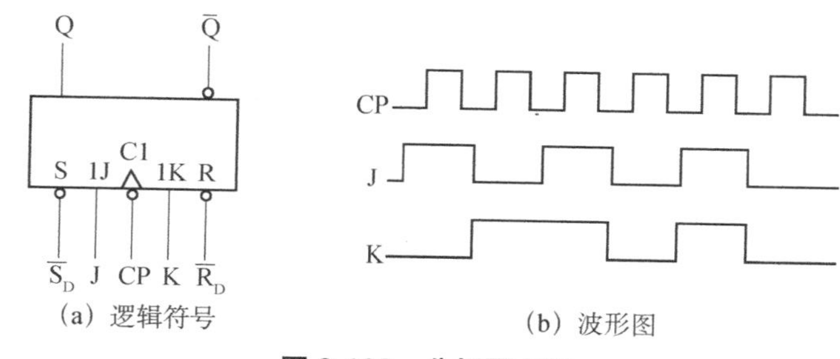

(a) 逻辑符号　　(b) 波形图

图 9-102　分析题 5 图

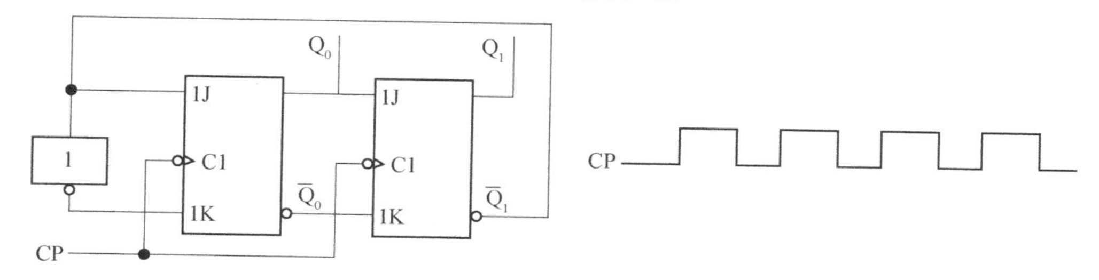

图 9-103　分析题 6 图

【能力拓展九】制作竞赛抢答器

任务要求：正确完成竞赛抢答器电路的组装及测试。

一、训练目的

1. 熟悉中规模集成电路 D 锁存器、与非门及发光二极管的使用方法。
2. 掌握实际电路搭接、装配方法。
3. 熟悉智力竞赛抢答器的工作原理。
4. 了解简单数字系统的实验、调试方法和简单故障排除方法。

二、准备器材

1. 直流稳压电源；2. 万用表；3. 信号发生器；4. 示波器；5. 电烙铁；6. 万能电路板；7. 集成电路（U1：74LS175、U2：74LS20、U3：74LS00、U4：74LS74）；8. 电阻（R1：1MΩ、R2：300Ω、R3：10kΩ、RP：10kΩ）；9. 二极管（VD：1N4001）；10. 三极管（VT：8050）11. 扬声器（8Ω）；12. 发光二极管；13. 按钮开关；14. 导线若干。

三、操作内容及步骤

（一）认识电路原理

该抢答器可用于 4 名选手的比赛用。系统设有一个清除和抢答控制开关，该开关由主持人控制，每个选手有一个抢答开关，当选手按动对应开关，抢答器锁存相应的信号，对应的 LED 发光二极管点亮作为显示，同时扬声器发出声响提示。抢答器具有锁存功能，选手抢答实行优先锁存，一旦有选手先按下开关，其他选手的抢答信号就不能够进入抢答器，指导主持人将系统原输出清除为止。

1. 抢答器电路

抢答器电路设计如图 9-104 所示。

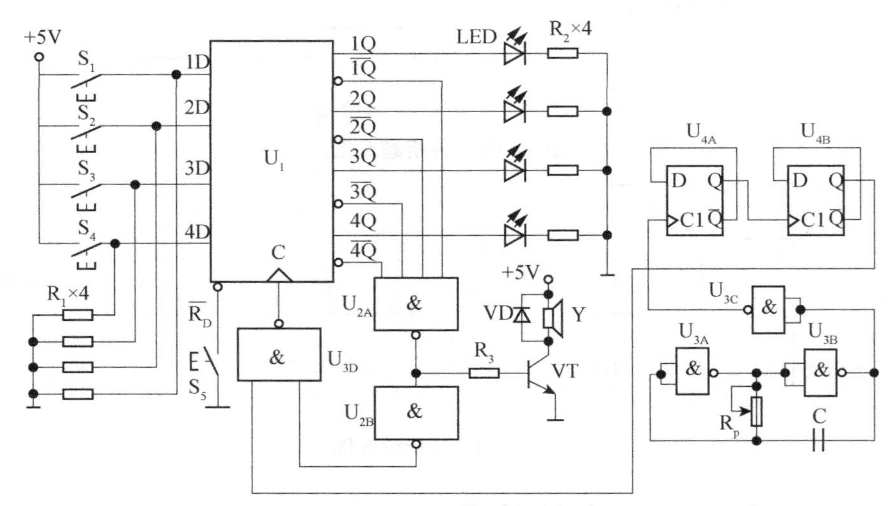

图 9-104 抢答器电路原理图

2. 元器件介绍

（1）上升沿触发的集成四 D 触发器（数据锁存器）（74LS175 引脚排列及逻辑符号见图 9-105，功能表见表 9-46）。

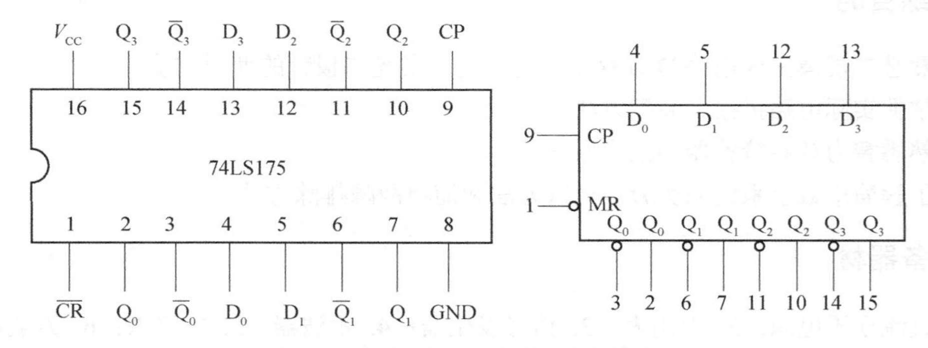

图 9-105 74LS175 引脚排列及逻辑符号

表 9-46 74LS175 功能表

输入						输出			
$\overline{CR}$	CP	D_3	D_2	D_1	D_0	Q_3	Q_2	Q_1	Q_0
0	×	×	×	×	×	0	0	0	0
1	↑	d_3	d_2	d_1	d_0	d_3	d_2	d_1	d_0
1	1	×	×	×	×	保持			
1	1	×	×	×	×	保持			

（2）四输入双与非门——74LS20（其引脚排列见图 9-106）

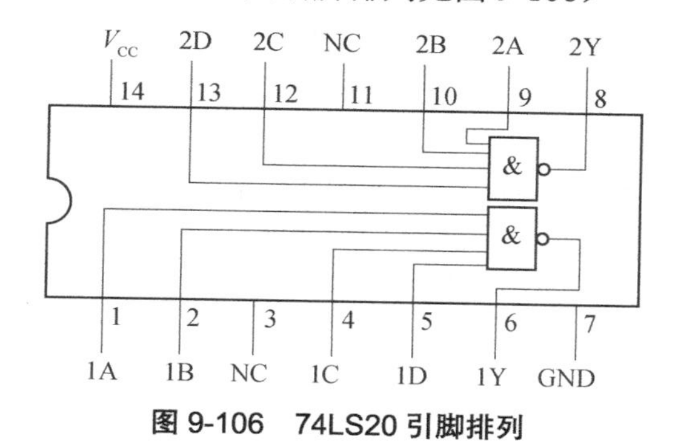

图 9-106 74LS20 引脚排列

（3）四 2 输入与非门——74LS00（其引脚排列见图 9-107）

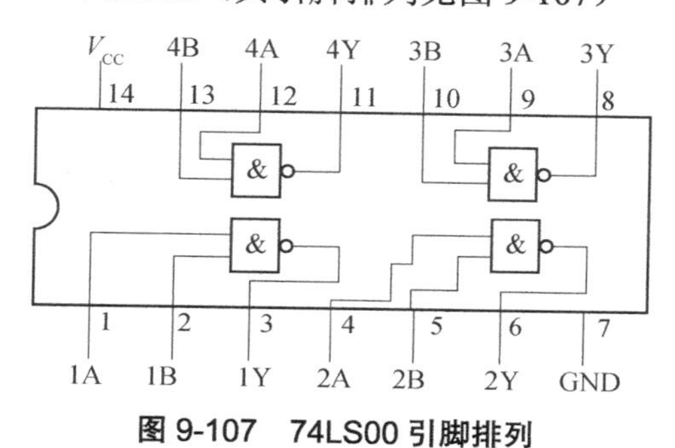

图 9-107 74LS00 引脚排列

（4）上升沿触发的集成双 D 触发器——74LS74（其引脚排列见图 9-108，其功能表见表 9-47）

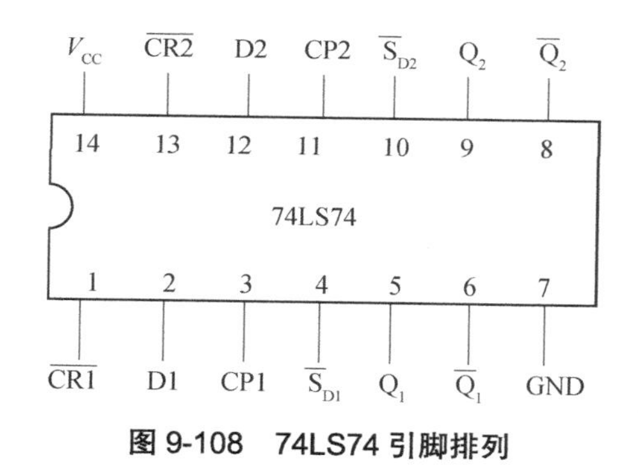

图 9-108 74LS74 引脚排列

表 9-47 74LS74 功能表

输入				输出	
$\overline{CP}$	$\overline{S}$	CP	D	Q	$\overline{Q}$
0	1	×	×	0	1
1	0	×	×	1	0
0	0	×	×	1	1
1	1	↑	0	0	1
1	1	↑	1	1	0
1	1	↓	×	保持	

3. 工作原理

图 9-104 中集成电路 U_1 为四 D 触发器 74LS175，组成了抢答器的信号输入主电路，U_2 组成抢答器的信号锁存电路，U_3 和 U_4 组成了抢答电路的时钟脉冲源，U_3 产生的脉冲信号经 U_4 组成的分频电路进行四分频，为 U_1 提供 CP 脉冲。

抢答开始前由主持人按下复位开关 S_5 进行信号清除，使 74LS175 的输出 1Q～4Q 全部为 0，所有发光二极管 LED 均熄灭，$\overline{1Q}$～$\overline{4Q}$ 输出全为 1，U_{2A} 输出为 0，扬声器不响。同时，U_{2B} 输出为 1，将 U_{3D} 门打开，时钟脉冲 CP 进入 74LS175 的时钟端。此时，由于 S_1～S_4 均未按下，1D～4D 均为 0，触发器的状态保持不变。

当主持人宣布“抢答开始”后，首先作出判断的参赛者立即按下开关，对应的发光二极管点亮，同时，通过与非门 U_{2A} 送出信号锁住其余三个抢答者的电路，不再接受其他信号，直到主持人再次清除信号为止。

例如，若 S_1 首先被按下，1D 和 1Q 均变为 1，相应的发光二极管亮，$\overline{1Q}$ 变为 0，U_{2A} 的输出为 1，经过 VT 驱动扬声器发声，同时，U_{2B} 输出为 0，将 U_{3D} 封闭，时钟脉冲 CP 便不能经过 U_{3D} 进入 74LS175，由于没有时钟脉冲，因此再按其他按钮就不起作用了，触发器的状态不会改变。

（二）电路制作及测试

（1）检测电路元件质量并测试各触发器及各逻辑门的逻辑功能，判断元器件的好坏。

（2）按照抢答器电路进行电路安装与焊接。

（3）电路安装完毕后，进行电路功能调试。

调试时，可以进行分部调试。可先调试主电路，观察各组指示灯的情况，其控制关系应符合要求。主电路调好后，可调试时钟脉冲源电路，改变振荡器中 R_P、C 的参数，观测电路输出信号是否正常。最后进行主电路和时钟脉冲源电路联调。

① 主电路调试。接通+5 电源，74LS175 的 CP 端接脉冲信号发生器，取信号频率约 1kHz。

抢答开始前，按下 S_5，发光二极管应全部熄灭。然后依次按下 S_1～S_4，观察对应发光二极管的亮、灭情况是否正常。

② 时钟脉冲源电路调试。断开抢答器电路中 CP 脉冲源电路，单独对 U_3 和 U_4 组成了抢答电路的时钟脉冲源电路进行调试。用示波器观测 U_{3C} 输出波形，调整 R_P 电位器，使其输出脉冲频率约 4kHz，然后观测 U_{4B} 输出脉冲的频率是否为 1kHz。

③ 整体调试。将主电路上的信号发生器断开，接入 U_3 和 U_4 组成的抢答电路时钟脉冲源电路，重复主电路调试过程。

四、注意事项

1. 注意用电安全及电烙铁的正确使用。
2. 元件引脚的位置不要弄错。

参考文献

[1] 王兆义. 电工电子技术基础 [M]. 北京：高等教育出版社，2011.
[2] 周绍敏. 电工基础 [M]. 北京：高等教育出版社，2001.
[3] 赵应艳，徐作华. 模拟电子技术 [M]. 北京：电子工业出版社，2014.
[4] 赵承荻，王玺珍. 电机与电气控制 [M]. 北京：高等教育出版社，2012.
[5] 亚龙. 西门子变频器——MM420 型实训模块实训指导书.